科学出版社“十三五”普通高等教育本科规划教材

数学分析立体化教材/刘名生　冯伟贞　主编

数学分析(三)

(第二版)

耿　堤　易法槐　丁时进　刘名生　编

科学出版社

北京

内 容 简 介

本书介绍了数学分析的基本概念、基本理论和方法，包括一元（多元)函数极限理论、一元函数微积分学、级数理论和多元函数微积分学等. 全书分三册，本册内容包括多元函数及其微分学、多元函数微分法的应用、含参变量积分、重积分、曲线积分和曲面积分及各种积分之间的关系. 书中列举了大量例题来说明数学分析的定义、定理及方法，并提供了丰富的思考题和习题，便于教师教学与学生自学. 每章末都有小结，对该章的主要内容作了归纳和总结，并配有复习题，方便学生系统复习.书中还配有一些概念、定理和方法的视频讲解，内容呈现方式更加生动直观.

本书可作为高等师范院校数学系各专业学生的教材，也可供相关专业的教师和科技工作者参考.

图书在版编目(CIP)数据

数学分析. 三/耿堤等编. —2 版. —北京：科学出版社，2019.4

科学出版社“十三五”普通高等教育本科规划教材·数学分析立体化教材

ISBN 978-7-03-061051-5

I. 数… II. ①耿… III. ①数学分析-高等学校-教材 IV. O17

中国版本图书馆 CIP 数据核字(2019) 第 071971 号

责任编辑：王胡权 姚莉丽／责任校对：王晓茜
责任印制：赵 博／封面设计：陈 敬

科学出版社 出版
北京东黄城根北街 16 号
邮政编码：100717
http://www.sciencep.com
天津市新科印刷有限公司印刷
科学出版社发行 各地新华书店经销
*
2010 年 8 月第 一 版 开本：720×1000 1/16
2019 年 4 月第 二 版 印张：17 3/4
2024 年 7 月第十五次印刷 字数：355 000
定价：49.00 元
(如有印装质量问题，我社负责调换)

《数学分析立体化教材》序言

《数学分析立体化教材》通过提供多种教学资源给出数学分析课程的整体教学解决方案. 本立体化教材包括二维码新形态主教材三册:《数学分析 (一)》(第二版)、《数学分析 (二)》(第二版)、《数学分析 (三)》(第二版), 学习辅导书三册:《数学分析学习辅导 I —— 收敛与发散》《数学分析学习辅导 II —— 微分与积分》《数学分析学习辅导 III —— 习题选解》; 另外, 本立体化教材还配有数学分析精品资源共享课一门.

三册主教材的编写考虑不同教学基础的学校和不同层次的学生在教学方面的不同需求, 在较充分顾及系统的完整性的基础上, 特别标记了选学内容. 教师对教材中的选学内容可以作灵活取舍, 以及适当调整相关内容的讲授或阅读次序. 我们希望这种编排能更好地帮助教师落实分类、分层教学, 同时使学生获得合理的阅读指引. 主教材的编写力求在可读性、系统性和逻辑性上各具特色, 并将分层教学的理念贯穿全书. 主教材的建设, 在数字化资源配套方面做了一定的工作, 内容的呈现更加丰富、饱满, 呈现方式更加生动、直观. 我们对书中的许多概念、定理和方法配有小视频, 使在书中无法写出来的一些内容通过小视频提供给读者, 从而使得教材能更好地支持学生的自主学习.

在数学分析学习过程中, 学生往往因为欠缺学习自主意识或基础能力薄弱, 难以驾驭一个较大数学知识体系的学习, 造成自我知识体系零碎、割裂, 这是数学分析教学中存在的主要问题及教学难点.《数学分析学习辅导 I —— 收敛与发散》《数学分析学习辅导 II —— 微分与积分》两册辅导书的编写均立足类比, 希望教学双方在求同存异思想的指引下, 打通知识点的关联, 在反复对比中深化对基本数学思想方法的理解及强化对问题解决技巧的掌握, 从而突破教学障碍. 我们力求在可读性和系统性上能够编出特色.《数学分析学习辅导 I —— 收敛与发散》主要解决数学分析中的收敛与发散及相关的一些问题, 包括点列的收敛与发散、函数极限的存在性、$\mathbb{R}^n$ 的完备性、反常积分的收敛与发散、数项级数的收敛与发散、函数项级数的收敛与一致收敛以及函数的展开与级数的求和.《数学分析学习辅导 II —— 微分与积分》主要研究数学分析中的微分与积分及相关的一些问题, 包括一元函数微分学、一元函数微分法的应用、一元函数积分学、多元函数及其微分学、多元函数微分法的应用、重积分、曲线积分和曲面积分以及各种积分之间的关系.

《数学分析学习辅导III—— 习题选解》对三册主教材中的大约一半的习题和复习题提供详细解答, 并在书末附录中提供了 2013~2017 年华南师范大学的数学分析考研真题, 希望对使用本教材的教师和学生有所帮助.

数学分析精品资源共享课由课程简介、课程学习、图形与课件、测试题库、方法论、拓展阅读及学习论坛和教学录像等模块构成. 在课程简介中提供了数学分析课程的教学日历、教学大纲和学习方法指引等课程资料，在课程学习中提供了数学分析 (一)、数学分析 (二) 和数学分析 (三) 等课程的完整课件，在测试题库中提供了华南师范大学数学科学学院 2004~2014 级本科生的数学分析期末考试题，在教学录像中提供了 5 位教师多次数学分析课的教学录像，为教学双方提供了丰富的教学资源. 我们希望这门精品资源共享课能成为实施数学分析混合学习的理想平台.

本立体化教材的编写得到“数学与应用数学国家特色专业”建设项目、“数学与应用数学广东省高等学校重点专业”建设项目及“数学与应用数学国家专业综合改革建设项目”的资助, 第一版在华南师范大学数学科学学院的 2008~2016 级及本科生综合班中使用, 也被多所兄弟院校作为数学系学生的数学分析课程的教材.

借此机会衷心感谢华南师范大学数学科学学院领导和科学出版社领导对本立体化教材编写的大力支持. 对编辑们付出的辛勤劳动, 在此表示诚挚的谢意. 希望广大读者批评指正, 以使本立体化教材得到进一步完善, 为数学分析课程建设和一流人才培养作出更大的贡献.

刘名生　冯伟贞

2018 年 1 月

华南师范大学

第二版说明

承蒙兄弟院校的厚爱, 数学分析立体化教材中的《数学分析(三)》自 2010 年出版以来, 已经被全国近十所高等院校选为教材使用, 并被全国两百余所高等院校的图书馆作为教学参考资料使用, 这是对本教材的肯定, 让我们倍感鼓舞. 为了帮助教师们在教学过程中提高效率和增强大学生的学习兴趣, 根据 9 年来我们在华南师范大学的教学体会与学生反馈, 这次再版我们对本教材在信息技术与教学融合方面做了大胆的尝试, 通过二维码技术及移动互联网技术, 将纸质教材与包括重难点讲解、相关知识点讲解等的数字化资源进行深度融合, 极大地丰富了教材的内容, 方便了师生们的教学. 关于具体内容, 这次再版主要作了如下修改:

1. 配置了 20 个二维码小视频, 读者通过扫描教材中相应位置的二维码, 便可直接看到教材编者对书中一些主要概念、定理和重要知识点的讲解.

2. 在 13.4 节, 给出了二元函数可微的一个充要条件, 即推论 13.4.1.

3. 在 14.5 节, 改进了辐角 θ 的表达式.

4. 在 16.5 节, 将例 2 及其解题过程换为例 1 的解法 2.

5. 在 17.4 节, 对第二型曲面积分的记号作了一些补充说明.

6. 作了一些文字上的修改, 改正了一些印刷错误.

由于不同院校的教学计划课时数可能存在差异, 教师在使用本教材时, 可以根据具体情况对内容进行取舍或重组, 教学时数可控制在 94~112 学时范围内, 详细参见使用说明.

限于编者水平, 书中不足与疏漏之处在所难免, 敬请读者批评指正.

编　者

2019 年 1 月

华南师范大学

第一版前言

数学分析是数学各专业的学科基础课, 其重要性不言而喻. 我们根据多年的教学经验, 在吸取一些现有教材优点的基础上编写了本书.

现有的各种数学分析教材都有其优点和缺点. 本书力求在可读性、系统性和逻辑性上能具有特色, 并将分层教学的理念贯穿全书.

首先, 在可读性方面, 对于重要概念只给一种定义形式，其他的等价定义一般放在思考题或习题中. 例如, 对数列极限, 本书只引入了 ε-N 定义, 目的是希望学生能吃透这个概念; 数列极限的另一个等价定义放在习题中, 方便基础较好的学生学习. 对定理的证明, 尽量采用朴素的方法进行. 对书中的例题, 表达尽量详细, 让学生容易自学. 对某些定理采取先用后证的方法讲述. 例如, 在第 7 章, 先给出区间上的连续函数必定存在原函数这个结论, 这样就可以介绍求不定积分的各种方法; 在第 8 章, 先给出闭区间 $[a,b]$ 上的连续函数必定在 $[a,b]$ 上可积这个结论, 这样可以使定积分的计算提前, 然后在第 8 章后面再证明这两个存在性定理.

其次, 在系统性方面, 将关系较密切的内容放在一起. 例如, 将发散数列和子列的概念放在同一节, 将判别数列收敛的各种方法放在同一节, 将定积分的应用与反常积分放在同一章, 将各种情况下的 Fourier 级数和 Fourier 级数展开放在同一节, 将第一型曲线积分、曲面积分和第二型曲线积分、曲面积分放在同一章, 将各种积分之间的关系放在同一章等. 另外, 有理函数分解为部分分式的理论, 国内的数学分析教材几乎都将其证明归到高等代数课程中, 而高等代数教材也不写这部分内容. 为了弥补这一缺陷, 在本书的第 7 章中, 将给出有理函数分解为部分分式理论的详细证明, 方便教师教学与学生自学.

再次, 在逻辑性方面, 考虑到可读性的同时, 尽量在给出定理的同时也完成对定理的证明. 例如, 将致密性定理放在第 1 章, 这样数列的柯西收敛准则在第 1 章就可以证明, 使得第 1 章对数列有较完整的处理; 然后在第 3 章就可以完成闭区间上连续函数性质的证明; 第 6 章就只需讲区间套定理、有限覆盖定理及其应用等, 这样难点也分散了. 在导数与微分部分, 先讲微分, 后讲导数, 强调微分的作用, 这样在后面讲定积分的微元法时, 我们将给出微元法的理论依据.

考虑到不同教学基础的学校和不同层次的学生在教与学方面有不同的需求, 我们在较充分顾及系统的完整性的基础上, 通过小 5 号字和 “*” 标记本书中的选学内容. 对选学内容的处理可以很灵活, 如第 1 章中致密性定理内容可以留到第 6 章处理或只作简要介绍.

本书分三册出版.《数学分析 (一)》讲述一元函数极限理论和一元函数微分学, 它的内容包括: 数列极限与确界原理、函数的概念及其性质、函数极限与连续性、函数的导数与微分、微分中值定理及其应用、函数的极值和凸性及作图、实数集的稠密性与完备性.《数学分析 (二)》讲述一元函数积分学和级数理论, 它的内容包括: 不定积分和定积分、定积分的应用与反常积分、数项级数、函数项级数、幂级数和 Fourier 级数.《数学分析 (三)》讲述多元函数极限论和多元函数微积分学, 它的内容包括: 多元函数极限与连续性、多元函数微分学、隐函数理论、多元函数积分学.

《数学分析 (一)》的初稿由刘名生教授、冯伟贞副教授和韩彦昌副教授编写,《数学分析 (二)》的初稿由徐志庭教授、刘名生教授和冯伟贞副教授编写,《数学分析 (三)》的初稿由耿堤教授、易法槐教授和丁时进教授编写. 初稿完成后, 编写组全体成员多次仔细讨论、评阅和修改. 全书由刘名生教授和冯伟贞副教授负责编写组织工作.

中山大学林伟教授和福州大学朱玉灿教授审阅了本书并提出许多宝贵意见, 陈奇斌老师绘制了本册书的所有插图, 在此对他们表示衷心感谢.

本书在编写过程中得到华南师范大学数学科学学院许多同事的支持, 并得到广东省名牌专业建设专项经费、国家特色专业建设点专项经费及 2008 年度华南师范大学校级教改项目的资助. 我们在华南师范大学数学科学学院 08 级师范班的数学分析课程中试用了本书, 08 级师范班的学生为本书的完善提供了许多宝贵意见, 在此一并致谢.

作为新教材, 书中的疏漏和不足在所难免, 敬请读者批评指正.

编　者

2009 年 6 月华南师范大学

使 用 说 明

1. 本书应用分层教学的思想编写, 较难内容使用小字或用“*”号标注, 教师可根据不同层次的班级选讲部分小字或标“*”号的内容.

2. 讲授本册书的建议最少教学学时是 94 学时; 最多教学学时是 112 学时. 具体地说, 第 13 章: 24~26 学时; 第 14 章: 20~24 学时; 第 15 章: 12~16 学时; 第 16 章: 20~22 学时; 第 17 章: 10~12 学时; 第 18 章: 8~12 学时.

3. 习题分三级配置:

第一级为思考题, 每节都有, 目的是让学生通过自己做思考题理解所学的概念、定理及方法;

第二级为作业题, 即每节后面的习题, 供老师布置作业用, 要求学生全部完成;

第三级为扩展题, 放在每章后面的复习题中, 中间用一条横线分为两部分, 横线上的题供学生复习使用, 横线下的题较难, 供学有余力的学生进一步复习使用.

4. 每章末配有小结, 总结该章所学的知识点、概念和方法等, 方便学生复习.

目　　录

第 13 章　多元函数及其微分学

13.1　平面中的点集

从一维的数轴到 $n(n \geqslant 2)$ 维空间的过渡有许多本质上新的性质, 这些性质在二维与二维以上的空间之间并没有本质的不同. 因此, 以二维空间为例来讨论问题, 不仅具有典型性, 而且就形式而言, 也是最简单的.

13.1.1　二维 Euclid 空间 $\mathbb{R}^2$

全体有序实数对 (x, y) 所组成的集合记为 $\mathbb{R}^2$, 即 $\mathbb{R}^2 = \{(x, y) | x, y \in \mathbb{R}\}$. 从解析几何可以知道, 当在平面上确定了一个坐标系以后, 所有有序实数对 (x, y) 与平面上的点 $P(x, y)$ 之间可以建立起一个一一对应. 为方便起见, 以后将"有序实数对 (x, y)"与"平面上的点 $P(x, y)$"视为是等同的, 这种确定了坐标系的平面称为**坐标平面**. 坐标平面 (或简称为平面) 中的点 $P(x, y)$ 确定的向量 $\overrightarrow{OP}$ 称为点 P 的**向径**, 其中 $O(0, 0)$ 为坐标原点, 记为 $\boldsymbol{r} = \overrightarrow{OP} = (x, y)$. 点 P 与其向径 $\overrightarrow{OP}$ 构成一一对应. 可以定义向量的加法和数乘: 对于 $P_1(x_1, y_1), P_2(x_2, y_2) \in \mathbb{R}^2$ 和 $c \in \mathbb{R}$, 对应的向径为 $\boldsymbol{r}_1 = (x_1, y_1)$, $\boldsymbol{r}_2 = (x_2, y_2)$, 定义

$$\boldsymbol{r}_1 + \boldsymbol{r}_2 = (x_1 + x_2, y_1 + y_2), \quad c\boldsymbol{r} = (cx, cy).$$

由高等代数的知识可以知道, 在向量的数乘和加法运算意义下, $\mathbb{R}^2$ 是一个二维的**线性空间**或**向量空间**. 在这个向量空间中, 还可以定义向量的**内积**(或称为**数量积**)如下:

$$\boldsymbol{r}_1 \cdot \boldsymbol{r}_2 = (\boldsymbol{r}_1, \boldsymbol{r}_2) = ((x_1, y_1), (x_2, y_2)) := x_1 x_2 + y_1 y_2.$$

定义了内积的向量空间 $\mathbb{R}^2$ 也称为**二维 Euclid 空间**, 简称为**欧氏空间**. 内积具有如下性质:

(1) 对称性: $\boldsymbol{r}_1 \cdot \boldsymbol{r}_2 = \boldsymbol{r}_2 \cdot \boldsymbol{r}_1$;

(2) 线性性质: $(a\boldsymbol{r}_1 + b\boldsymbol{r}_2) \cdot \boldsymbol{r} = a\boldsymbol{r}_1 \cdot \boldsymbol{r} + b\boldsymbol{r}_2 \cdot \boldsymbol{r} \quad (a, b \in \mathbb{R})$;

(3) 正定性: $\boldsymbol{r} \cdot \boldsymbol{r} \geqslant 0$, 进而 $\boldsymbol{r} \cdot \boldsymbol{r} = 0$ 当且仅当 $\boldsymbol{r} = \boldsymbol{0} = (0, 0)$.

利用向量的内积可以定义向量 $\boldsymbol{r} = \overrightarrow{OP} = (x, y)$ 的**长度**为 $\|\boldsymbol{r}\| := \sqrt{\boldsymbol{r} \cdot \boldsymbol{r}} = \sqrt{x^2 + y^2}$, 也记其为 $\|P\|$. 这样, 平面 $\mathbb{R}^2$ 中的任意两点 $P_1(x_1, y_1)$ 和 $P_2(x_2, y_2)$ 之

间的**距离**就是向量 $\boldsymbol{r}_1=\overrightarrow{OP_1}$ 与向量 $\boldsymbol{r}_2=\overrightarrow{OP_2}$ 的差向量 $\boldsymbol{r}_1-\boldsymbol{r}_2=\overrightarrow{OP_1}-\overrightarrow{OP_2}=(x_1-x_2,y_1-y_2)$ 的长度, 记作 $\|P_1-P_2\|$, 即

$$\|P_1-P_2\|=\sqrt{(x_1-x_2)^2+(y_1-y_2)^2}.$$

内积满足如下的 Cauchy-Schwarz 不等式 (Hölder 不等式 $p=q=2$ 的情形):

$$|\boldsymbol{r}_1\cdot\boldsymbol{r}_2|=|x_1x_2+y_1y_2|\leqslant\sqrt{x_1^2+y_1^2}\sqrt{x_2^2+y_2^2}=\|\boldsymbol{r}_1\|\cdot\|\boldsymbol{r}_2\|.$$

由此易得向量的三角不等式如下:

$$\|\boldsymbol{r}_1+\boldsymbol{r}_2\|\leqslant\|\boldsymbol{r}_1\|+\|\boldsymbol{r}_2\|.$$

进而可得距离的**三角不等式**, 即对于 $\mathbb{R}^2$ 上的任意三点 P_1, P_2 和 P_3, 成立

$$\|P_1-P_2\|\leqslant\|P_1-P_3\|+\|P_3-P_2\|.$$

这个不等式具有明确的几何意义: 平面上以不共线的三点 P_1, P_2 和 P_3 为顶点的三角形的一边长不超过另外两边边长之和.

类似地, 可以定义**三维 Euclid 空间** $\mathbb{R}^3$ 乃至 n **维 Euclid 空间** $\mathbb{R}^n$.

13.1.2 平面中的点集

坐标平面上满足某种条件 $\mathcal{P}$ 的点的集合, 当然等价地, 也可以视为 $\mathbb{R}^2$ 的子集, 常常称为平面 $\mathbb{R}^2$ 中的点集, 可记为

$$E=\{(x,y)\in\mathbb{R}^2|(x,y)\ \text{满足条件}\,\mathcal{P}\}.$$

可以从 $\mathbb{R}$ 中的两个集合 A 和 B 出发, 通过作笛卡儿积 $A\times B$ 来构造 $\mathbb{R}^2$ 中的点集

$$A\times B=\{(x,y)\in\mathbb{R}^2|x\in A,y\in B\}.$$

例如, 分别以 x 轴上的闭区间 $[a,b]$ 和 y 轴上的闭区间 $[c,d]$ 为边所形成的笛卡儿积是 $\mathbb{R}^2$ 中的一个闭矩形, 记为 $[a,b]\times[c,d]$, 即

$$[a,b]\times[c,d]=\{(x,y)\in\mathbb{R}^2|a\leqslant x\leqslant b,c\leqslant y\leqslant d\}.$$

同理, $(a,b)\times(c,d)=\{(x,y)\in\mathbb{R}^2|a<x<b,c<y<d\}$. 类似地, $\{x_0\}\times(y_0-\epsilon,y_0+\epsilon)$ 表示过点 (x_0,y_0) 且平行于 y 轴的直线上的一段开区间; 而点集 $\mathbb{Z}\times\mathbb{Q}$ 表示 $\mathbb{R}^2$ 中以整数为横坐标, 有理数为纵坐标的点的全体构成的集合.

若在 x 轴和 y 轴上用以构成笛卡儿积的两个集合完全相同, 如都是 A, 则不妨记为 $A^2:=A\times A$. 例如, $\mathbb{R}^2:=\mathbb{R}\times\mathbb{R}$, $[0,1]^2:=[0,1]\times[0,1]$ 等.

$\mathbb{R}^2$ 中的点集并非总能通过笛卡儿积来构造. 例如, 开圆盘和闭圆盘就是这类集合. 以一个固定的点 $P_0(x_0,y_0)$ 为心, 以正数 $r>0$ 为半径的**开圆盘**、**闭圆盘**分别是以下的点集:

$$B_r(x_0,y_0)=\{(x,y)\in\mathbb{R}^2|(x-x_0)^2+(y-y_0)^2<r^2\},$$
$$\bar{B}_r(x_0,y_0)=\{(x,y)\in\mathbb{R}^2|\,(x-x_0)^2+(y-y_0)^2\leqslant r^2\},$$

也可分别记为

$$B_r(P_0)=\{P\in\mathbb{R}^2\,|\,\|P-P_0\|<r\},\quad \bar{B}_r(P_0)=\{P\in\mathbb{R}^2|\,\|P-P_0\|\leqslant r\}.$$

开圆盘 $B_\delta(x_0,y_0)$ 可以称为点 $P_0(x_0,y_0)$ 的 δ **圆邻域**, 由此可以称 $(x_0-\delta,x_0+\delta)\times(y_0-\delta,y_0+\delta)$ 为点 $P_0(x_0,y_0)$ 的 δ **方邻域**. 当然, 这两种邻域显然是实轴上邻域 (以某点为中心的对称区间) 的自然推广.

不难看出, 以 P_0 为中心的任意一个圆邻域可以包含在以 P_0 为中心的某一个方邻域中, 反之亦然 (图 13.1). 因此, 如果不强调这两种邻域的形状, 则可以用记号 $U(P_0;\delta)$ 来泛指它们; 进而, 如果还不强调 δ, 则甚至可以将这样的邻域简记为 $U(P_0)$. 今后, 当说 “点 P_0 附近的点” 或 “P_0 周围的点”, 或 “在点 P_0 的某个邻域中” 时, 均是指在某个 $U(P_0)$ 中的那些点.

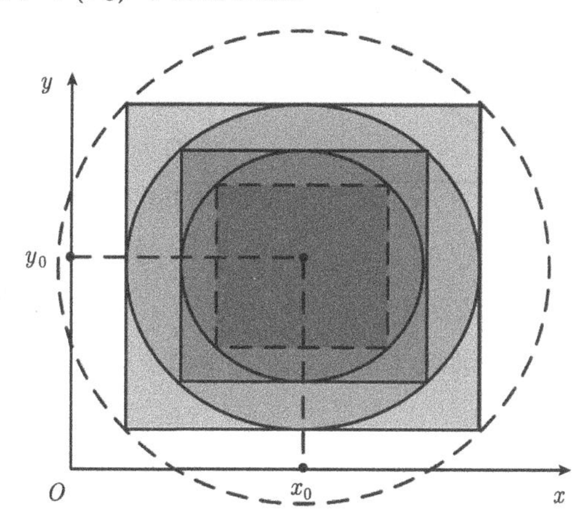

图 13.1　圆邻域和方邻域

如果讨论这样的邻域时不希望涉及邻域的中心点 P_0, 则要引入如下的**去心邻域**:

$$U^\circ(P_0;\delta)=B_\delta(P_0)\setminus\{P_0\}\quad 或\quad (x_0-\delta,x_0+\delta)\times(y_0-\delta,y_0+\delta)\setminus\{(x_0,y_0)\},$$

或简记为 $U^\circ(P_0)$.

设 $E \subset \mathbb{R}^2$, 如果存在某一点 $P_0(x_0, y_0)$ 和某个正数 R, 使得

$$E \subset U(P_0; R),$$

则称 E 为**有界集**; 否则, 称 E 为**无界集**.为了方便起见, 也常常取 $P_0(x_0, y_0)$ 为坐标原点 $O(0,0)$. 显然, 点 $P_0(x_0, y_0)$ 的取法不影响点集 E 的有界性.

非空点集 E 的**直径**定义为 E 中任意两点之间距离的上确界, 即

$$d(E) = \sup\{\|P_1 - P_2\| \,|P_1, P_2 \in E\}.$$

显然有 $d(B_R(P)) = d(\bar{B}_R(P)) = 2R$, $d([a,b] \times [c,d]) = \sqrt{(b-a)^2 + (d-c)^2}$. 由此可以看出: 点集的直径是圆盘直径概念的一个直接推广. 进而还可以得到: 点集 E 是有界的当且仅当 $d(E)$ 是有限数.

13.1.3　点和点集之间的关系

利用邻域的概念, 可以较为方便地研究点和点集之间的关系.

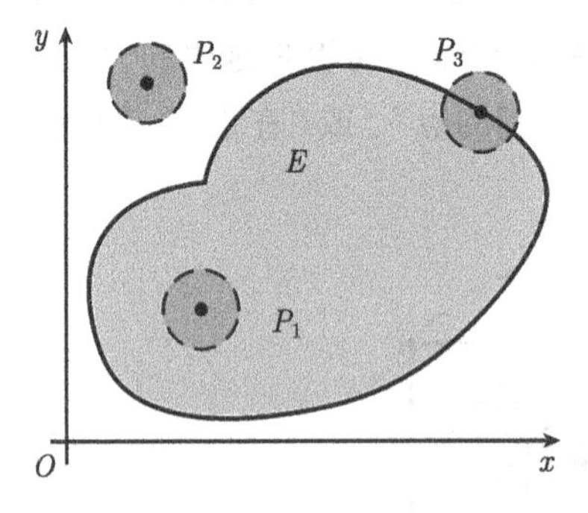

图 13.2　P_1 是 E 的内点, P_2 是 E 的外点, P_3 是 E 的边界点

定义 13.1.1　设 $E \subset \mathbb{R}^2$. $\mathbb{R}^2$ 中的任意一个点 P 与 E 之间可以有如下三种关系 (图 13.2):

(1) 如果存在某个邻域 $U(P)$, 使得 $U(P) \subset E$, 则称 P 是 E 的**内点**; E 的内点的全体构成的点集称为 E 的**内部**, 记为 $\mathrm{int}E$ 或 E°;

(2) 如果存在某个邻域 $U(P)$, 使得 $U(P) \cap E = \varnothing$, 则称 P 是 E 的**外点**;

(3) 如果在点 P 的任何邻域 $U(P)$ 内既含有属于 E 的点, 又含有不属于 E 的点, 即对于任意给定的 $\delta > 0$,

$$U(P;\delta) \cap E \neq \varnothing \quad 且 \quad U(P;\delta) \setminus E \neq \varnothing,$$

则称 P 是 E 的**边界点**. E 的边界点的全体构成的点集称为 E 的**边界**, 记为 ∂E.

*注　显然, E 的内点是 E 中的点, 而 E 的外点不是 E 中的点. E 的边界点既可能属于 E, 也可能不属于 E. 例如, $\partial B_\delta(x_0, y_0) = \bar{B}_\delta(x_0, y_0) \setminus B_\delta(x_0, y_0)$, 即 $B_\delta(x_0, y_0)$ 的边界是以 $P_0(x_0, y_0)$ 为心, δ 为半径的一个圆周, 显然, 它与原来的点集 $B_\delta(x_0, y_0)$ 不相交. 一个点集 E 可以没有边界, 如 $\partial\mathbb{R}^2 = \varnothing$; 也可能出现 E 的边界是其自身, 甚至比 E 还要大的情形, 如对于 $E = \mathbb{N} \times \mathbb{R}$, $\partial E = E$, 而 $\partial\mathbb{Q}^2 = \mathbb{R}^2$.

例 1 记 $D=\{(x,y)|2x\leqslant x^2+y^2<4\}$. 试指出点集 D 的内部 D°, 外点所成的集合和边界 ∂D.

解 点集 D 的图形如图 13.3 所示, 满足不等式

$$2x<x^2+y^2<4$$

的点 (x,y) 都是 D 的内点, 因此, D 的内部是两个圆 $(x-1)^2+y^2=1$ 和 $x^2+y^2=4$ 之间 (不含圆周) 的部分, 即 $D^{\circ}=\{(x,y)|2x<x^2+y^2<4\}$; D 的外点是大圆以外以及小圆以内的点; D 的边界是这两个圆周, 即

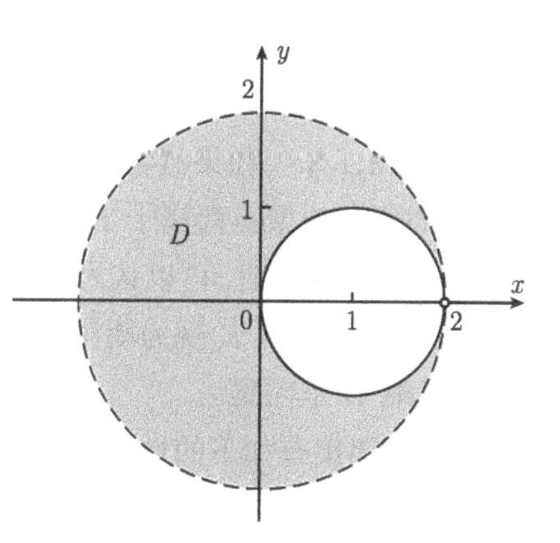

图 13.3 集合 D 的图形

$$\partial D=\{(x,y)|2x=x^2+y^2\}\cup\{(x,y)|x^2+y^2=4\}.$$ □

对于一个给定的点集和一个点, 还可以根据这一点的任何邻域中是否聚集有该点集的无穷多个点来研究点集的性质, 由此引出聚点和孤立点的概念.

定义 13.1.2 设 $E\subset\mathbb{R}^2$, P 是 $\mathbb{R}^2$ 中的一个点.

(1) 如果点 P 的任何邻域 $U(P)$ 都含有 E 中的无穷多个点, 则称 P 是 E 的**聚点**. E 的聚点的全体构成的点集称为 E 的**导集**, 记为 E'.

(2) 如果点 $P\in E$ 不是 E 的聚点, 即存在某个正数 δ, 使得 $U^{\circ}(P;\delta)\cap E=\varnothing$, 则称 P 是 E 的**孤立点**.

*注 显然, E 的聚点既可能属于 E, 也可能不属于 E; E 的内点一定是 E 的聚点. E 的边界点不是 E 的孤立点就是 E 的聚点, 但聚点不必是边界点. E 的孤立点的全体构成的集合正是 $\partial E\setminus E'$. 这里聚点的概念与一维数轴上聚点的定义在本质上是一致的. 例如, 在数轴上, 有理点的任何邻域中都有无理点, 反之亦然. 也就是说, 数轴上的任何点都是 $\mathbb{Q}$ 的聚点, 也是 $\mathbb{R}\setminus\mathbb{Q}$ 的聚点. 这一事实推广到 $\mathbb{R}^2$ 中即可得到 $(\mathbb{Q}^2)'=\mathbb{R}^2$, $((\mathbb{R}\setminus\mathbb{Q})^2)'=\mathbb{R}^2$, $(\mathbb{Q}\times(\mathbb{R}\setminus\mathbb{Q}))'=\mathbb{R}^2$, 点集 $\mathbb{Q}\times(\mathbb{R}\setminus\mathbb{Q})$ 及 $\mathbb{Q}^2$ 无孤立点等.

例 2 记 $D=\{(x,y)|2x\leqslant x^2+y^2<4\}$. 试指出点集 D 的导集和孤立点.

解 点集 D 的图形如图 13.3 所示. 注意到一个点集的内点当然是此点集的聚点, 而外点不是聚点; 又 D 的边界 ∂D 中的点显然也是 D 的聚点. 因此, D 的导集是两个圆 $(x-1)^2+y^2=1$ 和 $x^2+y^2=4$ 之间 (包含圆周) 的部分, 即 $D'=\{(x,y)|2x\leqslant x^2+y^2\leqslant 4\}$.

点集 D 的每一个点的任意邻域中都有 D 的无穷多个点, 因此, D 无孤立点. □

13.1.4　开集与闭集

利用内点和聚点的概念, 可以定义 $\mathbb{R}^2$ 中的开集与闭集.

定义 13.1.3　如果点集 E 中的每一点都是 E 的内点, 则称 E 是**开集**. 如果点集 E 的所有的聚点都属于 E, 则称 E 是**闭集**.

当 E 没有聚点时, 可以认为由聚点构成的集合是空集, 又空集是任何集合的子集, 此时当然可以将 E 视为闭集. 例如, $\mathbb{N}^2$(没有聚点), $\mathbb{N}\times\mathbb{R}$ 都是闭集. 由此还可以得知空集 $\varnothing$ 是闭集.

开集和闭集有如下的性质:

(1) 开集的余集是闭集, 闭集的余集是开集;

(2) 有限个开集的交 (并) 是开集, 有限个闭集的并 (交) 是闭集.

例 3　空集 $\varnothing$ 和 $\mathbb{R}^2$ 既是开集又是闭集.

证明　容易看出, $\mathbb{R}^2$ 既是开集又是闭集, 因为其中的每一点都是内点, 并且 $\mathbb{R}^2$ 包含了自己的每一个聚点. 上面已经论证过 $\varnothing$ 是闭集, 又 $\varnothing$ 的每个点都是其内点, 所以 $\varnothing$ 是开集. □

例 4　判断例 1 中的点集 D 是不是开集或闭集.

解　点集 D 不是开集, 因为圆周 $2x = x^2+y^2$ 上的点属于 D 但却不是 D 的内点; 点集 D 也不是闭集, 因为圆周 $x^2+y^2=4$ 上的点是 D 的聚点却不属于 D. □

定义 13.1.4　平面上的点集 E 称为具有**连通性**, 如果 E 中任意两点之间都可以用一条完全含于 E 的连续曲线相连接, 即对于 E 中的任意两点 $P_0(x_0,y_0), P_1(x_1,y_1)\in E$, 存在连续函数 $\phi(t)$ 和 $\psi(t)(t\in[0,1])$, 使得 $\phi(0)=x_0$, $\phi(1)=x_1$, $\psi(0)=y_0$ 和 $\psi(1)=y_1$, 并且 $\{(\phi(t),\psi(t))|t\in[0,1]\}\subset E$. 具有连通性的开集称为**开域**. 开域连同其边界所组成的点集称为**闭域**.

开域、闭域, 或者开域并上其部分边界的点集统称为**区域**.

如果区域 D 包含其中任意两点的连线, 即对任意的 $P_1(x_1,y_1), P_2(x_2,y_2)\in D$,

$$\{P(x_1+\lambda(x_2-x_1), y_1+\lambda(y_2-y_1))|0\leqslant\lambda\leqslant 1\}\subset D,$$

则称 D 为**凸区域**. 例如, 任何邻域 $U(P;\delta)$ 是凸开域, 去心邻域 $U^\circ(P;\delta)$ 是开域但不是凸区域. 两个不相交的邻域之并 $E=U(P_0;\delta_0)\cup U(P_1;\delta_1)$ (这里 $\|P_0-P_1\|\geqslant\delta_0+\delta_1$) 不是区域, 因为 E 不是连通的. 一般的凸区域和非凸区域的图像分别如图 13.4 和图 13.5 所示.

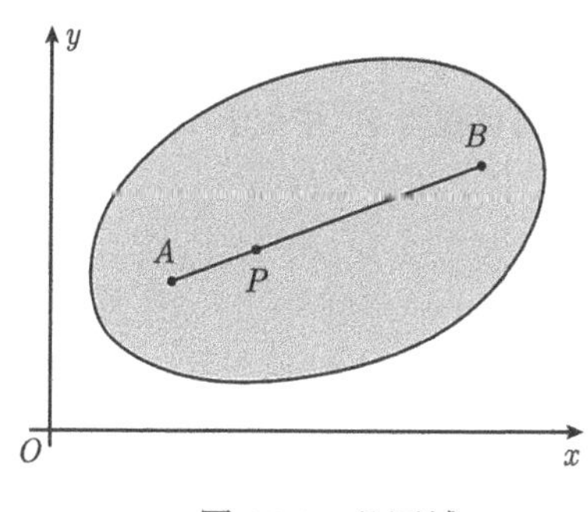

图 13.4 凸区域

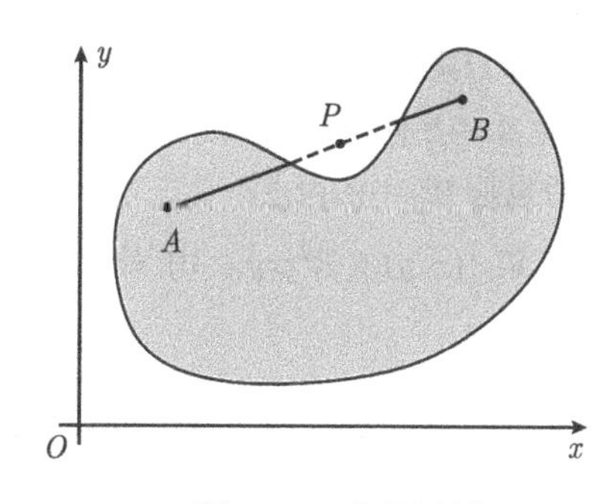

图 13.5 非凸区域

例 5 判断例 1 中的点集 D 是不是区域.

解 连通的开集 $D^\circ = \{(x,y)|2x < x^2+y^2 < 4\}$ 是开域, 闭集 $D' = \{(x,y)|2x \leqslant x^2+y^2 \leqslant 4\}$ 是闭域.

点集 D 是区域, 因为 D 是由开域 $D^\circ = \{(x,y)|2x < x^2+y^2 < 4\}$ 连同其部分边界 $\{(x,y)|2x = x^2+y^2\}$ 所组成的点集, 但 D 本身既不是开域也不是闭域. □

例 6 设 $A = \{(1/n,1/n^2)\ |n = 2,3,\cdots\}$, $B = ((0,1)\times(0,1))\setminus A$. 试给出点集 A 和 B 的内部、孤立点、导集和边界.

解 点集 A 显然没有内点, 即 $A^\circ = \varnothing$. A 中的每一点都是 A 的孤立点, 因为对于 $(1/n,1/n^2)\in A$, 可取 $\delta = 1/n(n+1)$, 则 $B_\delta(1/n,1/n^2)$ 中除去点 $(1/n,1/n^2)$ 外, 再无 A 中的任何点. 坐标原点显然是 A 的一个聚点, 并且是唯一的一个聚点, 即 $A' = \{(0,0)\}$. A 中的每一点都是 A 的边界点, 原点亦然, 故 $\partial A = A\cup\{(0,0)\}$.

对于点集 B, 其中每一点 $P(x,y)$ 都是 B 的内点, 因为可取 $\delta > 0$ 足够小, 使得 $B_\delta(x,y)$ 中没有 A 的任何点且完全包含在 B 中, 故点集 B 是开集. B 的边界为 $\partial B = ([0,1]\times[0,1])\setminus((0,1)\times(0,1))\cup A$. 点集 B 显然没有孤立点. 容易看出, 点集 A 中的每一个点还是 B 的聚点, 实际上, 点集 B 的聚点的全体构成了单位闭矩形 $[0,1]\times[0,1]$, 即 $B' = [0,1]^2$.

读者可以根据定义逐一验证这些结论, 并在 $\mathbb{R}^2$ 中画出这些点集的图形. □

平面中的点集

思考题

1. 不是开集的点集是否一定是闭集? 不是闭集的点集是否一定是开集?

2. 一个点集的边界点是否一定是这个点集的聚点? 反之又如何?

3. 在 $\mathbb{R}$ 中如何定义一个集合的内点? $\mathbb{R}$ 中的集合可以视为 $\mathbb{R}^2$ 中位于 x 轴上的点集, 其内点是否也是 $\mathbb{R}^2$ 中的内点?

4. 点集 $\{(x,y)\in\mathbb{R}^2|xy\geqslant 0\}$ 是否是区域?

习 题 13.1

1. 叙述"$\mathbb{R}^2$ 中点集 A 为无界集"的定义, 并应用它证明 $B=\{(x,y)\in\mathbb{R}^2|x<0,y<0\}$ 是无界集.

2. 设 $E(\subset\mathbb{R}^2)$ 非空. 证明 E 是有界集的充要条件是 $d(E)<\infty$.

3. 在平面上画出下列点集的图形, 说明这些点集是开集、闭集、区域或有界集等, 并写出这些点集的内点、聚点和边界点所成的点集:

(1) $E=(0,1]\times[1/2,3/2)$; (2) $E=\{(x,y)|x^2=y^2\}$;

(3) $E=\{(x,y)|x^2\neq y^2\}$; (4) $E=\{(x,y)|x^2+y^2\leqslant 2x\}$;

(5) $E=\{(x,y)|x^2+y^2\leqslant 2x 且 x^2+y^2\geqslant 2y\}$; (6) $E=\{(x,y)|x,y\in\mathbb{N}\}$.

4. 证明 $U(P_0)$ 是开集.

5. 证明 P_0 是 E 的聚点等价于在 P_0 的任何一个去心邻域 $U^\circ(P_0)$ 中都有 E 的点.

6. 证明开集和闭集的下述性质: 开集的余集是闭集, 闭集的余集是开集; 有限个开集的交 (并) 是开集, 有限个闭集的并 (交) 是闭集.

---

7. 试叙述 $\mathbb{R}$ 中开集的定义, 并证明若 A 和 B 是 $\mathbb{R}$ 中的开集, 则 $A\times B$ 亦然.

8. 设 x_0 是 $A\subset\mathbb{R}$ 的聚点, y_0 是 $B\subset\mathbb{R}$ 的聚点, 证明 (x_0,y_0) 是 $A\times B$ 的聚点.

9. 证明任意点集 E 与其边界 ∂E 的并集 $E\cup\partial E$ 是闭集.

13.2 $\mathbb{R}^2$ 的完备性

第 6 章对实数系 $\mathbb{R}$ 的完备性进行了详细的讨论, 大部分结果可以相应地推广到 $\mathbb{R}^2$ 中, 但也有些例外, 如在 $\mathbb{R}^2$ 中的点无大小关系, 故在 $\mathbb{R}^2$ 中无确界原理和单调有界定理. 为避免过多的重复, 在这里只介绍一些重要的结果. 首先, 仿照数列收敛的概念, 可以给出平面点列收敛的定义.

定义 13.2.1 设 $\{P_n(x_n,y_n)\}\subset\mathbb{R}^2$ 是平面上的一个点列, $P_0(x_0,y_0)\in\mathbb{R}^2$ 是一个固定的点. 如果对于任意给定的正数 ε, 存在正整数 N, 使得当 $n>N$ 时总有 $P_n\in U(P_0;\varepsilon)$, 则称当 n 趋于无穷时, 点列 $\{P_n\}$**收敛**于点 P_0, 记为

$$\lim_{n\to\infty}P_n=P_0 \quad 或 \quad P_n\to P_0,\quad n\to\infty.$$

因为定义 13.2.1 中的邻域 $U(P_0;\varepsilon)$ 可以用距离来描述, 既可以是圆形邻域, 又可以是方形邻域, 于是可以得到如下平面上点列收敛的等价性描述:

$$\begin{aligned}\lim_{n\to\infty} P_n = P_0 &\Leftrightarrow \lim_{n\to\infty} \|P_n - P_0\| = 0 \\ &\Leftrightarrow \lim_{n\to\infty} x_n = x_0 \text{ 且 } \lim_{n\to\infty} y_n = y_0. \end{aligned}\tag{13.2.1}$$

利用这个性质, 不难得到如下的结论:

例 1 设 $P_n = (1/n, 1/n^2)$ $(n = 1, 2, 3, \cdots)$, 则 $\{P_n\}$ 是 $\mathbb{R}^2$ 中的收敛点列且

$$P_n\left(\frac{1}{n}, \frac{1}{n^2}\right) \to O(0,0), \quad n \to \infty.$$

同理, 可以将实数系中的 Cauchy 收敛准则推广到 $\mathbb{R}^2$ 中.

定理 13.2.1(Cauchy 收敛准则) 设 $\{P_n(x_n, y_n)\} \subset \mathbb{R}^2$ 是平面上的一个点列, 则点列 $\{P_n\}$ 收敛的充分必要条件是对于任意给定的正数 ε, 存在正整数 N, 使得当 $n > N$ 时, 对所有的正整数 p 总有

$$\|P_n - P_{n+p}\| < \varepsilon.$$

***证明** **必要性** 设当 $n \to \infty$ 时, $P_n(x_n, y_n) \to P_0(x_0, y_0)$, 则对于任意给定的 $\varepsilon > 0$, 存在正整数 N, 使得当 $n > N$ 时总有

$$\|P_n - P_0\| < \frac{\varepsilon}{2} \quad \text{且} \quad \|P_{n+p} - P_0\| < \frac{\varepsilon}{2},$$

其中 p 可以是任意的正整数. 根据平面上的距离三角不等式可得

$$\|P_n - P_{n+p}\| \leqslant \|P_n - P_0\| + \|P_0 - P_{n+p}\| < \frac{\varepsilon}{2} + \frac{\varepsilon}{2} = \varepsilon,$$

这正是定理中所叙述的结论.

充分性 设定理中的条件成立, 即对于任意的 $\varepsilon > 0$, 存在 $N \in \mathbb{N}_+$, 使当 $n > N$ 时总有 $\|P_n - P_{n+p}\| < \varepsilon (p = 1, 2, \cdots)$. 根据距离和坐标之间的关系可以得到

$$|x_{n+p} - x_n| \leqslant \|P_{n+p} - P_n\| < \varepsilon \quad \text{且} \quad |y_{n+p} - y_n| \leqslant \|P_{n+p} - P_n\| < \varepsilon.$$

由此可知, 作为数列, $\{x_n\}$ 和 $\{y_n\}$ 都满足数列的 Cauchy 收敛准则, 因此, 都是收敛的. 设极限分别为 x_0 和 y_0, 即

$$\lim_{n\to\infty} x_n = x_0 \quad \text{且} \quad \lim_{n\to\infty} y_n = y_0.$$

由平面上点列收敛的等价性描述 (13.2.1), 即有 $P_n(x_n, y_n)$ 收敛于 $P_0(x_0, y_0)$. □

注 满足定理 13.2.1 中条件的点列 $\{P_n\}$ 称为**Cauchy 点列或基本点列**.

与数轴上的闭区间套定理相对应, 在 $\mathbb{R}^2$ 中有如下的闭集套定理:

定理 13.2.2(闭集套定理)　设 $\{D_n\} \subset \mathbb{R}^2$ 是一列非空闭集所组成的闭集套, 即每个 D_n 都是 $\mathbb{R}^2$ 中的非空闭集且 $D_{n+1} \subset D_n$ $(n = 1, 2, 3, \cdots)$. 又设其满足

$$\lim_{n\to\infty} d(D_n) = 0,$$

则存在唯一的一点 P_0, 使得

$$P_0 \in D_n, \quad n = 1, 2, 3, \cdots.$$

***证明**　既然每一个 D_n 都非空, 于是可在 D_n 中取一点, 记为 $P_n (n = 1, 2, 3, \cdots)$, 由此构成了一个点列 $\{P_n\}$. 进而还可以断言, $\{P_n\}$ 是 Cauchy 点列. 事实上, 对于每一个自然数 $n, p = 1, 2, 3, \cdots$ 都有 $P_n \in D_n$, 因为 $D_{n+p} \subset D_n$, 当然也有 $P_{n+p} \in D_n$, 进而

$$\|P_{n+p} - P_n\| \leqslant d(D_n) \to 0, \quad n \to \infty,$$

即得 $\{P_n\}$ 是基本列. 根据 Cauchy 收敛准则知, 存在点 $P_0 \in \mathbb{R}^2$, 使得

$$\lim_{n\to\infty} P_n = P_0.$$

再证 P_0 属于每一个 D_n. 事实上, 对每一个取定的正整数 n_0 都有 $P_{n_0+p} \in D_{n_0} (p = 1, 2, 3, \cdots)$, 即点列 $\{P_{n_0+p}\}_{p=1}^{\infty} \subset D_{n_0}$. 如果 $\{P_{n_0+p}\}$ 有一个子列, 其中每个点都是相同的, 显然结论成立. 否则, 不妨设 $\{P_{n_0+p}\}$ 中的点是互异的, 则 $P_{n_0+p} \to P_0$ $(p \to \infty)$ 表明 P_0 是 D_{n_0} 的聚点, 而 D_{n_0} 是闭集, 因此必有 $P_0 \in D_{n_0}$. 既然 n_0 是任意的正整数, 即可得所求结论: $P_0 \in D_n (n = 1, 2, 3, \cdots)$.

最后来证明满足上述结论的点 P_0 是唯一的. 事实上, 若还有 $Q_0 \in D_n (n = 1, 2, \cdots)$, 则根据距离的三角不等式有

$$\|P_0 - Q_0\| \leqslant \|P_0 - P_n\| + \|P_n - Q_0\| \leqslant d(D_n) + d(D_n) \to 0, \quad n \to \infty.$$

由此得到 $\|P_0 - Q_0\| = 0$, 即 $P_0 = Q_0$. □

定义 13.2.2　设 $E \subset \mathbb{R}^2$ 且 $\{U_\alpha\}$ 是一个开集簇. 如果对每一个 $P \in E$, 总存在开集 $U_{\alpha_0} \in \{U_\alpha\}$, 使得 $P \in U_{\alpha_0}$, 则称开集簇 $\{U_\alpha\}$ 为 E 的**开覆盖**.

例如, 开集簇 $\{U(O; n) | n = 1, 2, \cdots\}$ 是 $\mathbb{R}^2$ 的开覆盖, 当然也是 $\mathbb{R}^2$ 的任何子集的开覆盖; 对于任何非空的点集 $E \subset \mathbb{R}^2$ 和 $\delta > 0$, 开集簇 $\{U(P; \delta) | P \in E\}$ 是 E 的开覆盖. 对于每一个 $P \in E$, 任取 $\delta_P > 0$, 则开集簇 $\{U(P; \delta_P) | P \in E\}$ 仍是 E 的开覆盖.

定理 13.2.3(有限覆盖定理)　设 E 是 $\mathbb{R}^2$ 中的有界闭集, 开集簇 $\{U_\alpha\}$ 是 E 的任意一个开覆盖, 则其必存在有限子覆盖, 即有有限个 $U_{\alpha_1}, U_{\alpha_2}, \cdots, U_{\alpha_k} \in \{U_\alpha\}$, 使得

$$E \subset \bigcup_{i=1}^{k} U_{\alpha_i}.$$

*证明 用反证法. 假设开集簇 $\{U_\alpha\}$ 中的任意有限个元素 (即该开集簇中的任意有限个开集) 都不能覆盖 E.

因为 E 是有界闭集, 故可设 E 被包含在一个闭正方形 D_1 中. 将 D_1 等分为 4 个小的闭正方形, 其中必有一个与 E 的交不能被开集簇 $\{U_\alpha\}$ 有限个元素覆盖, 记为 D_2. 再将 D_2 等分为 4 个小的闭正方形, 其中必有一个与 E 的交不能被 $\{U_\alpha\}$ 有限覆盖, 如图 13.6 所示. 依此类推, 则可以得到一列闭的正方形 $\{D_n\}_{n=1}^{\infty}$, 满足 $D_{n+1}\subset D_n$ 且每个 $D_n\cap E$ 均不能被开集簇 $\{U_\alpha\}$ 有限覆盖. 注意到 $d(D_{n+1})=d(D_n)/2=d(D_1)/2^n$, 于是知 $d(D_n)\to 0$ $(n\to\infty)$. 因此, $\{D_n\cap E\}$ 是满足闭集套定理的一列闭集, 故存在唯一一点 $P_0\in D_n\cap E(n=1,2,\cdots)$. 由 $P_0\in E$, 而 $\{U_\alpha\}$ 是 E 的开覆盖, 因此, 必有某个 $U_{\alpha_0}\in\{U_\alpha\}$, 使得 $P_0\in U_{\alpha_0}$. 既然 P_0 是 U_{α_0} 的内点, 存在 $\varepsilon>0$, 使得 $U(P_0;\varepsilon)\subset U_{\alpha_0}$. 利用

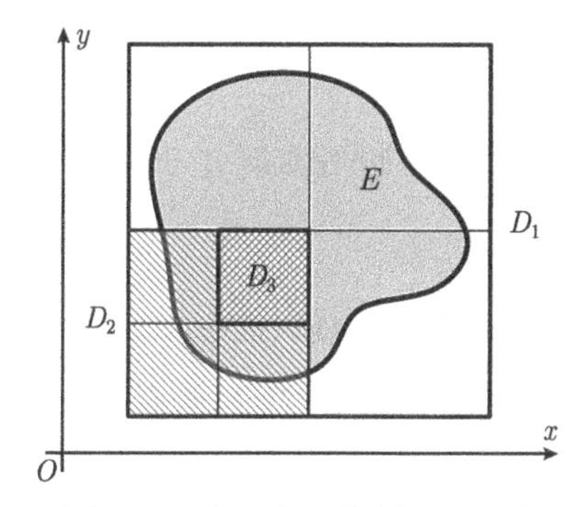

图 13.6 小正方形的划分和取法

$$d(D_n)=\frac{1}{2^n}d(D_1)\to 0,\quad n\to\infty$$

可以知道, 当 n 充分大时, $d(D_n\cap E)<\varepsilon$, 因而得到

$$D_n\cap E\subset U(P_0;\varepsilon)\subset U_{\alpha_0},$$

即 $D_n\cap E$ 可以被 $\{U_\alpha\}_{\alpha\in\mathcal{A}}$ 中的一个元 U_{α_0} 所覆盖, 此与每一个 $D_n\cap E$ 均不能被开集簇 $\{U_\alpha\}$ 有限覆盖相矛盾. 故定理得证. □

定理 13.2.4(聚点定理) 设 E 是 $\mathbb{R}^2$ 中的有界无限点集, 则 E 在 $\mathbb{R}^2$ 中至少有一个聚点.

*证明 用反证法. 假设 E 无任何聚点, 即 $E'=\varnothing$.

因为 E 有界, 不妨设 $E\subset\bar{B}_R(O)$. 因为 E 无聚点, 有界闭集 $\bar{B}_R(O)$ 中的每一个点 P 都不可能是 E 的聚点, 因而根据聚点的定义, 存在 $\delta_P>0$, 使得开邻域 $U(P;\delta_P)$ 至多包含 E 的有限个点. 注意到开集簇

$$\{U(P;\delta_P)|P\in\bar{B}_R(O)\}$$

是有界闭集 $\bar{B}_R(O)$ 的开覆盖, 由有限覆盖定理, 存在有限子覆盖, 进而这个有限子覆盖还覆盖 E. 由此得到 E 是有限集, 与 E 是无限点集的假设矛盾. 故 E 至少有一个聚点. □

推论 13.2.1(致密性定理) $\mathbb{R}^2$ 中的有界点列 $\{P_n\}$ 有收敛子列.

由致密性定理容易推出 Cauchy 收敛准则 (见习题 13.2 第 5 题), 因此, 可以看到上面的几个描述 $\mathbb{R}^2$ 完备性的定理是等价的.

以上的结果可以毫无困难地平行推广到 $\mathbb{R}^n(n>2)$ 的情形, 这里就不赘述了.

平面点列的收敛性

思考题

对于 $\mathbb{R}^2$ 中的非空点集 E, 开集簇 $\{U^\circ(P;\delta)|P \in E\}$ 总是 E 的开覆盖吗?

习　题　13.2

1. 证明致密性定理 (推论 13.2.1).

2. 证明基本点列必有界.

3. 证明 P_0 是 E 的聚点等价于存在一个各项互异的点列 $\{P_n\} \subset E$, 使得 $P_n \to P_0(n \to \infty)$.

---

4. 试用闭集套定理证明聚点定理.

5. 用致密性定理证明 Cauchy 收敛准则的充分性部分. (提示: 利用第 2 题的结论, 并证明 Cauchy 列如果有一个子列收敛, 则其本身也是收敛的.)

13.3　二元函数的极限和连续性

13.3.1　二元函数和多元函数的概念

在实际中, 一个事件的结果常常受到多种因素的影响, 如果希望精确地描述这类现象, 就要引入多元函数. 例如, 自然界的现象常与时间和空间有关, 依赖于点的位置 (x, y, z) 和时间 t, 因此, 需要用四元函数 $f(x, y, z, t)$ 来刻画. 这样的物理量有空间各点的温度、物体的密度等. 又如, 流体中质点的流速 $\boldsymbol{v}$ 是向量, 作为空间的位置和时间的函数, 应该写成

$$\boldsymbol{v} = (P(x, y, z, t), Q(x, y, z, t), R(x, y, z, t)),$$

即 $\boldsymbol{v}$ 的每个分量都是一个四元函数, 故不妨将其写为 $\boldsymbol{v} = \boldsymbol{v}(x, y, z, t)$. 其他各种现象, 如股票的升降、汇率的波动等, 都受多种因素的制约, 也就是以这些因素作为变量的多元函数, 所以研究多元函数具有重要的理论背景和实际意义.

为简单起见, 以二元函数为例展开论述. 二元函数 (及多元函数) 实际上是一元函数的自然推广, 当然也是一种特殊的映射.

定义 13.3.1 设 $D \subset \mathbb{R}^2$, $f: D \to \mathbb{R}$ 是一个映射, 即对于 D 中的每一个点 $P(x,y)$, 通过对应法则 f 都有唯一一个实数 z 与之对应, 此时称 f 为定义在 D 上的**二元函数**, 记为

$$z = f(P),\ P \in D \quad 或 \quad z = f(x,y), (x,y) \in D.$$

与一元函数的概念相类似, x 和 y 称为函数 f 的**自变量**, 自变量的变化范围 D 称为二元函数 f 的**定义域**; z 是 f 在 P 点的**函数值**, 也称为**因变量**. 全体函数值的集合 $f(D) = \{f(P)|P \in D\} \subset \mathbb{R}$ 称为函数 f 的**值域**.

二元函数当然也是由定义域和对应法则所唯一确定的. 在不致引起混淆的情况下, 也可以说"函数 $z = f(x,y)$", "函数 $z = f(P)$", 或简称为"函数 f".

类似地, 可以定义多元函数 $f: D \to \mathbb{R}$ (其中 $D \subset \mathbb{R}^n$, $n \geqslant 3$).

二元函数的许多性质与一元函数是类似的. 例如, 可以称一个二元函数为无界的, 如果其值域是 $\mathbb{R}$ 中的无界集. 而值域是有界集的函数称为**有界函数**.

二元函数的几何意义 在映射的意义下, 二元函数的函数值 z 实际上也是点 P 在映射 $f: D \to \mathbb{R}$ 下的象, 而 P 是 z 的原象. 由原象和对应的象所组成的三维数组 $(x,y,z) = (P,z) = (x,y,f(x,y))$ 是三维 Euclid 空间 $\mathbb{R}^3$ 中的一个点. 这样的点的全体, 即集合

$$\mathcal{F} = \{(x,y,z)|z = f(x,y), (x,y) \in D\}$$

称为函数 f 的**图像**. 容易想象, $\mathcal{F}$ 实际上是三维空间 $\mathbb{R}^3$ 中张在定义域 D 上的一张曲面, 而函数 f 的定义域 D 则是函数的图像 $\mathcal{F}$ 在 xy 平面 (即 $\mathbb{R}^2$) 上的投影.

例如, 二元函数 $z = \sqrt{|xy|}$ 的定义域是整个 xy 平面, 即 $D = \mathbb{R}^2$, 而二元函数 $z = \sqrt{xy}$ 的定义域是 $D = \{(x,y)|xy \geqslant 0\}$, 即 xy 平面上的第一、三象限 (包括坐标轴). 这两个函数的图像可如图 13.7 和图 13.8 所示.

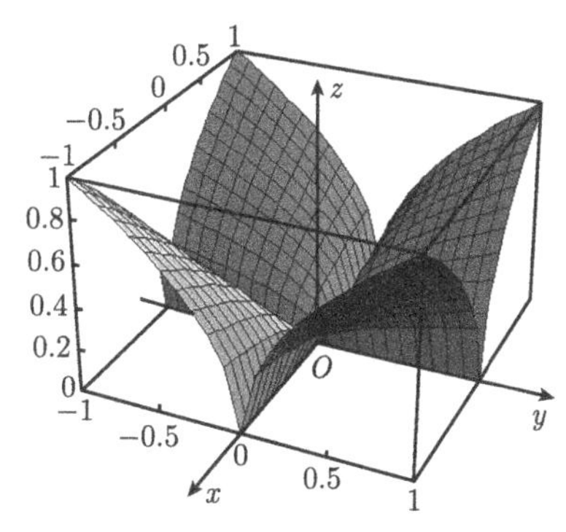

图 13.7 函数 $z = \sqrt{|xy|}$ 的图像

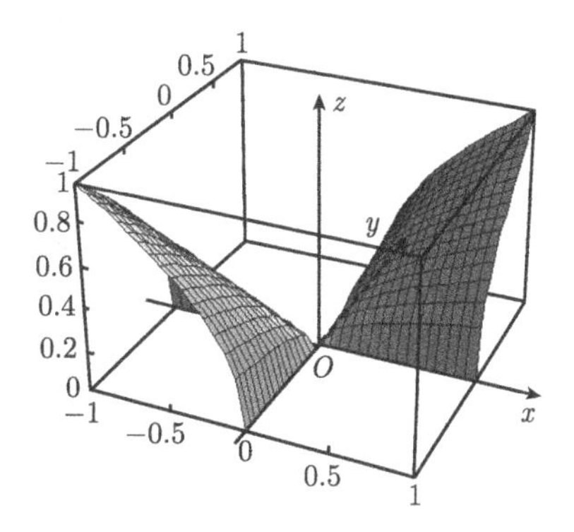

图 13.8 函数 $z = \sqrt{xy}$ 的图像

13.3.2　二元函数的重极限

一元函数的极限是在直线上点的去心邻域中定义的, 与此类似, 二元函数的极限应该在平面上点的去心邻域中定义. 确切地讲, 有如下定义:

定义 13.3.2　设 D 是 $\mathbb{R}^2$ 的一个点集, f 是定义在 D 上的二元函数, $P_0(x_0,y_0)$ 是 D 的一个聚点. 设 A 是一个确定的实数, 如果对于任给的正数 ε, 总存在正数 δ, 使得当 $P(x,y)\in U^\circ(P_0;\delta)\cap D$ 时都成立

$$|f(P)-A|<\varepsilon,$$

则称 f **在** D **上当** $P(x,y)$ **趋向于** $P_0(x_0,y_0)$ **时, 以** A **为极限**, 记为

$$\lim_{\substack{P\to P_0\\ P\in D}} f(P)=A \quad 或 \quad \lim_{\substack{(x,y)\to(x_0,y_0)\\ (x,y)\in D}} f(x,y)=A.$$

在不会引起混淆的情况下, 也可以分别记为

$$\lim_{P\to P_0} f(P)=A \quad 或 \quad \lim_{(x,y)\to(x_0,y_0)} f(x,y)=A \quad 或 \quad \lim_{\substack{x\to x_0\\ y\to y_0}} f(x,y)=A.$$

在上述极限的定义 13.3.2 中, 要求两个变量 x 和 y 同时以任何方式趋向于 x_0 和 y_0. 因此, 也称这种极限为**重极限**.

需要指出的是, 重极限既然是极限, 当然具有极限所有的性质, 如重极限如果存在, 则其极限值必唯一; 四则运算性质: 线性性质, 重极限的积等于积的重极限, 重极限的商等于商的重极限 (分母不为零); 保号性和迫敛性定理等. 这些性质的叙述与证明与一元函数相应性质的证明类似, 读者可以作为练习来补充之.

例 1　利用定义证明极限 $\lim\limits_{(x,y)\to(1,2)}(x^2-y^2)=-3$.

证明　首先估计函数和极限值的差, 并且希望在这个差的估计中出现因子 $|x-1|$ 和 $|y-2|$.

$$\begin{aligned}|x^2-y^2-(-3)|&=|x^2-1-(y^2-4)|\\&\leqslant|x-1||x+1|+|y+2||y-2|.\end{aligned}$$

为此, 将 (x,y) 限制在以 $(1,2)$ 为中心的方形邻域 D 中, 其中

$$D=\{(x,y)||x-1|<1,|y-2|<1\},$$

此时 $|x| < 2$, $|y| < 3$(实际上还有 $0 < x < 2$, $1 < y < 3$, 如图 13.9 所示). 因此有

$$\begin{aligned}|x^2-y^2+3| &\leqslant |x-1|(1+|x|) \\ &\quad +|y-2|(2+|y|) \\ &\leqslant 5(|x-1|+|y-2|).\end{aligned}$$

由此, 对于任意给定的 $\varepsilon > 0$, 取 $\delta = \min\{1, \varepsilon/10\}$, 则当 $(x,y) \in U^\circ((1,2);\delta)$ 时, 同时成立 $|x| < 2$, $|y| < 3$, $|x-1| < \varepsilon/10$ 且 $|y-2| < \varepsilon/10$, 于是

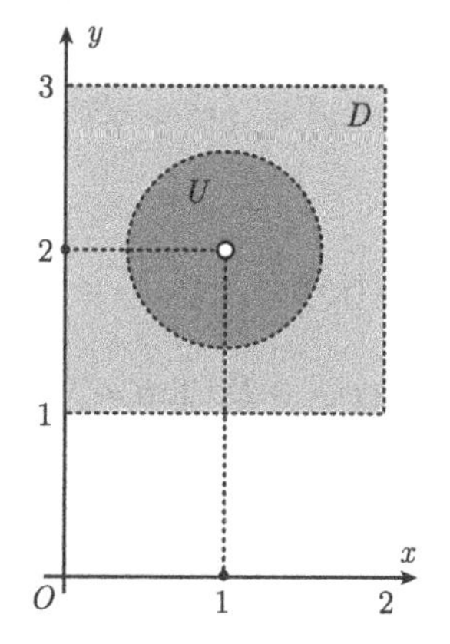

图 13.9 先限制在 D 中, 再取 $U = U^\circ((1,2);\delta)$

$$|x^2-y^2+3| \leqslant 5(|x-1|+|y-2|) < \varepsilon.$$

根据极限定义即可得到 $\lim\limits_{(x,y)\to(1,2)}(x^2-y^2) = -3$. □

例 2 设 $f(x,y) = x\sin\dfrac{1}{y} + y\sin\dfrac{1}{x}$. 证明极限

$$\lim_{\substack{(x,y)\to(0,0)\\(x,y)\in E}} f(x,y) = 0,$$

其中 $E = \{(x,y)|xy \neq 0\}$ 是函数 $f(x,y)$ 的定义域.

证明 显然, 原点 $(0,0)$ 是 E 的聚点. 又

$$\begin{aligned}|f(x,y)-0| &= \left|x\sin\frac{1}{y}+y\sin\frac{1}{x}\right| \\ &\leqslant |x|\left|\sin\frac{1}{y}\right|+|y|\left|\sin\frac{1}{x}\right| \\ &\leqslant |x|+|y|,\end{aligned}$$

由此, 对于任意给定的 $\varepsilon > 0$, 取 $\delta = \varepsilon/2$, 则当 $0 < |x| < \varepsilon/2$ 且 $0 < |y| < \varepsilon/2$ 时, 有

$$\left|x\sin\frac{1}{y}+y\sin\frac{1}{x}\right| \leqslant |x|+|y| < \varepsilon.$$

根据极限定义即可得到 $\lim\limits_{\substack{(x,y)\to(0,0)\\(x,y)\in E}}\left(x\sin\dfrac{1}{y}+y\sin\dfrac{1}{x}\right) = 0$. □

例 3 求重极限

$$\lim_{(x,y)\to(0,0)} (x^2+y^2)^{\sqrt{|xy|}}.$$

解 记 $f(x,y)=(x^2+y^2)^{\sqrt{|xy|}}$. 引入极坐标 $x=r\cos\theta$, $y=r\sin\theta$, 限制 $0<r<1$, 则

$$e^{2r\ln r}\leqslant f(r\cos\theta,r\sin\theta)=r^{2r\sqrt{|\cos\theta\sin\theta|}}=e^{2r\ln r\sqrt{|\cos\theta\sin\theta|}}\leqslant e^0=1.$$

注意到 $\lim\limits_{r\to0^+} r\ln r=0$ 及 $\lim\limits_{r\to0^+} e^{2r\ln r}=e^{\lim\limits_{r\to0^+}2r\ln r}=e^0=1$, 因此, 由迫敛性即得

$$\lim_{(x,y)\to(0,0)} f(x,y)=\lim_{r\to0^+} f(r\cos\theta,r\sin\theta)=1. \qquad \square$$

一元函数当 $x\to x_0$ 时的极限是指当 x 以任何方式趋向于 x_0 时, 函数值都趋向于一个固定的数, 此处的 x 当然是限制在实数轴上. 对于二元函数的情形, $(x,y)\to(x_0,y_0)$ 是指 (x,y) 在平面上以任何方式趋于 (x_0,y_0), 因此, 二元函数的极限要比一元函数的情形复杂得多. 注意当求二元函数的重极限时, 如果限制求极限的点集 D 为某一直线, 如 x 轴或 y 轴或某个曲线, 则重极限的问题可以特殊化为一元函数的极限问题.

然而, 二元函数极限的某些性质在本质上与一元函数的情形是类似的. 例如, 仿照 Heine 归结原则, 可以建立如下的结论:

定理 13.3.1 f 在 D 上当 $P\to P_0$ 时以 A 为极限(即 $\lim\limits_{\substack{P\to P_0\\ P\in D}} f(P)=A$) 的充分必要条件是: 对于任意的 $E\subset D$, 只要 P_0 是 E 的聚点, 就有

$$\lim_{\substack{P\to P_0\\ P\in E}} f(P)=A.$$

定理 13.3.1 结论的含义是明确的, 即定理中所描述的条件包含了 $(x,y)\to(x_0,y_0)$ 的所有可能的方式. 显然, D 中的点列 $\{P_n\}$ 可以视为 D 的子集, 所以若将定理中的“$P\to P_0$, $P\in E$”换为“$P_n\to P_0$, $P_n\in D$”, 则可以得到二元函数极限的 Heine 归结原则.

推论 13.3.1 $\lim\limits_{P\to P_0} f(P)=A$ 的充分必要条件是: 对于 D 中的任意点列 $\{P_n\}$, 只要 $P_n\to P_0$, 对应的函数值数列 $\{f(P_n)\}$ 就都收敛到 A.

利用定理 13.3.1 也容易建立二元函数极限不存在的充分条件.

推论 13.3.2 设 A 和 B 都是 D 的子集, 并且 P_0 还是 A 和 B 的聚点.

(1) 若 $\lim\limits_{\substack{P\to P_0\\ P\in A}} f(P)$ 不存在, 则 $\lim\limits_{\substack{P\to P_0\\ P\in D}} f(P)$ 不存在;

(2) 若 $\lim\limits_{\substack{P\to P_0\\ P\in A}} f(P)$ 和 $\lim\limits_{\substack{P\to P_0\\ P\in B}} f(P)$ 存在, 但不相等, 则 $\lim\limits_{\substack{P\to P_0\\ P\in D}} f(P)$ 不存在.

推论 13.3.2(2) 较为常用. 在实际应用中, 为方便计, 常常将点集 A 和 B 取为过点 P_0 的不同的直线或曲线, 此时在这样的点集上的极限可以视为一元函数的极限.

例 4 设 $f(x,y)=\dfrac{y^2}{x}$, 试证明重极限 $\lim\limits_{\substack{(x,y)\to(0,0)\\x\neq 0}} f(x,y)$ 不存在.

证明 函数 $f(x,y)$ 的定义域是 $\mathbb{R}^2$ 中 $x\neq 0$ 的点. 任意取定一个数 $k\neq 0$. 取 $A=\{(x,y)|y=kx\}$, $B=\{(x,y)|y^2=kx\}$, 则

$$\lim_{\substack{(x,y)\to(0,0)\\(x,y)\in A}} f(x,y)=\lim_{\substack{(x,y)\to(0,0)\\y=kx}}\frac{y^2}{x}=\lim_{x\to 0}k^2x=0,$$

$$\lim_{\substack{(x,y)\to(0,0)\\(x,y)\in B}} f(x,y)=\lim_{\substack{(x,y)\to(0,0)\\y^2=kx}}\frac{y^2}{x}=\lim_{x\to 0}k=k\neq 0.$$

根据推论 13.3.2 即知极限不存在. □

例 4 中函数 y^2/x 在 A 中的极限可以理解为动点 $P(x,y)$ 沿着直线 $y=kx$ 趋向于原点, 而函数 y^2/x 在 B 中的极限可以理解为动点 $P(x,y)$ 沿着曲线 $y^2=kx$ 趋向于原点. 在函数 $z=y^2/x$ 的图像 (图 13.10) 上, 点集 B, 即曲线 $y^2=kx$, 实际上是高为 k 的等高线.

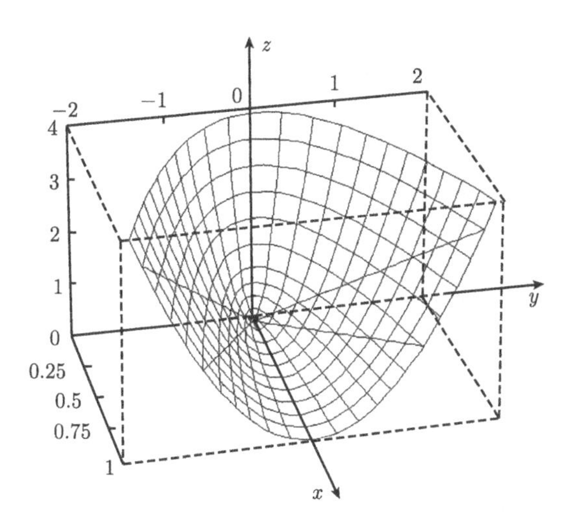

图 13.10 在曲面 $z=y^2/x$ 上 (只画出了第一、四卦限部分), 当 $x\to 0$ 时, 沿等高线 $y^2=kx$, 极限为 k; 沿直线 $y=kx$, 极限为 0

在这两种情形中, 都是将极限化为一元函数的极限来处理的. 当然也可以利用推论 13.3.2(1) 来论证极限不存在. 例如, 可以将点集 A 取为点列 $\{P_n\}=\{((-1)^n/n,1/\sqrt{n})\}$, 详细验证过程留给读者来完成.

13.3.3　二元函数的累次极限

若希望用一元函数的极限来描述或计算重极限, 则累次极限是其中的一种方式. 如果在二元函数 $f(x,y)$ 取极限的过程中, 先固定 y, 则二元函数可以视为 x 的一元函数, 令 $x \to x_0$, 得到一个极限, 这个极限与 y 有关, 视为 y 的一元函数, 记为 $\phi(y)$. 如果这个一元函数当 $y \to y_0$ 时极限存在, 因其与取极限的先后顺序有关, 故可称为二元函数的累次极限, 如下给出正式的定义:

定义 13.3.3　设 $U((x_0,y_0);\delta)$ 是点 $P_0(x_0,y_0)$ 的 δ 方邻域, 记

$$D = U((x_0,y_0);\delta) \setminus \big(\{x_0\} \times (y_0-\delta, y_0+\delta) \cup (x_0-\delta, x_0+\delta) \times \{y_0\}\big).$$

函数 $z = f(x,y)$ 在点集 D 上有定义 (其中 $P_0(x_0,y_0)$ 是 D 的聚点). 若对每个 $y \in (y_0-\delta, y_0+\delta) \setminus \{y_0\}$, 存在极限 $\varphi(y) = \lim\limits_{x \to x_0} f(x,y)$ 且存在极限

$$L = \lim_{y \to y_0} \varphi(y),$$

则称此极限为函数 $f(x,y)$ 先对 x 后对 y 的**累次极限**, 记为

$$L = \lim_{y \to y_0} \lim_{x \to x_0} f(x,y).$$

类似地, 可以定义 $\lim\limits_{x \to x_0} \lim\limits_{y \to y_0} f(x,y)$.

图 13.11 和图 13.12 从自变量的观点形象地解释了两个累次极限的极限过程.

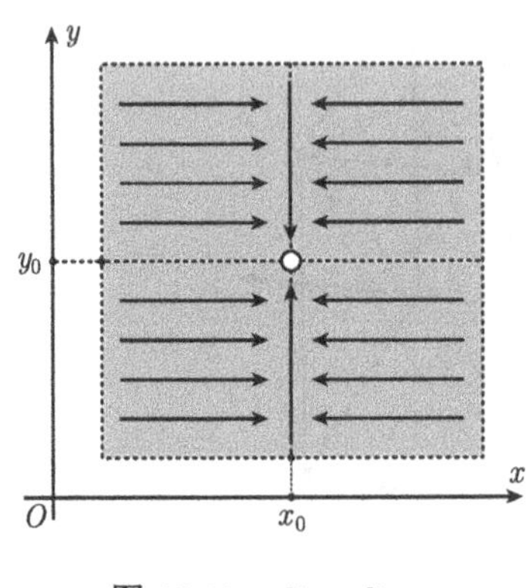

图 13.11　$\lim\limits_{y \to y_0} \lim\limits_{x \to x_0}$

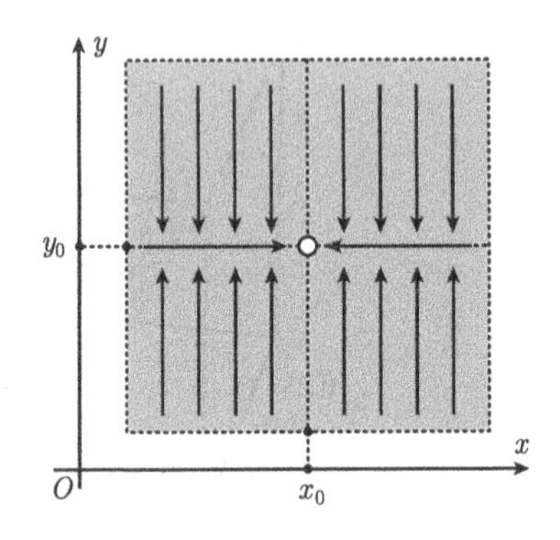

图 13.12　$\lim\limits_{x \to x_0} \lim\limits_{y \to y_0}$

下面的结论揭示了二元函数的重极限和累次极限之间的关系.

定理 13.3.2　若函数 $f(x,y)$ 在点 $P_0(x_0,y_0)$ 存在重极限 $\lim\limits_{(x,y) \to (x_0,y_0)} f(x,y)$ 和累次极限 $\lim\limits_{y \to y_0} \lim\limits_{x \to x_0} f(x,y)$, 则二者相等, 即

$$\lim_{(x,y) \to (x_0,y_0)} f(x,y) = \lim_{y \to y_0} \lim_{x \to x_0} f(x,y).$$

证明 记 $K=\lim\limits_{(x,y)\to(x_0,y_0)}f(x,y)$, 则对任意给定的 $\varepsilon>0$, 存在 $\delta>0$, 使得当 $P(x,y)\in U^\circ(P_0;\delta)$ 时总有

$$|f(x,y)-K|<\varepsilon. \tag{13.3.1}$$

又因为累次极限 $\lim\limits_{y\to y_0}\lim\limits_{x\to x_0}f(x,y)$ 存在, 所以当 y 满足 $0<|y-y_0|<\delta$ 时, 存在极限

$$\varphi(y)=\lim_{x\to x_0}f(x,y) \quad 且 \quad \lim_{y\to y_0}\varphi(y)=\lim_{y\to y_0}\lim_{x\to x_0}f(x,y).$$

因此, 在不等式 (13.3.1) 中令 $x\to x_0$ 便有

$$|\varphi(y)-K|\leqslant\varepsilon.$$

此即说明 $\lim\limits_{y\to y_0}\varphi(y)=K$, 即 $\lim\limits_{(x,y)\to(x_0,y_0)}f(x,y)=\lim\limits_{y\to y_0}\lim\limits_{x\to x_0}f(x,y)$. □

定理 13.3.2 的应用价值体现在重极限可以用累次极限加以计算, 前提当然是二者必须同时存在. 对于二元函数而言, 累次极限有两个, 因此, 还可以得到如下的推论:

推论 13.3.3 (1) 若两个累次极限 $\lim\limits_{y\to y_0}\lim\limits_{x\to x_0}f(x,y)$ 和 $\lim\limits_{x\to x_0}\lim\limits_{y\to y_0}f(x,y)$ 以及重极限 $\lim\limits_{(x,y)\to(x_0,y_0)}f(x,y)$ 都存在, 则三者相等;

(2) 若两个累次极限 $\lim\limits_{y\to y_0}\lim\limits_{x\to x_0}f(x,y)$和 $\lim\limits_{x\to x_0}\lim\limits_{y\to y_0}f(x,y)$ 存在但不相等, 则重极限 $\lim\limits_{(x,y)\to(x_0,y_0)}f(x,y)$ 必不存在.

例 5 设 $f(x,y)=\dfrac{x^2-y^2}{x^2+y^2}$. 试用累次极限的性质证明重极限 $\lim\limits_{(x,y)\to(0,0)}f(x,y)$ 不存在 (函数 $f(x,y)$ 在原点附近的图像如图 13.13 所示).

证明 易见原点是这个函数定义域的聚点, 并且容易算出该函数在原点处的两个累次极限分别为

$$\lim_{x\to0}\lim_{y\to0}\frac{x^2-y^2}{x^2+y^2}=\lim_{x\to0}\frac{x^2-0}{x^2+0}=1,$$

$$\lim_{y\to0}\lim_{x\to0}\frac{x^2-y^2}{x^2+y^2}=\lim_{y\to0}\frac{0-y^2}{0+y^2}=-1.$$

根据推论 13.3.3, 重极限 $\lim\limits_{(x,y)\to(0,0)}\dfrac{x^2-y^2}{x^2+y^2}$ 不存在. □

既然累次极限和重极限是不同的概念, 二者的存在性之间没有太多的必然联系, 除了上述的累次极限存在但不相等可以导出重极限不存在的结论外, 还有可能

会出现的情形是: 重极限存在, 但累次极限不存在. 此外, 即使重极限存在, 两个累次极限中的一个存在, 也无法保证另一个也存在.

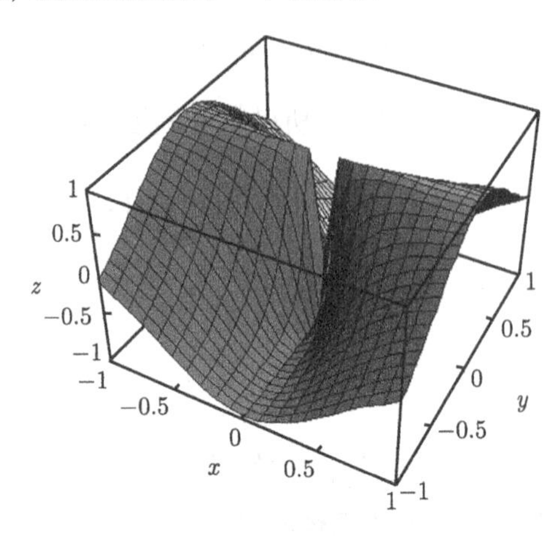

图 13.13　函数 $z=(x^2-y^2)/(x^2+y^2)$ 的图像按照曲面上横纵曲线分别取极限, 可以体会出两个不同顺序的累次极限不相等的含义

例 6　试举例说明存在以下的事实:

(1) 重极限和一个累次极限存在 (因此相等), 但另一个累次极限不存在;

(2) 重极限存在, 但两个累次极限都不存在.

解　考虑如下的两个函数:

$$x\sin\frac{1}{y},\quad x\sin\frac{1}{y}+y\sin\frac{1}{x}.$$

讨论这两个函数在原点的极限问题. 这两个函数的图像如图 13.14 和图 13.15 所示.

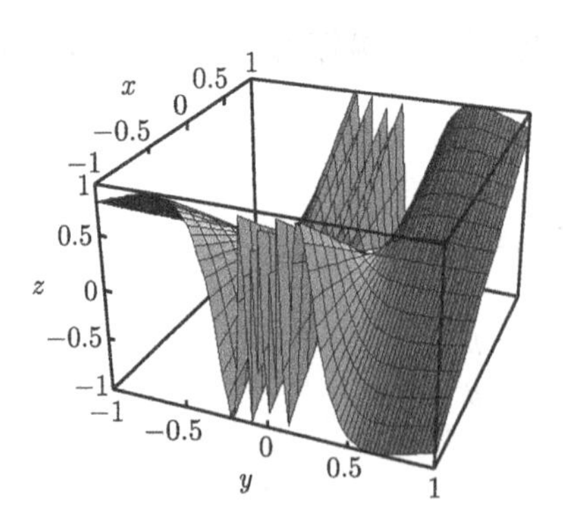

图 13.14　函数 $z=x\sin\dfrac{1}{y}$ 的图像

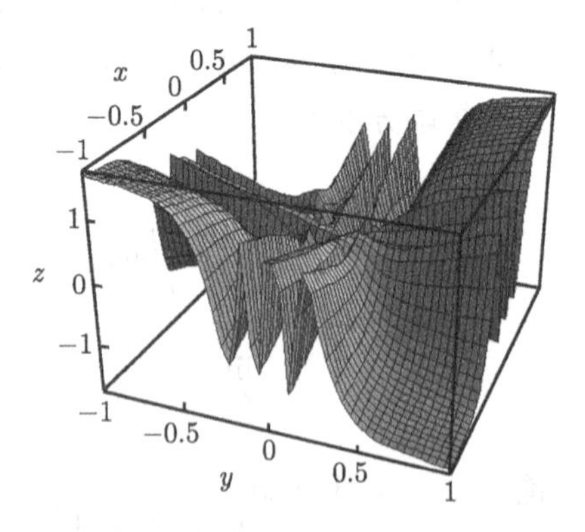

图 13.15　$z=x\sin\dfrac{1}{y}+y\sin\dfrac{1}{x}$ 的图像

(1) 不难看出

$$\lim_{(x,y)\to(0,0)} x\sin\frac{1}{y}=0 \quad 且 \quad \lim_{y\to 0}\lim_{x\to 0} x\sin\frac{1}{y}=0,$$

但另一个累次极限 $\lim\limits_{x\to 0}\lim\limits_{y\to 0} x\sin(1/y)$ 不存在. 这是因为当 $x\neq 0$ 时, $\lim\limits_{y\to 0} x\sin(1/y)$ 不存在, 当然累次极限也不存在.

(2) 重极限 $\lim\limits_{(x,y)\to(0,0)}(x\sin(1/y)+y\sin(1/x))=0$(见本节例 2), 但利用累次极限 $\lim\limits_{x\to 0}\lim\limits_{y\to 0} x\sin(1/y)$ 和 $\lim\limits_{y\to 0}\lim\limits_{x\to 0} y\sin(1/x)$ 不存在容易得到累次极限

$$\lim_{y\to 0}\lim_{x\to 0}\left(x\sin\frac{1}{y}+y\sin\frac{1}{x}\right) \quad 和 \quad \lim_{x\to 0}\lim_{y\to 0}\left(x\sin\frac{1}{y}+y\sin\frac{1}{x}\right)$$

均不存在. □

二元函数的极限

二元函数的极限除了上面所定义的重极限和累次极限外, 还可以考虑其他的极限过程或极限值是非正常极限的形式. 例如,

$$\lim_{(x,y)\to(x_0,y_0)} f(x,y)=\infty \quad 或 \quad \lim_{\substack{x\to\infty\\ y\to\infty}} f(x,y)=A.$$

另外, 在应用时也常常用到下面两种形式的极限:

$$\lim_{\|P\|\to+\infty} f(P)=A \quad 或 \quad \lim_{\|P\|\to+\infty} f(P)=\infty.$$

这两种极限分别意味着对于任意的 $\varepsilon>0$(或 $M>0$), 存在 $G>0$, 当 $\|P\|>G$ 时总有

$$|f(P)-A|<\varepsilon \ (或|f(P)|>M).$$

值得注意的是, 两种极限过程“$\|P\|\to+\infty$”与“$x\to\infty$ 且 $y\to\infty$”并不等价, 后者蕴涵前者, 反之未必.

13.3.4 二元函数的连续性

与一元函数的连续性一样, 也可以类似地定义二元函数的连续性. 然而 $\mathbb{R}^2$ 上点集的复杂性使得宁愿给出更一般的连续性定义, 使之甚至可以在一个点集的孤立点处讨论函数的连续性问题.

定义 13.3.4　设 f 是定义在点集 $D \subset \mathbb{R}^2$ 上的二元函数, $P_0 \in D$. 如果对于任给的正数 ε, 总存在正数 δ, 使得只要 $P \in U(P_0;\delta) \cap D$, 就有

$$|f(P) - f(P_0)| < \varepsilon,$$

则称 f **关于点集** D **在点** P_0 **连续** (在不致引起误解时, 也简称为 f 在点 P_0 连续). 若 f 在 D 中的每一个点都关于 D 连续, 则称 f 是 D 上的连续函数.

注　定义 13.3.4 中函数 f 的连续性相应于点集 D. 若讨论函数连续性时没有特别提及 D, 则一般认为 D 是函数的存在域.

注意如果 P_0 是 D 的孤立点, 则当 δ 足够小时, $U(P_0;\delta) \cap D$ 只含唯一的一点 P_0. 定义 13.3.4 中的不等式显然满足, 因此, 函数在 D 的任何孤立点处总是连续的. 如果 P_0 是 D 的聚点, 则按照定义, f 关于点集 D 在点 P_0 连续实际上等价于

$$\lim_{\substack{P \to P_0 \\ P \in D}} f(P) = f(P_0).$$

由此仿照一元函数的情形, 可以给出二元函数间断点的概念.

定义 13.3.5　设 $P_0 \in D$ 且是 D 的聚点, 称 P_0 是 f 的**不连续点**(**或间断点**), 如果

$$\lim_{\substack{P \to P_0 \\ P \in D}} f(P) \neq f(P_0).$$

进而, 如果极限 $\lim\limits_{\substack{P \to P_0 \\ P \in D}} f(P)$存在, 则称 P_0 为 f 的**可去间断点**.

注意定义 13.3.5 中不等号具有双重含义: 一是左端的极限存在但与 $f(P_0)$ 不相等; 二是当左端的极限不存在时, 也可以认为不等号是当然成立的.

例 7　设

$$f(x,y) = \begin{cases} x\sin\dfrac{1}{y} + y\sin\dfrac{1}{x}, & xy \neq 0, \\ 0, & xy = 0. \end{cases}$$

试分别讨论 f 关于 $\mathbb{R}^2$ 与关于 $E = \{(x,y)|xy = 0\}$ 在 x, y 轴上的连续性.

解　(1) 考虑 f 关于 $\mathbb{R}^2$ 的连续性. 由本节例 2 知道 $\lim\limits_{(x,y)\to(0,0)} (x\sin(1/y) + y\sin(1/x)) = 0 = f(0,0)$. 因此, $f(x,y)$ 在原点连续. 但在 x, y 轴上异于原点的其他点, 函数 $f(x,y)$ 是不连续的.

(2) 考虑 f 关于 $E = \{(x,y)|xy = 0\}$ 的连续性. 由于 f 限制在点集 $E = \{(x,y)|xy = 0\}$ 上恒为零, 所以 f 关于 E 在 x, y 轴上每点连续. □

类似于一元函数的情形, 也可以用自变量的增量结合函数的增量来描述连续性.

设 $P_0(x_0,y_0)$ 和 $P(x,y)$ 是函数 $z=f(x,y)$ 的定义域 D 中的点. 在点 $P_0(x_0,y_0)$ 处沿 x 轴方向和 y 轴方向上的增量分别为 $\Delta x=x-x_0$ 和 $\Delta y=y-y_0$. $f(x,y)$ 在点 $P_0(x_0,y_0)$ 处沿 x 轴方向和 y 轴方向的增量分别为

$$\Delta_x f(x_0,y_0)=f(x_0+\Delta x,y_0)-f(x_0,y_0),$$
$$\Delta_y f(x_0,y_0)=f(x_0,y_0+\Delta y)-f(x_0,y_0),$$

分别称为 $f(x,y)$ 在点 $P_0(x_0,y_0)$ 处沿 x 轴方向和 y 轴方向的**偏增量**. 作为二元函数, $f(x,y)$ 在起点 $P_0(x_0,y_0)$ 和终点 $P(x,y)$ 的函数值之差为

$$\begin{aligned}\Delta z=\Delta f(x_0,y_0)&=f(x,y)-f(x_0,y_0)\\&=f(x_0+\Delta x,y_0+\Delta y)-f(x_0,y_0),\end{aligned}$$

称为 f 在点 P_0 的**全增量**(图 13.16). 值得注意的是, 一般而言, 函数的全增量并不等于相应的两个偏增量之和.

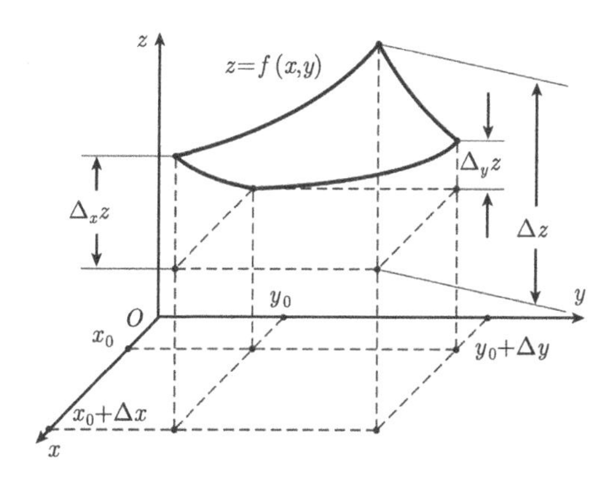

图 13.16　全增量和偏增量

如果当 $(\Delta x,\Delta y)\to(0,0)$ 时, $\Delta z\to 0$, 即

$$\lim_{\substack{(\Delta x,\Delta y)\to(0,0)\\P\in D}}\Delta z=0,$$

则 f 在 P_0 连续. 因此, 如果函数 $f(x,y)$ 在点 (x_0,y_0) 连续, 则可以写为

$$f(x,y)=f(x_0,y_0)+\alpha, \tag{13.3.2}$$

其中 α 是无穷小, 即当 $(x,y)\to(x_0,y_0)$ 时, $\alpha=\Delta f(x_0,y_0)\to 0$.

前面已经看到, 同一元函数类似, 二元函数的连续性依然是用极限 (实际上是二重极限) 来定义的, 因此, 极限所具有的性质, 连续性都具备. 例如, 有限个连续

函数的线性组合仍是连续函数; 用连续函数通过有限次四则运算 (除去那些作除法时分母为零的点) 所得到的函数仍连续. 若二元函数在某一点连续, 则该函数在这一点的某邻域内具有局部有界性、局部保号性, 进而连续函数的复合函数仍然是连续的. 这些性质的证明与一元函数的情形是类似的, 这里只是有选择地给出几个性质的证明.

首先讨论二元函数的复合函数. 从一个典型的情形开始. 设在 xy 平面的区域 D 上定义有两个二元函数

$$u=\varphi(x,y) \quad 和 \quad v=\psi(x,y),$$

在 uv 平面的区域 E 上定义有二元函数

$$z=f(u,v).$$

如果 $\{(u,v)|u=\varphi(x,y),v=\psi(x,y),(x,y)\in D\}\subset E$(图 13.17), 则称函数

$$z=F(x,y)=f(\varphi(x,y),\psi(x,y)), \quad (x,y)\in D$$

是以 f 为**外函数**, 以 φ 和 ψ 为**内函数**的**复合函数**, 而 u 和 v 称为函数 F 的**中间变量**, x 和 y 称为函数 F 的**自变量**.

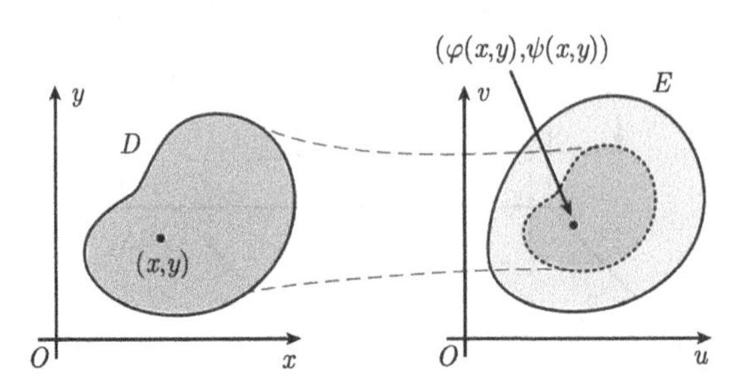

图 13.17　保证复合函数有意义的条件

这里给出的定义是两个中间变量和两个自变量的情形, 如图 13.18 所示, 不难将这里的概念推广到更多的中间变量和自变量的情形. 例如, $w=f(s,t,u,v)$, $s=\xi(x,y,z)$, $t=\eta(x,y,z)$, $u=\zeta(x,y,z)$, $v=\chi(x,y,z)$ 经过复合是四个中间变量、三个自变量的复合函数 (图 13.19). 读者可自行将能保证这样的复合函数有意义的条件写出. 又如, $u=f(x,y,z)$, $x=\varphi(t)$, $y=\psi(t)$, $z=\zeta(t)$. 经复合后, 这是三个中间变量、一个自变量的函数, 实际上是一元函数.

有时为了讨论问题方便起见, 还会人为地引入中间变量, 将已有的一元函数拆成多元复合函数. 例如, 对于函数 $z=(\sin t)^{\ln t}$, 可以引入两个中间变量 $u=\sin t$ 和 $v=\ln t$, 即

$$z = u^v, \quad \text{其中} u = \sin t, v = \ln t.$$

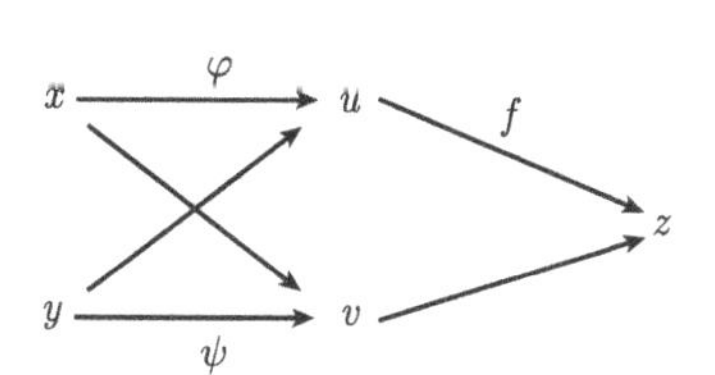

图 13.18 两个自变量、两个中间变量复合函数

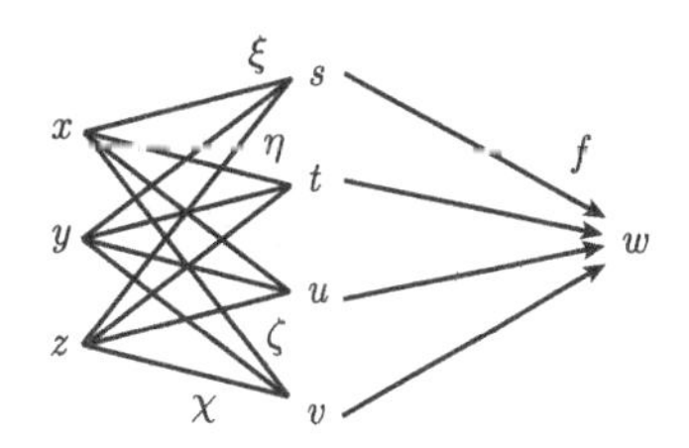

图 13.19 三个自变量、四个中间变量复合函数

定理 13.3.3(复合函数的连续性) 设函数 $u = \varphi(x, y)$ 和 $v = \psi(x, y)$ 在 xy 平面上点 $P_0(x_0, y_0)$ 的某邻域内有定义, 在 $P_0(x_0, y_0)$ 连续; 函数 $f(u, v)$ 在 uv 平面上点 $Q_0(u_0, v_0)$ 的某邻域内有定义, 在点 $Q_0(u_0, v_0)$ 连续, 其中 $u_0 = \varphi(x_0, y_0)$, $v_0 = \psi(x_0, y_0)$, 则复合函数 $g(x, y) = f(\varphi(x, y), \psi(x, y))$ 在点 P_0 也连续.

证明 因为 f 在 Q_0 连续, 对于任意的 $\varepsilon > 0$, 存在 $\eta > 0$, 使得当 $|u - u_0| < \eta$ 且 $|v - v_0| < \eta$ 时, 成立

$$|f(u, v) - f(u_0, v_0)| < \varepsilon.$$

又由 φ, ψ 在点 P_0 连续可知, 对于上述的 $\eta > 0$, 存在 $\delta > 0$, 使得当 $|x - x_0| < \delta$ 且 $|y - y_0| < \delta$ 时, 成立

$$|u - u_0| = |\varphi(x, y) - \varphi(x_0, y_0)| < \eta,$$

$$|v - v_0| = |\psi(x, y) - \psi(x_0, y_0)| < \eta.$$

因此, 当 $|x - x_0| < \delta$ 且 $|y - y_0| < \delta$ 时, 也成立

$$\big|g(x, y) - g(x_0, y_0)\big| = \big|f(\varphi(x, y), \psi(x, y)) - f(\varphi(x_0, y_0), \psi(x_0, y_0))\big| < \varepsilon,$$

即复合函数 $g(x, y) = f(\varphi(x, y), \psi(x, y))$ 在点 P_0 也连续. □

一元函数可以视为一种特殊的二元函数. 例如, $h(x)$ 是一元函数, 也可以看成是二元函数 $f(x, y) = h(x)$. 如果 $h(x)$ 在某点 x_0 连续, 则对于任意的 y_0, 函数 $f(x, y) = h(x)$ 在 (x_0, y_0) 连续. 因此, 可以得到结论: 连续的一元函数也都是连续的二元函数. 于是, 诸如 $f(x, y) = x$ 及 $g(x, y) = y$ 等都是二元连续函数. 由此可以利用一元初等函数构造出众多的二元连续函数.

定理 13.3.4(局部保号性) 设函数 $f(x, y)$ 关于 D 在点 (x_0, y_0) 连续且 $f(x_0, y_0) > 0$, 则存在 $\delta > 0$, 使得对于每一个 $(x, y) \in U((x_0, y_0); \delta) \cap D$, 均成立

$$f(x, y) > 0.$$

证明　可以证明更强的结论, 即对于任意的 $\eta \in (0,1)$, 总存在 $\delta > 0$, 使得 $f(x,y) > \eta f(x_0,y_0)$ 对 $U((x_0,y_0);\delta) \cap D$ 中的每个点都成立. 事实上, 设 η 是事先任意取定的开区间 $(0,1)$ 中的数. 因为 $f(x,y)$ 在点 (x_0,y_0) 连续, 对于 $\varepsilon_0=(1-\eta)f(x_0,y_0)>0$, 由连续性的定义, 存在 $\delta>0$, 使得当 $(x,y)\in U((x_0,y_0);\delta)\cap D$ 时有

$$|f(x,y)-f(x_0,y_0)|<\varepsilon_0.$$

因此, 可以得到 $f(x,y)-f(x_0,y_0)>-\varepsilon_0$, 即当 $(x,y)\in U((x_0,y_0);\delta)\cap D$ 时,

$$f(x,y)>f(x_0,y_0)-\varepsilon_0=f(x_0,y_0)-(1-\eta)f(x_0,y_0)=\eta f(x_0,y_0).$$ □

13.3.5　二元连续函数的整体性质

闭区间上的 (一元) 连续函数具有有界性、最值性、介值性和一致连续性等 4 个重要性质. 对于二元连续函数也有这些性质. 只是在二维空间的情形, 要用有界闭集来代替闭区间.

定理 13.3.5(有界性和最值性)　如果函数 $f(x,y)$ 在有界闭集 D 上连续, 则 $f(x,y)$ 在 D 上有界且能取到最大值与最小值.

***证明**　先证明 $f(x,y)$ 在 D 上是有界的. 用反证法. 不妨设 $f(x,y)$ 在 D 上无上界, 则存在一列点 $\{P_n\}\subset D$, 使得当 $n\to\infty$ 时, $f(P_n)\to+\infty$, 因为 $\{P_n\}\subset D$ 有界, 因此, 由致密性定理 (推论 13.2.1) 知, 存在收敛子列 $\{P_{n_k}\}$: $P_{n_k}\to P_0$. 显然 $P_0\in D$, 因此, 根据 $f(x,y)$ 在 D 中的连续性知, 当 $k\to\infty$ 时, $f(P_{n_k})\to f(P_0)$, 此与 $f(P_n)\to+\infty$ $(n\to\infty)$ 相矛盾, 即 $f(x,y)$ 在 D 上必是有上界的. 类似地, 可以证明 $f(x,y)$ 在 D 上有下界. 故 f 在 D 上有界.

记 $M=\sup\{f(x,y)|(x,y)\in D\}$. 根据上确界的定义, 存在一列点 $\{P_n\}\subset D$, 使得

$$f(P_n)>M-\frac{1}{n},\quad n=1,2,\cdots.$$

仍由致密性定理, 存在收敛子列 $\{P_{n_k}\}$, 使得 $P_{n_k}\to P_0$ 且 $P_0\in D$, 利用 $f(x,y)$ 在 D 中的连续性知, 当 $k\to\infty$ 时, $f(P_{n_k})\to f(P_0)$, 因此,

$$M\geqslant f(P_0)=\lim_{k\to\infty}f(P_{n_k})\geqslant M,$$

即 $f(x,y)$ 在点 $P_0\in D$ 达到上确界 M. 同理, 可证明 $f(x,y)$ 在 D 上可以达到其下确界, 因此, $f(x,y)$ 在 D 上可以取得最大、最小值. □

已经知道, 一元连续函数在闭区间上是一致连续的, 对于二元函数, 类似的结论也成立. 首先给出二元函数一致连续的概念.

定义 13.3.6 二元函数 $f(x,y)$ 称为在点集 $D\subset\mathbb{R}^2$ 上是**一致连续的**, 如果对于任意的 $\varepsilon>0$, 存在 $\delta>0$, 使得只要 $P_1(x_1,y_1), P_2(x_2,y_2)\in D$ 满足 $\|P_1-P_2\|<\delta$, 就有

$$|f(x_1,y_1)-f(x_2,y_2)|<\varepsilon.$$

例如, 二元函数 $f(x,y)=2x-3y$, $g(x,y)=\sin(x+y)$ 都在 $\mathbb{R}^2$ 中一致连续.

定理 13.3.6(一致连续性) 如果函数 $f(x,y)$ 在有界闭集 D 上连续, 则 $f(x,y)$ 在 D 上是一致连续的.

***证明** 设取定了 $\varepsilon>0$, 则对于每一个 $P\in D$, 因为 $f(x,y)$ 在 P 连续, 存在 $\delta=\delta_P>0$, 使得当 $Q\in U(P;\delta_P)\cap D$ 时有

$$|f(P)-f(Q)|<\frac{\varepsilon}{2}. \tag{13.3.3}$$

显然, 开集簇 $\{U(P;\delta_P/2)|P\in D\}$ 是有界闭集 D 的开覆盖, 因此, 由有限覆盖定理 (定理 13.2.3) 可以得知, 存在有限子覆盖 $\{U(P_i;\delta_{P_i}/2)|i=1,2,\cdots,k\}$ 仍可覆盖 D. 记

$$\delta=\min\left\{\frac{\delta_{P_1}}{2},\frac{\delta_{P_2}}{2},\cdots,\frac{\delta_{P_k}}{2}\right\},$$

则 $\delta>0$.

现对于任意的 $P',P''\in D$, 设 $\|P'-P''\|<\delta$. 存在某个 $P_i\in\{P_1,P_2,\cdots,P_k\}$, 使得 $P'\in U(P_i;\delta_{P_i}/2)$, 因此,

$$\|P''-P_i\|\leqslant\|P''-P'\|+\|P'-P_i\|<\frac{\delta_{P_i}}{2}+\frac{\delta_{P_i}}{2}=\delta_{P_i},$$

即 $P',P''\in U(P_i;\delta_{P_i})$. 因此, 由式 (13.3.3) 可以得到

$$|f(P')-f(P'')|\leqslant|f(P')-f(P_i)|+|f(P_i)-f(P'')|<\frac{\varepsilon}{2}+\frac{\varepsilon}{2}=\varepsilon.$$

注意到 $P',P''\in D$ 的任意性即知 $f(x,y)$ 在 D 上一致连续. □

定理 13.3.7(介值性) 如果 $f(x,y)$ 是连通集 D 上的连续函数, 则 $f(x,y)$ 在 D 上满足如下的介值性质: 对于任意的 $P,Q\in D$ $(f(P)\neq f(Q))$ 及任意介于 $f(P)$ 和 $f(Q)$ 之间的数 μ, 存在 $P_\mu\in D$, 使得

$$f(P_\mu)=\mu.$$

***证明** 不妨设 $f(P)<\mu<f(Q)$. 因为 D 是连通的, 所以存在连续的曲线 C 连接 $P(x_P,y_P)$ 和 $Q(x_Q,y_Q)$, 即有 [0,1] 上的连续函数 $\varphi(t)$ 和 $\psi(t)$, 使得

$$(\varphi(0),\psi(0))=(x_P,y_P),\quad(\varphi(1),\psi(1))=(x_Q,y_Q),$$

并且

$$\{(\varphi(t),\psi(t))|t\in[0,1]\}\subset D. \tag{13.3.4}$$

考虑复合函数 $F(t)=f(\varphi(t),\psi(t))$, 则定理中所给定的连通性条件 (13.3.4) 表明复合函数 $F(t)$ 有意义, 因此, 根据定理 13.3.3, $F(t)$ 是 [0,1] 上的连续函数. 又由于 $F(0)=f(\varphi(0),\psi(0))=f(P)$, $F(1)=f(\varphi(1),\psi(1))=f(Q)$ 及 $f(P)<\mu<f(Q)$, 所以 $F(0)<\mu<F(1)$, 根据一元连续函数的介值性质知, 存在某个 $t_\mu\in(0,1)$, 使得 $F(t_\mu)=\mu$. 记 $P_\mu(\varphi(t_\mu),\psi(t_\mu))$, 则 $P_\mu\in D$ 且 $f(P_\mu)=F(t_\mu)=\mu$. □

思考题

1. 二重极限 $\lim\limits_{(x,y)\to(x_0,y_0)}f(x,y)=A$ 是否可以等价地叙述如下: 对任意的 $\varepsilon>0$, 存在 $\delta>0$, 使得当 $0<|x-x_0|<\delta$ 且 $0<|y-y_0|<\delta$ 时, 总成立 $|f(x,y)-A|<\varepsilon$?

2. 为什么说两种极限过程 "$\|P\|\to+\infty$" 与 "$x\to\infty$ 且 $y\to\infty$" 并不等价?

3. 必要时辅之以反例, 回答下列问题:

(1) 若 $\lim\limits_{(x,y)\to(x_0,y_0)}f(x,y)$ 存在, 则 $\lim\limits_{x\to x_0}\lim\limits_{y\to y_0}f(x,y)$ 或 $\lim\limits_{y\to y_0}\lim\limits_{x\to x_0}f(x,y)$ 一定存在吗?

(2) 若 $\lim\limits_{(x,y)\to(x_0,y_0)}f(x,y)$ 存在, $\lim\limits_{x\to x_0}\lim\limits_{y\to y_0}f(x,y)$ 与 $\lim\limits_{y\to y_0}\lim\limits_{x\to x_0}f(x,y)$ 之一存在, 则二者一定相等吗?

(3) 若 $\lim\limits_{x\to x_0}\lim\limits_{y\to y_0}f(x,y)$ 与 $\lim\limits_{y\to y_0}\lim\limits_{x\to x_0}f(x,y)$ 存在且相等, 则 $\lim\limits_{(x,y)\to(x_0,y_0)}f(x,y)$ 一定存在吗?

(4) 若 $\lim\limits_{x\to x_0}\lim\limits_{y\to y_0}f(x,y)$ 与 $\lim\limits_{y\to y_0}\lim\limits_{x\to x_0}f(x,y)$ 之一存在, 则另一个一定也存在吗?

4. 举例说明全增量可以不等于偏增量之和, 在什么情况下二者是相等的?

习　题　13.3

1. 用重极限的定义证明 $\lim\limits_{(x,y)\to(2,-1)}(x^2-4xy-3y^2)=9$.

2. 求下列重极限:

(1) $\lim\limits_{(x,y)\to(0,0)}\dfrac{x^2+y^2}{1+x^2+y^2}$;　(2) $\lim\limits_{(x,y)\to(0,0)}\dfrac{x^2y^2}{x^2+y^2}$;

(3) $\lim\limits_{(x,y)\to(0,0)}\dfrac{\sin(x^2+y^2)}{x^2+y^2}$;　(4) $\lim\limits_{(x,y)\to(0,0)}\dfrac{x^2+y^2}{1-\sqrt{(1+x^2)(1+y^2)}}$.

3. 讨论当 $(x,y)\to(0,0)$ 时函数 $f(x,y)$ 的重极限和累次极限.

(1) $f(x,y)=\dfrac{xy}{x^2+y^2}$;　(2) $f(x,y)=(x+y)\sin\dfrac{1}{x}\sin\dfrac{1}{y}$;

(3) $f(x,y)=\dfrac{x^2y^2}{x^2y^2+(x-y)^2}$;　(4) $f(x,y)=\dfrac{x^2y^2}{x^3+y^3}$.

4. 叙述下列极限的定义:

(1) $\lim\limits_{(x,y)\to(x_0,y_0)}f(x,y)=\infty$;　(2) $\lim\limits_{x\to\infty,y\to\infty}f(x,y)=A$.

5. 指出下列二元函数的不连续点, 并说明理由:

(1) $f(x,y)=\begin{cases}\dfrac{x}{x+y}, & x+y\neq 0,\\ 0, & x+y=0;\end{cases}$　　(2) $f(x,y)=\begin{cases}\dfrac{x^2-y^2}{x^2+y^2}, & (x,y)\neq(0,0),\\ 0, & (x,y)=(0,0).\end{cases}$

6. 证明: 若二元函数 f 在点集 D 上连续, 则其在 D 的任何非空子集上也是连续的.

---

7. 设 $f(x,y)$ 在开区域 D 内对 x 连续, 对 y(关于 x) 一致连续, 证明 f 在 D 内连续.

8. 证明: 若 f 在 $\mathbb{R}^2$ 上每一点都连续且 $\lim\limits_{\|P\|\to+\infty} f(P)$ 存在且有限, 则 f 在 $\mathbb{R}^2$ 中一致连续.

9. 设 $D\subset\mathbb{R}^2$ 有界, $f(x,y)$ 在 D 上连续且对于任意的 $P\in D'$, $\lim\limits_{\substack{Q\to P\\ Q\in D}} f(Q)$ 存在, 证明: f 在 D 上一致连续.

10. 设 $f(x,y)$ 在 $\mathbb{R}^2$ 中连续, 如果 $\lim\limits_{\|P\|\to+\infty} f(P)=+\infty$, 则 $f(x,y)$ 有最小值; 如果 $\lim\limits_{\|P\|\to+\infty} f(P)=-\infty$, 则 $f(x,y)$ 有最大值.

13.4　多元函数的偏导数和全微分

偏导数和全微分是一元函数的导数和微分的概念在多元函数的推广.

13.4.1　偏导数的概念

定义 13.4.1　设函数 $z=f(x,y)$ 在点集 D 上有定义, $(x_0,y_0)\in D$. 又设 $f(x,y_0)$ 在 x_0 的某个邻域内有定义. 如果极限

$$\lim_{\Delta x\to 0}\frac{\Delta_x z}{\Delta x}=\lim_{\Delta x\to 0}\frac{f(x_0+\Delta x,y_0)-f(x_0,y_0)}{\Delta x}$$

存在, 称这个极限为函数 f 在点 (x_0,y_0) 关于 x 的**偏导数**, 记为

$$f_x(x_0,y_0)\quad 或\quad z_x(x_0,y_0)\quad 或\quad \left.\frac{\partial f}{\partial x}\right|_{(x_0,y_0)}\quad 或\quad \left.\frac{\partial z}{\partial x}\right|_{(x_0,y_0)}.$$

同理, 设 $f(x_0,y)$ 在 y_0 的某个邻域内有定义. 如果极限

$$\lim_{\Delta y\to 0}\frac{\Delta_y z}{\Delta y}=\lim_{\Delta y\to 0}\frac{f(x_0,y_0+\Delta y)-f(x_0,y_0)}{\Delta y}$$

存在, 则称这个极限为函数 f 在点 (x_0,y_0) 关于 y 的**偏导数**, 记为

$$f_y(x_0,y_0)\quad 或\quad z_y(x_0,y_0)\quad 或\quad \left.\frac{\partial f}{\partial y}\right|_{(x_0,y_0)}\quad 或\quad \left.\frac{\partial z}{\partial y}\right|_{(x_0,y_0)}.$$

若函数 $z=f(x,y)$ 在区域 D 上每一点 (x,y) 都存在对 x 或 y 的偏导数, 由定义 13.4.1 所得到的是函数 $z=f(x,y)$ 在区域 D 上对 x 或 y 的**偏导函数**, 不失一般

性, 仍称为偏导数, 记为 $f_x(x,y)$, $z_x(x,y)$ 等, 或简记为

$$f_x,\quad z_x,\quad \frac{\partial f}{\partial x},\quad \frac{\partial z}{\partial x}\quad 或\quad f_y,\quad z_y,\quad \frac{\partial f}{\partial y},\quad \frac{\partial z}{\partial y}.$$

注　二元函数偏导数所用的符号 $\dfrac{\partial}{\partial x}$ 和 $\dfrac{\partial}{\partial y}$ 是专用于求偏导 (函) 数的算符, 与一元函数求导的符号 $\dfrac{\mathrm{d}}{\mathrm{d}x}$ 意义相仿, 但不完全相同. 在一元函数微积分中, $\dfrac{\mathrm{d}y}{\mathrm{d}x}$ 常称为微商, $\mathrm{d}y$ 和 $\mathrm{d}x$ 具有独立的意义, 可以分开运算. 但在二元函数的情形, $\dfrac{\partial z}{\partial x}$ 和 $\dfrac{\partial z}{\partial y}$ 应视为整体性的符号, 不能分开运算.

根据偏导数的定义可以总结出求偏导数的方法: 对于二元函数 $z=f(x,y)$, 求 $f_x(x,y)$ 是将变量 y 视为常数, 对 x 求导数; 求 $f_y(x,y)$ 是将变量 x 视为常数, 对 y 求导数. 特别地, 有 $f_x(x_0,y_0)=\left.\dfrac{\mathrm{d}f(x,y_0)}{\mathrm{d}x}\right|_{x=x_0}$, $f_y(x_0,y_0)=\left.\dfrac{\mathrm{d}f(x_0,y)}{\mathrm{d}y}\right|_{y=y_0}$.

如果遇到的是更多个自变量的函数, 可以依此类推. 例如, 对于 $u=f(x,y,z)$, 如果要求$\dfrac{\partial u}{\partial z}$, 只需将函数 $u=f(x,y,z)$ 中的变量 x, y 看成是常量, 用一元函数的求导法, 对 z 求导即可.

例 1　(1) 设 $z=x^y$, 求$\dfrac{\partial z}{\partial x}$ 和$\dfrac{\partial z}{\partial y}$;

(2) 设 $u=u(x,y,z)=x^{y^z}$, 求函数 u 对三个自变量的全部偏导数.

解　(1) 将 y 视为常量, 则 $z=x^y$ 作为 x 的函数, 是幂函数, 因此, 可以得到

$$\frac{\partial z}{\partial x}=yx^{y-1}.$$

同理, 将 x 视为常量, 则 $z=x^y$ 作为 y 的函数, 是以 x 为底的指数函数, 因此, 可以得到

$$\frac{\partial z}{\partial y}=x^y\ln x.$$

(2) $u=u(x,y,z)=x^{y^z}$ 是三个自变量的函数, 因此, 有三个偏导数. 用一元函数所学过的复合函数求导法不难分别得到

$$\begin{aligned}\frac{\partial u}{\partial x}&=y^z x^{y^z-1},\\ \frac{\partial u}{\partial y}&=x^{y^z}\ln x\frac{\partial}{\partial y}y^z=x^{y^z}(\ln x)zy^{z-1},\\ \frac{\partial u}{\partial z}&=x^{y^z}\ln x\frac{\partial}{\partial z}y^z=x^{y^z}(\ln x)y^z\ln y.\end{aligned}$$

□

对于 $\mathbb{R}^2$ 中某区域 D 上所定义的二元函数 $z=f(x,y)$, 其图像

$$\mathcal{F}=\{(x,y,f(x,y))|(x,y)\in D\}$$

是三维空间中的曲面. 设 $P_0(x_0,y_0,z_0)\in\mathcal{F}$, 即 P_0 是曲面 $\mathcal{F}$ 上的一点, 因此有 $z_0=f(x_0,y_0)$. 过 P_0 作平行于 xz 平面的平面 $y=y_0$. 该平面与曲面的交线为

$$\varGamma:\quad\begin{cases} z=f(x,y),\\ y=y_0. \end{cases}$$

$\varGamma$ 是平面 $y=y_0$ 上的一条曲线. 根据一元函数导数的几何意义, 现在可以叙述二元函数偏导数 $\left.\dfrac{\partial z}{\partial x}\right|_{(x_0,y_0)}$ 的几何意义如下 (图 13.20): $f_x(x_0,y_0)$ 作为一元函数 $f(x,y_0)$ 在 x_0 的导数, 即是曲线 $\varGamma$ 在点 P_0 处的切线对 x 轴的斜率, 即与 x 轴正向倾角 α 的正切, $\left.\dfrac{\partial z}{\partial x}\right|_{(x_0,y_0)}=\tan\alpha$.

同理, $\left.\dfrac{\partial z}{\partial y}\right|_{(x_0,y_0)}$ 的几何意义如下 (图 13.20): 作为一元函数 $f(x_0,y)$ 在 y_0 的导数, $f_y(x_0,y_0)$ 是曲线 $\varSigma: z=f(x,y),\ x=x_0$ 在点 P_0 处的切线对 y 轴的斜率, 即与 y 轴正向倾角 β 的正切 $\left.\dfrac{\partial z}{\partial y}\right|_{(x_0,y_0)}=\tan\beta$.

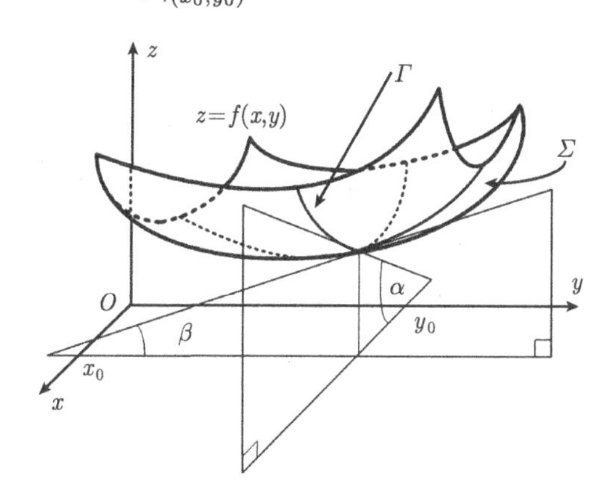

图 13.20 偏导数的几何意义

13.4.2 全微分的概念

在一元函数的情形, 微分是函数增量的线性主部, 它也是函数的导数与自变量增量之积. 如果将这些概念推广到二元函数或多元函数, 应该用全增量来代替增量, 用偏导数来代替导数, 用全微分来代替微分.

定义 13.4.2　设函数 $z=f(x,y)$ 在点 $P_0(x_0,y_0)$ 的邻域 $U(P_0)$ 内有定义. 对于 $U(P_0)$ 中的动点 $P(x,y)=P(x_0+\Delta x,y_0+\Delta y)$, 如果函数 f 在点 P_0 处的全增量 Δz 可以表示为 Δx, Δy 的线性部分与其高阶无穷小量的和, 即

$$\begin{aligned}\Delta z&=f(x_0+\Delta x,y_0+\Delta y)-f(x_0,y_0)\\&=A\Delta x+B\Delta y+\alpha\Delta x+\beta\Delta y,\end{aligned}$$

其中 A 和 B 为常数, α 和 β 是当 $(\Delta x,\Delta y)\to(0,0)$ 时的无穷小量, 即

$$\lim_{(\Delta x,\Delta y)\to(0,0)}\alpha=0,\qquad \lim_{(\Delta x,\Delta y)\to(0,0)}\beta=0,$$

则称函数 f 在点 P_0 **可微**, 并称线性部分 $A\Delta x+B\Delta y$ 为函数 f 在点 P_0 的**全微分**, 记为

$$\mathrm{d}z|_{P_0}=\mathrm{d}f|_{(x_0,y_0)}=A\Delta x+B\Delta y.$$

注　(1) 全增量的高阶无穷小量部分也可以写为如下常用的形式:

$$\Delta z=A\Delta x+B\Delta y+o(\rho),$$

其中 $\rho=\sqrt{(\Delta x)^2+(\Delta y)^2}$, 可称为自变量增量 $(\Delta x,\ \Delta y)$ 的模. 不难证明, 这两种表示方式是等价的.

(2) 既然全增量和 f 在 P_0 的全微分的差是自变量增量模的高阶无穷小量, 于是可以用全微分来近似代替全增量, 即

$$f(x,y)\approx f(x_0,y_0)+\mathrm{d}z|_{P_0}=f(x_0,y_0)+A(x-x_0)+B(y-y_0).$$

这种替代常用作近似计算, 尤其是当知道了求出 A 和 B 的简单方法之后.

例 2　证明: 函数 $f(x,y)=xy$ 在平面上每一点 (x_0,y_0) 处都是可微的.

证明　函数 $f(x,y)=xy$ 在点 (x_0,y_0) 处的全增量可以表示为

$$\begin{aligned}\Delta f(x_0,y_0)&=(x_0+\Delta x)(y_0+\Delta y)-x_0y_0\\&=y_0\Delta x+x_0\Delta y+\Delta x\Delta y.\end{aligned}$$

如果记 $\alpha=0$, $\beta=\Delta x$, 则可以写为

$$\Delta x\Delta y=\alpha\Delta x+\beta\Delta y.$$

显然, 当 $(\Delta x,\Delta y)\to(0,0)$ 时, $\alpha\to0$, $\beta\to0$. 因此, 根据定义, 函数 $f(x,y)=xy$ 在 (x_0,y_0) 处可微且

$$\mathrm{d}f\big|_{(x_0,y_0)}=y_0\Delta x+x_0\Delta y.$$ □

由此还可以看出 $A = y_0$, $B = x_0$. 在一般的情形下, 如何求出全微分 $\mathrm{d}z$ 中的 A 和 B, 下面在研究函数可微性的必要条件时给出答案.

例 2 还有一个具有物理意义的解释：函数 $f(x,y) = xy$ 在 (x_0, y_0) 处的函数值可以视为边长分别为 x_0 和 y_0 $(x_0 > 0, y_0 > 0)$ 的金属薄板的面积. 当温度变化时, 边长分别有增量 Δx 和 Δy. 金属板面积的变化即函数 $f(x,y) = xy$ 在 (x_0, y_0) 处的全增量, 当全增量用全微分 $\mathrm{d}f|_{(x_0,y_0)} = y_0\Delta x + x_0\Delta y$ 近似代替时, 误差是高阶无穷小量 $\Delta x\Delta y$(图 13.21).

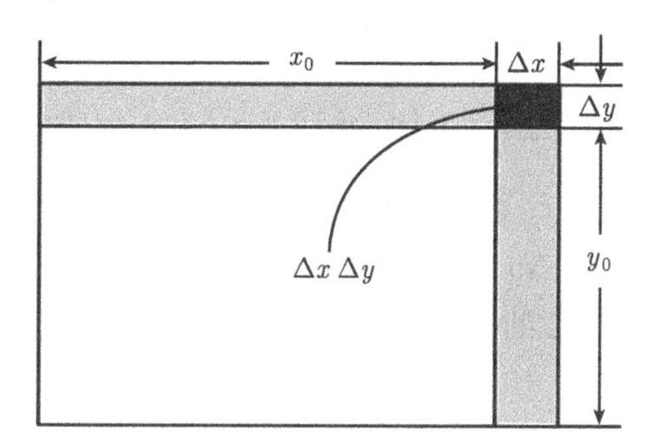

图 13.21 金属板的全微分是浅色阴影部分, 全增量与全微分的差是深色阴影部分

那么全微分的定义 13.4.2 中的 A 和 B 是什么呢? 在全增量的表达式中令 $\Delta y = 0$, 得到的是关于 x 的偏增量 $\Delta_x z$,

$$\Delta_x z = A\Delta x + \alpha\Delta x,$$

当 $\Delta x \neq 0$ 时, 两端除以 Δx 即得

$$\frac{\Delta_x z}{\Delta x} = A + \alpha.$$

令 $\Delta x \to 0$ 可以得到 A,

$$A = \lim_{\Delta x\to 0}\frac{\Delta_x z}{\Delta x} = \lim_{\Delta x\to 0}\frac{f(x_0+\Delta x, y_0) - f(x_0, y_0)}{\Delta x}.$$

可以看出, A 实际上是一元函数 $f(x, y_0)$ 在 x_0 处的导数, 即 $f(x,y)$ 在点 (x_0, y_0) 的偏导数 $f_x(x_0, y_0)$. 类似地, 在全增量表达式中令 $\Delta x = 0$, 得到的是关于 y 的偏增量 $\Delta_y z$, 当 $\Delta y \neq 0$ 时, 两端除以 Δy 并令 $\Delta y \to 0$, 可以得到 B,

$$B = \lim_{\Delta y\to 0}\frac{\Delta_y z}{\Delta y} = \lim_{\Delta y\to 0}\frac{f(x_0, y_0+\Delta y) - f(x_0, y_0)}{\Delta y},$$

同样可以看出, B 实际上是一元函数 $f(x_0, y)$ 在 y_0 处的导数, 也即 $f(x,y)$ 在点 (x_0, y_0) 的偏导数 $f_y(x_0, y_0)$. 由此得到了可微的必要条件.

定理 13.4.1(可微的必要条件)　设二元函数 f 在 $P_0(x_0,y_0)$ 某邻域内有定义, 在点 $P_0(x_0,y_0)$ 可微, 即 f 的全增量可以表示为

$$\Delta f(x_0,y_0)=A\Delta x+B\Delta y+\alpha\Delta x+\beta\Delta y,$$

其中当 $(\Delta x,\Delta y)\to(0,0)$ 时, $\alpha\to 0,\beta\to 0$, 则 f 在点 P_0 的两个偏导数存在且

$$A=f_x(x_0,y_0),\quad B=f_y(x_0,y_0).$$

因此, 函数 f 在点 $P_0(x_0,y_0)$ 的全微分可以表示为

$$\mathrm{d}f|_{(x_0,y_0)}=f_x(x_0,y_0)\Delta x+f_y(x_0,y_0)\Delta y.$$

注　取 $z=f(x,y)=x$, 容易证明该函数是可微的且 $z_x=1$, $z_y=0$, 由上面的公式可得 $\mathrm{d}z=1\cdot\Delta x+0\cdot\Delta y=\Delta x$, 即自变量 x 的增量 Δx 等于自变量 x 的微分 $\mathrm{d}x$. 对于自变量 y 也有类似的结论, 即自变量的全微分正好是自变量的增量,

$$\Delta x=\mathrm{d}x,\quad \Delta y=\mathrm{d}y.$$

故在定理 13.4.1 的条件下, 函数 f 在点 $P_0(x_0,y_0)$ 的全微分可以表示为

$$\mathrm{d}f|_{(x_0,y_0)}=f_x(x_0,y_0)\mathrm{d}x+f_y(x_0,y_0)\mathrm{d}y.$$

尤其是当函数 f 在某区域 D 中的每一点 (x,y) 都可微时, 可以称**函数 f 在区域 D 上可微**, 并且其全微分可以写为

$$\mathrm{d}z=\mathrm{d}f(x,y):=\mathrm{d}f|_{(x,y)}=f_x(x,y)\mathrm{d}x+f_y(x,y)\mathrm{d}y.$$

这种写法是全微分的通用符号, 后面都将普遍采用这样的记法.

定理 13.4.1 只是可微的必要条件, 也就是说, 两个偏导数在点 $P_0(x_0,y_0)$ 的存在性并不能保证函数 f 在该点的可微性. 下面的例子即说明了这种情形.

例 3　设 $f(x,y)=\sqrt{|xy|}$, 考察 $f(x,y)$ 在原点的偏导数和可微性.

解　利用偏导数的定义, 注意到 $f(x,0)=f(0,y)=f(0,0)=0$, 由此可以得到

$$f_x(0,0)=\lim_{\Delta x\to 0}\frac{f(\Delta x,0)-f(0,0)}{\Delta x}=0,$$
$$f_y(0,0)=\lim_{\Delta y\to 0}\frac{f(0,\Delta y)-f(0,0)}{\Delta y}=0.$$

断言: 函数 $f(x,y)$ 在原点不可微. 反证法. 设函数 $f(x,y)$ 在原点可微, 根据可微的必要条件容易算出全微分为

$$\mathrm{d}f(0,0) = f_x(0,0)\cdot\Delta x + f_y(0,0)\cdot\Delta y = 0\cdot\Delta x + 0\cdot\Delta y = 0.$$

另一方面, 函数 f 的全增量可以表示为 $\Delta f(0,0) = \sqrt{|\Delta x\Delta y|}$. 既然已经假设 $f(x,y)$ 在原点可微, 因此, 在原点的某个邻域内, 根据可微的定义有

$$\alpha\Delta x + \beta\Delta y = \Delta f(0,0) - \mathrm{d}f(0,0) = \sqrt{|\Delta x\Delta y|}.$$

尤其是如果取 $\Delta x = \Delta y > 0$, 则在这种情形下, 上式可以写为

$$\alpha + \beta = \frac{\sqrt{|\Delta x|^2}}{\Delta x} = 1.$$

此与当 $(\Delta x, \Delta y) \to (0,0)$ 时, $\alpha \to 0, \beta \to 0$ 相矛盾. 因此, $f(x,y) = \sqrt{|xy|}$ 在原点不可能是可微的. □

结合定义 13.4.2 和定理 13.4.1, 易证明可微的如下充要条件:

推论 13.4.1 设 $z = f(x,y)$ 在 $P_0(x_0,y_0)$ 的某邻域内有定义, 则它在 $P_0(x_0,y_0)$ 处可微的充要条件是: 两个偏导数 $f_x(x_0,y_0), f_y(x_0,y_0)$ 都存在, 且满足

$$\lim_{\rho\to 0}\frac{\Delta f(x_0,y_0) - (f_x(x_0,y_0)\Delta x + f_y(x_0,y_0)\Delta y)}{\rho} = 0,$$

其中 $\rho = \sqrt{(\Delta x)^2 + (\Delta y)^2}, \Delta f(x_0,y_0) = f(x_0+\Delta x, y_0+\Delta y) - f(x_0,y_0)$.

多元函数的偏导数和全微分

13.4.3 可微的几何意义和充分条件

平面上曲线的切线是割线的极限位置, 即曲线 C 在切点 P 的切线是 C 上的动点 Q 与 P 的连线 (割线) 当 Q 趋向于 P 时的极限状态. 用数学的语言可以给出精确的描述 (图 13.22): 设动点 Q 到切线的距离为 h, 则 $h = \|Q - M\|$, 其中 M 是点 Q 到切线的垂足. 点 P 到 Q 的距离是 $d = \|P - Q\|$, 二者之比是 $\sin\varphi = h/d$. 点 Q 沿 C 无限趋近于 P 即为 $d \to 0$. 显然, PT 是 C 在点 P 的切线当且仅当

$$\lim_{d\to 0}\sin\varphi = \lim_{d\to 0}\frac{h}{d} = 0.$$

将这些方法推广到曲面上就可以得到切平面的概念及求切平面的方法.

定义 13.4.3 设 P 是曲面 Σ 上的一个定点, Q 是 Σ 上的动点, Π 是过定点 P 的一个平面. 如果当动点 Q 在 Σ 上以任何方式趋近于定点 P 时, Q 到平面 Π 的距离是比 Q 到 P 的距离高阶的无穷小量, 即恒有

$$\frac{\|Q-M\|}{\|Q-P\|} \to 0,$$

其中 M 是点 Q 在平面 Π 上的投影, 则称平面 Π 为曲面 Σ 在点 P 处的**切平面**, 而 P 称为**切点**(图 13.23).

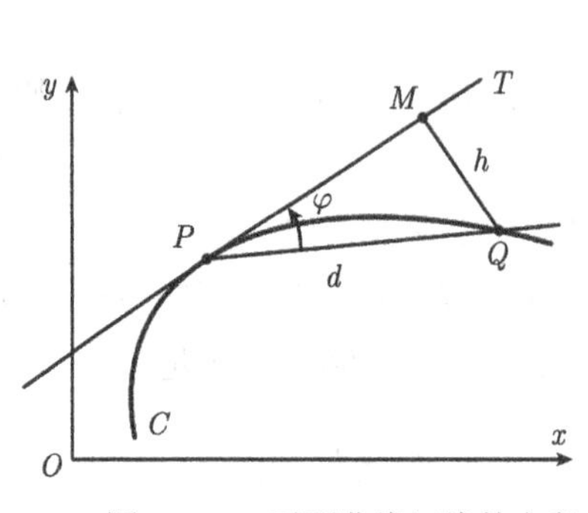

图 13.22 平面曲线切线的定义

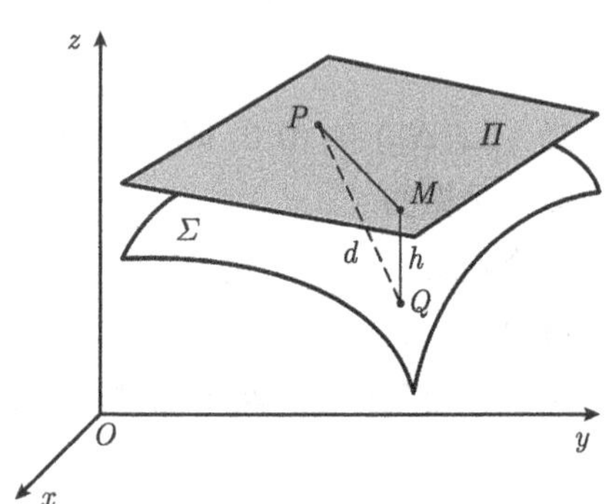

图 13.23 曲面切平面的定义

定理 13.4.2 设 $z=f(x,y)$ 在点 $P_0(x_0,y_0)$ 连续, 则曲面 $z=f(x,y)$ 在点 $P(x_0,y_0,f(x_0,y_0))$ 存在不平行于 z 轴的切平面的充分必要条件是函数 f 在点 $P_0(x_0,y_0)$ 可微.

***证明** **充分性** 设函数 f 在点 $P_0(x_0,y_0)$ 可微, 则 f 在点 $P_0(x_0,y_0)$ 的全增量可以表示为

$$\Delta z = z - z_0 = A(x-x_0) + B(y-y_0) + \alpha(x-x_0) + \beta(y-y_0),$$

其中 $z_0=f(x_0,y_0)$, A, B 是常数且 α 和 β 是当 $(x,y)\to(x_0,y_0)$ 时的无穷小量. 考虑过点 $P(x_0,y_0,z_0)$ 的平面

$$\Pi:\ Z - z_0 = A(X-x_0) + B(Y-y_0),$$

其中 (X,Y,Z) 是平面 Π 上的动点.

断言: 平面 Π 即是曲面 $z=f(x,y)$ 在点 P 的切平面. 事实上, 由解析几何知, 曲面 $z=f(x,y)$ 上的任意一点 $Q(x,y,f(x,y))$ 到平面 Π 的距离 h 为

$$h = \frac{|z-z_0-A(x-x_0)-B(y-y_0)|}{\sqrt{1+A^2+B^2}} = \frac{|\alpha(x-x_0)+\beta(y-y_0)|}{\sqrt{1+A^2+B^2}},$$

而 P 到 Q 的距离为 $d=\|P-Q\|=\sqrt{(x-x_0)^2+(y-y_0)^2+(z-z_0)^2}$. 将二者相比, 利用

Cauchy 不等式得到

$$0\leqslant \frac{h}{d}=\frac{|\alpha(x-x_0)+\beta(y-y_0)|}{\sqrt{1+A^2+B^2}\sqrt{(x-x_0)^2+(y-y_0)^2+(z-z_0)^2}}$$

$$\leqslant \frac{\sqrt{\alpha^2+\beta^2}\sqrt{(x-x_0)^2+(y-y_0)^2}}{\sqrt{1+A^2+B^2}\sqrt{(x-x_0)^2+(y-y_0)^2+(z-z_0)^2}}$$

$$\leqslant \frac{\sqrt{\alpha^2+\beta^2}}{\sqrt{1+A^2+B^2}}\to 0,\quad (x,y)\to(x_0,y_0).$$

因此, 根据切平面的定义可以得知, Π 确实是曲面 $z=f(x,y)$ 在点 $P(x_0,y_0,f(x_0,y_0))$ 的切平面. 显然, Π 不平行于 z 轴.

必要性 设曲面 $z=f(x,y)$ 在点 $P(x_0,y_0,z_0)(z_0=f(x_0,y_0))$ 存在不平行于 z 轴的切平面, 不妨设该平面为

$$\Pi:\ Z-z_0=A(X-x_0)+B(Y-y_0),$$

其中 A 和 B 是常数. 设 $Q(x,y,z)$ 是曲面 $z=f(x,y)$ 上的动点, 则 Q 到 Π 的距离为

$$h=\frac{|f(x,y)-f(x_0,y_0)-A(x-x_0)-B(y-y_0)|}{\sqrt{1+A^2+B^2}}=\frac{|\Delta z-A\Delta x-B\Delta y|}{\sqrt{1+A^2+B^2}},$$

其中 $\Delta x=x-x_0$, $\Delta y=y-y_0$, $\Delta z=z-z_0=f(x,y)-f(x_0,y_0)$.

自变量增量的模仍记为 $\rho=\sqrt{\Delta x^2+\Delta y^2}$. 显然, 要证明函数 f 在点 $P_0(x_0,y_0)$ 可微, 只需证明

$$\frac{h}{\rho}\to 0,\quad (\Delta x,\Delta y)\to(0,0). \tag{13.4.1}$$

根据切平面的定义知, 当 Q 在曲面 $z=f(x,y)$ 上以任何方式趋向于点 P 时,

$$\frac{h}{d}\to 0,\quad 其中d=\|P-Q\|=\sqrt{\Delta x^2+\Delta y^2+\Delta z^2}=\sqrt{\rho^2+\Delta z^2}. \tag{13.4.2}$$

注意到 $z=f(x,y)$ 在点 $P_0(x_0,y_0)$ 连续知, 当 $\rho\to 0$ 时, $\Delta z\to 0$, 于是 $d\to 0, Q\to P$. 比较式 (13.4.1) 和式 (13.4.2), 只需再证明当 $\rho\to 0$ 时, d/ρ 是有界量即可.

事实上, 由式 (13.4.2) 可知, 对于充分接近 P 的 Q, 也就是当 ρ 充分小时,

$$\frac{h}{d}=\frac{|\Delta z-A\Delta x-B\Delta y|}{d\sqrt{1+A^2+B^2}}<\frac{1}{2\sqrt{1+A^2+B^2}},$$

即有 $|\Delta z-A\Delta x-B\Delta y|<d/2$, 或可写为

$$|\Delta z|-|A\Delta x|-|B\Delta y|<\frac{1}{2}\sqrt{\rho^2+\Delta z^2}\leqslant\frac{1}{2}(\rho+|\Delta z|).$$

两端除以 ρ, 整理可得

$$\frac{|\Delta z|}{\rho}<2\left(|A|\frac{|\Delta x|}{\rho}+|B|\frac{\Delta y|}{\rho}\right)+1\leqslant 2(|A|+|B|)+1,$$

所以 $|\Delta z|/\rho$ 是有界量, 进而有

$$\frac{d}{\rho}=\sqrt{1+\left(\frac{\Delta z}{\rho}\right)^2}<2(|A|+|B|+1),$$

即 d/ρ 也是有界量. 因此, 式 (13.4.1) 成立, 即函数 f 在点 $P_0(x_0,y_0)$ 可微且

$$\mathrm{d}f|_{(x_0,y_0)}=A\Delta x+B\Delta y.$$ □

定理 13.4.2 揭示了一个函数 $z=f(x,y)$ 所代表的曲面存在切平面的判据以及切平面的求法: 如果函数 f 在点 $P_0(x_0,y_0)$ 可微, 则曲面 $z=f(x,y)$ 在点 $P(x_0,y_0,f(x_0,y_0))$ 的切平面方程可以写为

$$z-f(x_0,y_0)=f_x(x_0,y_0)(x-x_0)+f_y(x_0,y_0)(y-y_0). \tag{13.4.3}$$

过切点 P 又与切平面垂直的直线称为曲面在点 P 的**法线**. 由切平面的方程可知法线的方向数为 $\pm(f_x(x_0,y_0),f_y(x_0,y_0),-1)$, 所以过切点 P 的**法线方程**为

$$\frac{x-x_0}{f_x(x_0,y_0)}=\frac{y-y_0}{f_y(x_0,y_0)}=\frac{z-f(x_0,y_0)}{-1}. \tag{13.4.4}$$

例 4　设函数 $f(x,y)=xy$, 求出曲面 $z=xy$ 在点 (x_0,y_0) 处的切平面和法线方程.

解　在例 2 中已经证明过函数 $f(x,y)=xy$ 在平面上每一点 (x_0,y_0) 处都是可微的, 因此, 切平面存在. 根据式 (13.4.3) 和式 (13.4.4), 切平面和法线方程分别为

$$z-x_0y_0=y_0(x-x_0)+x_0(y-y_0),\quad \frac{x-x_0}{y_0}=\frac{y-y_0}{x_0}=\frac{z-x_0y_0}{-1}.$$

特别是当切点分别位于 x, y 轴上时, 切平面方程分别为 $z=x_0y$ 和 $z=y_0x$. □

二元函数全微分的几何意义如图 13.24 所示. 设二元函数 f 在点 $P_0(x_0,y_0)$ 可微, 由定理 13.4.2 知, 曲面 $z=f(x,y)$ 在点 $P(x_0,y_0,f(x_0,y_0))$ 有切平面 PM_1MM_2.

图 13.24 中各个量的几何意义如下:

$$\begin{aligned}&LN=f(x_0,y_0),\quad QN=\Delta z=f(x,y)-f(x_0,y_0),\\&MN=\mathrm{d}z=M_1N_1+M_2N_2,\quad M_1N_1=A\Delta x,\quad M_2N_2=B\Delta y,\\&QM=\alpha\Delta x+\beta\Delta y,\quad Q_1N_1=\Delta_x z,\quad Q_2N_2=\Delta_y z.\end{aligned}$$

当自变量增量为 Δx, Δy 时, 函数 f 的全增量 Δz 是 z 轴方向上的一段 NQ, 而全微分的值 $\mathrm{d}z=A\Delta x+B\Delta y$ 正是切平面上相应的增量, 即 MN. Δz 与 $\mathrm{d}z$ 之差

是 MQ, 并且 $\|M-Q\|$ 当 $(\Delta x,\Delta y)\to(0,0)$ 时是比自变量增量的模 ρ 高阶的无穷小. 简而言之, 二元函数可微的几何意义是其存在不平行于 z 轴的切平面, 反之亦然. 二元函数可微性的这种几何模型也为不可微性提供了直观的解释. 例如, 易从几何上看出, 锥面 $z=\sqrt{x^2+y^2}$ 在顶点 $(0,0,0)$ 不存在切平面, 因此, 作为二元函数, $z=\sqrt{x^2+y^2}$ 在点 $(0,0)$ 也不可微.

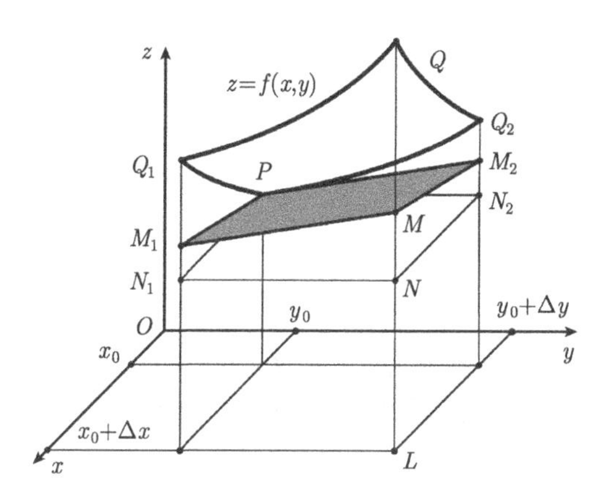

图 13.24　可微的几何意义

在学习一元函数时已经知道, 一元函数可微和可导是等价的. 由前面的例子可见, 在一点处偏导数存在, 并不能保证全微分存在. 因此, 二元函数的全微分要比一元函数的微分复杂得多. 下面探讨二元函数可微的充分条件, 为此, 先介绍一个二元函数的中值定理.

定理 13.4.3(二元函数中值定理)　设函数 f 在点 $P_0(x_0,y_0)$ 的某个邻域 $U(P_0)$ 内存在偏导数, 则对于 $(x,y)\in U(P_0)$, 总存在开区间 $(0,1)$ 中的数 θ_1 和 θ_2, 使得

$$f(x,y)-f(x_0,y_0)=f_x(\xi,y)(x-x_0)+f_y(x_0,\eta)(y-y_0), \tag{13.4.5}$$

其中$\xi=x_0+\theta_1(x-x_0)$, $\eta=y_0+\theta_2(y-y_0)$.

证明　记 $\Delta x=x-x_0$, $\Delta y=y-y_0$. 由一元函数的 Lagrange 中值定理, 存在 $0<\theta_1<1$ 和 $0<\theta_2<1$, 使得 (图 13.25)

$$\begin{aligned}&f(x_0+\Delta x,y_0+\Delta y)-f(x_0,y_0+\Delta y)\\=&f_x(x_0+\theta_1\Delta x,y_0+\Delta y)\Delta x,\\&f(x_0,y_0+\Delta y)-f(x_0,y_0)\\=&f_y(x_0,y_0+\theta_2\Delta y)\Delta y.\end{aligned}$$

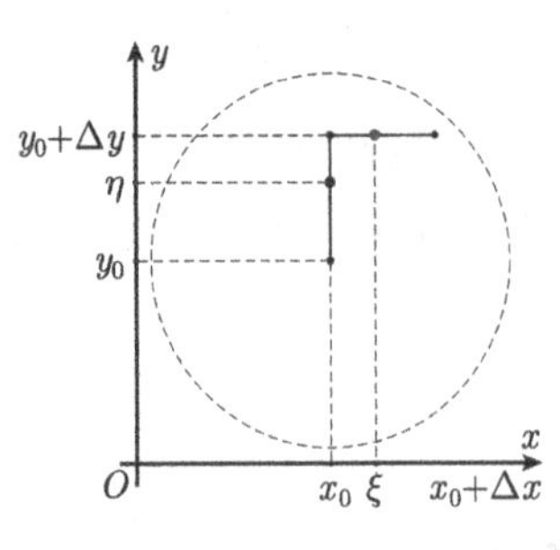

图 13.25 “中值”的示意

记 $\xi = x_0 + \theta_1\Delta x, \eta = y_0 + \theta_2\Delta y$, 则可以将全增量 $\Delta z = f(x,y) - f(x_0,y_0)$ 写成

$$\begin{aligned}\Delta z &= f(x_0+\Delta x, y_0+\Delta y) - f(x_0,y_0)\\&= [f(x_0+\Delta x, y_0+\Delta y) - f(x_0, y_0+\Delta y)]\\&\quad +[f(x_0,y_0+\Delta y) - f(x_0,y_0)]\\&= f_x(x_0+\theta_1\Delta x, y_0+\Delta y)\Delta x\\&\quad + f_y(x_0, y_0+\theta_2\Delta y)\Delta y\\&= f_x(\xi,y)(x-x_0) + f_y(x_0,\eta)(y-y_0).\end{aligned}$$

故定理结论得证. □

定理 13.4.4(可微的充分条件) 设函数 $z = f(x,y)$ 在点 (x_0,y_0) 的某个邻域 $U(P_0)$ 内存在偏导数, 并且 f_x 和 f_y 在点 (x_0,y_0) 处连续, 则 f 在点 (x_0,y_0) 可微.

证明 设 (x,y) 是 $U(P_0)$ 中的动点, 根据上面的二元函数中值定理知, 存在 $0<\theta_1,\theta_2<1$, 使得

$$\Delta z = f(x,y) - f(x_0,y_0) = f_x(x_0+\theta_1\Delta x, y_0+\Delta y)\Delta x + f_y(x_0, y_0+\theta_2\Delta y)\Delta y. \quad (13.4.6)$$

因为 f_x 和 f_y 在点 (x_0,y_0) 处连续, 可以有 (见式 (13.3.2))

$$f_x(x_0+\theta_1\Delta x, y_0+\Delta y) = f_x(x_0,y_0)+\alpha,$$

$$f_y(x_0, y_0+\theta_2\Delta y) = f_y(x_0,y_0)+\beta,$$

其中 α 和 β 是当 $(\Delta x,\Delta y)\to(0,0)$ 时的无穷小. 结合式 (13.4.6) 得到

$$\Delta z = f_x(x_0,y_0)\Delta x + f_y(x_0,y_0)\Delta y + \alpha\Delta x + \beta\Delta y.$$

此即表明 f 在点 (x_0,y_0) 可微. □

可微与偏导数及连续的关系

例 5 设 $z = x^y$, $u = u(x,y,z) = x^{y^z}$, 求全微分 $\mathrm{d}z$ 和 $\mathrm{d}u$.

解 由本节例 1 可知, 这两个函数的偏导数分别在它们的定义域内连续, 因此, z 和 u 都是可微的, 并且

$$\mathrm{d}z = \frac{\partial z}{\partial x}\mathrm{d}x + \frac{\partial z}{\partial y}\mathrm{d}y = yx^{y-1}\mathrm{d}x + x^y(\ln x)\mathrm{d}y.$$

同理,

$$\begin{aligned}du &= \frac{\partial u}{\partial x}dx + \frac{\partial u}{\partial y}dy + \frac{\partial u}{\partial z}dz \\ &= y^z x^{y^z-1}dx + x^{y^z}(\ln x)zy^{z-1}dy + x^{y^z}(\ln x)(\ln y)y^z dz.\end{aligned}$$ □

当函数 $f(x,y)$ 在 (x_0,y_0) 可微时, 如果在 $f(x,y)$ 的全增量 $\Delta f(x_0,y_0)$ 中略去高阶的无穷小量 $\alpha\Delta x$ 和 $\beta\Delta y$, 即用 $dz = df|_{(x_0,y_0)}$ 近似地代替全增量 $\Delta f(x_0,y_0)$, 可以近似地计算 (x_0,y_0) 的临近点 $(x_0+\Delta x, y_0+\Delta y)$ 处的函数值 $f(x_0+\Delta x, y_0+\Delta y)$, 即

$$f(x,y) \approx f(x_0,y_0) + \left.\frac{\partial f}{\partial x}\right|_{(x_0,y_0)}(x-x_0) + \left.\frac{\partial f}{\partial y}\right|_{(x_0,y_0)}(y-y_0). \tag{13.4.7}$$

例 6 计算 $\ln[(1.02)^{\frac{3}{5}} + (0.99)^{\frac{5}{3}} - 1]$ 的近似值.

解 可取 $f(x,y) = \ln\left(x^{\frac{3}{5}} + y^{\frac{5}{3}} - 1\right)$ 及 $(x_0,y_0) = (1,1)$, $(x,y) = (1.02, 0.99)$, 则 $(\Delta x, \Delta y) = (0.02, -0.01)$. 不难算出 $f(1,1) = 0$,

$$\left.\frac{\partial f}{\partial x}\right|_{(x_0,y_0)} = \left.\frac{\partial}{\partial x}\ln\left(x^{\frac{3}{5}} + y^{\frac{5}{3}} - 1\right)\right|_{(1,1)} = \left.\frac{3x^{-\frac{2}{5}}}{5(x^{\frac{3}{5}} + y^{\frac{5}{3}} - 1)}\right|_{(1,1)} = \frac{3}{5},$$

$$\left.\frac{\partial f}{\partial y}\right|_{(x_0,y_0)} = \left.\frac{\partial}{\partial y}\ln\left(x^{\frac{3}{5}} + y^{\frac{5}{3}} - 1\right)\right|_{(1,1)} = \left.\frac{5y^{\frac{2}{3}}}{3(x^{\frac{3}{5}} + y^{\frac{5}{3}} - 1)}\right|_{(1,1)} = \frac{5}{3}.$$

因此, 所欲求的函数值 $f(1.02, 0.99) = \ln\left[(1.02)^{\frac{3}{5}} + (0.99)^{\frac{5}{3}} - 1\right]$ 可以用式 (13.4.7) 近似计算为

$$\ln\left[(1.02)^{\frac{3}{5}} + (0.99)^{\frac{5}{3}} - 1\right] \approx \frac{3}{5}\times 0.02 + \frac{5}{3}\times(-0.01) \approx -0.004667.$$

(数 $\ln\left[(1.02)^{\frac{3}{5}} + (0.99)^{\frac{5}{3}} - 1\right]$ 的 8 位精确值为 -0.00466949.) □

思考题

1. 在什么情况下, 函数的全增量等于函数的全微分?

2. $f_x(x_0,y_0)$ 和 $f_y(x_0,y_0)$ 存在能保证 $f(x,y_0)$, $f(x_0,y)$ 分别在 x_0, y_0 连续, 能否保证 $f(x,y)$ 在 (x_0,y_0) 连续?

3. f 在 P_0 可微可保证 f 在 P_0 点连续, 还有什么条件可以保证 f 在 P_0 连续?(可从中值公式考虑.)

4. 切平面的法向量是什么? 法线的方向向量是什么?

习 题 13.4

1. 求如下函数所有的偏导数:

(1) $z = e^{\frac{x}{y}}$;　　(2) $u = \left(\frac{x}{y}\right)^z$;

(3) $z = y^{\sin x}$;　　(4) $u = \frac{x}{y} + \frac{y}{z} + \frac{z}{x}$;

(5) $z = \arctan\frac{x+y}{1-xy}$;　　(6) $u = z^{\frac{x}{y}}$.

2. 求在指定点处的全微分 $\mathrm{d}u|_P$.

(1) $u=x^y$, 在点 $P(3,3)$;

(2) $u=\ln(1+x+y^2+z^3)$, 在点 $P(0,0,0)$.

3. 求全微分.

(1) $z=x^3+y^3-3xy$;

(2) $u=\ln(1+x^2+y^2+z^2)$.

4. 求曲面在指定点处的切平面和法线.

(1) $z=4-x^2-y^2$, 在点 $P(1,1,2)$;

(2) $z=\sqrt{x^2+y^2}$, 在点 $P(3,4,5)$.

5. 在曲面 $z=xy$ 上求一点, 使得这一点的切平面平行于平面 $x+3y+z+9=0$, 并求出这个切平面及其法线的方程.

6. 考察函数 $f(x,y)$ 在点 $(0,0)$ 的可微性.

$$f(x,y)=\begin{cases} xy\sin\dfrac{1}{x^2+y^2}, & (x,y)\neq(0,0), \\ 0, & (x,y)=(0,0). \end{cases}$$

7. 证明: 函数 $f(x,y)$ 在点 $(0,0)$ 连续, 偏导数存在但不连续, 而函数在点 $(0,0)$ 可微,

$$f(x,y)=\begin{cases} (x^2+y^2)\sin\dfrac{1}{x^2+y^2}, & (x,y)\neq(0,0), \\ 0, & (x,y)=(0,0). \end{cases}$$

8. 证明: 如果二元函数 $z=f(x,y)$ 在点 (x_0,y_0) 可微, 则 $z=f(x,y)$ 在点 (x_0,y_0) 连续.

---

9. 证明: 如果二元函数 $z=f(x,y)$ 在点 (x_0,y_0) 某邻域中偏导存在且有界, 则 $z=f(x,y)$ 在该邻域中连续.

10. 证明: 函数 $f(x,y)$ 在点 $(0,0)$ 连续且偏导数存在, 但不可微, 其中

$$f(x,y)=\begin{cases} \dfrac{x^2y}{x^2+y^2}, & (x,y)\neq(0,0), \\ 0, & (x,y)=(0,0). \end{cases}$$

13.5 复合函数的微分法

13.5.1 复合函数的求导法则

相对于一元复合函数求导的方法, 二元复合函数中有多个中间变量对多个自变量的相互依赖关系, 求偏导的方法要复杂一些. 在本节讲述一些求多元复合函数偏导数的方法, 这些方法统称为**链式法则**.

先看两个中间变量, 一个自变量的复合函数, 因为只有一个自变量, 相应的求偏导数实际上就是求一元函数的导数.

定理 13.5.1 设函数 $z=f(x,y)$ 可微, $x=\varphi(t)$ 和 $y=\psi(t)$ 可导, 则复合函数 $z=f(\varphi(t),\psi(t))$ 也可导, 并且

$$\frac{\mathrm{d}z}{\mathrm{d}t}=\frac{\partial z}{\partial x}\frac{\mathrm{d}x}{\mathrm{d}t}+\frac{\partial z}{\partial y}\frac{\mathrm{d}y}{\mathrm{d}t}=f_x(\varphi(t),\psi(t))\varphi'(t)+f_y(\varphi(t),\psi(t))\psi'(t).$$

证明 设自变量 t 有一个增量 Δt, 则相应地, $x=\varphi(t)$ 和 $y=\psi(t)$ 分别有增量 Δx 和 Δy, 而 $z=f(x,y)$ 有全增量 Δz. 因为函数 $z=f(x,y)$ 在 (x,y) 可微, 故全增量 Δz 可以表示为

$$\Delta z=f_x(x,y)\Delta x+f_y(x,y)\Delta y+\alpha\Delta x+\beta\Delta y.$$

两端除以 Δt 可以得到

$$\frac{\Delta z}{\Delta t}=f_x(x,y)\frac{\Delta x}{\Delta t}+f_y(x,y)\frac{\Delta y}{\Delta t}+\alpha\frac{\Delta x}{\Delta t}+\beta\frac{\Delta y}{\Delta t}. \tag{13.5.1}$$

既然 φ,ψ 均可导, 当 $\Delta t\to 0$ 时有 $(\Delta x,\Delta y)\to(0,0)$, 进而 $\alpha\to 0$, $\beta\to 0$. 又

$$\lim_{\Delta t\to 0}\frac{\Delta x}{\Delta t}=\varphi'(t),\quad \lim_{\Delta t\to 0}\frac{\Delta y}{\Delta t}=\psi'(t).$$

在式 (13.5.1) 两端令 $\Delta t\to 0$ 可以得到 $z(t)$ 可导, 并且

$$\frac{\mathrm{d}z}{\mathrm{d}t}=f_x(\varphi(t),\psi(t))\varphi'(t)+f_y(\varphi(t),\psi(t))\psi'(t).$$ □

这个结果可以很容易地推广到更多个中间变量的情形, 读者可以作为一个练习叙述和证明相应的结论.

例 1 设函数 $z=(\sin t)^{\ln t}$. 求 $\dfrac{\mathrm{d}z}{\mathrm{d}t}$.

解 引入两个中间变量 $x=\sin t$ 和 $y=\ln t$, 则原来的函数可以写成

$$z=x^y,\quad 其中 x=\sin t, y=\ln t.$$

由定理 13.5.1 可以求得

$$\begin{aligned}\frac{\mathrm{d}z}{\mathrm{d}t}&=\frac{\partial z}{\partial x}\frac{\mathrm{d}x}{\mathrm{d}t}+\frac{\partial z}{\partial y}\frac{\mathrm{d}y}{\mathrm{d}t}\\&=yx^{y-1}\cdot\cos t+x^y\ln x\cdot\frac{1}{t}\\&=\ln t\ (\sin t)^{\ln t-1}\cdot\cos t+(\sin t)^{\ln t}\frac{\ln\sin t}{t}.\end{aligned}$$ □

当然, 直接利用一元函数的求导法则也可以得到同样的结果.

再看一个复合函数求偏导的典型情形.

定理 13.5.2(复合函数偏导链式法则)　设函数 $z=f(u,v)$ 可微, $u=\varphi(x,y)$ 和 $v=\psi(x,y)$ 都存在偏导数, 则复合函数 $z=f(\varphi(x,y),\psi(x,y))$ 也存在偏导数, 并且

$$\begin{aligned}\frac{\partial z}{\partial x}&=\frac{\partial z}{\partial u}\frac{\partial u}{\partial x}+\frac{\partial z}{\partial v}\frac{\partial v}{\partial x}\\&=f_u(\varphi(x,y),\psi(x,y))\varphi_x(x,y)+f_v(\varphi(x,y),\psi(x,y))\psi_x(x,y),\\\frac{\partial z}{\partial y}&=\frac{\partial z}{\partial u}\frac{\partial u}{\partial y}+\frac{\partial z}{\partial v}\frac{\partial v}{\partial y}\\&=f_u(\varphi(x,y),\psi(x,y))\varphi_y(x,y)+f_v(\varphi(x,y),\psi(x,y))\psi_y(x,y).\end{aligned}$$

证明　先将 y 视为常数, 则 $z=f(\varphi(x,y),\psi(x,y))$ 实际上是两个中间变量, 一个自变量的复合函数, 利用定理 13.5.1, 对 x 求 (偏) 导, 即可得到定理中的第一个公式. 再将 x 视为常数, 用同样的方法对 y 求 (偏) 导, 即可得到第二个公式. □

例 2　设 f 是可微函数且 $F(x,y,z)=f(x^2+y^2+z^2,xyz)$, 求 $\dfrac{\partial F}{\partial x}$, $\dfrac{\partial F}{\partial y}$ 和 $\dfrac{\partial F}{\partial z}$.

解　这是三个自变量, 两个中间变量的情形. 很容易将定理 13.5.2 推广到包含本例的情形. 记 $u=x^2+y^2+z^2, v=xyz$. 为方便起见, 将 $\dfrac{\partial f}{\partial u}$, $\dfrac{\partial f}{\partial v}$ 分别简记为 f_1' 和 f_2', 则

$$\begin{aligned}\frac{\partial F}{\partial x}&=\frac{\partial f}{\partial u}\frac{\partial u}{\partial x}+\frac{\partial f}{\partial v}\frac{\partial v}{\partial x}=2xf_1'+yzf_2',\\\frac{\partial F}{\partial y}&=\frac{\partial f}{\partial u}\frac{\partial u}{\partial y}+\frac{\partial f}{\partial v}\frac{\partial v}{\partial y}=2yf_1'+xzf_2',\end{aligned}$$

$$\frac{\partial F}{\partial z}=\frac{\partial f}{\partial u}\frac{\partial u}{\partial z}+\frac{\partial f}{\partial v}\frac{\partial v}{\partial z}=2zf_1'+xyf_2'.$$ □

例 3　设 f 是可微函数且 $F=f(y,u,v)$, 其中

$$u=u(x,y),\quad v=v(x,w),\quad w=w(x,y)$$

均可微, 求 $\dfrac{\partial F}{\partial x}$, $\dfrac{\partial F}{\partial y}$.

解　这里所遇到的是更复杂的两层复合关系, 有的中间变量本身也是自变量. 注意到 x 和 y 是相互独立的自变量, 故 $\dfrac{\partial y}{\partial x}=0$, $\dfrac{\partial x}{\partial y}=0$.

$$\begin{aligned}\frac{\partial F}{\partial x}&=\frac{\partial f}{\partial y}\frac{\partial y}{\partial x}+\frac{\partial f}{\partial u}\frac{\partial u}{\partial x}+\frac{\partial f}{\partial v}\frac{\partial v}{\partial x}\\&=\frac{\partial f}{\partial y}\frac{\partial y}{\partial x}+\frac{\partial f}{\partial u}\frac{\partial u}{\partial x}+\frac{\partial f}{\partial v}\left(\frac{\partial v}{\partial x}\frac{\partial x}{\partial x}+\frac{\partial v}{\partial w}\frac{\partial w}{\partial x}\right)\\&=f_2'\frac{\partial u}{\partial x}+f_3'\left(v_1'+v_2'\frac{\partial w}{\partial x}\right),\end{aligned}$$

$$\begin{aligned}\frac{\partial F}{\partial y}&=\frac{\partial f}{\partial y}\frac{\partial y}{\partial y}+\frac{\partial f}{\partial u}\frac{\partial u}{\partial y}+\frac{\partial f}{\partial v}\frac{\partial v}{\partial y}\\&=\frac{\partial f}{\partial y}+\frac{\partial f}{\partial u}\frac{\partial u}{\partial y}+\frac{\partial f}{\partial v}\left(\frac{\partial v}{\partial x}\frac{\partial x}{\partial y}+\frac{\partial v}{\partial w}\frac{\partial w}{\partial y}\right)\\&=f_1'+f_2'\frac{\partial u}{\partial y}+f_3'v_2'\frac{\partial w}{\partial y}.\end{aligned}$$

□

需要特别指出的是, 在对 x 求偏导时, 可能会出现引起混淆的地方, 即

$$\frac{\partial v}{\partial x}=\frac{\partial v}{\partial x}\frac{\partial x}{\partial x}+\frac{\partial v}{\partial w}\frac{\partial w}{\partial x}.$$

此式的两端均出现了 $\frac{\partial v}{\partial x}$, 但二者的含义是有区别的. 左边的是指对 x 的"全"偏导数, 即 $\frac{\partial}{\partial x}v(x,w(x,y))$, 右边的是指对只是作为第一个中间变量 x 的偏导数, 即 v_1'. 因此, 写成如下的形式应当不再有歧义:

$$\frac{\partial v}{\partial x}=v_1'\frac{\partial x}{\partial x}+v_2'\frac{\partial w}{\partial x}=v_1'+v_2'\frac{\partial w}{\partial x}.$$

对于复合函数的全微分, 有以下的结果:

定理 13.5.3(复合函数的可微性) 设函数 $z=f(u,v)$ 在 (u,v) 可微, $u=\varphi(x,y)$ 和 $v=\psi(x,y)$ 分别在 (x,y) 可微, 则复合函数 $z=f[\varphi(x,y),\psi(x,y)]$ 在 (x,y) 也可微, 并且

$$\mathrm{d}z=\left(\frac{\partial f}{\partial u}\frac{\partial u}{\partial x}+\frac{\partial f}{\partial v}\frac{\partial v}{\partial x}\right)\mathrm{d}x+\left(\frac{\partial f}{\partial u}\frac{\partial u}{\partial y}+\frac{\partial f}{\partial v}\frac{\partial v}{\partial y}\right)\mathrm{d}y. \tag{13.5.2}$$

定理 13.5.3 的证明留作练习.

13.5.2 高阶偏导数

二元函数 $z=f(x,y)$ 的偏导数 $f_x(x,y)$ 和 $f_y(x,y)$ 仍是 x,y 的函数, 如果这些偏导函数还存在关于 x,y 的偏导数, 则称 f 具有二阶偏导数. 二元函数 $z=f(x,y)$ 的二阶偏导数共有 4 个,

$$\frac{\partial}{\partial x}\left(\frac{\partial z}{\partial x}\right)=\frac{\partial^2 z}{\partial x^2}=f_{xx}(x,y),\quad \frac{\partial}{\partial y}\left(\frac{\partial z}{\partial x}\right)=\frac{\partial^2 z}{\partial x\partial y}=f_{xy}(x,y),$$
$$\frac{\partial}{\partial x}\left(\frac{\partial z}{\partial y}\right)=\frac{\partial^2 z}{\partial y\partial x}=f_{yx}(x,y),\quad \frac{\partial}{\partial y}\left(\frac{\partial z}{\partial y}\right)=\frac{\partial^2 z}{\partial y^2}=f_{yy}(x,y),$$

其中 $f_{xy}(x,y)$ 和 $f_{yx}(x,y)$ 称为 f 的**二阶混合偏导数**. 类似地, 可以定义三阶偏导

数, 共有 8 个,

$$\frac{\partial}{\partial x}\left(\frac{\partial^2 z}{\partial x^2}\right)=\frac{\partial^3 z}{\partial x^3}=f_{xxx}(x,y),\quad \frac{\partial}{\partial y}\left(\frac{\partial^2 z}{\partial x^2}\right)=\frac{\partial^3 z}{\partial x^2\partial y}=f_{xxy}(x,y),$$
$$\frac{\partial}{\partial x}\left(\frac{\partial^2 z}{\partial y^2}\right)=\frac{\partial^3 z}{\partial y^2\partial x}=f_{yyx}(x,y),\quad \frac{\partial}{\partial y}\left(\frac{\partial^2 z}{\partial y^2}\right)=\frac{\partial^3 z}{\partial y^3}=f_{yyy}(x,y),$$
$$\frac{\partial}{\partial x}\left(\frac{\partial^2 z}{\partial x\partial y}\right)=\frac{\partial^3 z}{\partial x\partial y\partial x}=f_{xyx}(x,y),\quad \frac{\partial}{\partial y}\left(\frac{\partial^2 z}{\partial x\partial y}\right)=\frac{\partial^3 z}{\partial x\partial y^2}=f_{xyy}(x,y),$$
$$\frac{\partial}{\partial x}\left(\frac{\partial^2 z}{\partial y\partial x}\right)=\frac{\partial^3 z}{\partial y\partial x^2}=f_{yxx}(x,y),\quad \frac{\partial}{\partial y}\left(\frac{\partial^2 z}{\partial y\partial x}\right)=\frac{\partial^3 z}{\partial y\partial x\partial y}=f_{yxy}(x,y).$$

这里第 1 个和第 4 个分别是只对 x 或只对 y 的三阶偏导数, 也可以记为 $f_{xxx}=f_{x^3}$, $f_{yyy}=f_{y^3}$, 其余的都是三阶混合偏导数, 当然还可以简记为 $f_{xxy}=f_{x^2y}$ 和 $f_{xyy}=f_{xy^2}$ 等.

一般而言, 即使是对于相同的阶数和相同的变量, 不同顺序的混合偏导数是不相等的, 原因在于不同顺序的混合偏导数本质上是不同顺序的累次极限. 例如,

$$\begin{aligned}
f_{yx}(x,y)&=\lim_{\Delta x\to 0}\frac{f_y(x+\Delta x,y)-f_y(x,y)}{\Delta x}\\
&=\lim_{\Delta x\to 0}\frac{1}{\Delta x}\left[\lim_{\Delta y\to 0}\frac{f(x+\Delta x,y+\Delta y)-f(x+\Delta x,y)}{\Delta y}\right.\\
&\qquad\left.-\lim_{\Delta y\to 0}\frac{f(x,y+\Delta y)-f(x,y)}{\Delta y}\right]\\
&=\lim_{\Delta x\to 0}\lim_{\Delta y\to 0}\frac{\Phi(\Delta x,\Delta y)}{\Delta x\Delta y},
\end{aligned}$$

其中 $\Phi(\Delta x,\Delta y)=f(x+\Delta x,y+\Delta y)-f(x+\Delta x,y)-f(x,y+\Delta y)+f(x,y)$, 而

$$f_{xy}(x,y)=\lim_{\Delta y\to 0}\lim_{\Delta x\to 0}\frac{\Phi(\Delta x,\Delta y)}{\Delta x\Delta y},$$

累次极限当然是不能随意更换极限顺序而保持极限值不变的.

例 4　讨论 $z=f(x,y)$ 在点 $(0,0)$ 的二阶混合偏导数,

$$f(x,y)=\begin{cases}\dfrac{x^3y}{x^2+y^2}, & (x,y)\neq(0,0),\\ 0, & (x,y)=(0,0).\end{cases}$$

解　为用定义计算两个混合偏导, 需先求出 $f_x(0,y)$ 和 $f_y(x,0)$. 注意 $f(x,y)$ 是分片定义的函数, 故在 $(0,0)$ 的偏导数需要用定义来求, 而对于原点以外的点, 直接套用求导的公式即可.

$$f_x(x,y)=\begin{cases}\dfrac{3x^2y}{x^2+y^2}-\dfrac{2x^4y}{(x^2+y^2)^2}, & (x,y)\neq(0,0),\\ 0, & (x,y)=(0,0),\end{cases}$$

$$f_y(x,y)=\begin{cases}\dfrac{x^3}{x^2+y^2}-\dfrac{2x^3y^2}{(x^2+y^2)^2}, & (x,y)\neq(0,0),\\ 0, & (x,y)=(0,0).\end{cases}$$

由此得到

$$f_x(0,y)=0,\quad f_y(x,0)=x.$$

继而再直接分别求偏导数得

$$f_{xy}(0,y)=0,\quad f_{yx}(x,0)=1,$$

即

$$f_{xy}(0,0)=0,\quad f_{yx}(0,0)=1. \qquad \square$$

例 4 表明, 二阶混合偏导数存在不足以保证两个 (不同顺序的) 二阶混合偏导数是相等的. 下面给出保证两个二阶混合偏导数相等的条件.

定理 13.5.4 设函数 $z=f(x,y)$ 的混合偏导数 $f_{xy}(x,y)$ 和 $f_{yx}(x,y)$ 都在点 (x_0,y_0) 存在, 并且至少有一个在该点连续, 则二者相等,

$$f_{xy}(x_0,y_0)=f_{yx}(x_0,y_0).$$

证明 不妨设 $f_{yx}(x,y)$ 在点 (x_0,y_0) 连续, 因此, 在点 (x_0,y_0) 的某个邻域内 $f_y(x,y)$ 和 $f_{yx}(x,y)$ 均存在.

根据例 4 前面的分析, 实际上要证明的是两个累次极限相等,

$$f_{xy}(x_0,y_0)=\lim_{\Delta y\to 0}\lim_{\Delta x\to 0}\frac{\Phi(\Delta x,\Delta y)}{\Delta x\Delta y}=\lim_{\Delta x\to 0}\lim_{\Delta y\to 0}\frac{\Phi(\Delta x,\Delta y)}{\Delta x\Delta y}=f_{yx}(x_0,y_0), \tag{13.5.3}$$

其中

$$\Phi(\Delta x,\Delta y)=f(x_0+\Delta x,y_0+\Delta y)-f(x_0+\Delta x,y_0)-f(x_0,y_0+\Delta y)+f(x_0,y_0).$$

既然欲证的式 (13.5.3) 两端是不同顺序的累次极限, 根据累次极限和重极限的关系 (见定理 13.3.2), 只需证明重极限 $\lim\limits_{(\Delta x,\Delta y)\to(0,0)}[\Phi(\Delta x,\Delta y)/\Delta x\Delta y]$ 存在即可, 因为此时这个重极限和上面的两个累次极限三者相等.

事实上, 利用一元函数的中值定理, 不难得到

$$\begin{aligned}\frac{\Phi(\Delta x,\Delta y)}{\Delta x\Delta y}&=\frac{1}{\Delta x\Delta y}\Big[\Big(f(x_0+\Delta x,y_0+\Delta y)-f(x_0,y_0+\Delta y)\Big)\\&\qquad-\Big(f(x_0+\Delta x,y_0)-f(x_0,y_0)\Big)\Big]\\&=\frac{1}{\Delta x}\Big[f_y(x_0+\Delta x,y_0+\theta_1\Delta y)-f_y(x_0,y_0+\theta_1\Delta y)\Big]\\&=f_{yx}(x_0+\theta_2\Delta x,y_0+\theta_1\Delta y),\end{aligned}$$

其中 $0<\theta_1,\theta_2<1$. 注意到所设 $f_{yx}(x,y)$ 在点 (x_0,y_0) 连续, 因此, 上式右端当 $(\Delta x,\Delta y)\to(0,0)$ 时极限存在, 左端亦然, 因而得到

$$f_{xy}(x_0,y_0)=\lim_{(\Delta x,\Delta y)\to(0,0)}\frac{\varPhi(\Delta x,\Delta y)}{\Delta x\Delta y}=f_{yx}(x_0,y_0),$$

即两个混合偏导数在点 (x_0,y_0) 相等. □

注　通常都假设相应阶数的混合偏导数在所讨论的范围内是连续的, 此时混合偏导数与求偏导数的顺序无关, 也称所讨论的函数具有 (相应阶数的)**连续可微性**. 例如, 当说 $f(x,y)$ 二阶连续可微时, 即是指 f 的所有二阶偏导数均连续, 因此, $f_{xy}=f_{yx}$. 类似地, 当 $f(x,y)$ 三阶连续可微时, f 所有的三阶偏导数均连续, 因此, $f_{xxy}=f_{xyx}=f_{yxx}$, $f_{xyy}=f_{yyx}=f_{yxy}$.

称由 $z=f(x,y)$ 的二阶偏导数所构成的 2×2 方阵为 f 在 $P(x,y)$ 的**Hesse 矩阵**, 记为 $\boldsymbol{H}_f(P)$, 即

$$\boldsymbol{H}_f(P)=\begin{pmatrix} f_{xx}(P) & f_{xy}(P)\\ f_{yx}(P) & f_{yy}(P)\end{pmatrix}=\left(\frac{\partial^2 f}{\partial x_i\partial x_j}\right)_{2\times 2},\quad x_1=x,x_2=y.$$

函数 f 的 Hesse 矩阵在多元函数微积分中起着重要的作用. 定理 13.5.4 的结论表明: 如果函数 f 是二阶连续可微的, 则其 Hesse 矩阵 $\boldsymbol{H}_f(P)$ 是对称矩阵. 显然, 同样的结论对于 n 元函数 $z=f(x_1,x_2,\cdots,x_n)$ 也是成立的, 此时的 Hesse 矩阵是 $n\times n$ 的对称矩阵.

例 5　设 f 是二阶连续可微函数且 $F(x,y,z)=f(x^2+y^2+z^2,xyz)$, 求 F 的二阶偏导数 F_{xx}, F_{xz} 和 F_{zx}.

解　仍记两个中间变量分别为 $u=x^2+y^2+z^2$ 和 $v=xyz$, 为方便起见, 记

$$\frac{\partial f}{\partial u}=f_1',\quad \frac{\partial f}{\partial v}=f_2',\quad \frac{\partial^2 f}{\partial u^2}=f_{11}'',\quad \frac{\partial^2 f}{\partial v^2}=f_{22}'',\quad \frac{\partial^2 f}{\partial u\partial v}=f_{12}''.$$

由所给的二阶连续可微条件知 $f_{12}''=f_{21}''$. 在例 2 中已经求出了 $F_x=2xf_1'+f_2'yz$, 在此基础上接着求二阶偏导数,

$$\begin{aligned}F_{xx}&=(2xf_1'+f_2'yz)_x\\&=2f_1'+2x(f_{11}''2x+f_{12}''yz)+yz(f_{21}''2x+f_{22}''yz)\\&=2f_1'+4x^2f_{11}''+4xyzf_{12}''+(yz)^2f_{22}'',\\F_{xz}&=(2xf_1'+f_2'yz)_z\end{aligned}$$

$$=2x(f''_{11}2z+f''_{12}xy)+f'_2y+yz(f''_{21}2z+f''_{22}xy)$$
$$=yf'_2+4xzf''_{11}+2y(x^2+z^2)f''_{12}+xy^2zf''_{22},$$

其中已利用了 $f''_{12}=f''_{21}$. 又 F 显然也是二阶连续可微的, 因此,

$$F_{zx}=F_{xz}=yf'_2+4xzf''_{11}+2y(x^2+z^2)f''_{12}+xy^2zf''_{22}. \qquad \square$$

思考题

1. 将链式法则用向量的形式写出.

2. 当 x,y 是自变量时有 $\mathrm{d}x=\Delta x$, $\mathrm{d}y=\Delta y$, 当 x,y 是其他变量的函数时, 这些关系是否仍成立?

3. 设 $f(x_1,x_2,\cdots,x_n)$ 二阶连续可导, 则 f 最多有多少个不同的二阶混合偏导数?

习 题 13.5

1. 求以下复合函数所指定的 (偏) 导数:

(1) $z=\mathrm{e}^{xy}$, $y=\arctan x$, 求 $\dfrac{\mathrm{d}z}{\mathrm{d}x}$;

(2) $z=\mathrm{e}^{\frac{1}{x}+\frac{1}{y}}\sin\left(\dfrac{1}{x}+\dfrac{1}{y}\right)$, 求 $\dfrac{\partial z}{\partial x}$, $\dfrac{\partial z}{\partial y}$;

(3) $z=\mathrm{e}^x+\sin x\cos y+\mathrm{e}^y$, $x=t^2$, $y=1+t$, 求 $\dfrac{\mathrm{d}z}{\mathrm{d}t}$;

(4) $z=\ln x\ln y$, $x=u+v$, $y=u-v$, 求 $\dfrac{\partial z}{\partial u}$, $\dfrac{\partial z}{\partial v}$.

2. 设 $z=\arctan\dfrac{y}{x}$, 证明: z 满足方程 $x\dfrac{\partial z}{\partial x}+y\dfrac{\partial z}{\partial y}=0$.

3. 设 $z=(x^2+y^2)^n$, 证明: z 满足方程

$$\left(\frac{\partial z}{\partial x}\right)^2+\left(\frac{\partial z}{\partial y}\right)^2=4n^2z^{\frac{2n-1}{n}}.$$

4. 设 $z=xy+x\mathrm{e}^{\frac{y}{x}}$, 证明: z 满足方程

$$x\frac{\partial z}{\partial x}+y\frac{\partial z}{\partial y}=xy+z.$$

5. 求下列复合函数的偏导数 (设所涉及的函数都具有连续的偏导数):

(1) $z=f(x,x+y,xy)$, 求 z_x, z_y;

(2) $z=f(r\cos\theta,r\sin\theta)$, 求 z_r, z_θ;

(3) $u=f\left(\dfrac{x}{y}+\dfrac{y}{z}+\dfrac{z}{x},xyz\right)$, 求 u_x, u_y 和 u_z;

(4) $u=f(\sqrt[3]{x^2+y^2+z^2})$, 求 u_x, u_y 和 u_z.

6. 求下列复合函数的全微分 (设所涉及的函数都具有连续的偏导数):

(1) $z=f\left(x+y,xy,\dfrac{x}{y}\right)$, 求 $\mathrm{d}z$; (2) $u=f\left(\dfrac{x}{y}+\dfrac{y}{z}+\dfrac{z}{x}\right)$, 求 $\mathrm{d}u$.

7. 设 $F(\tau)$ 是可微函数.

(1) 证明：$z=F(x^2+y^2)$ 满足方程

$$y\frac{\partial z}{\partial x}-x\frac{\partial z}{\partial y}=0;$$

(2) 证明：$u=F(x^2+y^2+z^2)$ 满足方程

$$\left(1-\frac{y}{x}\right)\frac{\partial u}{\partial x}+\left(1-\frac{z}{y}\right)\frac{\partial u}{\partial y}+\left(1-\frac{x}{z}\right)\frac{\partial u}{\partial z}=0.$$

8. 称 $u=f(x,y,z)$ 是 n 次齐次函数, 如果对任何的 $t\in\mathbb{R}$, 成立

$$f(tx,ty,tz)=t^nf(x,y,z).$$

证明：如果 $u=f(x,y,z)$ 是可微的 n 次齐次函数, 则 u 满足

$$x\frac{\partial u}{\partial x}+y\frac{\partial u}{\partial y}+z\frac{\partial u}{\partial z}=nu.$$

9. 对所指定的变量和阶数求偏导数.

(1) $z=\mathrm{e}^x\cos y$, 求 $\dfrac{\partial^2 z}{\partial x^2}, \dfrac{\partial^2 z}{\partial x\partial y}$;　(2) $z=x^3+y^3-3xy$, 求 $\dfrac{\partial^2 z}{\partial x^2}, \dfrac{\partial^4 z}{\partial x^2\partial y^2}$.

10. 求所指定的偏导数 (以下均假定所涉及的函数具有所需要阶数的连续偏导数).

(1) $z=f(x+y,xy)$, 求 $\dfrac{\partial^2 z}{\partial x^2}, \dfrac{\partial^2 z}{\partial x\partial y}, \dfrac{\partial^2 z}{\partial y^2}$;

(2) $u=f\left(\dfrac{x}{y}+\dfrac{y}{z}+\dfrac{z}{x}\right)$, 求 $\dfrac{\partial^2 u}{\partial x^2}, \dfrac{\partial^2 u}{\partial x\partial y}, \dfrac{\partial^2 u}{\partial y^2}$;

(3) $z=f(x,y)$, $y=\varphi(x)$, 求 $\dfrac{\mathrm{d}^2 z}{\mathrm{d}x^2}$;

(4) $z=f(x,x^2,x^3)$, 求 $\dfrac{\mathrm{d}^2 z}{\mathrm{d}x^2}$.

11. 证明：如果 $z=x^\alpha y^\beta$ $(\alpha+\beta=1,\ x>0, y>0)$, 则 z 满足

$$\frac{\partial^2 z}{\partial x^2}\frac{\partial^2 z}{\partial y^2}=\left(\frac{\partial^2 z}{\partial x\partial y}\right)^2.$$

12. 证明：函数 $z=\ln\sqrt{(x-a)^2+(y-b)^2}$ 满足 Laplace 方程

$$\frac{\partial^2 z}{\partial x^2}+\frac{\partial^2 z}{\partial y^2}=0.$$

---

13. 证明复合函数的可微性定理 (即定理 13.5.3).

14. 设 $z=f(x,y)$ 具有连续的一阶偏导数. 证明：

(1) 如果满足方程 $xf_x(x,y)+yf_y(x,y)=0$, 则可以写 $f(r\cos\theta,r\sin\theta)=F(\theta)$;

(2) 如果满足方程 $yf_x(x,y)-xf_y(x,y)=0$, 则可以写 $f(r\cos\theta,r\sin\theta)=G(r)$.

小 结

本章的内容是一元函数微分学思想在多元函数意义下的进一步发展.

首先学习了平面上的点集, 研究了点集和点之间的各种性质, 由此导出了聚点、内点和边界点等概念. 平面上的点集与数轴上的点集相对比, 有一些本质上的不同. 聚点、内点的概念是数轴上相应概念的自然推广. 边界点的概念在数轴上并没有定义过. 开集和闭集的定义分别是开区间和闭区间的自然推广, 但有着更广泛的应用. 在学习时应注意区别其不同. $\mathbb{R}^2$ 的完备性结果可与 $\mathbb{R}$ 上的相应结论作对比, 可以看出前者是后者的平行推广.

类比于一元函数, 给出了二元函数的概念和图像的几何意义. 闭区间上一元连续函数的性质可以平行地推广到二元函数中, 只是将闭区间换成有界闭集. 二元函数重极限的概念是一元函数极限概念的自然推广, 因此, 具有相类似的性质. 然而累次极限是一元函数所没有的, 累次极限和重极限之间有一定的关系, 但也有相当大的不同, 这类关系具有一定的代表性, 在今后的课程中将有多次机会遇到类似的关系. 重极限是本章的重点, 也是难点.

为了推广一元函数的微分学, 对二元函数定义了偏导数和可微性, 引出了全微分. 与一元函数不同的是, 二元函数的可微性与偏导数的存在性之间并不等价, 因此, 需要更深入地探讨二元函数可微性的充分条件, 在此基础上还讨论了偏导数和全微分的几何意义. 为了进一步发展二元函数的微分学, 定义了高阶偏导数和高阶微分, 这些都是偏导数和全微分的自然推广. 以上关于二元函数的所有概念和性质, 可以毫无困难地推广到更多自变量的情形. 偏导数与全微分是本章的重点, 求抽象复合函数的一阶、二阶偏导数具有相当的复杂性, 应该引起足够的重视.

本章的大多数概念和结论都有着强烈的几何背景, 充分利用这些几何意义是学好本章内容的一个重要方面.

本章所学习的内容是多元函数微分学最基本的部分, 为了使多元函数微分学能在更多的方面发挥作用, 下一章将在更深刻的层次上来展开多元函数微分学, 并介绍众多具有实际背景的应用.

复 习 题

1. 求下列重极限:

(1) $\displaystyle\lim_{(x,y)\to(0,0)}\frac{x^3+y^3}{x^2+y^2}$; (2) $\displaystyle\lim_{(x,y)\to(0,0)}(x^2+y^2)^{xy}$.

2. 对于连续函数 $f(x,y)$, 证明: 集合 $\{(x,y)|f(x,y)>a\}$ 是开集, 其中 a 是任意常数.

3. 设 $f(x,y)$ 在开区域 D 内对 x 连续, $f_y(x,y)$ 存在且有界, 试证明: f 在 D 内连续.

4. 设 $f(x,y)$ 在开区域 D 中分别对 x,y 连续且对其中一个单调. 证明: f 在 D 内连续.

5. 设 $(x(t),y(t))$ 是当 $t=t_0$ 时过 $P_0(x_0,y_0)$ 的连续曲线. 证明: 如果对任意的这样的曲线, $\varphi(t)=f(x(t),y(t))$ 都在 t_0 连续, 则 $f(x,y)$ 在 $P_0(x_0,y_0)$ 连续.

6. 设 $f(x,y)$ 在开区域 $D\subset\mathbb{R}^2$ 中关于 x 连续, 关于 y 满足 Lipschitz 条件, 即存在常数 L, 使得

$$|f(x,y')-f(x,y'')|\leqslant L|y'-y''|,\quad \forall(x,y'),(x,y'')\in D.$$

证明: $f(x,y)$ 在 D 中连续.

7. 设 $f(x,y)=\begin{cases}(x^2+y^2)\sin(x^2+y^2)^{-1/2}, & x^2+y^2\neq 0,\\ 0, & x^2+y^2=0,\end{cases}$ 试证明如下的事实:

(1) $f(x,y)$ 在原点 $(0,0)$ 连续;

(2) $f(x,y)$ 的偏导数在原点 $(0,0)$ 不连续;

(3) $f(x,y)$ 在原点 $(0,0)$ 可微.

8. 设 $f_x(x,y)$ 在 (x_0,y_0) 存在, $f_y(x,y)$ 在 (x_0,y_0) 连续, 证明: $f(x,y)$ 在 (x_0,y_0) 可微.

9. 设 $f(t)$ 是二阶连续可微函数, 记 $z=F(x,y)=f(x+y)+f(x-y)$, 求 z_x, z_y 和 z_{xy}.

10. 证明: 如果函数 $u=u(x,y)$ 满足 Laplace 方程

$$\frac{\partial^2 z}{\partial x^2}+\frac{\partial^2 z}{\partial y^2}=0,$$

则 $v=u\left(\dfrac{x}{x^2+y^2},\dfrac{y}{x^2+y^2}\right)$ 也同样满足 Laplace 方程.

---

11. 对于非负整数 $i,j,k=0,1,2,\cdots$ 和正整数 $m=1,2,3,\cdots$, 定义

$$z=f(x,y)=(x-x_0)^i(y-y_0)^j,$$

求偏导数 $\left.\dfrac{\partial^m z}{\partial x^k\partial y^{m-k}}\right|_{(x_0,y_0)}$ $(k\leqslant m)$.

12. 设 $F(t)=f(a+th,b+tk)$, 其中 $f(x,y)$ 是 n 阶连续可微函数, a,b,h 和 k 是常数. 证明:

$$F^{(m)}(t)=\left(h\frac{\partial}{\partial x}+k\frac{\partial}{\partial y}\right)^m f(a+th,b+tk),\quad m=1,2,\cdots,n.$$

13. 证明: 如果 $u=f(x,y,z)$ 是可微函数且满足

$$x\frac{\partial u}{\partial x}+y\frac{\partial u}{\partial y}+z\frac{\partial u}{\partial z}=nu,$$

则 $u=f(x,y,z)$ 是 n 次齐次函数.

第 14 章　多元函数微分法的应用

14.1　方 向 导 数

14.1.1　方向导数的概念

偏导数 $f_x(x_0,y_0)$ 及 $f_y(x_0,y_0)$ 分别表示函数 $f(x,y)$ 在点 (x_0,y_0) 处沿 x, y 方向的变化率. 如果要研究函数 f 沿其他方向的变化率, 则需要引入新的概念, 这就是方向导数. 与偏导数不同的是, 方向导数是指函数从一点出发沿一个确定方向的变化率. 这个变化率不仅与点有关, 还与所选定的方向有关.

定义 14.1.1　设二元函数 $z=f(x,y)$ 在点 $P_0(x_0,y_0)$ 的某邻域 $U(P_0)\subset\mathbb{R}^2$ 内有定义, $\boldsymbol{l}$ 为从点 P_0 出发的射线. 如果极限

$$\lim_{\substack{P\to P_0\\ P\in\boldsymbol{l}}}\frac{f(P)-f(P_0)}{\|P-P_0\|}$$

存在, 其中 $P\in\boldsymbol{l}$ 表示动点 P 位于射线 $\boldsymbol{l}$ 上, 则称此极限为函数 f 在点 P_0 沿方向 $\boldsymbol{l}$ 的**方向导数**, 记为

$$\left.\frac{\partial f}{\partial\boldsymbol{l}}\right|_{P_0},\quad \left.\frac{\partial z}{\partial\boldsymbol{l}}\right|_{P_0},\quad f_{\boldsymbol{l}}(P_0)\quad 或\quad f_{\boldsymbol{l}}(x_0,y_0).$$

注　(1) 从一点 $P_0(x_0,y_0)$ 出发的射线 $\boldsymbol{l}$ 可以写为 $\mathbb{R}^2$ 平面上点集的形式:

$$\{(x_0+ta,y_0+tb)|t\geqslant 0\}=\{(x_0+\rho\cos\alpha,y_0+\rho\cos\beta)|\rho\geqslant 0\},$$

其中 $(a,b)=a\boldsymbol{i}+b\boldsymbol{j}$ 是 $\boldsymbol{l}$ 的方向向量, t 是参数; $(\cos\alpha,\cos\beta)=\cos\alpha\boldsymbol{i}+\cos\beta\boldsymbol{j}$ 是 $\boldsymbol{l}$ 的单位方向向量, 即与 $\boldsymbol{l}$ 同方向的单位向量, 记为 $\boldsymbol{l}_0$, 即 $\boldsymbol{l}_0=\boldsymbol{l}/\|\boldsymbol{l}\|=(a\boldsymbol{i}+b\boldsymbol{j})/\sqrt{a^2+b^2}$, $\cos\alpha,\cos\beta$ 称为 $\boldsymbol{l}$ 的方向余弦; α 和 β 分别是 $\boldsymbol{l}$ 与 x 轴和 y 轴正向的夹角. ρ 也是参数, 但有着明确的几何意义, 即 $\boldsymbol{l}$ 上的动点 P 到出发点 P_0 的距离 $\rho=\|P-P_0\|$, 如图 14.1 所示.

(2) 从一点 $P_0(x_0,y_0)$ 出发, 有无穷多条射线, 因此, 函数 f 在这一点 $P_0(x_0,y_0)$ 的方向导数也可以有无穷多个. 这与 f 在点 (x_0,y_0) 处的偏导数不同, 因为对于二元函数而言, 偏导数只有两个, 因此, 方向导数是比偏导数更广泛的概念. 另一方面, 若 f 在点 P_0 存在偏导数 $f_x(x_0,y_0)$, 记 $\boldsymbol{l}^{\pm}$ 是由点 P_0 出发分别指向 x 轴正向和负向的射线, 则不难推出.

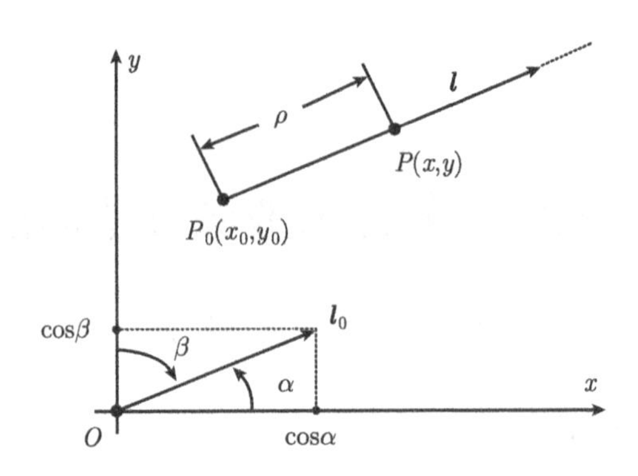

图 14.1　方向导数的方向

$$\left.\frac{\partial f}{\partial \boldsymbol{l}^+}\right|_{P_0} = \left.\frac{\partial f}{\partial x}\right|_{P_0}, \quad \left.\frac{\partial f}{\partial \boldsymbol{l}^-}\right|_{P_0} = -\left.\frac{\partial f}{\partial x}\right|_{P_0}. \tag{14.1.1}$$

但反之不然, 有例子表明, 即使 f 在点 P_0 存在所有方向的方向导数, f 在点 P_0 也未必存在偏导数.

在实际计算中, 因为偏导数在大多数情况下都存在, 又容易求出, 因此, 在函数可微的条件下用偏导数表示方向导数有其实用价值.

定理 14.1.1　如果函数 f 在点 $P_0(x_0, y_0)$ 处可微, 则 f 在点 P_0 沿任何方向 $\boldsymbol{l}$ 的方向导数都存在, 并且

$$f_{\boldsymbol{l}}(P_0) = f_x(P_0)\cos\alpha + f_y(P_0)\cos\beta, \tag{14.1.2}$$

其中 $\cos\alpha, \cos\beta$ 是方向 $\boldsymbol{l}$ 的方向余弦.

证明　设 $P(x, y)$ 是 $\boldsymbol{l}$ 上的动点, 记 $\rho = \|P - P_0\|$, 则 (图 14.1)

$$x - x_0 = \Delta x = \rho\cos\alpha, \quad y - y_0 = \Delta y = \rho\cos\beta.$$

由于 f 在点 P_0 可微, 则有

$$f(P) - f(P_0) = f_x(P_0)\Delta x + f_y(P_0)\Delta y + \theta_1\Delta x + \theta_2\Delta y,$$

其中当 $\rho \to 0$ 时, $\theta_1, \theta_2 \to 0$. 两端除以 ρ 可以得到

$$\begin{aligned}\frac{f(P) - f(P_0)}{\|P - P_0\|} &= f_x(P_0)\frac{\Delta x}{\rho} + f_y(P_0)\frac{\Delta y}{\rho} + \theta_1\frac{\Delta x}{\rho} + \theta_2\frac{\Delta y}{\rho} \\ &= f_x(P_0)\cos\alpha + f_y(P_0)\cos\beta + \theta_1\cos\alpha + \theta_2\cos\beta.\end{aligned}$$

令 $\rho \to 0$, 即令 P 沿 $\boldsymbol{l}$ 趋向于 P_0, 则可得到式 (14.1.2). □

容易看出, 当 f 在点 P_0 可微时, 式 (14.1.1) 是定理 14.1.1 的两个特例.

方向导数的概念可以平行地推广到三维空间 $\mathbb{R}^3$ 和 n 维空间 $\mathbb{R}^n$ 中. 例如, 对于函数 $u=f(x,y,z)$, 如果 f 在点 $P_0(x_0,y_0,z_0)$ 可微, 则

$$f_{\boldsymbol{l}}(P_0)=f_x(P_0)\cos\alpha+f_y(P_0)\cos\beta+f_z(P_0))\cos\gamma, \tag{14.1.3}$$

其中 $\cos\alpha,\cos\beta,\cos\gamma$ 表示 $\boldsymbol{l}$ 的方向余弦.

例 1 求函数 $u=xyz$ 在点 $P_0(1,1,1)$ 沿该点到点 $P_1(2,2,-2)$ 方向的方向导数.

解 函数 $u=xyz$ 显然在 $\mathbb{R}^3$ 中有连续的偏导数, 于是可微且

$$\left.\frac{\partial u}{\partial x}\right|_{P_0}=\left.yz\right|_{(1,1,1)}=1,\quad \left.\frac{\partial u}{\partial y}\right|_{P_0}=\left.xz\right|_{(1,1,1)}=1,\quad \left.\frac{\partial u}{\partial z}\right|_{P_0}=\left.xy\right|_{(1,1,1)}=1.$$

向量 $\overrightarrow{P_0P_1}=(1,1,-3)$ 的模为 $\|P_1-P_0\|=\sqrt{11}$, 方向余弦为

$$\cos\alpha=\frac{1}{\sqrt{11}},\quad \cos\beta=\frac{1}{\sqrt{11}},\quad \cos\gamma=-\frac{3}{\sqrt{11}}.$$

因此,

$$f_{\boldsymbol{l}}(P_0)=1\times\frac{1}{\sqrt{11}}+1\times\frac{1}{\sqrt{11}}+1\times\frac{-3}{\sqrt{11}}=-\frac{1}{\sqrt{11}}.$$ □

14.1.2 方向导数的最大值和梯度

当函数 $z=f(x,y)$ 的两个偏导 (函) 数都存在时, 由 z_x 和 z_y 作为分量所组成的向量称为函数 f 的**梯度**, 记为 $\nabla f(x,y)$ 或 $\mathbf{grad}f(x,y)$, 即

$$\mathbf{grad}f=\nabla f(x,y):=(f_x(x,y),f_y(x,y))=f_x(x,y)\boldsymbol{i}+f_y(x,y)\boldsymbol{j}.$$

同理, 可以定义一般多元函数的梯度.

例如, 函数 $u(x,y,z)=xyz$ 的梯度为

$$\mathbf{grad}u(x,y,z)=\nabla u(x,y,z)=yz\boldsymbol{i}+xz\boldsymbol{j}+xy\boldsymbol{k}.$$

因此, 函数 $u=xyz$ 在点 $(1,1,1)$ 的梯度为 $\mathbf{grad}u(1,1,1)=\boldsymbol{i}+\boldsymbol{j}+\boldsymbol{k}$.

求函数的梯度实际上是向量形式地求偏导数. 梯度具有如下的基本性质:

(1) $\mathbf{grad}(au+bv)=a\mathbf{grad}u+b\mathbf{grad}v$, 其中 a,b 为常数;

(2) $\mathbf{grad}(uv)=u\mathbf{grad}v+v\mathbf{grad}u$;

(3) $\mathbf{grad}f(u)=f'(u)\mathbf{grad}u$.

由定理 14.1.1 的结论可以看出, 当定理的条件满足时, 函数 $f(x,y)$ 沿 $\boldsymbol{l}$ 方向的方向导数实际上就是梯度与 $\boldsymbol{l}$ 方向的单位向量的内积, 即在 $\mathbb{R}^2$ 中, 函数 f 沿 $\boldsymbol{l}$ 方向的方向导数可以表示为

$$f_{\boldsymbol{l}}(P_0) = (f_x(P_0), f_y(P_0)) \cdot (\cos\alpha, \cos\beta) = \nabla f(P_0) \cdot \boldsymbol{l}_0, \tag{14.1.4}$$

其中 $\boldsymbol{l}_0$ 表示与 $\boldsymbol{l}$ 同方向的单位向量. 由此自然要产生一个问题: 在一个固定的点 $P_0(x_0, y_0)$, 沿哪一个方向的方向导数的数值最大?

为回答这个问题, 将式 (14.1.4) 写为

$$f_{\boldsymbol{l}}(P_0) = \nabla f(P_0) \cdot \boldsymbol{l}_0 = \|\nabla f(P_0)\| \cos(\nabla f(P_0), \boldsymbol{l}),$$

其中 $(\nabla f(P_0), \boldsymbol{l})$ 表示向量 $\nabla f(P_0)$ 与向量 $\boldsymbol{l}$ 之间的夹角. 由此可见, 当方向 $\boldsymbol{l}$ 与向量 $\nabla f(P_0)$ 同向时, 方向导数的数值最大, 最大值是 $\|\nabla f(P_0)\|$; 当方向 $\boldsymbol{l}$ 与向量 $\nabla f(P_0)$ 反向时, 方向导数的数值最小, 最小值是 $-\|\nabla f(P_0)\|$; 当方向 $\boldsymbol{l}$ 与向量 $\nabla f(P_0)$ 垂直时, 方向导数的数值为零.

已经知道, 一个定义在区域 D 上的二元函数 $z = f(x, y)$ 的图像是三维空间中的一张曲面, 将其上函数值相等的点连接起来, 就形成了**等高线**. 等价地讲, 函数值为 c 的等高线是定义域 D 中满足关系 $f(x, y) = c$ 的曲线. 不同的 c 值在定义域 D 中所描绘出的等高线不同, 常常被用来表示地形的变化. 地形图就是利用等高线来描绘地形高低的不同, 是用平面图形来表示立体图形的一个典型例子 (图 14.2).

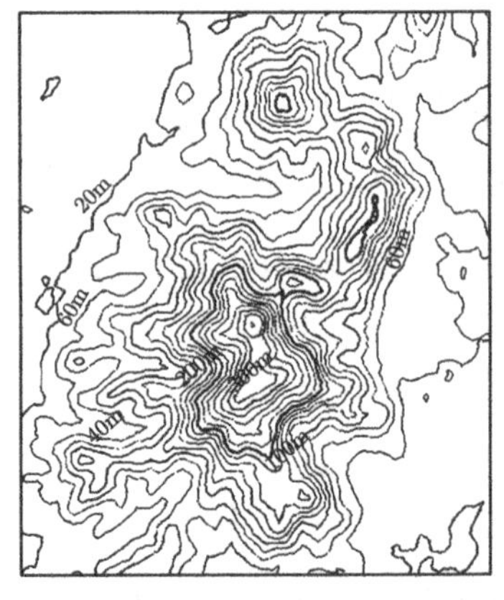

图 14.2　地图上的等高线 (广州白云山)

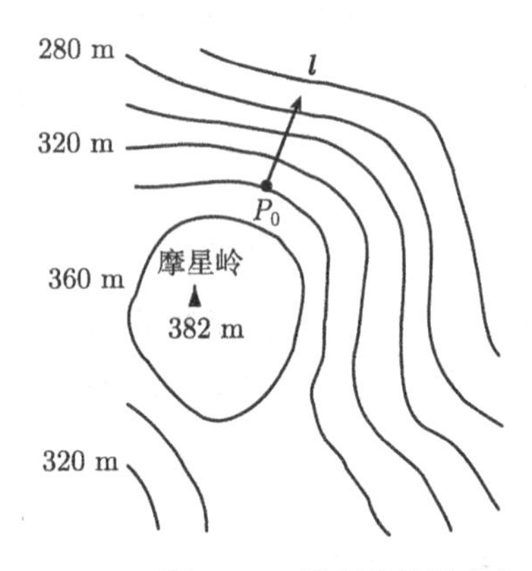

图 14.3　等高线的垂直方向

还可以在地形图上来解释方向导数的概念. 既然 $f_{\boldsymbol{l}}(P_0)$ 表示在点 P_0 沿方向 $\boldsymbol{l}$ 函数 f 的变化率, 则沿着等高线的方向, 函数值始终为 c, 因此, 方向导数为零; 对于垂直于等高线的方向 $\boldsymbol{l}$, 当方向 $\boldsymbol{l}$ 与向量 $\nabla f(P_0)$ 同向时, 方向导数的数值最大, 最大值是 $\|\nabla f(P_0)\| \geqslant 0$, 说明沿这个方向函数值增长得最快, 即山在此方向上升得最陡; 当方向 $\boldsymbol{l}$ 与向量 $\nabla f(P_0)$ 反向时, 方向导数的数值最小, 最小值是 $-\|\nabla f(P_0)\| \leqslant 0$, 这说明沿这个方向, 函数值减少得最快, 即山在此方向下降得最陡; 至于其他方向函数的变化率介于上述三者之间. 因此, 也可以将某一方

向的方向导数理解为沿该方向曲面的坡度. 当然, 也可以从另一个角度来看问题. $\|\nabla f(P_0)\|$ 大的地方也就是梯度的模更大的地方, 等高线分布更密集; $\|\nabla f(P_0)\|$ 小的地方, 等高线分布更稀疏. 可以证明等高线的切线与梯度方向互相垂直 (见与隐函数求导相关的内容), 见图 14.3.

同理, 在 $\mathbb{R}^3$ 中, 如对于函数 $u=f(x,y,z)$, 如果在 $P_0(x_0,y_0,z_0)$ 点可微, 则

$$f_l(P_0)=(f_x(P_0),f_y(P_0),f_z(P_0))\cdot(\cos\alpha,\cos\beta,\cos\gamma)=\nabla f(P_0)\cdot \boldsymbol{l}_0, \qquad (14.1.5)$$

其中 $\boldsymbol{l}_0=(\cos\alpha,\cos\beta,\cos\gamma)=\cos\alpha\boldsymbol{i}+\cos\beta\boldsymbol{j}+\cos\gamma\boldsymbol{k}$ 表示 $\boldsymbol{l}$ 的单位方向向量. 也可以给出方向导数类似于地形图的解释, 然而此时的等高线方程变为

$$f(x,y,z)=c.$$

应该理解为 $\mathbb{R}^3$ 空间中的**等值面**. 此时的方向导数也不宜直接理解为地形升降的陡和缓, 而应该理解为空间中的某些物理量 (如空间中任意点处的温度等) 沿不同方向的变化率.

思考题

1. 一元函数的方向导数与单侧导数有什么联系?

2. 方向导数是向量吗?

3. 式 (14.1.1) 是怎样推导出来的?

4. 若二元函数在某一区域中任何点处的任何方向的方向导数均为零, 则该函数具有什么性质?

5. 设 $f(x,y)$ 在点 (x_0,y_0) 连续且沿任意方向的方向导数都存在并相等. 问 $f(x,y)$ 在 (x_0,y_0) 是否一定可微?

习 题 14.1

1. 求函数 $z=x^2-y^2$ 在点 $(1,1)$ 沿任意方向的方向导数. 给出方向导数取最大值、最小值时的方向.

2. 求函数 $u=xy^2+yz^2+zx^2$ 在点 $(2,1,-1)$ 沿方向 $(2,1,-1)$ 的方向导数.

3. 设 $\boldsymbol{l}$ 的方向角分别为 60°, 45° 和 60°. 求函数 $u=xyz$ 在点 $P(1,1,1)$ 沿方向 $\boldsymbol{l}$ 的方向导数.

4. 求下列函数的梯度和梯度的模:

(1) $z=\ln(x^2+y^2)$;

(2) $u=\sqrt{x^2+y^2+z^2}$;

(3) $u=1/\sqrt{x^2+y^2+z^2}$.

5. 设 $u=x^2+y^2+z^2-3xyz$. 求 $\mathbf{grad}u$, 并找出 $\mathbb{R}^3$ 中的点, 使得 $\mathbf{grad}u$ 垂直于 x 轴.

6. 证明梯度的基本性质.

14.2　多元函数 Taylor 公式

同一元函数相仿, 为了研究二元函数以及多元函数更多、更精细的性质, 要考虑二元函数的中值定理和 Taylor 展开式. 这部分内容与一元函数相比, 虽然没有本质上的区别, 但在形式上要复杂许多. 二元函数的 Taylor 公式是一元函数 Taylor 公式的推广. 在一元函数的情形, 将一个函数 $f(x)$ 用 x 的幂展开, 而在二元函数的情形, 则要将函数 $f(x,y)$ 用 x 和 y 的幂展开, 因此, 展开式中要出现的是 x 和 y 的幂以及 x 和 y 的幂的乘积. 为了简化二元函数 Taylor 公式的表达, 并使得这样的表达尽量与一元函数的 Taylor 公式一致, 还要引入一种形式上的符号运算.

定理 14.2.1(Lagrange 型余项的 Taylor 公式)　设二元函数 $f(x,y)$ 在点 $P_0(x_0, y_0)$ 的某个邻域 $U(P_0)$ 内直到 $n+1$ 阶连续可微 (即具有直到 $n+1$ 阶的连续偏导数), 则对于任意的一点 $P(x_0+h, y_0+k)\in U(P_0)$, 存在相应的 $\theta\in(0,1)$, 使得

$$\begin{aligned}f(x_0+h,y_0+k)=&f(x_0,y_0)+\left(h\frac{\partial}{\partial x}+k\frac{\partial}{\partial y}\right)f(x_0,y_0)+\frac{1}{2!}\left(h\frac{\partial}{\partial x}+k\frac{\partial}{\partial y}\right)^2 f(x_0,y_0)\\&+\cdots+\frac{1}{n!}\left(h\frac{\partial}{\partial x}+k\frac{\partial}{\partial y}\right)^n f(x_0,y_0)\\&+\frac{1}{(n+1)!}\left(h\frac{\partial}{\partial x}+k\frac{\partial}{\partial y}\right)^{n+1} f(x_0+\theta h,y_0+\theta k),\end{aligned}\tag{14.2.1}$$

其中每一项都含有形式上的符号运算, 即

$$\left(h\frac{\partial}{\partial x}+k\frac{\partial}{\partial y}\right)^m f(x_0,y_0)=\sum_{i=0}^{m}\mathrm{C}_m^i\frac{\partial^m f(x,y)}{\partial x^i\partial y^{m-i}}\bigg|_{(x_0,y_0)}h^i k^{m-i}.\tag{14.2.2}$$

式 (14.2.1) 称为二元函数 $f(x,y)$ 在点 $P_0(x_0,y_0)$ 的 n 阶**带 Lagrange 型余项的 Taylor 公式** (当 $(x_0,y_0)=(0,0)$ 时, 也称为**Maclaurin 公式**).

证明　定义一个一元辅助函数

$$F(t)=f(x_0+th,y_0+tk).$$

由假设, 显然, $F(t)$ 在 [0,1] 上满足一元函数 Taylor 定理的条件, 故

$$F(1)=F(0)+\frac{F'(0)}{1!}+\frac{F''(0)}{2!}+\cdots+\frac{F^{(n)}(0)}{n!}+\frac{F^{(n+1)}(\theta)}{(n+1)!},\quad 0<\theta<1.$$

根据复合函数求导法则可以得到 (可见第 13 章复习题的第 12 题)

$$F^{(m)}(t)=\left(h\frac{\partial}{\partial x}+k\frac{\partial}{\partial y}\right)^m f(x_0+th,y_0+tk),\quad m=1,2,\cdots,n+1,$$

进而还有

$$F^{(m)}(0)=\left(h\frac{\partial}{\partial x}+k\frac{\partial}{\partial y}\right)^m f(x_0,y_0),$$
$$F^{(n+1)}(\theta)=\left(h\frac{\partial}{\partial x}+k\frac{\partial}{\partial y}\right)^{n+1} f(x_0+\theta h,y_0+\theta k).$$

结合以上各式, 即可得到 Taylor 公式 (14.2.1). □

用类似的证明方法, 不难得到如下的二元函数中值定理. 前面学过一个二元函数的中值定理 (定理 13.4.3), 读者可以将二者对照比较.

推论 14.2.1(二元函数中值公式) 设二元函数 $z=f(x,y)$ 在凸开域 $D\subset\mathbb{R}^2$ 上可微, $P(a,b),Q(a+h,b+k)$ 是 D 中任意的两点, 则存在 θ 满足 $0<\theta<1$, 使得

$$f(a+h,b+k)-f(a,b)=f_x(a+\theta h,b+\theta k)h+f_y(a+\theta h,b+\theta k)k. \tag{14.2.3}$$

推论 14.2.2 设函数 $z=f(x,y)$ 在开域 D 上存在偏导数且

$$f_x(x,y)\equiv 0,\quad f_y(x,y)\equiv 0,\quad (x,y)\in D,$$

则 f 在区域 D 上恒为常数.

证明 只需证明对于任意取定的 $P,Q\in D$, $f(P)=f(Q)$ 即可. 事实上, 由于 f_x,f_y 在 D 内连续, 所以根据定理 13.4.4 得, f 在 D 内可微. 对于任意取定的 $P\in D$, 如果 $U(P;\delta)\subset D$, 利用 $U(P;\delta)$ 是凸区域和二元函数中值公式, 即推论 14.2.1, 不难得到 $f(x,y)$ 在 $U(P;\delta)$ 中恒为常数.

因为 D 连通, 所以存在位于 D 内部的连续曲线 l 连接 P 和 Q. 记 $d=\inf\{\|P_1-P_2\|\ |P_1\in l,P_2\in\partial D\}$ 为 l 与 D 的边界之间的距离, 由于 l 是有界闭集, 所以易证 $d>0$. 令 $\delta=d/2$, 则这个连接 P 和 Q 的连续曲线 l 可被有限个形如 $U(P_i;\delta)\subset D(i=1,2,\cdots,k)$ 的邻域所覆盖. 将 $U(P_i;\delta)$ 依次排列, 使得 $P\in U(P_1;\delta)$, $Q\in U(P_k;\delta)$, 并且每两个相邻的邻域都具有非空交集. 既然 $f(x,y)$ 在每个邻域 $U(P_i;\delta)\subset D$ 内都恒为常数, 由此得知 $f(P)=f(Q)$. □

定理 14.2.2(Peano 型余项的 Taylor 公式) 设函数 $f(x,y)$ 在点 $P_0(x_0,y_0)$ 的某邻域 $U(P_0)$ 内直到 n 阶连续可微, 则当 $\rho=\sqrt{h^2+k^2}\to 0$ 时, 成立

$$\begin{aligned}f(x_0+h,y_0+k)=&f(x_0,y_0)+\left(h\frac{\partial}{\partial x}+k\frac{\partial}{\partial y}\right)f(x_0,y_0)+\frac{1}{2!}\left(h\frac{\partial}{\partial x}+k\frac{\partial}{\partial y}\right)^2 f(x_0,y_0)\\&+\cdots+\frac{1}{n!}\left(h\frac{\partial}{\partial x}+k\frac{\partial}{\partial y}\right)^n f(x_0,y_0)+o(\rho^n).\end{aligned} \tag{14.2.4}$$

式 (14.2.4) 称为二元函数 f 在点 P_0 的 n 阶带 **Peano 型余项的 Taylor 公式**.

证明　利用 $n-1$ 阶带 Lagrange 型余项的 Taylor 公式有

$$\begin{aligned}
f(x_0+h,y_0+k) &= f(x_0,y_0)+\left(h\frac{\partial}{\partial x}+k\frac{\partial}{\partial y}\right)f(x_0,y_0)+\cdots \\
&\quad +\frac{1}{(n-1)!}\left(h\frac{\partial}{\partial x}+k\frac{\partial}{\partial y}\right)^{n-1}f(x_0,y_0) \\
&\quad +\frac{1}{n!}\left(h\frac{\partial}{\partial x}+k\frac{\partial}{\partial y}\right)^{n}f(x_0+\theta h,y_0+\theta k) \\
&= f(x_0,y_0)+\left(h\frac{\partial}{\partial x}+k\frac{\partial}{\partial y}\right)f(x_0,y_0)+\cdots \\
&\quad +\frac{1}{(n-1)!}\left(h\frac{\partial}{\partial x}+k\frac{\partial}{\partial y}\right)^{n-1}f(x_0,y_0) \\
&\quad +\frac{1}{n!}\left(h\frac{\partial}{\partial x}+k\frac{\partial}{\partial y}\right)^{n}f(x_0,y_0)+R_n(h,k),
\end{aligned}$$

只需再证明 $R_n(h,k)=o(\rho^n)$ 即可. 事实上, 根据式 (14.2.2),

$$\begin{aligned}
R_n(h,k) &= \frac{1}{n!}\left(h\frac{\partial}{\partial x}+k\frac{\partial}{\partial y}\right)^{n}f(x_0+\theta h,y_0+\theta k)-\frac{1}{n!}\left(h\frac{\partial}{\partial x}+k\frac{\partial}{\partial y}\right)^{n}f(x_0,y_0) \\
&= \sum_{j+l=n}\frac{h^jk^l}{j!\,l!}\left[\frac{\partial^n f}{\partial x^j\partial y^l}(x_0+\theta h,y_0+\theta k)-\frac{\partial^n f}{\partial x^j\partial y^l}(x_0,y_0)\right].
\end{aligned}$$

注意到 f 是 n 阶连续可微的, 因此, 当 $\rho=\sqrt{h^2+k^2}\to 0$ 时,

$$\frac{\partial^n f}{\partial x^j\partial y^l}(x_0+\theta h,y_0+\theta k)-\frac{\partial^n f}{\partial x^j\partial y^l}(x_0,y_0)=o(1).$$

另一方面,

$$|h^jk^l|=\left|\frac{h^jk^l}{(\sqrt{h^2+k^2})^n}\right|\rho^n\leqslant\rho^n,$$

由此即可得到 $R_n(h,k)=o(\rho^n)$, 于是可得 Peano 型余项的 Taylor 公式 (14.2.4). □

在式 (14.2.4) 中取 $n=1$ 得到

$$f(x_0+h,y_0+k)=f(x_0,y_0)+f_x(x_0,y_0)h+f_y(x_0,y_0)k+o(\sqrt{h^2+k^2}). \tag{14.2.5}$$

取 $n=2$ 可以得到

$$\begin{aligned}
f(x_0+h,y_0+k) &= f(x_0,y_0)+f_x(x_0,y_0)h+f_y(x_0,y_0)k+\frac{1}{2}\big[f_{xx}(x_0,y_0)h^2 \\
&\quad +2f_{xy}(x_0,y_0)hk+f_{yy}(x_0,y_0)k^2\big]+o(h^2+k^2).
\end{aligned} \tag{14.2.6}$$

式 (14.2.6) 将在后面讨论极值问题时用到.

例 1 在原点 $(0,0)$ 的邻域中将函数 $f(x,y)=\mathrm{e}^x\ln(1+y)$ 展开为一阶带 Lagrange 型余项的 Taylor 公式.

解 先算出 $f(x,y)$ 的各阶偏导数及在点 $(0,0)$ 的值. 计算可得, $f(0,0)=0$,

$$\begin{aligned}
&f_x(x,y)=\mathrm{e}^x\ln(1+y), && f_x(0,0)=0,\\
&f_y(x,y)=\mathrm{e}^x\frac{1}{1+y}, && f_y(0,0)=1,\\
&f_{xx}(x,y)=\mathrm{e}^x\ln(1+y), && f_{xx}(0,0)=0,\\
&f_{xy}(x,y)=\mathrm{e}^x\frac{1}{1+y}, && f_{xy}(0,0)=1,\\
&f_{yy}(x,y)=-\mathrm{e}^x\frac{1}{(1+y)^2}, && f_{yy}(0,0)=-1.
\end{aligned}$$

显然 f 在 $O(0,0)$ 的邻域 $U(O;1)$ 内二阶连续可微, 根据式 (14.2.1) 可得

$$\mathrm{e}^x\ln(1+y)=y+\frac{1}{2!}\left[x^2\ln(1+\theta y)+2\frac{xy}{1+\theta y}-\frac{y^2}{(1+\theta y)^2}\right]\mathrm{e}^{\theta x}.$$ □

如果写成 Peano 型的余项, 利用上面所求出的偏导数可得二阶 Taylor 公式

$$\mathrm{e}^x\ln(1+y)=y+\frac{1}{2!}\left(2xy-y^2\right)+o(\rho^2),$$

其中 $\rho=\sqrt{x^2+y^2}$. 当然, 如果将一元函数 e^x 和 $\ln(1+y)$ 分别按 x 和 y 的幂展开, 再作乘法, 也可以得到相同的结果.

思考题

1. 如果在一个区域 D 中恒有 $\mathrm{d}f\equiv 0$, 问对 f 能得出什么结论?
2. 中值定理为什么要求区域是凸的?
3. 三元或多元函数的 Taylor 公式应该具有什么形式?

习 题 14.2

1. 在点 $(1,-2)$ 的邻域中用 Taylor 公式展开函数 $f(x,y)=2x^2-xy-3y^2-7x+y+1$.
2. 在原点的邻域中将下列函数展开至二阶带 Peano 型余项的 Taylor 公式:

(1) $f(x,y)=\mathrm{e}^{xy}$;

(2) $f(x,y)=\sin(x+y)$;

(3) $f(x,y)=\mathrm{e}^{x^2}\ln(1+y^2)$.

---

3. 设 $D\subset\mathbb{R}^2$ 是凸开域, $f_x(x,y),f_y(x,y)$ 在 D 上存在且有界. 证明: $f(x,y)$ 在 D 上一致连续.

4. 设 $\boldsymbol{p}$ 和 $\boldsymbol{q}$ 是 $\mathbb{R}^2$ 中线性无关的向量, $f(x,y)$ 是可微函数. 证明: 如果

$$\frac{\partial f}{\partial \boldsymbol{p}} \equiv 0, \quad \frac{\partial f}{\partial \boldsymbol{q}} \equiv 0,$$

则 $f(x,y)$ 是常值函数.

14.3　多元函数的极值

14.3.1　多元函数极值的必要条件

对于一元函数而言, 在一点取得极大 (小) 值意味着这一点的函数值比周围点的函数值都要大 (小). 同样的概念很容易推广到二元函数中.

定义 14.3.1　设函数 $z=f(x,y)$ 在点 $P_0(x_0,y_0)$ 的某邻域 $U(P_0)$ 有定义, 如果对于每一个 $P(x,y)\in U(P_0)$ 都成立

$$f(x,y)\leqslant f(x_0,y_0) \quad (\text{或 } f(x,y)\geqslant f(x_0,y_0)),$$

则称函数 f 在点 P_0 取得**极大(或极小)值**, 点 P_0 称为**极大(或极小)值点**. 极大值和极小值统称为**极值**, 极大值点和极小值点统称为**极值点**.

注　只在定义域的内点处定义极值的概念, 而对于定义域边界点处的函数值, 是属于最值问题讨论的范围, 后面再来处理.

如果二元函数在定义域的某内点取得极值, 则沿着过该点平行于 x 轴或 y 轴的直线, 该二元函数仍取得相同的极值. 当然此时的二元函数实质上是一元函数, 沿着过该点的任何直线或曲线仍有这样的性质. 因此, 若一个二元函数沿某直线或曲线在某点不能取得极值, 则其也不可能在同一点取得极值.

定理 14.3.1(极值的必要条件)　设函数 $z=f(x,y)$ 在点 $P_0(x_0,y_0)$ 取得极值, 并且在 P_0 处存在偏导数, 则

$$f_x(x_0,y_0)=0, \quad f_y(x_0,y_0)=0.$$

证明　因为二元函数 $z=f(x,y)$ 在点 $P_0(x_0,y_0)$ 取得极值, 故一元函数 $z=f(x,y_0)$ 也在 $x=x_0$ 处取得极值, 根据一元函数取得极值的必要条件可得

$$f_x(x_0,y_0)=\left.\frac{\mathrm{d}}{\mathrm{d}x}f(x,y_0)\right|_{x=x_0}=0.$$

同理可得 $f_y(x_0,y_0)=0$. □

定义 14.3.2　设函数 $z=f(x,y)$ 在点 $P_0(x_0,y_0)$ 存在偏导数, 如果 $f_x(x_0,y_0)=0$ 且 $f_y(x_0,y_0)=0$, 则称点 P_0 是函数 f 的**稳定点或驻点**.

由定理 14.3.1 可见, 在偏导数存在的前提下, 极值点必定是稳定点, 反之未必. 例如, 对于函数 $z=xy$, 原点 $(0,0)$ 是其稳定点, 但却不是极值点. 极值必要条件的

意义就在于当函数具有偏导数时, 极值点只能是稳定点, 这为缩小求极值点的范围提供了一个有效的工具.

函数在偏导数不存在的点上仍有可能取得极值. 例如, 函数 $z=\sqrt{x^2+y^2}$ 在坐标原点取得极小值, 但却没有偏导数. 因此, 在考察函数的极值问题时, 不仅要考察函数所有的稳定点, 还要考察那些偏导数不存在的点.

14.3.2 多元函数极值的充分条件

与一元函数的情形类似, 为讨论函数 $z=f(x,y)$ 在点 $P_0(x_0,y_0)$ 取得极值的充分条件, 需要利用函数的二阶偏导数. 然而二元函数的二阶偏导数不止一个, 因此, 需要用由二阶偏导数组成的矩阵来处理问题. 假定 f 二阶连续可微, 即具有二阶连续的偏导数. 称由 f 的二阶偏导数所构成的 2×2 方阵为 f 在 $P(x,y)$ 的**Hesse 矩阵**, 记为 $\boldsymbol{H}_f(P)$, 即

$$\boldsymbol{H}_f(P)=\begin{pmatrix} f_{xx}(P) & f_{xy}(P) \\ f_{yx}(P) & f_{yy}(P) \end{pmatrix}=\left(\frac{\partial^2 f}{\partial x_i\partial x_j}\right)_{2\times 2}, \quad x_1=x,\ x_2=y.$$

在第 13 章已经学习过当 $z=f(x,y)$ 二阶连续可微时, $\boldsymbol{H}_f(P)$ 是对称矩阵.

为导出二元函数极值的充分条件, 用 Taylor 公式来研究函数在稳定点附近的增量. 首先假设 P_0 是 f 的一个稳定点, 即 $f_x(x_0,y_0)=f_y(x_0,y_0)=0$. 记 $\Delta f:=f(x_0+\Delta x,y_0+\Delta y)-f(x_0,y_0)$. 利用带 Peano 型余项的二阶 Taylor 公式将 $f(x,y)$ 在 $P_0(x_0,y_0)$ 附近展开 (见式 (14.2.6)) 得

$$\Delta f=\frac{1}{2}f_{xx}(P_0)\Delta x^2+f_{xy}(P_0)\Delta x\Delta y+\frac{1}{2}f_{yy}(P_0)\Delta y^2+o(1)\rho^2, \tag{14.3.1}$$

其中, $o(1)$ 是 $\rho=\sqrt{\Delta x^2+\Delta y^2}\to 0$ 时的无穷小量, 即当 $\rho\to 0$ 时, $o(1)\to 0$. 为方便起见, 再记

$$A:=f_{xx}(P_0),\quad B:=f_{xy}(P_0),\quad C:=f_{yy}(P_0), \tag{14.3.2}$$

$$H:=\det\boldsymbol{H}_f(P_0)=AC-B^2. \tag{14.3.3}$$

为更精细地研究式 (14.3.1), 在 P_0 的邻域 $B_\varepsilon(P_0)$ 中引入极坐标变换, 即令

$$\Delta x=\rho\cos\theta,\quad \Delta y=\rho\sin\theta,\quad 0\leqslant\theta\leqslant 2\pi,\ 0<\rho<\varepsilon. \tag{14.3.4}$$

因此, 式 (14.3.1) 可以写为

$$\begin{aligned}\Delta f&=\frac{1}{2}\left(A\Delta x^2+2B\Delta x\Delta y+C\Delta y^2\right)+o(1)\rho^2\\&=\frac{\rho^2}{2}\left(A\cos^2\theta+2B\cos\theta\sin\theta+C\sin^2\theta+o(1)\right)\end{aligned}$$

$$
\begin{aligned}
&=\frac{\rho^2}{2}\left(\frac{1}{2}(A+C)+B\sin 2\theta+\frac{1}{2}(A-C)\cos 2\theta+o(1)\right)\\
&=\frac{\rho^2}{4}\left(A+C+\sqrt{4B^2+(A-C)^2}\sin(2\theta+\alpha)+o(1)\right)\\
&:=\frac{\rho^2}{4}[R(\theta)+o(1)],
\end{aligned}
\tag{14.3.5}
$$

其中 α 是个常数, 而 $\sqrt{4B^2+(A-C)^2}=\sqrt{(A+C)^2-4H}$. 容易求出 $R(\theta)=A+C+\sqrt{(A+C)^2-4H}\sin(2\theta+\alpha)$ 在 $0\leqslant\theta\leqslant 2\pi$ 中的最大值 M 和最小值 m 分别为

$$M=A+C+\sqrt{(A+C)^2-4H},\quad m=A+C-\sqrt{(A+C)^2-4H}.$$

注意到当 $H=AC-B^2>0$ 时, $AC>0$, 因此, 如果 $A>0$(此时 $C>0$), 则有

$$m=A+C-\sqrt{(A+C)^2-4H}>0;\tag{14.3.6}$$

如果 $A<0$(此时 $C<0$), 则有

$$M=A+C+\sqrt{(A+C)^2-4H}<0.\tag{14.3.7}$$

而当 $H=AC-B^2<0$ 时, 易知 $Mm=4H<0$, 因此有

$$M>0>m.\tag{14.3.8}$$

有了这些预备性的工作, 就可以来叙述和证明二元函数极值问题的充分条件.

定理 14.3.2(极值的充分条件)　设函数 $z=f(x,y)$ 在点 $P_0(x_0,y_0)$ 的某邻域 $U(P_0)$ 内具有二阶连续偏导数, 又设 P_0 是 f 的一个稳定点,

(1) 当 $H>0$ 时, 如果 $A>0$ (或 $C>0$), 则函数 f 在 P_0 处取得极小值; 如果 $A<0$ (或 $C<0$), 则函数 f 在 P_0 处取得极大值;

(2) 当 $H<0$ 时, 函数 f 在 P_0 处不能取得极值.

证明　(1) 当 $H>0$ 且 $A>0$ 时, 利用式 (14.3.6) 知道 $R(\theta)$ 的最小值 m 为正, 故可以将 Δf 表示为

$$\Delta f=\frac{\rho^2}{4}[R(\theta)+o(1)]\geqslant\frac{\rho^2}{4}[m+o(1)],$$

选取 $\varepsilon>0$ 足够小, 可使得当 $(x_0+\Delta x,y_0+\Delta y)\in B_\varepsilon(P_0)$ 时有 $m+o(1)\geqslant m/2>0$, 因此, 在 $B_\varepsilon^\circ(P_0)$ 中, $\Delta f>0$, 即 f 在点 P_0 取得极小值.

当 $H>0$ 且 $A<0$ 时, 利用式 (14.3.7) 知道 $R(\theta)$ 的最大值 M 为负, 故可以将 Δf 表示为

$$\Delta f=\frac{\rho^2}{4}[R(\theta)+o(1)]\leqslant\frac{\rho^2}{4}[M+o(1)],$$

选取 $\varepsilon>0$ 足够小, 可使得当 $(x_0+\Delta x, y_0+\Delta y)\in B_\varepsilon(P_0)$ 时有 $M+o(1)\leqslant M/2<0$, 因此, 在 $B_\varepsilon^\circ(P_0)$ 中, $\Delta f<0$, 即 f 在点 P_0 取得极大值.

(2) 当 $H<0$ 时, 利用 (14.3.8) 容易得知, 无论 $\varepsilon>0$ 多么小, 在 $B_\varepsilon^\circ(P_0)$ 中, Δf 既有正值又有负值, 因此, P_0 不是 f 的极值点. □

注 当 $H=0$ 时, 因为 $Mm=4H=0$, 则无法根据 $o(1)$ 来确定 Δf 的符号, 因此, 也就不能确定 P_0 是否是 f 的极值点. 例如, 函数 $f(x,y)=x^4+y^4$ 在原点取得极小值, 但 $H=\det\boldsymbol{H}_f(0,0)=0$. 反之, 也存在 $H=\det\boldsymbol{H}_f(x_0,y_0)=0$, 但在稳定点 $P_0(x_0,y_0)$, 函数 f 却没有极值的情形, 见下面的例 2.

例 1 求函数 $z=x^2-x(y+3)+y^2$ 的极值.

解 先求出 z 的一阶偏导数和二阶偏导数.

$$\frac{\partial z}{\partial x}=2x-y-3,\quad \frac{\partial z}{\partial y}=-x+2y,$$

$$\frac{\partial^2 z}{\partial x^2}=2,\quad \frac{\partial^2 z}{\partial y^2}=2,\quad \frac{\partial^2 z}{\partial x\partial y}=-1.$$

令 $z_x=0$ 和 $z_y=0$, 求出唯一的稳定点为 $P_0(x_0,y_0)=(2,1)$. 在点 P_0,

$$\boldsymbol{H}_f(P_0)=\begin{pmatrix} f_{xx}(P_0) & f_{xy}(P_0)\\ f_{yx}(P_0) & f_{yy}(P_0)\end{pmatrix}=\begin{pmatrix} 2 & -1\\ -1 & 2\end{pmatrix}.$$

显然, $A=C=2>0$, $B=-1$, 而 $H=\det\boldsymbol{H}_f(P_0)=3>0$, 因此, (2,1) 是 f 的极小值点, 极小值是 $f(2,1)=-3$. □

例 2 讨论函数 $z=f(x,y)=x^3-3xy^2$ 的极值.

解 先求出一阶偏导数和二阶偏导数.

$$\frac{\partial z}{\partial x}=3x^2-3y^2,\quad \frac{\partial z}{\partial y}=-6xy,$$

$$\frac{\partial^2 z}{\partial x^2}=6x,\quad \frac{\partial^2 z}{\partial y^2}=-6x,\quad \frac{\partial^2 z}{\partial x\partial y}=-6y.$$

令 $z_x=0$ 和 $z_y=0$, 求出唯一的稳定点为 $P_0(x_0,y_0)=O(0,0)$. 在点 P_0,

$$\boldsymbol{H}_f(P_0)=\begin{pmatrix} f_{xx}(P_0) & f_{xy}(P_0)\\ f_{yx}(P_0) & f_{yy}(P_0)\end{pmatrix}=\begin{pmatrix} 0 & 0\\ 0 & 0\end{pmatrix}.$$

因此, 用极值的充分条件无法判断函数 f 在 P_0 处是否取得极值, 但是如果考虑过原点的一条直线 $y=x$, 沿此直线函数变为 $f(x,x)=-2x^3$. 显然, 在零点附近, 函数 $f(x,x)=-2x^3$ 是变号的, 因此, 不能取得极值, 故 f 在 P_0 处不能取得极值. 这个曲面称为“猴鞍面”, 如图 14.4 所示. □

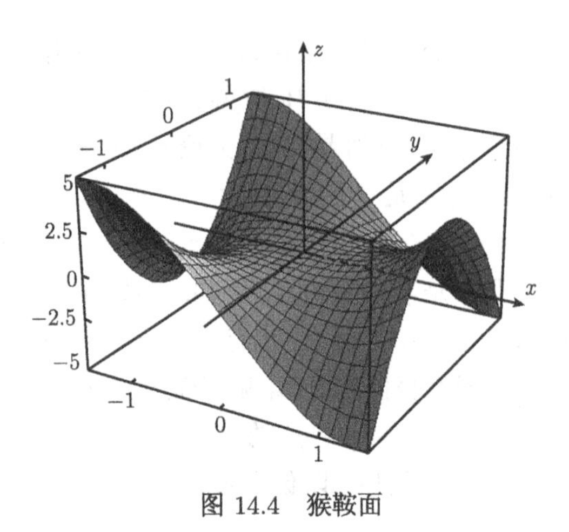

图 14.4　猴鞍面

*细心的读者一定注意到定理 14.3.2 中的条件对应于对称矩阵 $\boldsymbol{H}_f(P_0)$ 的正定性概念, 即 $H=\det \boldsymbol{H}_f(P_0)<0$ 对应于对称矩阵 $\boldsymbol{H}_f(P_0)$ 是不定的; 而 $H>0$ 和 $A>0$ (或 $C>0$) 对应于 $\boldsymbol{H}_f(P_0)$ 是正定的; $H>0$ 和 $A<0$ (或 $C<0$) 对应于 $\boldsymbol{H}_f(P_0)$ 是负定的. 因此, 定理 14.3.2 中的结论还可以用代数的观点重新叙述.

定理 14.3.3(极值的充分条件)　设函数 $z=f(x,y)$ 在点 $P_0(x_0,y_0)$ 的某邻域 $U(P_0)$ 内具有二阶连续偏导数, 又设 P_0 是 f 的一个稳定点, 则

(1) 当 $\boldsymbol{H}_f(P)$ 在点 P_0 是正定矩阵时, 函数 f 在 P_0 取得极小值;

(2) 当 $\boldsymbol{H}_f(P)$ 在点 P_0 是负定矩阵时, 函数 f 在 P_0 取得极大值;

(3) 当 $\boldsymbol{H}_f(P)$ 在点 P_0 是不定矩阵时, 函数 f 在 P_0 不能取得极值.

用代数的观点叙述极值的充分条件的好处在于, 定理 14.3.3 的结论可以原封不动地直接推广到多元函数的情形. 例如, 对于二阶连续可微函数 $u=f(x_1, x_2, \cdots, x_n)$, 此时的 Hesse 矩阵 $\boldsymbol{H}_u(P_0)$ 是 $n\times n$ 的对称矩阵. 当其定义域的某内点 $P_0(x_1^0,x_2^0,\cdots,x_n^0)$ 是 u 的稳定点时, 即 $\nabla u(P_0)=\boldsymbol{0}$, Hesse 矩阵 $\boldsymbol{H}_u(P_0)$ 的正 (负) 定性可以保证 P_0 是 u 的极小 (大) 值点, 不定性可以保证 P_0 不是 u 的极值点等. 定理 14.3.3 对于一般 n 元函数的详细证明在这里省略了. 至于如何判断 $n\times n$ 对称矩阵 $\boldsymbol{H}_u(P_0)$ 的正 (负) 定或不定性, 可参见相应的线性代数教科书.

注　当 $\det\boldsymbol{H}_f(P_0)=|\boldsymbol{H}_f(P_0)|=0$ 时, 无法断定 P_0 是否是 f 的极值点, 极大值点还是极小值点. 此时包括了 $\boldsymbol{H}_f(P_0)$ 是半正定或半负定的情形.

14.3.3　多元函数的最值问题及其应用

求一个连续函数 $z=f(x,y)$(常称为目标函数) 在某区域 D 上的最大值和最小值问题, 可以分几种情形来讨论.

当 D 是有界闭区域时, 连续函数总能取得最大值和最小值. 因此, 一个连续函数在有界闭区域 D 上的最大值和最小值问题总是有解的. 应该先求出函数在区域内部 $\mathrm{int}D = D^\circ$ 的全部稳定点和偏导数不存在的点, 计算这些点处的函数值, 再求出函数在区域的边界 ∂D 上的最值, 比较所有这些函数值, 其中最大者为函数在 D 上的最大值, 最小者为函数在 D 上的最小值.

至于求一个函数 $z = f(x,y)$ 在区域边界 ∂D 上的最值问题, 如果区域 D 的边界 ∂D 可以用曲线的方程 $y = h(x)$ 表示, 则边界上的最值问题就化为一元函数 $z = f(x, h(x))$ 的最值问题. 更一般的情形要引入更多的工具来处理, 如后续将要学习的条件极值问题即是解决在某些约束条件下求极值的问题.

当 D 是无界区域时, 这里介绍两类简单而又常见的情形: 如果函数在 D 上连续, 并且当 $\|P(x,y)\| = \sqrt{x^2+y^2} \to +\infty$ 时, $f(x,y) \to +\infty$, 则函数一定能取得最小值; 如果函数在 D 上连续, 并且当 $\|P(x,y)\| \to +\infty$ 时, $f(x,y) \to -\infty$, 则函数一定能取得最大值 (见习题 13.3 第 10 题).

对于实际应用问题, 可根据问题的实际意义来分析目标函数是否在所讨论的区域内部有最大值和最小值. 如果目标函数在所讨论的区域内具有可微性, 又能事先估计出目标函数在区域内部一定有最大 (小) 值, 目标函数在此区域中只有唯一一个稳定点, 则此稳定点必是最大 (小) 值点.

例 3 求函数 $f(x,y) = x^2 + y^2 - x\mathrm{e}^{-y^2}$ 的最小值.

解 函数 $f(x,y) = x^2 + y^2 - x\mathrm{e}^{-y^2}$ 的定义域显然是 $\mathbb{R}^2$. 先求出稳定点,

$$\frac{\partial f}{\partial x} = 2x - \mathrm{e}^{-y^2}, \quad \frac{\partial f}{\partial y} = 2y + 2xy\mathrm{e}^{-y^2}.$$

令 $f_x(x,y) = 0$, $f_y(x,y) = 0$ 可以求得该函数的唯一稳定点为

$$P_0(x_0, y_0) = \left(\frac{1}{2}, 0\right).$$

又当 $\|P(x,y)\| = \sqrt{x^2+y^2} \to +\infty$ 时,

$$f(x,y) \to +\infty.$$

因此, 函数 $f(x,y)$ 一定能取得最小值, 现在稳定点唯一, 故该稳定点 $(1/2, 0)$ 是函数 $f(x,y)$ 的最小值点, 并且最小值为

$$f(x_0, y_0) = f\left(\frac{1}{2}, 0\right) = -\frac{1}{4}.$$

□

例 4 设 a 是一个正数, 求三个正数, 使其和为最小, 其积为 a.

解 设所欲求的三个数分别为 x, y 和 z. 由所给的条件有 $xyz = a$. 因此, 要求最小值的目标函数为

$$u = x + y + z = x + y + \frac{a}{xy}, \quad x > 0,\ y > 0.$$

先求偏导数,

$$\frac{\partial u}{\partial x} = 1 - \frac{a}{x^2 y}, \quad \frac{\partial u}{\partial y} = 1 - \frac{a}{xy^2}.$$

令 $u_x = 0, u_y = 0$, 则有

$$x^2 y = a = xy^2.$$

由此得 $x = y = \sqrt[3]{a}$, 即目标函数 u 在所讨论的区域 (第一象限) 中唯一的稳定点为 $(x_0, y_0) = (\sqrt[3]{a}, \sqrt[3]{a})$. 对于现在的问题, 目标函数显然有一个下界为零, 又当 $x \to 0^+$ 或 $y \to 0^+$ 时, 或当 $x \to +\infty$ 或 $y \to +\infty$ 时均有 $u \to +\infty$. 因此, 此问题一定有最小值. 又因为目标函数 u 在第一象限是可微的, 只有一个稳定点, 所以该稳定点一定是最小值点. 此时 $z_0 = a/(x_0 y_0) = \sqrt[3]{a}$, 即所欲求的三个数为

$$x = y = z = \sqrt[3]{a}.$$

三数之和的最小值为

$$u(\sqrt[3]{a}, \sqrt[3]{a}, \sqrt[3]{a}) = 3\sqrt[3]{a}.$$ □

由例 4 的结论还可以得到如下熟知的不等式:

$$x + y + z \geqslant 3\sqrt[3]{a} = 3\sqrt[3]{xyz}, \quad 即 \ \sqrt[3]{xyz} \leqslant \frac{x + y + z}{3},$$

并且等号成立的充分必要条件是 $x = y = z$. 此即著名的“几何平均与算术平均不等式”. 用同样的方法可将其推广到任意有限个正数的情形.

多元函数的最值问题

思考题

1. 用极值的充分条件所判断得出的极值一定是严格的极值, 为什么?
2. 非极值的稳定点附近曲面具有怎样的形状?
3. 二元可微函数的稳定点是曲面上具有水平切平面的点吗?

4. 为什么一元连续函数的性质“若开区间内只有唯一的极值点, 则其必是最值点”不能推广到二元函数的情形?

习 题 14.3

1. 求下列二元函数的极值:

(1) $f(x,y)=x^2+xy+y^2-4x-2y+4$;

(2) $f(x,y)=x^3+y^3-3xy$;

(3) $f(x,y)=x^3y+xy^3-xy$;

(4) $z=(x^2+y^2)\mathrm{e}^{-(x^2+y^2)}$.

2. 设 $f(x,y)=(y-x^2)(y-3x^2)$. 证明: (1) 函数 $f(x,y)$ 在原点无极值; (2) 沿过原点的任意直线, 函数 $f(x,y)$ 均在原点取得极值.

3. 求下列函数在指定范围内的最大值与最小值:

(1) $z=xy$, $\{(x,y)|x^2+y^2\leqslant 4\}$;

(2) $z=x^2+xy-y^2$, $\{(x,y)||x|+|y|\leqslant 1\}$.

---

4. 求三角形, 使得其三个角的正弦之积取得最大值.

5. 证明: 在圆的所有外切三角形中, 以正三角形的面积为最小.

6. 证明: 函数 $z=x^3-4x^2+2xy-y^2$ 在区域 $D=[-5,5]\times[-1,1]$ 的内部有唯一的极大值点, 却不能在 D 的内部达到最大值.

7. 给出定理 14.3.2(2) 的详细证明.

14.4 隐 函 数

14.4.1 隐函数的概念及其几何意义

所学过的函数概念是指对自变量的每一个值, 因变量都有唯一一个值与之对应. 如果这种对应关系可以通过数学式子用形如 $z=f(x)$ 的表达式表出, 则称之为**显函数**; 否则, 称之为**隐函数**. 确定隐函数的对应关系常常是一个或若干个数学恒等式, 即方程或方程组. 能确定隐函数的方程或方程组可以具有各种各样的形式, 如代数方程、微分方程及积分方程等. 在本节更关心的是由代数方程 (或代数方程组, 注意方程组未必是线性的) 所代表的那些隐函数, 典型的方程为

$$F(x,y)=0. \tag{14.4.1}$$

定义 14.4.1 如果存在 $I\subset\mathbb{R}$ (理解为 I 是 x 轴上的子集), $J\subset\mathbb{R}$ (理解为 J 是 y 轴上的子集), 对于每一个 $x\in I$, 存在唯一的 $y\in J$, 使得 (x,y) 满足方

程 (14.4.1), 则称由方程 (14.4.1) 确定了一个定义在 I 上, 值域含于 J 中的**隐函数**, 记为

$$y = f(x), \quad x \in I,\ y \in J.$$

值得注意的是, 虽然将隐函数写成了 $y = f(x)$ 的形式, 这并不代表由方程 (14.4.1) 所确定的隐函数可以用显式加以表出, 只是说存在这样一个对应关系.

例 1　对于 $F(x,y) = x^2 + y^2 - 1$. 从方程 $F(x,y) = 0$, 即 $x^2 + y^2 = 1$, 可以在 $I = [-1,1]$ 中确定两个值域分别包含在 $J_1 = [0,1]$ 和 $J_2 = [-1,0]$ 上的隐函数为

$$y = f_1(x) = \sqrt{1-x^2} \in J_1 \quad 和 \quad y = f_2(x) = -\sqrt{1-x^2} \in J_2.$$

应该强调说明的是, 如果不指出值域的范围, 由方程 $x^2 + y^2 = 1$ 并不能唯一地确定隐函数.

一般而言, 直接从方程 $F(x,y) = 0$ 难以求出隐函数的显式表达式. 例如, 如果 $F(x,y)$ 是 y 的 5 次或 5 次以上的代数多项式, 通常难以从方程 $F(x,y) = 0$ 解出 y. 又如, $F(x,y) = y + \ln y - x$ 所涉及的方程是超越方程 $y + \ln y = x$, 无法求解出隐函数的解析表达式. 因此, 希望解决的问题是, 在不求解出隐函数的解析表达式的前提下, 研究隐函数的存在性、唯一性、连续性、可微性以及 (偏) 导数或 (全) 微分的表达式等.

隐函数存在的条件分析　设 $F(x,y) = 0$, 要找的隐函数 $y = f(x)$ 实际上是方程组

$$\begin{cases} z = F(x,y), \\ z = 0 \end{cases} \tag{14.4.2}$$

所确定的、过点 $P_0(x_0,y_0)$ 的一条不平行于 y 轴的曲线. 欲使此方程组有解, 一个必要条件是曲面 $z = F(x,y)$ 过点 $P_0(x_0,y_0)$, 即 $F(x_0,y_0) = 0$. 此外, 如果在点 $P_0(x_0,y_0)$ 的某个开邻域内, $F(x,y)$ 关于自变量 y 是严格单调 (如单调递增) 的, 则曲面 $z = F(x,y)$ 在 $P_0(x_0,y_0)$ 附近当 y 增加时, 由 xy 平面之下方穿过 xy 平面到达 xy 平面的上方, 与 xy 平面所相交的曲线正是所要求的隐函数 (图 14.5). 因此, 隐函数存在的一个充分条件是 $F(x,y)$ 关于自变量 y 严格单调.

当然, 如果假设 $F_y(x,y)$ 存在且连续, 则 $F_y(x_0,y_0) \neq 0$ 可以保证在点 $P_0(x_0,y_0)$ 的邻域内 $F(x,y)$ 关于 y 严格单调.

还可以从另外一个角度来体会条件 $F_y(x_0,y_0) \neq 0$ 所起到的作用. 假设函数 $F(x,y)$ 是可微的, 在点 (x_0,y_0) 附近近似地有

$$F(x,y) \approx F_x(x_0,y_0)(x-x_0) + F_y(x_0,y_0)(y-y_0), \tag{14.4.3}$$

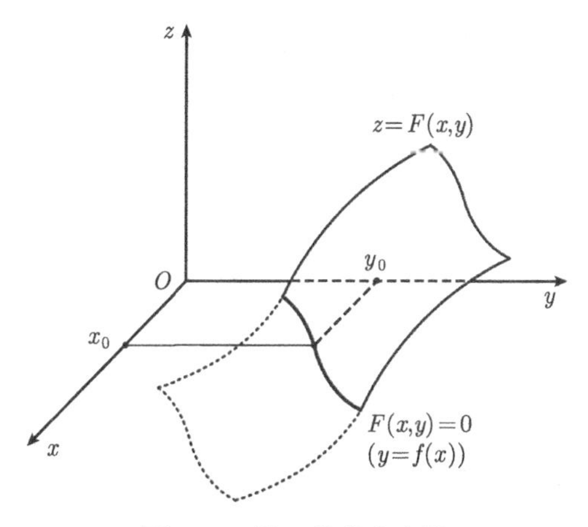

图 14.5 隐函数的存在性

所以为了让曲面 $z=F(x,y)$ 在平面 $z=0$ 上交出曲线 (隐函数), 只需让 (切) 平面

$$Z=F_x(x_0,y_0)(X-x_0)+F_y(x_0,y_0)(Y-y_0) \tag{14.4.4}$$

在平面 $z=0$ 上交出一条不平行于 y 轴的直线, 因此, 得出保证隐函数存在的另一个条件为

$$F_y(x_0,y_0)\neq 0.$$

从代数上来讲, $F(x,y)$ 的近似表达式 (14.4.3) 与平面 $z=0$ 的交线是 xy 平面上的直线

$$F_x(x_0,y_0)(x-x_0)+F_y(x_0,y_0)(y-y_0)=0.$$

由此线性方程所解出的就是近似的隐函数 $y=f(x)$,

$$y=-\frac{F_x(x_0,y_0)}{F_y(x_0,y_0)}(x-x_0)+y_0.$$

当然这个直线方程也是实际的隐函数对应曲线的切线方程.

通过以上几个方面的分析和准备, 现在可将关于隐函数的主要结论分成两个定理来叙述和证明.

14.4.2 隐函数存在性定理

定理 14.4.1(隐函数的存在唯一性) 设函数 $z=F(x,y)$ 满足下列条件:

(1) $F(x_0,y_0)=0$;

(2) F 在以点 $P_0(x_0,y_0)$ 为内点的某一区域 $D\subset\mathbb{R}^2$ 中连续;

(3) F 在 D 内关于 y 是严格单调的,

则在点 P_0 的某邻域 $U(P_0)\subset D$ 内, 由方程 $F(x,y)=0$ 可以唯一地确定一个定义在某区间 $(x_0-\alpha,x_0+\alpha)$ 内的 (隐) 函数 $y=f(x)$, 使得

1) $f(x_0)=y_0$, $\{(x,f(x))|x\in(x_0-\alpha,x_0+\alpha)\}\subset U(P_0)$ 且

$$F(x,f(x))\equiv 0,\quad x\in(x_0-\alpha,x_0+\alpha);$$

2) $y=f(x)$ 在 $(x_0-\alpha,x_0+\alpha)$ 内连续.

证明　先证 1), 即隐函数的存在唯一性. 不失一般性, 可设 $F(x,y)$ 在区域 D 中关于 y 是递增的, 进而可以设有 $\beta>0$, 使得

$$[x_0-\beta,x_0+\beta]\times[y_0-\beta,y_0+\beta]\subset D.$$

任意取定 $x\in[x_0-\beta,x_0+\beta]$, 作为 y 的一元函数 $F(x,y)$ 在 $[y_0-\beta,y_0+\beta]$ 上是严格递增的连续函数. 特别地, 取 $x=x_0$, 由条件 (1) 知

$$F(x_0,y_0-\beta)<0<F(x_0,y_0+\beta). \tag{14.4.5}$$

F 的连续性条件 (2) 表明作为 x 的一元函数 $F(x,y_0-\beta)$ 和 $F(x,y_0+\beta)$ 在 $[x_0-\beta,x_0+\beta]$ 上也是连续的, 因此, 由连续函数局部保号性结合式 (14.4.5) 知, 存在正数 $\alpha\leqslant\beta$, 使得

$$F(x,y_0-\beta)<0<F(x,y_0+\beta) \tag{14.4.6}$$

对于每一个 $x\in(x_0-\alpha,x_0+\alpha)$ 都成立. 由方程 $F(x,y)=0$ 就可以在 $(x_0-\alpha,x_0+\alpha)$ 内确定隐函数. 事实上, 对于每一个 $x\in(x_0-\alpha,x_0+\alpha)$, 因为式 (14.4.6), 根据连续函数的介值性质知道, 存在唯一的一点 $y\in(y_0-\beta,y_0+\beta)$, 使得 $F(x,y)=0$, y 依赖于 x, 记其为 $f(x)$, 因此, 就得到了隐函数

$$y=f(x),\quad x\in(x_0-\alpha,x_0+\alpha),$$

并且其值域含在 $(y_0-\beta,y_0+\beta)$ 中, 则隐函数 $y=f(x)$ 在 $U(P_0)=(x_0-\alpha,x_0+\alpha)\times(y_0-\beta,y_0+\beta)$ 内满足定理中的第一个结论 (图 14.6).

再证 2), 即隐函数的连续性. 任意取定 $\bar{x}\in(x_0-\alpha,x_0+\alpha)$, 记 $\bar{y}=f(\bar{x})$. 由上面的证明可以知道 $y_0-\beta<\bar{y}<y_0+\beta$, 因为 $F(\bar{x},\bar{y})=0$, 而 $F(\bar{x},y_0+\beta)>0>F(\bar{x},y_0-\beta)$. 因此有 $\min\{y_0+\beta-\bar{y},\bar{y}-y_0+\beta\}>0$. 对于任意的 ε 满足 $0<\varepsilon\leqslant\min\{y_0+\beta-\bar{y},\bar{y}-y_0+\beta\}$, 使得

$$y_0-\beta\leqslant\bar{y}-\varepsilon<\bar{y}+\varepsilon\leqslant y_0+\beta,$$

因而有

$$F(\bar{x},\bar{y}-\varepsilon)<F(\bar{x},\bar{y})=0<F(\bar{x},\bar{y}+\varepsilon).$$

由保号性知, 存在 $\bar{x}$ 的邻域 $(\bar{x}-\delta,\bar{x}+\delta)\subset(x_0-\alpha,x_0+\alpha)$, 使得

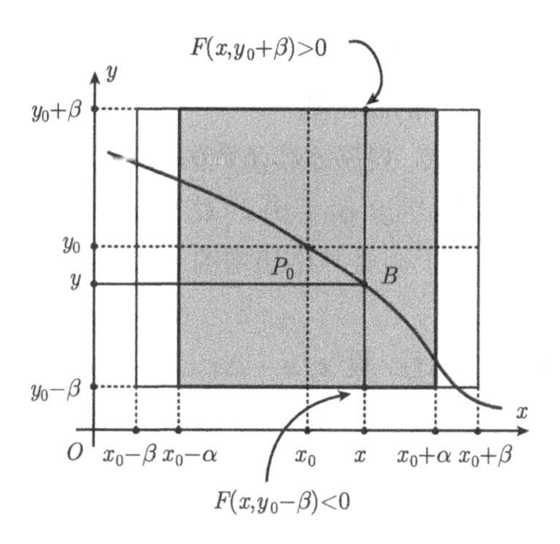

图 14.6 隐函数的存在性

$$F(x,\bar{y}-\varepsilon)<0<F(x,\bar{y}+\varepsilon),\quad x\in(\bar{x}-\delta,\bar{x}+\delta).$$

因此, 根据 $F(x,y)$ 的连续性和连续函数的零点定理得, 对每个 $x\in(\bar{x}-\delta,\bar{x}+\delta)$, 存在唯一的 $y\in(\bar{y}-\varepsilon,\bar{y}+\varepsilon)$, 使得 $F(x,y)=0$, 此时 $|y-\bar{y}|<\varepsilon$. 由 y 的唯一性可知 $y=f(x)$, 即得当 $|x-\bar{x}|<\delta$ 时, $|f(x)-f(\bar{x})|<\varepsilon$, 即 $f(x)$ 在点 $\bar{x}$ 连续, 由 $\bar{x}$ 的任意性证得 $y=f(x)$ 在区间 $(x_0-\alpha,x_0+\alpha)$ 内是连续的. 因此, 定理的第二个结论也成立. □

如果假设 F_y 在 D 中连续且 $F_y(x_0,y_0)\neq 0$, 则可以保证定理中的条件 (3) 成立, 进而再假设 F_x 也在 D 中连续, 则不仅隐函数存在、连续, 其导数也存在.

定理 14.4.2(隐函数的可微性) 设函数 $z=F(x,y)$ 满足下列条件:

(1) $F(x_0,y_0)=0$;

(2) F 在以点 $P_0(x_0,y_0)$ 为内点的某一区域 $D\subset\mathbb{R}^2$ 中连续;

(3) F 在 D 内存在连续的偏导数 $F_y(x,y)$ 且 $F_y(x_0,y_0)\neq 0$,

则在点 P_0 的某邻域 $U(P_0)\subset D$ 内, 由方程 $F(x,y)=0$ 可以唯一地确定一个定义在某区间 $(x_0-\alpha,x_0+\alpha)$ 内连续的 (隐) 函数 $y=f(x)$, 使得

1) $f(x_0)=y_0$, $\{(x,f(x))|x\in(x_0-\alpha,x_0+\alpha)\}\subset U(P_0)$ 且

$$F(x,f(x))\equiv 0,\quad x\in(x_0-\alpha,x_0+\alpha);$$

2) 假设 $F_x(x,y)$ 在 D 内存在且连续, 则隐函数 $y=f(x)$ 在 $(x_0-\alpha,x_0+\alpha)$ 中有连续导函数, 并且

$$f'(x)=-\frac{F_x(x,y)}{F_y(x,y)}.\tag{14.4.7}$$

证明 由条件 (3), 不妨设 $F_y(x_0,y_0)>0$. 因为对另一种情形, 即 $F_y(x_0,y_0)<0$, 可以讨论方程 $-F(x,y)=0$ 的隐函数.

由于 $F_y(x,y)$ 在 D 内连续, 根据连续函数的局部保号性知, 存在点 P_0 的邻域 $U(P_0)=(x_0-\beta,x_0+\beta)\times(y_0-\beta,y_0+\beta)\subset D$, 使得 $F_y(x,y)$ 在 $U(P_0)$ 内的每一点都是正的, 因此, $F(x,y)$ 关于 y 是严格递增的. 利用定理 14.4.1 的结论可以得到本定理的第一个结论.

再证明隐函数的连续可微性. 设 $x, x+\Delta x\in(x_0-\alpha,x_0+\alpha)$, 所对应的函数值满足 $y=f(x), y+\Delta y=f(x+\Delta x)\in(y_0-\beta,y_0+\beta)$. 注意到

$$F(x,y)=0,\quad F(x+\Delta x,y+\Delta y)=0,$$

由 F_x,F_y 的连续性及 $(x_0-\alpha,x_0+\alpha)\times(y_0-\beta,y_0+\beta)$ 是凸的, 利用二元函数的中值定理有

$$\begin{aligned}0&=F(x+\Delta x,y+\Delta y)-F(x,y)\\&=F_x(x+\theta\Delta x,y+\theta\Delta y)\Delta x+F_y(x+\theta\Delta x,y+\theta\Delta y)\Delta y,\end{aligned}$$

其中 $0<\theta<1$. 因此得到

$$\frac{\Delta y}{\Delta x}=-\frac{F_x(x+\theta\Delta x,y+\theta\Delta y)}{F_y(x+\theta\Delta x,y+\theta\Delta y)}.$$

利用 F_x,F_y 的连续性, 又 $F_y(x,y)$ 在 $U(P_0)$ 内不为零, 故有

$$f'(x)=\lim_{\Delta x\to 0}\frac{\Delta y}{\Delta x}=-\frac{F_x(x,y)}{F_y(x,y)},$$

进而容易看出 $f'(x)$ 在 $(x_0-\alpha,x_0+\alpha)$ 内是连续的. □

14.4.3 隐函数的求导法

在定理 14.4.2 的条件满足的情况下, 可以直接利用式 (14.4.7) 来求隐函数的导数, 然而在实际应用中, 只需将方程 $F(x,y)=0$ 中的 y 视为隐函数 $y=f(x)$, 因此, 方程成为恒等式, 利用链式法则将方程两端对 x 求导, 得到一个关于 $y'=f'(x)$ 的线性方程, 解出 $f'(x)$ 即可.

例 2 设有方程 $y^2-2y+\sin x=0$. 判断方程在哪些点附近存在连续可导的隐函数 $y=y(x)$, 并求出 y'.

解 记 $F(x,y)=y^2-2y+\sin x$, 则 F 在 $\mathbb{R}^2$ 上连续且偏导数连续. 又

$$F_x=\cos x,\quad F_y=2(y-1),$$

因此, 满足方程的点中除了 $y = 1$ 的点, 都在其附近存在连续可导的隐函数 $y = y(x)$, 并且

$$y'(x) - -\frac{\cos x}{2(y-1)}$$ □

例 3 设有方程 $\ln\sqrt{x^2+y^2} = \arctan\dfrac{y}{x}$, 求由此方程所确定的隐函数 $y = y(x)$ 的导数.

解 将 y 视为隐函数 $y = y(x)$, 在方程的两端对 x 求导得

$$\frac{1}{2}\frac{2x+2yy'}{x^2+y^2} = \frac{1}{1+\left(\dfrac{y}{x}\right)^2}\cdot\frac{xy'-y}{x^2},$$

化简得 $x + yy' = xy' - y$. 因此, 解得

$$y' = \frac{x+y}{x-y}, \quad x \neq y.$$ □

至于隐函数的高阶偏导数, 也可假定函数 F 存在相应阶数的连续高阶偏导数, 用上面的方法来求得. 例如, 欲求 y'', 将方程 $F(x,y) = 0$ 视为恒等式, 两端对 x 求二阶偏导数得

$$F_{xx}(x,y) + F_{xy}(x,y)y' + [F_{yx}(x,y) + F_{yy}(x,y)y']y' + F_y(x,y)y'' = 0.$$

解出 y'' 并将 y' 代入可得

$$y'' = -\frac{F_{xx} + 2F_{xy}y' + F_{yy}y'^2}{F_y} = \frac{2F_xF_yF_{xy} - F_y^2F_{xx} - F_x^2F_{yy}}{F_y^3}. \tag{14.4.8}$$

直接通过式 (14.4.7) 对 x 求导也可以得到完全相同的结果. 对于更高阶的偏导数可以类似地处理, 这里不再给出具体的公式.

至于更多变量的方程, 可以直接将上面的方法加以适当的推广得到相应的结论. 例如, 对于方程

$$F(x,y,z) = 0,$$

可以考虑由此方程所确定的 z 是 x, y 的隐函数 $z = z(x,y)$, 并可求出相应的偏导数 z_x 和 z_y.

定理 14.4.3 设函数 $u = F(x,y,z)$ 满足下列条件:

(1) $F(x_0,y_0,z_0) = 0$;

(2) F 在以点 $P_0(x_0,y_0,z_0)$ 为内点的某一区域 $D \subset \mathbb{R}^3$ 中连续;

(3) F 在 D 内存在连续的偏导数 F_x, F_y 和 F_z, 并且 $F_z(x_0,y_0,z_0) \neq 0$,

则在点 P_0 的某邻域 $U(P_0) \subset D$ 内, 由方程 $F(x,y,z) = 0$ 可以唯一地确定一个定义在某二维区域 $U(x_0,y_0)$ 内的二元 (隐) 函数 $z = f(x,y)$, 使得

1) $f(x_0,y_0)=z_0$, $\{(x,y,f(x,y))|(x,y)\in U(x_0,y_0)\}\subset U(P_0)$ 且

$$F(x,y,f(x,y))\equiv 0,\quad (x,y)\in U(x_0,y_0);$$

2) $z=f(x,y)$ 在 $U(x_0,y_0)$ 内具有连续的偏导数 z_x, z_y 且

$$f_x(x,y)=-\frac{F_x}{F_z},\quad f_y(x,y)=-\frac{F_y}{F_z}.\tag{14.4.9}$$

注　(1) 定理 14.4.3 中所涉及的函数 $u=F(x,y,z)$ 本身虽然没有明确的几何意义, 但定理的结论却可以给出几何的解释: 在定理14.4.3的条件下, 方程$F(x,y,z)$=0 实际上确定了一个过点 $P_0(x_0,y_0,z_0)$ 的空间曲面 $z=f(x,y)$. 因此, 可以将这个定理称为“隐方程 $F(x,y,z)=0$ 所确定的曲面”, 前两个定理, 即定理 14.4.1 和定理 14.4.2, 可以称为“隐方程 $F(x,y)=0$ 所确定的曲线”.

(2) 读者可以仿照隐函数定理, 叙述并证明用 $F(x,y,z)$ 关于 z 的严格单调性作为条件来保证隐函数 $z=f(x,y)$ 存在的结果.

例 4　设有方程 $F(x,y,z)=0$, F 连续可微且偏导数不为零, 则 x, y 和 z 三个变量中的每一个都可以视为是其他两个变量的隐函数, $z=z(x,y)$, $y=y(x,z)$, $x=x(y,z)$. 求 $\dfrac{\partial z}{\partial x}$, $\dfrac{\partial x}{\partial y}$ 以及 $\dfrac{\partial y}{\partial z}$.

解　将 x,y 视为自变量, z 则是 x,y 的隐函数. 在方程的两端对 x 求偏导得

$$\frac{\partial F}{\partial x}+\frac{\partial F}{\partial z}\frac{\partial z}{\partial x}=0.$$

由此解得 (即式 (14.4.9) 中的第一式)

$$\frac{\partial z}{\partial x}=-\frac{\dfrac{\partial F}{\partial x}}{\dfrac{\partial F}{\partial z}}.$$

同理, 分别将 y,z 视为自变量, x 则是 y,z 的隐函数; 将 x,z 视为自变量, y 则是 x,z 的隐函数, 可以得到

$$\frac{\partial y}{\partial z}=-\frac{\dfrac{\partial F}{\partial z}}{\dfrac{\partial F}{\partial y}},\quad \frac{\partial x}{\partial y}=-\frac{\dfrac{\partial F}{\partial y}}{\dfrac{\partial F}{\partial x}}.$$

从上面所求出的三个偏导数可以看出如下的关系:

$$\frac{\partial z}{\partial x}\cdot\frac{\partial x}{\partial y}\cdot\frac{\partial y}{\partial z}=-\frac{\dfrac{\partial F}{\partial x}}{\dfrac{\partial F}{\partial z}}\cdot\left(-\frac{\dfrac{\partial F}{\partial y}}{\dfrac{\partial F}{\partial x}}\right)\cdot\left(-\frac{\dfrac{\partial F}{\partial z}}{\dfrac{\partial F}{\partial y}}\right)=-1.$$

□

例 4 表明, 如偏导数 $\dfrac{\partial z}{\partial x}$ 虽然写成了分式, 但却是一个整体的概念, 其分子分母分别来看没有意义, 不是能独立存在的量.

隐函数

思考题

隐函数存在性的几何意义是什么?

习 题 14.4

1. 判断方程 $\cos x+\sin y=\ln(\mathrm{e}+xy)$ 能否在原点的某邻域中确定隐函数 $y=f(x)$ 或 $x=g(y)$.

2. 判断方程 $x+y+z+xyz-3\mathrm{e}^{xz}+\mathrm{e}^{yz}=0$ 能否在点 $(0,2,0)$ 的某邻域中确定某一个变量是另外两个变量的隐函数.

3. 求 $\dfrac{\mathrm{d}y}{\mathrm{d}x}$, 其中 $y=y(x)$ 是由方程 $y^x=x^y$ 所确定的隐函数.

4. 求由方程 $\mathrm{e}^{x+y}=xy$ 所确定的隐函数 $y=y(x)$ 的二阶导数 $\dfrac{\mathrm{d}^2y}{\mathrm{d}x^2}$.

5. 求由方程 $xy+yz+xz+\ln(xyz)=0$ 所确定的隐函数 $z=z(x,y)$ 的偏导数和全微分.

6. 求由方程 $\cos^2 x+\cos^2 y+\cos^2 z=1$ 所确定的隐函数 $z=z(x,y)$ 的二阶偏导数.

7. 证明: 由方程 $x-az=\varphi(y-bz)$ 所确定的隐函数 $z=z(x,y)$ 满足如下的微分方程 (φ 是连续可微函数):

$$a\frac{\partial z}{\partial x}+b\frac{\partial z}{\partial y}=1.$$

8. 设 F 是连续可微函数, 证明: 由方程 $F\left(x+\dfrac{z}{y},y+\dfrac{z}{x}\right)=0$ 所确定的隐函数 $z=z(x,y)$ 满足

$$x\frac{\partial z}{\partial x}+y\frac{\partial z}{\partial y}=z-xy.$$

---

9. 仿照“隐方程 $F(x,y)=0$ 所确定的曲线”定理的证明方法, 给出“隐方程 $F(x,y,z)=0$ 所确定的曲面”定理的证明.

10. 设函数 $z=f(x,y)$ 在区域 D 上可微, 则 f 的梯度与 f 的等高线的切线正交.

14.5 隐函数组

仅讨论由一个方程所确定的隐函数在实际中常常是不敷应用的. 因此, 要将其推广到方程组中, 这种推广在几何和重积分的变量变换中也起着重要的作用.

14.5.1 两张曲面所交曲线的参数化

从一个几何问题出发来探讨隐函数组的含义, 这个几何问题实际上是隐函数存在性问题 (14.4.2) 的一个自然推广. 设有隐函数组

$$\begin{cases} F(x,y,z)=0, \\ G(x,y,z)=0, \end{cases} \quad (x,y,z)\in V, \tag{14.5.1}$$

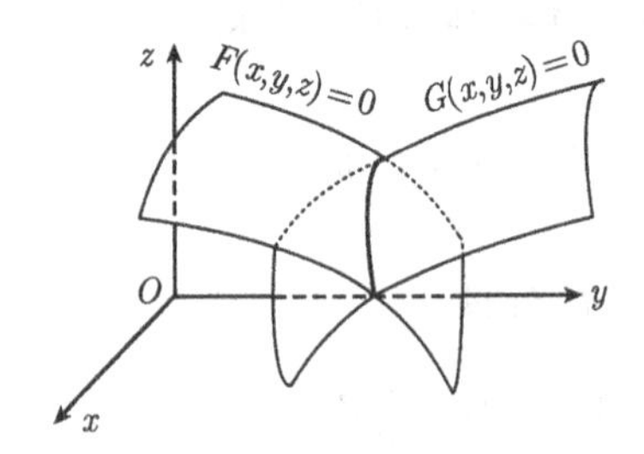

图 14.7 两张曲面相交的空间曲线

方程组 (14.5.1) 的几何意义可如图 14.7 所示. 设方程组 (14.5.1) 有一个交点, 记为 $P_0(x_0,y_0,z_0)$. 先考虑第一个方程, 设 $F_z(P_0)\neq 0$, 则根据定理 14.4.3, 存在 (x_0,y_0) 的邻域 $U(x_0,y_0)$, 由方程组 (14.5.1) 中的第一个方程 $F(x,y,z)=0$ 可唯一确定隐函数 $z=f(x,y)$, 满足 $z_0=f(x_0,y_0)$ 且在 $U(x_0,y_0)$ 中,

$$F(x,y,f(x,y))\equiv 0, \quad \frac{\partial z}{\partial x}=-\frac{F_x}{F_z}, \quad \frac{\partial z}{\partial y}=-\frac{F_y}{F_z}. \tag{14.5.2}$$

在 $U(x_0,y_0)$ 中考虑新的函数 (这里用到了方程组 (14.5.1) 中的第二个方程)

$$H(x,y):=G(x,y,f(x,y)), \quad (x,y)\in U(x_0,y_0). \tag{14.5.3}$$

如果从方程 $H(x,y)=0$ 可以确定 y 是 x 的隐函数, 则这个隐函数结合 $z=f(x,y)$ 就可以得到一条空间曲线. 而为了得到这个隐函数, 只需对函数 $H(x,y)$ 在点 (x_0,y_0) 附近验证隐函数定理所要求的条件即可. 显然,

$$H(x_0,y_0)=G(x_0,y_0,f(x_0,y_0))=G(x_0,y_0,z_0)=0,$$

并且 $H(x,y)$ 在 $U(x_0,y_0)$ 中具有连续的偏导数, 进而根据复合函数求导法则和 (14.5.2) 可以得到

$$\begin{aligned}\frac{\partial H}{\partial y} &= G_y + G_z\frac{\partial z}{\partial y}\\ &= G_y - G_z \cdot \frac{F_y}{F_z}\\ &= -\frac{1}{F_z}\left(F_yG_z - F_zG_y\right),\end{aligned} \tag{14.5.4}$$

所以只要再假设

$$\left.(F_yG_z - F_zG_y)\right|_{P_0} \neq 0, \tag{14.5.5}$$

则 $H_y(P_0) \neq 0$, 由隐函数定理 14.4.2 可以得到方程 $H(x,y) = 0$ 在 x_0 的某邻域 $U(x_0)$ 内可以确定唯一的隐函数 $y = \varphi(x)$, 满足 $y_0 = \varphi(x_0)$, 并且当 $x \in U(x_0)$ 时, $H(x, \varphi(x)) \equiv 0$. 如果记 $\psi(x) = f(x, \varphi(x))$, 则

$$x = x, \quad y = \varphi(x), \quad z = \psi(x), \quad x \in U(x_0),$$

即是由方程组 (14.5.1) 所确定的以 x 为参数的空间曲线.

鉴于条件 (14.5.5) 的重要性, 要用专门的术语来描述. 容易看出, 条件 (14.5.5) 的表达式可以写成由 F, G 关于自变量 y, z 的偏导数所组成的 2×2 矩阵的行列式在 P_0 点的取值, 将这个行列式记为

$$\frac{\partial(F,G)}{\partial(y,z)} := \begin{vmatrix} F_y & F_z \\ G_y & G_z \end{vmatrix} = F_yG_z - F_zG_y,$$

称为函数组 F, G 关于自变量 y, z 的**Jacobi 行列式**或函数行列式.

将上面的分析结果总结成为如下的定理:

定理 14.5.1(隐函数组的存在唯一性) 设函数组 $F(x,y,z)$ 和 $G(x,y,z)$ 满足下列条件:

(1) $F(x_0, y_0, z_0) = 0$, $G(x_0, y_0, z_0) = 0$;

(2) F 和 G 在以点 $P_0(x_0, y_0, z_0)$ 为内点的区域 $V \subset \mathbb{R}^3$ 中存在一阶连续偏导数;

(3) F, G 关于 y, z 的 Jacobi 行列式 $\left.\frac{\partial(F,G)}{\partial(y,z)}\right|_{P_0} \neq 0$,

则在点 P_0 的某邻域 $U(P_0) \subset V$ 内, 由方程组 (14.5.1) 可以唯一地确定一个定义在点 x_0 的邻域 $U(x_0)$ 内的一元 (隐) 函数组

$$\begin{cases} y = \varphi(x), \\ z = \psi(x), \end{cases} \tag{14.5.6}$$

使得

1) $y_0 = \varphi(x_0), z_0 = \psi(x_0)$ 且 $\{(x, \varphi(x), \psi(x)) | x \in U(x_0)\} \subset U(P_0)$, 进而有恒等式

$$\begin{cases} F(x, \varphi(x), \psi(x)) \equiv 0, \\ G(x, \varphi(x), \psi(x)) \equiv 0, \end{cases} \quad x \in U(x_0); \tag{14.5.7}$$

2) $y = \varphi(x)$ 和 $z = \psi(x)$ 在 $U(x_0)$ 内连续;

3) $y = \varphi(x)$ 和 $z = \psi(x)$ 在 $U(x_0)$ 内有一阶连续的导数 $\varphi'(x)$, $\psi'(x)$ 且

$$\frac{\mathrm{d}\varphi}{\mathrm{d}x} = \frac{1}{J} \frac{\partial(F,G)}{\partial(z,x)}, \quad \frac{\mathrm{d}\psi}{\mathrm{d}x} = \frac{1}{J} \frac{\partial(F,G)}{\partial(x,y)}, \tag{14.5.8}$$

其中

$$J = \frac{\partial(F,G)}{\partial(y,z)}, \quad \frac{\partial(F,G)}{\partial(x,y)} = \begin{vmatrix} F_x & F_y \\ G_x & G_y \end{vmatrix}, \quad \frac{\partial(F,G)}{\partial(z,x)} = \begin{vmatrix} F_z & F_x \\ G_z & G_x \end{vmatrix}.$$

证明　由条件 (3) 知 $(F_y G_z - F_z G_y)\big|_{P_0} \neq 0$, 因此, $F_z(P_0)$ 和 $F_y(P_0)$ 不同时为零. 前面的分析实际上已经证明了在条件 (2) 和 $F_z(P_0) \neq 0$ 的情况下, 方程组 (14.5.1) 存在隐函数组 (14.5.6), 因此, 得到了定理的结论 1) 和 2). 为了证明式 (14.5.8), 在恒等式的方程组 (14.5.7) 的两端分别对 x 求导得

$$\begin{cases} F_x + F_y \varphi'(x) + F_z \psi'(x) \equiv 0, \\ G_x + G_y \varphi'(x) + G_z \psi'(x) \equiv 0. \end{cases} \tag{14.5.9}$$

注意到 $\varphi'(x)$, $\psi'(x)$ 所对应的系数行列式 $\dfrac{\partial(F,G)}{\partial(y,z)} = F_y G_z - F_z G_y \neq 0$, 因此, 由方程组 (14.5.9) 可以解出 $\varphi'(x)$, $\psi'(x)$, 正是式 (14.5.8). 显然, 该隐函数组是连续可导的.

另一种情形, 即 $F_y(P_0) \neq 0$, 仿照上述推导过程也可以得到相同的结论. □

注　(1) 从定理 14.5.1 可以看出, 在定理条件满足时, 方程组 (14.5.1) 能够唯一地确定一个以 x 为参数的空间曲线

$$\begin{cases} x = x, \\ y = \varphi(x), \\ z = \psi(x), \end{cases} \quad x \in U(x_0).$$

因此, 可以认为定理的结果是方程组 (14.5.1) 所确定的**曲线的参数化**. 当然, 这里的参数就理解为自变量 x.

(2) 如果函数组 F, G 关于另外的变量的 Jacobi 行列式不为零, 如 $\left.\dfrac{\partial(F,G)}{\partial(x,y)}\right|_{P_0} \neq$

0, 可以以 z 为参数, 将方程组 (14.5.1) 所确定的隐函数组 (即两个曲面的交曲线) 在点 P_0 附近参数化为

$$x=x(z),\quad y=y(z),\quad z=z,\quad z\in U(z_0).$$

同理, $\left.\dfrac{\partial(F,G)}{\partial(z,x)}\right|_{P_0}\neq 0$, 也可以以 y 为参数得到相对应的结果.

14.5.2 反函数组及坐标变换

设在 xy 平面上的点集 D 上定义有函数组

$$\begin{cases} u=u(x,y),\\ v=v(x,y), \end{cases}\quad (x,y)\in D. \tag{14.5.10}$$

如果对于每一个点 $P(x,y)\in D$, 由上述函数组唯一地确定一点 $Q(u,v)$=$Q(u(x,y),v(x,y))\in\mathbb{R}^2$, 称该函数组确定了一个 D 到 $\mathbb{R}^2$ 中的**映射** T(或称为**变换** T). 类似于函数的写法, 变换 T 也可以记为

$$T:D\to\mathbb{R}^2\quad 或\quad T:P(x,y)\to Q(u,v).$$

$Q(u,v)$ 称为 $P(x,y)$ 的**象**, $P(x,y)$ 是 $Q(u,v)$ 的一个**原象**. D 在映射 T 下的**象集** 记为 $D'=T(D)$.

如果对于象集 $D'=T(D)$ 中的每一个点 $Q(u,v)$, 其原象都是唯一的, 则称 T 为**一一映射**, 即对于每一个点 $Q(u,v)\in D'=T(D)$, 由上面的函数组可唯一地确定一个 $P(x,y)\in D$ 与之对应. 由此所产生的新映射称为映射 T 的**逆变换**(**逆映射**), 记为 T^{-1}, 即

$$T^{-1}:D'=D(T)\to D\quad 或\quad T^{-1}:Q(u,v)\to P(x,y),$$

也可写成 $P=T^{-1}(Q)$, 或写为函数组的形式

$$\begin{cases} x=x(u,v),\\ y=y(u,v), \end{cases}\quad (u,v)\in D'=T(D), \tag{14.5.11}$$

称之为函数组 (14.5.10) 的**反函数组**.

将式 (14.5.11) 与式 (14.5.10) 相比较, 可以得到两个函数组恒等式为

$$\begin{cases} u\equiv u(x(u,v),y(u,v)),\\ v\equiv v(x(u,v),y(u,v)), \end{cases}\quad (u,v)\in D'=T(D) \tag{14.5.12}$$

及

$$\begin{cases} x \equiv x(u(x,y),v(x,y)), \\ y \equiv y(u(x,y),v(x,y)), \end{cases} \quad (x,y) \in D. \tag{14.5.13}$$

问题是一个函数组满足什么条件时存在反函数组?

为确定起见, 在一个点 $P_0(x_0,y_0) \in D$ 的附近来讨论问题. 假设函数组 (14.5.10) 中的两个函数 $u(x,y)$ 和 $v(x,y)$ 都在 P_0 是可微的, 则有

$$\begin{cases} u(x,y) - u(x_0,y_0) = u_x(P_0)\Delta x + u_y(P_0)\Delta y + \alpha\Delta x + \beta\Delta y, \\ v(x,y) - v(x_0,y_0) = v_x(P_0)\Delta x + v_y(P_0)\Delta y + \alpha'\Delta x + \beta'\Delta y, \end{cases} \tag{14.5.14}$$

其中当 $(\Delta x, \Delta y) \to (0,0)$ 时, α, β 和 α', β' 都是无穷小量.

因此, 近似地有

$$\begin{cases} u(x,y) - u(x_0,y_0) \approx u_x(P_0)(x-x_0) + u_y(P_0)(y-y_0), \\ v(x,y) - v(x_0,y_0) \approx v_x(P_0)(x-x_0) + v_y(P_0)(y-y_0), \end{cases} \tag{14.5.15}$$

式 (14.5.15) 右端是 (x,y) 的增量的一个线性变换, 对应的矩阵为

$$\begin{pmatrix} u_x(P_0) & u_y(P_0) \\ v_x(P_0) & v_y(P_0) \end{pmatrix}.$$

显然, 为了能从关系式 (14.5.15) 中解出 x, y 是 u, v 的反函数组, 必须且仅需上面矩阵的行列式不为零, 即

$$J = \left.\frac{\partial(u,v)}{\partial(x,y)}\right|_{P_0} = \begin{vmatrix} u_x(P_0) & u_y(P_0) \\ v_x(P_0) & v_y(P_0) \end{vmatrix} \neq 0.$$

将上面的条件综合起来, 并仿照一个方程所对应的隐函数的定理, 可以得到如下的结论:

定理 14.5.2(反函数组的存在唯一性) 设函数组 (14.5.10) 中的函数都在 D 上有连续的一阶偏导数, 点 $P_0(x_0,y_0)$ 是 D 的内点. 进一步设

$$u_0 = u(x_0,y_0), \quad v_0 = v(x_0,y_0), \quad \left.\frac{\partial(u,v)}{\partial(x,y)}\right|_{P_0} \neq 0,$$

则在点 $P_0'(u_0,v_0)$ 的某邻域 $U(P_0')$ 内存在唯一的一组反函数 $x = x(u,v), y = y(u,v)$, 使得

$$x_0 = x(u_0,v_0), \quad y_0 = y(u_0,v_0), \quad \{(x(u,v),y(u,v)) | (u,v) \in U(P_0')\} \subset U(P_0).$$

进而, 恒等式 (14.5.12) 和 (14.5.13) 分别在 $U(P_0')$ 和 P_0 的某邻域中成立, 并且 $x=x(u,v),y=y(u,v)$ 在 $U(P_0')$ 内存在连续的一阶偏导数,

$$\begin{aligned}
&\frac{\partial x}{\partial u}=\frac{\partial v}{\partial y}\Big/\frac{\partial(u,v)}{\partial(x,y)}, \quad \frac{\partial x}{\partial v}=-\frac{\partial u}{\partial y}\Big/\frac{\partial(u,v)}{\partial(x,y)},\\
&\frac{\partial y}{\partial u}=-\frac{\partial v}{\partial x}\Big/\frac{\partial(u,v)}{\partial(x,y)}, \quad \frac{\partial y}{\partial v}=\frac{\partial u}{\partial x}\Big/\frac{\partial(u,v)}{\partial(x,y)}.
\end{aligned} \tag{14.5.16}$$

定理 14.5.2 的证明可以仿照两个曲面所交曲线的参数化定理的证明来构造, 详细过程留给读者作为练习来完成.

注 (1) 由式 (14.5.16) 可以看到, 函数组和反函数组分别对应的 Jacobi 行列式互为倒数,

$$\frac{\partial(u,v)}{\partial(x,y)}\cdot\frac{\partial(x,y)}{\partial(u,v)}=1.$$

这个公式是一元函数的反函数求导公式的推广.

(2) (极坐标变换) 平面上的点 P 的直角坐标 (x,y) 与极坐标 (r,θ) 之间的变换公式为

$$\begin{cases} x=r\cos\theta, \\ y=r\sin\theta, \end{cases} \quad 0\leqslant r<+\infty, 0\leqslant\theta<2\pi.$$

极坐标变换的 Jacobi 行列式为

$$\frac{\partial(x,y)}{\partial(r,\theta)}=\begin{vmatrix} \cos\theta & -r\sin\theta \\ \sin\theta & r\cos\theta \end{vmatrix}=r,$$

因此, 除原点外, 由极坐标所确定的变换 (函数组) 有反函数组. 不难由原来的函数组求出反函数组为

$$r=\sqrt{x^2+y^2}, \quad \theta=\begin{cases} \arctan\dfrac{y}{x}, & x>0,\ y\geqslant 0, \\ \pi/2, & x=0, y>0, \\ \pi+\arctan\dfrac{y}{x}, & x<0, \\ 2\pi+\arctan\dfrac{y}{x}, & x>0,\ y\leqslant 0, \\ 3\pi/2, & x=0, y<0. \end{cases}$$

(3) (球坐标变换) 直角坐标 (x,y,z) 与球坐标 (r,φ,θ) 之间的坐标变换公式为

$$\begin{cases} x=r\sin\varphi\cos\theta, \\ y=r\sin\varphi\sin\theta, \\ z=r\cos\varphi, \end{cases} \quad 0\leqslant r<\infty, 0\leqslant\theta\leqslant 2\pi, 0\leqslant\varphi\leqslant\pi.$$

球坐标变换的 Jacobi 行列式为

$$\frac{\partial(x,y,z)}{\partial(r,\varphi,\theta)}=\begin{vmatrix}\sin\varphi\cos\theta & r\cos\varphi\cos\theta & -r\sin\varphi\sin\theta\\ \sin\varphi\sin\theta & r\cos\varphi\sin\theta & r\sin\varphi\cos\theta\\ \cos\varphi & -r\sin\varphi & 0\end{vmatrix}=r^2\sin\varphi,$$

因此, 当 $r^2\sin\varphi\neq 0$ 时, 即除去 z 轴上的所有点外, 由球坐标所确定的变换 (函数组) 有反函数组. 不难由原函数组求出反函数组为

$$r=\sqrt{x^2+y^2+z^2},\quad \varphi=\arccos\frac{z}{r},\quad \theta=\begin{cases}\arctan\dfrac{y}{x}, & x>0,\ y\geqslant 0,\\ \pi/2, & x=0,y>0,\\ \pi+\arctan\dfrac{y}{x}, & x<0,\\ 2\pi+\arctan\dfrac{y}{x}, & x>0,\ y\leqslant 0,\\ 3\pi/2, & x=0,y<0.\end{cases}$$

这些坐标变换在后面研究重积分的计算时将发挥重要的作用. □

14.5.3 隐函数组

为简单起见, 考虑由两个方程所组成的方程组, 每一个方程都含有 4 个变量的情形:

$$\begin{cases}F(x,y,u,v)=0,\\ G(x,y,u,v)=0,\end{cases}\quad (x,y,u,v)\in V,\tag{14.5.17}$$

其中 V 是 $\mathbb{R}^4$ 中的区域. 虽然这些方程 (组) 没有明确的几何意义, 但它们显然是前面两曲面所交曲线的参数化和反函数组的推广.

如果存在 xy 平面的区域 D, 使得对于 D 中的每一点 (x,y) 都存在 uv 平面区域 G 内唯一的点 (u,v), 使得 $\mathbb{R}^4$ 中的点 (x,y,u,v) 满足方程组 (14.5.17), 则称方程组 (14.5.17) 确定了定义在 D 上的**隐函数组**, 记为

$$\begin{cases}u=f(x,y),\\ v=g(x,y),\end{cases}\quad (x,y)\in D.$$

进而当 $(x,y)\in D$ 时有恒等式

$$\begin{cases}F(x,y,f(x,y),g(x,y))\equiv 0,\\ G(x,y,f(x,y),g(x,y))\equiv 0,\end{cases}\quad (x,y)\in D.\tag{14.5.18}$$

与一个方程所确定的隐函数的情形类似, 也可以粗略地分析需要对方程组 (14.5.17) 附加什么条件, 可以保证隐函数组的存在性.

事实上, 应该注意到初始性条件 $F(x_0,y_0,u_0,v_0)=0$, $G(x_0,y_0,u_0,v_0)=0$ 显然是一个先决性的条件. 进而, 如果假设 F 和 G 是可微的, 则在点 $P_0(x_0,y_0,u_0,v_0)$ 附近, 可以将 F 和 G 的全增量表示为

$$\begin{cases} F(x,y,u,v)=F_x\Delta x+F_y\Delta y+F_u\Delta u+F_v\Delta v+o(\rho), \\ G(x,y,u,v)=G_x\Delta x+G_y\Delta y+G_u\Delta u+G_v\Delta v+o(\rho), \end{cases} \tag{14.5.19}$$

其中 $\Delta x=x-x_0$, $\Delta y=y-y_0$, $\Delta u=u-u_0$ 和 $\Delta v=v-v_0$, 而 $o(\rho)$ 可以写为

$$o(\rho)=\alpha\Delta x+\beta\Delta y+\alpha'\Delta u+\beta'\Delta v,$$

并且当 $\rho=\sqrt{\Delta x^2+\Delta y^2+\Delta u^2+\Delta v^2}\to 0$ 时, α, β, α', $\beta'\to 0$.

因此, 近似地有

$$\begin{cases} F(x,y,u,v)\approx F_x\Delta x+F_y\Delta y+F_u\Delta u+F_v\Delta v, \\ G(x,y,u,v)\approx G_x\Delta x+G_y\Delta y+G_u\Delta u+G_v\Delta v, \end{cases} \tag{14.5.20}$$

即要从方程组 (14.5.17) 中求解出隐函数组, 也只需从下面的线性方程组中求出 $u(x,y)$, $v(x,y)$ 即可:

$$\begin{cases} F_x\Delta x+F_y\Delta y+F_u\Delta u+F_v\Delta v=0, \\ G_x\Delta x+G_y\Delta y+G_u\Delta u+G_v\Delta v=0. \end{cases} \tag{14.5.21}$$

从线性代数的知识可知, 要能够分别解出 $u(x,y)$ 和 $v(x,y)$, 只需这两个方程组关于 Δu 和 Δv 的系数不成比例, 即 $F_uG_v\neq F_vG_u$. 也就是说, 对应的系数行列式 $\dfrac{\partial(F,G)}{\partial(u,v)}$ 不为零. 这就是要找的另一个条件. 在此条件下, 从上面的线性方程组就可以唯一地求解出隐函数组 $u(x,y)$ 和 $v(x,y)$ (当然是在近似的意义下).

将上面的条件综合起来, 并仿照一个方程所对应的隐函数的定理 14.4.1, 可以得到如下的结论.

定理 14.5.3(隐函数组的存在唯一性) 设函数组 $F(x,y,u,v)$ 和 $G(x,y,u,v)$ 满足下列条件:

(1) $F(x_0,y_0,u_0,v_0)=0$, $G(x_0,y_0,u_0,v_0)=0$;

(2) F 和 G 在以点 $P_0(x_0,y_0,u_0,v_0)$ 为内点的区域 $V\subset\mathbb{R}^4$ 中连续;

(3) F 和 G 在 V 内存在一阶连续偏导数且在点 P_0 处, Jacobi 行列式 $J=\dfrac{\partial(F,G)}{\partial(u,v)}\neq 0$,

则在点 P_0 的某邻域 $U(P_0)\subset V$ 内, 由方程组 (14.5.17) 可以唯一地确定一个定义在点 $Q_0(x_0,y_0)$ 的二维区域 $U(Q_0)$ 内的二元 (隐) 函数组

$$u=f(x,y),\quad v=g(x,y),$$

使得

1) $u_0=f(x_0,y_0), v_0=g(x_0,y_0)$ 且 $\{(x,y,f(x,y),g(x,y))|(x,y)\in U(Q_0)\}\subset U(P_0)$, 进而有恒等式

$$\begin{cases} F(x,y,f(x,y),g(x,y))\equiv 0, \\ G(x,y,f(x,y),g(x,y))\equiv 0, \end{cases}\quad (x,y)\in U(Q_0);$$

2) $u=f(x,y)$ 和 $v=g(x,y)$ 在 $U(Q_0)$ 内连续;

3) $u=f(x,y)$ 和 $v=g(x,y)$ 在 $U(Q_0)$ 内有一阶连续的偏导数 u_x,u_y,v_x,v_y 且

$$\begin{aligned} \frac{\partial u}{\partial x}&=-\frac{1}{J}\frac{\partial(F,G)}{\partial(x,v)},\quad \frac{\partial v}{\partial x}=-\frac{1}{J}\frac{\partial(F,G)}{\partial(u,x)}, \\ \frac{\partial u}{\partial y}&=-\frac{1}{J}\frac{\partial(F,G)}{\partial(y,v)},\quad \frac{\partial v}{\partial y}=-\frac{1}{J}\frac{\partial(F,G)}{\partial(u,y)}. \end{aligned} \tag{14.5.22}$$

定理 14.5.3 的证明类似于定理 14.5.2 的证明, 故将详细过程略去. 有兴趣的读者可以将定理 14.5.2 的证明平移过来. 以下仅仅说明式 (14.5.22) 是如何得到的.

由定理的假设 F 和 G 是可微的. 由方程组 (14.5.17) 所确定的隐函数组 f 和 g 也是可微的, 则通过方程组所导出的恒等式 (14.5.18) 对 x 和 y 分别求偏导数得

$$\begin{cases} F_x+F_uu_x+F_vv_x=0, \\ G_x+G_uu_x+G_vv_x=0, \end{cases}\qquad \begin{cases} F_y+F_uu_y+F_vv_y=0, \\ G_y+G_uu_y+G_vv_y=0. \end{cases} \tag{14.5.23}$$

由所给的条件, (u_x,v_x) 和 (u_y,v_y) 的系数行列式正好是 J 且不为零, 因此, 利用 Cramer 法则, 可以唯一地解出 (u_x,v_x) 和 (u_y,v_y), 因此得到式 (14.5.22).

思考题

1. 为什么说反函数 (组) 是隐函数 (组) 的特例?
2. 保证隐函数组存在唯一性的条件是什么? 具有什么代数意义?
3. 由两个四元函数所组成的方程组可以确定几个隐函数组?

习 题 14.5

1. 在哪些点, 由隐函数组定理可以保证方程组 $\begin{cases} x^2+y^2+z^2=1, \\ x+y+z=0 \end{cases}$ 关于变量 z 可参数化. 试求 $\dfrac{\mathrm{d}x}{\mathrm{d}z}, \dfrac{\mathrm{d}y}{\mathrm{d}z}$.

2. 设有方程组 $\begin{cases} x^2+y^2+z^2=r^2, \\ x^2+y^2=rx, \end{cases}$ 试求 $\dfrac{\mathrm{d}y}{\mathrm{d}x}$ 和 $\dfrac{\mathrm{d}z}{\mathrm{d}x}, \dfrac{\mathrm{d}x}{\mathrm{d}y}$ 和 $\dfrac{\mathrm{d}z}{\mathrm{d}y}$.

3. 方程组 $\begin{cases} xu-yv=0, \\ yu+xv=1 \end{cases}$ 确定了 u,v 是 x,y 的函数, 试求 $\dfrac{\partial u}{\partial x}, \dfrac{\partial v}{\partial x}, \dfrac{\partial u}{\partial y}$ 和 $\dfrac{\partial v}{\partial y}$.

4. 方程组 $\begin{cases} x-u^2-yv=0, \\ y-v^2-xu=0 \end{cases}$ 确定了 u,v 是 x,y 的函数, 试求 $\dfrac{\partial u}{\partial x}, \dfrac{\partial v}{\partial x}, \dfrac{\partial u}{\partial y}$ 和 $\dfrac{\partial v}{\partial y}$.

5. 方程组 $\begin{cases} u=f(xu,y+v), \\ v=g(u-x,v^2y) \end{cases}$ 确定了 u,v 是 x,y 的函数, 试求 $\dfrac{\partial u}{\partial x}, \dfrac{\partial v}{\partial x}, \dfrac{\partial u}{\partial y}$ 和 $\dfrac{\partial v}{\partial y}$.

6. 方程组 $\begin{cases} x=u+v, \\ y=u^2+v^2 \end{cases}$ 确定了反函数组, 试求 $\dfrac{\partial u}{\partial x}, \dfrac{\partial v}{\partial x}, \dfrac{\partial u}{\partial y}$ 和 $\dfrac{\partial v}{\partial y}$.

---

7. 参照两曲面交曲线的参数化定理的证明给出反函数组的存在唯一性定理的证明.

8. 参照两曲面交曲线的参数化定理的证明给出隐函数组的存在唯一性定理的证明.

9. 叙述和证明 n 个变量, $m(m \leqslant n)$ 个函数所构成的函数组的隐函数组存在唯一性定理.

14.6 几 何 应 用

在学习二元函数的可微性时已经知道, 函数的可微性和切平面的存在性是等价的, 进而在已知全微分的条件下, 可以由全微分来构造切平面的方程. 本节讨论更一般的情形, 即如何求由隐函数所确定的曲面的切平面和法线方程以及空间曲线的切线和法平面方程.

14.6.1 空间曲线的切线和法平面

考虑由参数方程所确定的空间曲线

$$\varGamma: \begin{cases} x=\varphi(t), \\ y=\psi(t), \qquad \alpha \leqslant t \leqslant \beta. \\ z=\eta(t), \end{cases} \tag{14.6.1}$$

设三个函数 $\varphi(t), \psi(t)$ 和 $\eta(t)$ 在某一点 $t_0 \in [\alpha,\beta]$ 可导且

$$[\varphi'(t_0)]^2+[\psi'(t_0)]^2+[\eta'(t_0)]^2 \neq 0. \tag{14.6.2}$$

如下求曲线 $\varGamma$ 在点 $P_0(x_0,y_0,z_0)$ 的切线方程, 其中 $x_0=\varphi(t_0)$, $y_0=\psi(t_0)$, $z_0=\eta(t_0)$. 根据切线的定义, 即切线是割线的极限位置, 在曲线 $\varGamma$ 上的点 P_0 附近取一

点 $P(x_0+\Delta x, y_0+\Delta y, z_0+\Delta z)$, 点 P 对应的参数为 $t_0+\Delta t$, 即有

$$\Delta x=\varphi(t_0+\Delta t)-\varphi(t_0),\quad \Delta y=\psi(t_0+\Delta t)-\psi(t_0),\quad \Delta z=\eta(t_0+\Delta t)-\eta(t_0).$$

因此, 连接点 P_0 和 P 的割线方程为 (图 14.8)

$$\frac{x-x_0}{\Delta x}=\frac{y-y_0}{\Delta y}=\frac{z-z_0}{\Delta z}.$$

以 Δt 除以上式的分母, 注意到

$$\lim_{\Delta t\to 0}\frac{\Delta x}{\Delta t}=\varphi'(t_0),\quad \lim_{\Delta t\to 0}\frac{\Delta y}{\Delta t}=\psi'(t_0),\quad \lim_{\Delta t\to 0}\frac{\Delta z}{\Delta t}=\eta'(t_0),$$

令 $\Delta t\to 0$, 就得到曲线 Γ 在 P_0 处的**切线方程**为

$$l:\quad \frac{x-x_0}{\varphi'(t_0)}=\frac{y-y_0}{\psi'(t_0)}=\frac{z-z_0}{\eta'(t_0)}. \tag{14.6.3}$$

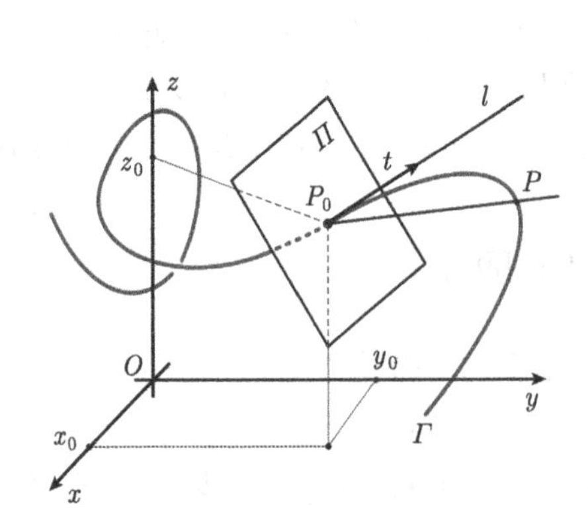

图 14.8　空间曲线的切线和法平面

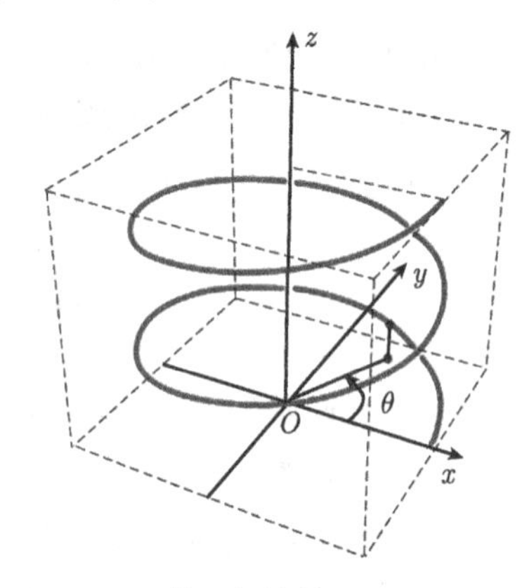

图 14.9　等距螺旋线, $a=1, b=1/4$

注意到条件 (14.6.2) 保证了切线的存在性, 而切线的方向向量为

$$\boldsymbol{\tau}=(\varphi'(t_0),\psi'(t_0),\eta'(t_0)), \tag{14.6.4}$$

切线方程也可以写为参数的形式

$$l:\quad \begin{cases} x=\varphi(t_0)+\varphi'(t_0)t, \\ y=\psi(t_0)+\psi'(t_0)t, \\ z=\eta(t_0)+\eta'(t_0)t. \end{cases} \quad -\infty<t<+\infty. \tag{14.6.5}$$

过点 P_0 垂直于切线的平面称为曲线 Γ 在点 P_0 处的**法平面**, 方程为

$$\Pi:\ \varphi'(t_0)(x-\varphi(t_0))+\psi'(t_0)(y-\psi(t_0))+\eta'(t_0)(z-\eta(t_0))=0. \tag{14.6.6}$$

例 1　求等距螺旋线 (图 14.9)

$$\begin{cases} x = a\cos\theta, \\ y = a\sin\theta, \qquad -\infty < \theta < +\infty \\ z = b\theta, \end{cases}$$

上任一点处的切线和法平面方程.

解 由于 $x'(\theta) = -a\sin\theta$, $y'(\theta) = a\cos\theta$, $z'(\theta) = b$. 根据式 (14.6.5) 可知, 过参数 $\theta = \theta_0$ 所对应点的切线方向向量为

$$\boldsymbol{\tau}(\theta_0) = (-a\sin\theta_0, a\cos\theta_0, b).$$

于是切线方程和法平面方程分别为

$$l: \begin{cases} x = a\cos\theta_0 - at\sin\theta_0, \\ y = a\sin\theta_0 + at\cos\theta_0, \qquad -\infty < t < +\infty \\ z = b\theta_0 + bt, \end{cases}$$

和

$$\Pi: \ -a\sin\theta_0 x + a\cos\theta_0 y + bz = b^2\theta_0.$$ □

当空间曲线 Γ 是两个空间曲面的交线时, 可以写为

$$\Gamma: \begin{cases} F(x,y,z) = 0, \\ G(x,y,z) = 0. \end{cases} \tag{14.6.7}$$

可以将该曲线看成是由方程组所确定的隐函数的图像. 如果方程组在 $P_0(x_0,y_0,z_0)$ 的某邻域内满足隐函数组定理的条件, 不妨设 $\left.\dfrac{\partial(F,G)}{\partial(x,y)}\right|_{P_0} \neq 0$, 则方程组 (14.6.7)(即曲线 Γ) 在点 P_0 附近能唯一确定连续可微的隐函数组

$$x = \varphi(z), \quad y = \psi(z), \quad z = z, \ z \in U(z_0), \tag{14.6.8}$$

其中 $x_0 = \varphi(z_0)$, $y_0 = \psi(z_0)$ 且

$$\frac{\mathrm{d}x}{\mathrm{d}z} = \frac{\dfrac{\partial(F,G)}{\partial(y,z)}}{\dfrac{\partial(F,G)}{\partial(x,y)}}, \quad \frac{\mathrm{d}y}{\mathrm{d}z} = \frac{\dfrac{\partial(F,G)}{\partial(z,x)}}{\dfrac{\partial(F,G)}{\partial(x,y)}}.$$

将 z 视为参数, 则曲线 Γ 可以写成参数方程的形式为

$$\Gamma: \begin{cases} x = \varphi(z), \\ y = \psi(z), \qquad z \in U(z_0). \\ z = z, \end{cases} \tag{14.6.9}$$

因此, 可以得到切线方程为

$$\frac{x-x_0}{\left.\dfrac{\mathrm{d}x}{\mathrm{d}z}\right|_{P_0}}=\frac{y-y_0}{\left.\dfrac{\mathrm{d}y}{\mathrm{d}z}\right|_{P_0}}=\frac{z-z_0}{1},$$

或可写成

$$\frac{x-x_0}{\left.\dfrac{\partial(F,G)}{\partial(y,z)}\right|_{P_0}}=\frac{y-y_0}{\left.\dfrac{\partial(F,G)}{\partial(z,x)}\right|_{P_0}}=\frac{z-z_0}{\left.\dfrac{\partial(F,G)}{\partial(x,y)}\right|_{P_0}}. \tag{14.6.10}$$

相应地, 法平面方程为

$$\left.\frac{\partial(F,G)}{\partial(y,z)}\right|_{P_0}(x-x_0)+\left.\frac{\partial(F,G)}{\partial(z,x)}\right|_{P_0}(y-y_0)+\left.\frac{\partial(F,G)}{\partial(x,y)}\right|_{P_0}(z-z_0)=0. \tag{14.6.11}$$

类似地可以推出, 当 $\left.\dfrac{\partial(F,G)}{\partial(y,z)}\right|_{P_0}\neq 0$ 或 $\left.\dfrac{\partial(F,G)}{\partial(z,x)}\right|_{P_0}\neq 0$ 时, 曲线 Γ 在 P_0 处的切线和法平面方程仍是式 (14.6.10) 和式 (14.6.11) 的形式.

综上所述, 可以得到只要有一个分量不为零, 曲线 Γ 在 P_0 处的切线的方向向量和法平面的法向量即为

$$\boldsymbol{\tau}=\left(\left.\frac{\partial(F,G)}{\partial(y,z)}\right|_{P_0},\left.\frac{\partial(F,G)}{\partial(z,x)}\right|_{P_0},\left.\frac{\partial(F,G)}{\partial(x,y)}\right|_{P_0}\right). \tag{14.6.12}$$

例 2　求椭球面 $x^2+4y^2+9z^2=17$ 与平面 $x-y-z=0$ 所确定的空间曲线在点 $P_0(2,1,1)$ 处的切线和法平面方程.

解　记

$$F=x^2+4y^2+9z^2-17,\quad G=x-y-z.$$

偏导数及在 $P_0(2,1,1)$ 处的值分别为

$$\begin{aligned}
&F_x=2x, && F_y=8y, && F_z=18z,\\
&F_x|_{(2,1,1)}=4, && F_y|_{(2,1,1)}=8, && F_z|_{(2,1,1)}=18,\\
&G_x=1, && G_y=-1, && G_z=-1,\\
&G_x|_{(2,1,1)}=1, && G_y|_{(2,1,1)}=-1, && G_z|_{(2,1,1)}=-1.
\end{aligned}$$

因此, 在 $P_0(2,1,1)$ 处,

$$\left.\frac{\partial(F,G)}{\partial(y,z)}\right|_{(2,1,1)}=\begin{vmatrix}8&18\\-1&-1\end{vmatrix}=10,\quad \left.\frac{\partial(F,G)}{\partial(z,x)}\right|_{(2,1,1)}=\begin{vmatrix}18&4\\-1&1\end{vmatrix}=22,$$

$$\left.\frac{\partial(F,G)}{\partial(x,y)}\right|_{(2,1,1)}=\begin{vmatrix}4&8\\1&-1\end{vmatrix}=-12.$$

曲线在点 P_0 的切向量为 $\boldsymbol{\tau}=(10,22,-12)$. 切线方程和法平面方程分别为

$$\frac{x-2}{5}=\frac{y-1}{11}=\frac{z-1}{-6},\quad 5x+11y-6z=15.$$ □

14.6.2 曲面的切平面和法线

设曲面由如下一般的方程给出:

$$\Sigma:\ F(x,y,z)=0. \tag{14.6.13}$$

又设在点 $P_0(x_0,y_0,z_0)$ 的某邻域内方程 (14.6.13) 满足隐函数定理条件, 不妨设 $F_z(P_0)\neq 0$. 因此, 方程 (14.6.13) 在点 P_0 附近确定唯一的一个连续可微隐函数 $z=f(x,y)$, 使得 $z_0=f(x_0,y_0)$ 且

$$\frac{\partial z}{\partial x}=-\frac{F_x(x,y,z)}{F_z(x,y,z)},\quad \frac{\partial z}{\partial y}=-\frac{F_y(x,y,z)}{F_z(x,y,z)}.$$

因为在点 P_0 附近 $z=f(x,y)$ 与式 (14.6.13) 表示同一个曲面 Σ, 故 Σ 在 P_0 处有切平面与法线, 其方程分别为

$$z-z_0=-\frac{F_x(x_0,y_0,z_0)}{F_z(x_0,y_0,z_0)}(x-x_0)-\frac{F_y(x_0,y_0,z_0)}{F_z(x_0,y_0,z_0)}(y-y_0)$$

和

$$\frac{z-z_0}{-1}=\frac{x-x_0}{-\dfrac{F_x(x_0,y_0,z_0)}{F_z(x_0,y_0,z_0)}}=\frac{y-y_0}{-\dfrac{F_y(x_0,y_0,z_0)}{F_z(x_0,y_0,z_0)}},$$

进而也可以分别写成

$$\Pi:\ F_x(P_0)(x-x_0)+F_y(P_0)(y-y_0)+F_z(P_0)(z-z_0)=0 \tag{14.6.14}$$

及

$$\frac{x-x_0}{F_x(x_0,y_0,z_0)}=\frac{y-y_0}{F_y(x_0,y_0,z_0)}=\frac{z-z_0}{F_z(x_0,y_0,z_0)}. \tag{14.6.15}$$

因此, 曲面 Σ 在点 P_0 的法向量为

$$\boldsymbol{n}_\Sigma=\Big(F_x(x_0,y_0,z_0),F_y(x_0,y_0,z_0),F_z(x_0,y_0,z_0)\Big). \tag{14.6.16}$$

例 3 求椭球面 $x^2+4y^2+9z^2=17$ 在 $P_0(2,1,1)$ 处的切平面方程和法线方程.

解 记 $F=x^2+4y^2+9z^2-17$, 则 F 的偏导数及其在 $P_0(2,1,1)$ 处的值分别为

$$\begin{aligned}&F_x=2x, &&F_y=8y, &&F_z=18z,\\ &F_x|_{(2,1,1)}=4, &&F_y|_{(2,1,1)}=8, &&F_z|_{(2,1,1)}=18,\end{aligned}$$

即得椭球面在切点 $P_0(2,1,1)$ 处的法向量为 $\boldsymbol{n}=(4,8,18)$. 因此, 椭球面在 $P_0(2,1,1)$ 处的切平面方程和法线方程分别为

$$2x+4y+9z=17,\quad \frac{x-2}{2}=\frac{y-1}{4}=\frac{z-1}{9}.$$ □

几何应用

思考题

1. 对于曲面 $F(x,y,z)=0$ 上的曲线 $x=\phi(t)$, $y=\psi(t)$, $z=\zeta(t)$, 过某一点的切线与曲面过同一点的切平面有什么关系?

2. 若曲面在某一点的法向量有一个或两个分量为零, 其法线方程应该怎样写出?

3. 由方程 $F(x,y)=0$ 所确定的平面曲线过某一点的切线与法线应该怎样求?

习　题　14.6

1. 求曲线 $x=\dfrac{t^2}{1+t}$, $y=\dfrac{1+t}{t^2}$, $z=t^2$ 在点 $t=3$ 的切线和法平面方程.

2. 求曲线 $x=t$, $y=-t^2$, $z=t^3$ 上与平面 $x+2y+z=1$ 相平行的切线方程.

3. 求曲线 $\begin{cases} x^2+y^2+z^2=4, \\ x^2+y^2=2y \end{cases}$ 在点 $(1,1,\sqrt{2})$ 的切线和法平面方程.

4. 求曲面 $x^2+y^2+z^2-3xyz=0$ 在点 (1,1,1) 的切平面和法线方程.

5. 求曲面 $x^2+y^2+2z^2=22$ 上与平面 $x-y+2z=7$ 相平行的切平面方程.

6. 求曲面 $3x^2+y^2+2z^2=16$ 上的点, 使得曲面在该点处的切平面与直线 $x=y=z$ 和直线 $\dfrac{x}{4}=\dfrac{y}{4}=\dfrac{z}{8}$ 相平行.

---

7. 设 F、G、H 都在包含点 P 的某个开区域内可微, 且三个曲面 $F(x,y,z)=0$, $G(x,y,z)=0$ 和 $H(x,y,z)=0$ 过同一个点 P. 证明: 三曲面在该点的切平面过同一直线的充分必要条件为

$$\left.\frac{\partial(F,G,H)}{\partial(x,y,z)}\right|_P=0.$$

14.7　条 件 极 值

极值问题具有广泛的应用背景, 因此, 也有着各种各样不同的形式. 如果极值

点的搜索范围就是目标函数的定义域, 这样的极值问题通常称为**无条件极值**. 无条件极值问题在前面已经讨论过. 如果极值点的搜索范围受到某些特定的约束性条件的限制, 即只是目标函数的定义域的一部分, 这样的极值问题通常称为条件极值. 本节来探讨如何解决这类问题.

14.7.1 条件极值的概念及几何意义

为使条件极值的叙述典型又简练, 先讨论二元函数的条件极值问题. 二元函数**条件极值**的一般形式是: 给定目标函数

$$z = f(x, y), \quad (x, y) \in D, \tag{14.7.1}$$

其中 D 是 f 的定义域, 求该目标函数在约束条件

$$C: \ \varphi(x, y) = 0 \tag{14.7.2}$$

下的极值. 为方便起见, 以下都设 $z = f(x, y)$ 和 $\varphi(x, y)$ 是连续可微函数.

从几何的角度而言, 条件极值问题可以解释为在曲面 $z = f(x, y)$ 和平行于 z 轴的柱面所交的空间曲线

$$l: \begin{cases} z = f(x, y), \\ \varphi(x, y) = 0 \end{cases}$$

上求极值. 由此可以给条件极值一个具有实际意义的解释: 一个旅行者沿着一条指定的路线 (约束条件) 去登山 (目标函数), 该指定的路线未必通过山的最高点, 问怎样求出该旅行者所能达到的最高点?

解决这类问题的想法是将约束条件所确定的隐函数解出 $y = y(x)$, 代入到目标函数 $z = f(x, y)$ 中, 得到一个一元函数 $z = f(x, y(x))$, 再对这个一元函数求极值. 在 14.3.3 小节的例 4 中采取的就是这样的方法.

但是对于一般的约束条件, 隐函数 $y = y(x)$ 无法解出或不便解出, 这种简单的方法就不再适用. 在学习隐函数时已经知道, 即使隐函数 $y = y(x)$ 无法由方程 $\varphi(x, y) = 0$ 显式解出, 仍然可以在一定意义下以显式表出隐函数 $y = y(x)$ 的导数. 这将有助于求出空间曲线上的稳定点.

如果 $y_0 = y(x_0)$ 且 x_0 是一元函数 $z = f(x, y(x))$ 的稳定点, 则称 $P_0(x_0, y_0)$ 为目标函数 $z = f(x, y)$ 在约束条件 $\varphi(x, y) = 0$ 下的稳定点 (简称为**条件稳定点**).

根据隐函数存在性定理可以知道, 保证点 $P_0(x_0, y_0)$ 附近存在唯一隐函数 $y = y(x)$ 的一个充分条件是 $\left.\dfrac{\partial \varphi}{\partial y}\right|_{P_0} \neq 0$. 在此条件下, 为了得到目标函数在约束条件下的稳定点, 将 $y = y(x)$ 代入 $z = f(x, y)$ 得一元复合函数 $z = f(x, y(x))$. 由复合函数的求导法则有

$$\frac{\mathrm{d}z}{\mathrm{d}x}=\frac{\partial f}{\partial x}+\frac{\partial f}{\partial y}\frac{\mathrm{d}y}{\mathrm{d}x}.$$

而由隐函数求导法则得

$$\frac{\mathrm{d}y}{\mathrm{d}x}=-\frac{\dfrac{\partial\varphi}{\partial x}}{\dfrac{\partial\varphi}{\partial y}},$$

代入到上一式中可以得到

$$\frac{\mathrm{d}z}{\mathrm{d}x}=\frac{\partial f}{\partial x}-\frac{\partial f}{\partial y}\frac{\dfrac{\partial\varphi}{\partial x}}{\dfrac{\partial\varphi}{\partial y}}. \tag{14.7.3}$$

令式 (14.7.3) 等于零, 即可得到空间曲线 l 的稳定点所应该满足的代数方程. 令 (14.7.3) 为零后所得到的方程可写成

$$\frac{\partial f}{\partial x}\frac{\partial\varphi}{\partial y}=\frac{\partial f}{\partial y}\frac{\partial\varphi}{\partial x}. \tag{14.7.4}$$

从几何上来看, 这个方程有着明确的几何意义: f 的梯度向量与 φ 的梯度向量相平行, 或可以解释为在空间曲线 l 的稳定点 P_0 处 (图 14.10), 等高线 $f(x,y)=f(P_0)$ 与曲线 $\varphi(x,y)=0$ 相切, 如图 14.11 所示. 当然也可以给出更为实际的解释: 当登山者沿着指定路线 (即 $\varphi(x,y)=0$) 前进时, 如果前进的方向 (即指定路线的切线方向) 与等高线的切线平行, 则登山者所达到的点即为条件稳定点 (即可能的条件极值点).

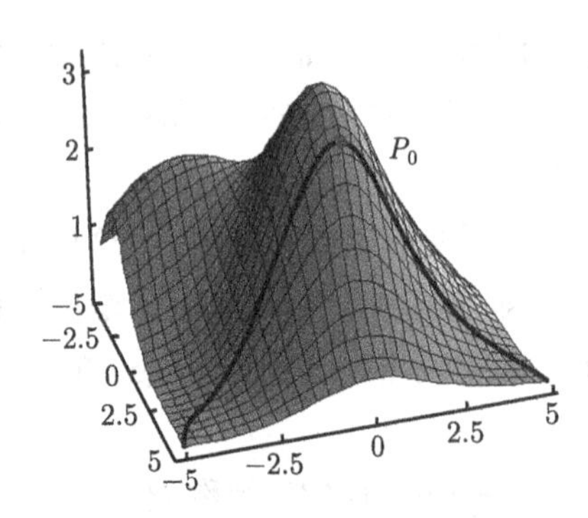

图 14.10　登山者的指定路线

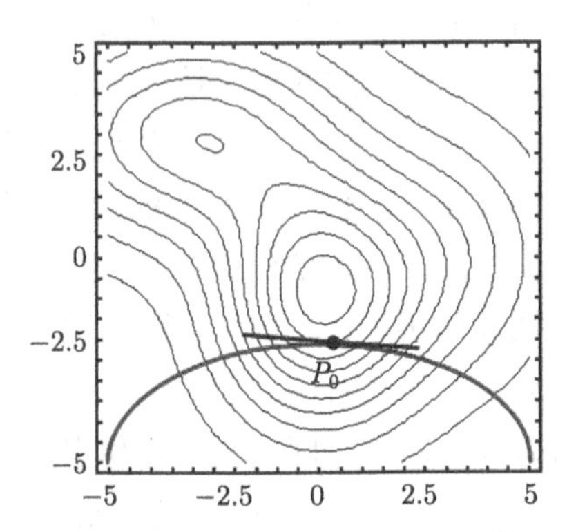

图 14.11　在最高点 P_0 登山者前进方向与等高线相切

既然两个梯度向量 ∇f 与 $\nabla\varphi$ 相平行, 则对应分量成比例, 即存在某个数 λ_0, 使得

$$\left.\frac{\partial f}{\partial x}\right|_{P_0}=-\lambda_0\left.\frac{\partial\varphi}{\partial x}\right|_{P_0},\quad \left.\frac{\partial f}{\partial y}\right|_{P_0}=-\lambda_0\left.\frac{\partial\varphi}{\partial y}\right|_{P_0}. \tag{14.7.5}$$

由此可以将求条件稳定点的问题转化为如下的形式结果:

定理 14.7.1 设函数 $z=f(x,y)$ 与 $\varphi(x,y)$ 在区域 D 中连续可微, $P_0(x_0,y_0)$ 是 D 的内点且

$$\varphi(x_0,y_0)=0,\quad \mathbf{grad}\varphi(x_0,y_0)\neq\mathbf{0}, \tag{14.7.6}$$

则 P_0 是目标函数 $z=f(x,y)$ 在约束条件 $\varphi(x,y)=0$ 下的稳定点的充分必要条件是存在数 λ_0, 使得

$$\mathbf{grad}f(x_0,y_0)=-\lambda_0\mathbf{grad}\varphi(x_0,y_0). \tag{14.7.7}$$

***证明** **必要性** 当 $\left.\dfrac{\partial\varphi}{\partial y}\right|_{P_0}\neq 0$ 时, 必要性部分的证明已经在上面的分析中给出. 当 $\left.\dfrac{\partial\varphi}{\partial x}\right|_{P_0}\neq 0$ 时, 在 y_0 的某邻域中可以得到隐函数 $x=x(y)$, 复合后得到的一元函数 $z=f(x(y),y)$ 关于 y 求导后仍可得到关系式 (14.7.5), 即定理中的结论.

充分性 设有 λ_0 使得 $\mathbf{grad}f(x_0,y_0)=-\lambda_0\mathbf{grad}\varphi(x_0,y_0)$. 既然 $\mathbf{grad}\varphi(x_0,y_0)\neq\mathbf{0}$, 当 $\varphi_y(x_0,y_0)\neq 0$ 时, 可以得到 x_0 某邻域中的隐函数 $y=y(x)$, 进而 $y'(x)=-\varphi_x(x,y)/\varphi_y(x,y)$. 在 x_0 附近, 沿着约束条件 $y=y(x)$, 目标函数可写为 $z(x)=f(x,y(x))$. 根据复合函数的求导法则可以得到

$$\begin{aligned}\frac{\mathrm{d}z}{\mathrm{d}x}&=\frac{\partial f}{\partial x}+\frac{\partial f}{\partial y}y'(x)\\&=\frac{\partial f}{\partial x}-\frac{\partial f}{\partial y}\frac{\varphi_x(x,y)}{\varphi_y(x,y)},\end{aligned}$$

尤其是在点 x_0 有 $y(x_0)=y_0$, 再由条件 (14.7.7) 可以得到

$$\begin{aligned}\left.\frac{\mathrm{d}z}{\mathrm{d}x}\right|_{x_0}&=\frac{\partial f}{\partial x}(x_0,y_0)-\frac{\partial f}{\partial y}(x_0,y_0)\frac{\varphi_x(x_0,y_0)}{\varphi_y(x_0,y_0)}\\&=-\lambda_0\varphi_x(x_0,y_0)+\lambda_0\varphi_y(x_0,y_0)\frac{\varphi_x(x_0,y_0)}{\varphi_y(x_0,y_0)}=0.\end{aligned}$$

此即表明 (x_0,y_0) 为目标函数 $z=f(x,y)$ 在约束条件 $\varphi(x,y)=0$ 下的稳定点. 当 $\varphi_x(x_0,y_0)\neq 0$ 时, 可以得到 y_0 某邻域中的隐函数 $x=x(y)$, 用类似的方法也可以得到同样的结论. □

14.7.2 Lagrange 乘数法

从上面的分析过程和定理 14.7.1 出发, 可引出一个广泛使用的求条件极值稳定点的方法. 注意到如果将式 (14.7.5) 和 $\varphi(P_0)=0$ 结合起来写成下面的形式:

$$\begin{cases}\dfrac{\partial f}{\partial x}+\lambda\dfrac{\partial\varphi}{\partial x}=0,\\[2mm]\dfrac{\partial f}{\partial y}+\lambda\dfrac{\partial\varphi}{\partial y}=0,\\[2mm]\varphi(x,y)=0\end{cases} \tag{14.7.8}$$

即可看出, 式 (14.7.8) 中的三个等式正好是含参量的函数 $f(x,y)+\lambda\varphi(x,y)$ 分别关于 x,y 和 λ 的偏导数为零的方程. 因此, 作为方程组 (14.7.8) 的一个解, (P_0,λ_0) 是含参量的函数 $G(x,y,\lambda)=f(x,y)+\lambda\varphi(x,y)$ 的稳定点. 用这样的思想可以将条件极值求稳定点的问题转化为求函数 $f(x,y)+\lambda\varphi(x,y)$ 无条件极值稳定点的问题.

这种求条件极值稳定点的方法称为 **Lagrange 乘数法**. 下面具体地介绍这种方法.

引入参变量λ, 称之为**Lagrange乘数**, 根据目标函数和约束条件, 构造**Lagrange 函数**如下:

$$G(x,y,\lambda)=f(x,y)+\lambda\varphi(x,y).$$

定理 14.7.2(Lagrange 乘数法) 设函数 $z=f(x,y)$ 与 $\varphi(x,y)$ 在区域 D 中连续可微, $P_0(x_0,y_0)$ 是 D 的内点且

$$\varphi(x_0,y_0)=0,\quad \mathbf{grad}\varphi(x_0,y_0)\neq\mathbf{0}, \tag{14.7.9}$$

则 P_0 是目标函数 $z=f(x,y)$ 在约束条件 $\varphi(x,y)=0$ 下的稳定点的充分必要条件是存在数 λ_0, 使得 (x_0,y_0,λ_0) 是 Lagrange 函数 $G(x,y,\lambda)$(作为无条件极值) 的稳定点, 即 (x_0,y_0,λ_0) 是如下方程组的一个解:

$$\begin{cases} G_x=\dfrac{\partial f}{\partial x}+\lambda\dfrac{\partial\varphi}{\partial x}=0,\\ G_y=\dfrac{\partial f}{\partial y}+\lambda\dfrac{\partial\varphi}{\partial y}=0,\\ G_\lambda=\varphi(x,y)=0. \end{cases} \tag{14.7.10}$$

定理 14.7.2 的证明是显然的, 留作练习由读者来完成.

注 在定理 14.7.2 中, 无论是条件极值的稳定点, 还是 Lagrange 函数的无条件极值的稳定点, 都仅仅是极值点的候选点. 稳定点本身是否是极值点, 甚至是最值点, 定理的结论并未涉及.

在大多数的情形下, 判断条件极值的稳定点是否是条件极值点, 甚至是最值点常常可以利用题目的实际背景及题目本身的意义. 例如, 如果能根据题目的实际意义判断出目标函数在约束条件的定义域内部肯定有最值, 而 Lagrange 函数在约束条件的定义域内部只有唯一一个稳定点, 则这个稳定点一定对应着目标函数在约束条件下的最值点.

例 1 求抛物线 $y=px^2$ 上距离其外的直线 $y=ax+b$ 最近的点.

解 设 $P(x,y)$ 是 xy 平面上的动点, 点 P 到直线 $y=ax+b$ 的距离为

$$d(x,y)=\frac{|y-ax-b|}{\sqrt{1+a^2}},$$

所以问题是：当动点 $P(x,y)$ 沿着抛物线 $y=px^2$ 运动时，如何求出 $d(x,y)$ 的最小值. 鉴于如果 $d(x,y)$ 达到了最值，则 $f(x,y)=(1+a^2)d^2(x,y)$ 也取得最值，反之亦然. 因此，可以将本题重新叙述为

$$\text{求目标函数} f(x,y)=(y-ax-b)^2 \text{在约束条件} y=px^2 \text{下的条件极值}. \tag{14.7.11}$$

引入 Lagrange 乘数 λ，构造 Lagrange 函数

$$G(x,y,\lambda)=(y-ax-b)^2+\lambda(y-px^2).$$

先求 Lagrange 函数的稳定点.

$$G_x=2(-a)(y-ax-b)-2\lambda px,\quad G_y=2(y-ax-b)+\lambda,\quad G_\lambda=y-px^2.$$

令 $G_x=0$, $G_y=0$ 和 $G_\lambda=0$，即

$$\begin{cases}-2a(y-ax-b)-2\lambda px=0,\\ 2(y-ax-b)+\lambda=0,\\ y-px^2=0.\end{cases}$$

利用直线 $y=ax+b$ 在抛物线 $y=px^2$ 之外容易知道 $\lambda\neq 0$. 将上述方程组的第二个方程代入到第一个方程中可以得到 $a\lambda=2\lambda px$，由此可以解得方程组唯一的一组解为

$$x=\frac{a}{2p},\quad y=\frac{a^2}{4p},\quad \lambda=\frac{a^2}{2p}+2b.$$

易证条件 (14.7.9) 成立，即得稳定点 $\left(\frac{a}{2p},\frac{a^2}{4p},\frac{a^2}{2p}+2b\right)$. 根据本题的实际意义，最小距离的点一定存在，而 Lagrange 函数 $G(x,y,\lambda)$ 只有唯一的稳定点 $(a/2p,a^2/4p,a^2/2p+2b)$，因此，点 $(a/2p,a^2/4p)$ 是问题 (14.7.11) 的最小值点，也是原问题的最小值点. □

更多变元的目标函数在一个约束条件下的条件极值问题可以根据上面的过程直接加以推广，下面两个例子即说明了这样的情形.

例 2 设 a 是一个正数，求三个正数，使其和为最小，其积为 a.

解 此例前面已用无条件极值的方法证明了，这里再用 Lagrange 乘数法来求解.

设所欲求的三个正数分别为 x, y 和 z. 由所给的条件有 $xyz=a$, 而目标函数是 $u=x+y+z$. 因此, 原问题可转化为如下形式的条件极值问题:

$$\text{目标函数: } u=x+y+z, \quad \text{约束条件: } xyz=a. \tag{14.7.12}$$

引入 Lagrange 乘数 λ, 构造 Lagrange 函数

$$G(x,y,z,\lambda)=x+y+z+\lambda(xyz-a).$$

先求该函数的稳定点. 由于

$$G_x=1+yz\lambda, \quad G_y=1+zx\lambda,$$
$$G_z=1+xy\lambda, \quad G_\lambda=xyz-a,$$

令 $G_x=0$, $G_y=0$, $G_z=0$ 和 $G_\lambda=0$ 可得方程组

$$\begin{cases} 1+yz\lambda=0, \\ 1+zx\lambda=0, \\ 1+xy\lambda=0, \\ xyz-a=0. \end{cases}$$

由前三个方程可以得到

$$yz\lambda=zx\lambda=xy\lambda \quad \text{或} \quad x=y=z.$$

代入到第 4 个方程中有

$$x^3=a, \quad \text{即 } x=y=z=\sqrt[3]{a}.$$

同时也有 $\lambda=-a^{-2/3}$. 易验证条件 (14.7.9) 成立, 即得稳定点为 $(\sqrt[3]{a}, \sqrt[3]{a}, \sqrt[3]{a}, -a^{-2/3})$.

点 $(\sqrt[3]{a}, \sqrt[3]{a}, \sqrt[3]{a})$ 是极值问题 (14.7.12) 的稳定点, 但是不是最小值点还需进一步加以判断.

注意到极值问题 (14.7.12) 极值点的可能范围即是约束条件 $xyz=a$ 的定义域, 而该函数 $z=a/(xy)$ 的定义域 D 是 xy 平面的第一象限, 其边界 ∂D 是 x,y 轴正向.

因此, 当 $\|(x,y)\|\to+\infty$ 时有 $x\to+\infty$ 或 $y\to+\infty$, 故 $u=x+y+z\to+\infty$. 又当 $(x,y)\to\partial D$ 时必有 $z\to+\infty$, 仍可得 $u=x+y+z\to+\infty$.

据此可知, 极值问题 (14.7.12) 一定在有界开集 $D\cap B_R(0,0)$ 中存在最小值 (R 是一个充分大的正数), 而 D 中只有唯一的稳定点 $(\sqrt[3]{a}, \sqrt[3]{a}, \sqrt[3]{a})$, 因此, 该点一定

是极值问题 (14.7.12) 的最小值点, 并且对于任意的 $x>0, y>0$ 和 $z>0$, 若记 $xyz=a$, 则成立不等式

$$x+y+z \geqslant 3\sqrt[3]{a}=3\sqrt[3]{xyz}, \quad \text{即} \quad \sqrt[3]{xyz} \leqslant \frac{x+y+z}{3},$$

并且等号成立的充分必要条件是 $x=y=z$. □

*例 3(几何平均与调和平均不等式) 求函数 $u=f(x,y,z)=xyz$ 在条件 $\frac{1}{x}+\frac{1}{y}+\frac{1}{z}=\frac{1}{r}$ 下的最小值, 其中x,y,z 和 r 均为正数, 进而证明不等式 (**"几何平均与调和平均不等式"**)

$$3\left(\frac{1}{x}+\frac{1}{y}+\frac{1}{z}\right)^{-1} \leqslant \sqrt[3]{xyz}, \tag{14.7.13}$$

并且等号成立的充分必要条件是 $x=y=z$.

解 将条件极值问题写为如下的形式:

$$\text{求函数 } u=f(x,y,z)=xyz \text{ 在条件 } \frac{1}{x}+\frac{1}{y}+\frac{1}{z}=\frac{1}{r} \text{ 下的最小值.} \tag{14.7.14}$$

引入 Lagrange 乘数 λ, 构造 Lagrange 函数

$$G(x,y,z,\lambda)=xyz+\lambda\left(\frac{1}{x}+\frac{1}{y}+\frac{1}{z}-\frac{1}{r}\right).$$

先求该函数的稳定点. 由于

$$G_x=yz-\frac{\lambda}{x^2}, \quad G_y=zx-\frac{\lambda}{y^2},$$
$$G_z=xy-\frac{\lambda}{z^2}, \quad G_\lambda=\frac{1}{x}+\frac{1}{y}+\frac{1}{z}-\frac{1}{r},$$

令 $G_x=0$, $G_y=0$, $G_z=0$ 和 $G_\lambda=0$. 由前三个方程可以得到

$$yzx^2=zxy^2=xyz^2 \quad \text{或} \quad x=y=z.$$

代入到第 4 个方程中可以得到

$$3\frac{1}{x}=\frac{1}{r}, \quad \text{即 } x=y=z=3r.$$

同时也有 $\lambda=(3r)^4$, 即得稳定点为 $(3r,3r,3r,(3r)^4)$.

点 $(3r,3r,3r)$ 是极值问题 (14.7.14) 的极值可疑点, 但是不是最小值点还需进一步加以判断.

注意到极值问题 (14.7.14) 极值点的可能范围即为约束条件$\frac{1}{x}+\frac{1}{y}+\frac{1}{z}=\frac{1}{r}$ 的定义域, 而约束条件 $z=f(x,y)$ 的定义域为

$$D=\left\{(x,y)\middle|\frac{1}{x}+\frac{1}{y}<\frac{1}{r}\right\} \quad \text{且} \quad \partial D=\left\{(x,y)\middle|\frac{1}{x}+\frac{1}{y}=\frac{1}{r}\right\}.$$

此外, 满足约束条件的 x,y 和 z 一定也满足 $x>r$, $y>r$ 和 $z>r$.

因此, 当 $\|(x,y)\| \to \infty$ 时有 $x \to +\infty$ 或 $y \to +\infty$, 故 $u = xyz \to +\infty$. 又 $(x,y) \to (x_0,y_0) \in \partial D$ 时必有 $z \to +\infty$, 仍可得 $u = xyz \to +\infty$.

据此可知, 极值问题 (14.7.14) 一定在有界开集 $D \cap B_R(0,0)$ 中存在最小值 (R 是一个充分大的正数), 而 D 中只有一个稳定点 $(3r,3r,3r)$, 因此, 该点一定是极值问题 (14.7.14) 的最小值点, 并且对于任意的 $x>0, y>0$ 和 $z>0$, 若记$\dfrac{1}{x}+\dfrac{1}{y}+\dfrac{1}{z}=\dfrac{1}{r}$, 则成立不等式

$$xyz \geqslant (3r)^3 = 3^3\left(\frac{1}{x}+\frac{1}{y}+\frac{1}{z}\right)^{-3}.$$

经整理可得所欲证的不等式 (14.7.13). □

更多变元的目标函数在更一般的约束条件 (两个或两个以上) 下的条件极值问题也可以根据上面的过程加以推广. 为了叙述方便起见, 只考虑 4 个自变量的目标函数及两个约束条件的情形. 设

$$u = f(x,y,z,t), \quad \varphi_1(x,y,z,t), \quad \varphi_2(x,y,z,t)$$

都是连续可微函数. 要讨论的极值问题为

$$\text{求目标函数} u = f(x,y,z,t) \text{在约束条件} \begin{cases} \varphi_1(x,y,z,t)=0, \\ \varphi_2(x,y,z,t)=0 \end{cases} \text{下的极值,} \tag{14.7.15}$$

进而还要提出与条件 (14.7.6) 相对应的假设. 也就是说, 应该将约束条件中的某些变量表示为其余变量的函数再代回到目标函数中. 为此, 考虑

$$\boldsymbol{A} = \begin{pmatrix} \mathbf{grad}\varphi_1 \\ \mathbf{grad}\varphi_2 \end{pmatrix} = \begin{pmatrix} \dfrac{\partial \varphi_1}{\partial x} & \dfrac{\partial \varphi_1}{\partial y} & \dfrac{\partial \varphi_1}{\partial z} & \dfrac{\partial \varphi_1}{\partial t} \\ \dfrac{\partial \varphi_2}{\partial x} & \dfrac{\partial \varphi_2}{\partial y} & \dfrac{\partial \varphi_2}{\partial z} & \dfrac{\partial \varphi_2}{\partial t} \end{pmatrix}.$$

根据隐函数组的存在性定理 14.5.3, 只要假定 $\boldsymbol{A}$ 的任何一个二阶行列式不为零, 则存在以对应的变量为函数, 其余的变量为自变量的隐函数组. 因此, 与条件 (14.7.6) 相对应的假设应该是 $\operatorname{rank}\boldsymbol{A}=2$. 不妨假设$\boldsymbol{A}$中的最后一个二阶子式不为零, 即

$$\frac{\partial(\varphi_1,\varphi_2)}{\partial(z,t)} \neq 0,$$

则在 (x_0,y_0) 的某邻域内, 存在隐函数组 $z=z(x,y), t=t(x,y)$.

定义 14.7.1　称点 $P_0(x_0,y_0,z_0,t_0)$ 为目标函数 $u=f(x,y,z,t)$ 在两个约束条件 $\varphi_1(x,y,z,t)=0$ 和 $\varphi_2(x,y,z,t)=0$ 下的稳定点 (简称为**条件极值稳定点**), 如果 $z_0=z(x_0,y_0)$ 且 $t_0=t(x_0,y_0)$, 而 (x_0,y_0) 是二元函数 $z=f(x,y,z(x,y),t(x,y))$ 的稳定点.

因为约束条件有两个, 需要引入两个参变量 λ_1 和 λ_2, 仍称为**Lagrange 乘数**, 构造**Lagrange 函数**如下:

$$G(x,y,z,t,\lambda_1,\lambda_2) = f(x,y,z,t) + \lambda_1\varphi_1(x,y,z,t) + \lambda_2\varphi_2(x,y,z,t).$$

类似于定理 14.7.1 和定理 14.7.2, 可以叙述以下的结论:

定理 14.7.3 设 $P_0(x_0,y_0,z_0,t_0)$ 是 $\varphi_1(x,y,z,t)$ 和 $\varphi_2(x,y,z,t)$ 的共同定义域的内点且

$$\varphi_1(x_0,y_0,z_0,t_0)=0,\quad \varphi_2(x_0,y_0,z_0,t_0)=0,\quad \operatorname{rank}\begin{pmatrix}\mathbf{grad}\varphi_1\\ \mathbf{grad}\varphi_2\end{pmatrix}_{P_0}=2,\tag{14.7.16}$$

则如下三个论述是等价的:

(1) $P_0(x_0,y_0,z_0,t_0)$ 是目标函数 $z=f(x,y,z,t)$ 在约束条件 $\varphi_1(x,y,z,t)=0$ 和 $\varphi_2(x,y,z,t)=0$ 下的稳定点;

(2) 存在数 λ_1^0 和 λ_2^0, 使得

$$\mathbf{grad}f(x_0,y_0,z_0,t_0)=-\lambda_1^0\mathbf{grad}\varphi_1(x_0,y_0,z_0,t_0)-\lambda_2^0\mathbf{grad}\varphi_2(x_0,y_0,z_0,t_0);$$

(3) 存在数 λ_1^0 和 λ_2^0, 使得 $(x_0,y_0,z_0,t_0,\lambda_1^0,\lambda_2^0)$ 是 Lagrange 函数 $G(x,y,z,t,\lambda_1,\lambda_2)$ 的无条件极值的稳定点.

定理 14.7.3 的证明在这里略去了, 有兴趣的读者可以根据定理 14.7.1 和定理 14.7.2 的证明给出定理 14.7.3 的证明.

例 4 求两条曲线 $C_1: 2y=1-x^2$ 和 $C_2: y=x^2-5x+7$ 之间的最短距离.

解 与本节例 1 有所不同的是点到直线的距离有现成的公式可以利用, 而本例中点到曲线的距离公式是未知的. 设 $P(x,y)$ 是 C_1 上的动点, 因此, $2y=1-x^2$. 再设 $Q(u,v)$ 是 C_2 上的动点, 因此, $v=u^2-5u+7$. 点 P 和点 Q 之间的距离为

$$d(x,y,u,v)=\sqrt{(x-u)^2+(y-v)^2}.$$

与例 1 类似, 可以将本例叙述为如下的条件极值问题:

$$\text{求目标函数}u=(x-u)^2+(y-v)^2\text{在约束条件}\begin{cases}2y=1-x^2,\\ v=u^2-5u+7\end{cases}\text{下的极值.}\tag{14.7.17}$$

引入两个 Lagrange 乘数 λ 和 μ, 构造 Lagrange 函数

$$G(x,y,u,v,\lambda,\mu)=(x-u)^2+(y-v)^2+\lambda(2y+x^2-1)+\mu(v-u^2+5u-7).$$

对各个变量求偏导并令其为零, 可以得到如下的方程组:

$$\begin{cases}G_x=2(x-u)+2\lambda x=0,\\ G_y=2(y-v)+2\lambda=0,\\ G_u=-2(x-u)+\mu(-2u+5)=0,\\ G_v=-2(y-v)+\mu=0,\\ G_\lambda=2y+x^2-1=0,\\ G_\mu=v-u^2+5u-7=0.\end{cases}$$

由此解得唯一的稳定点为 $x=1, y=0, u=2, v=1, \lambda=1, \mu=-2$. 根据本题的实际意义, 达到最小距离的点一定存在, 如图 14.12 所示. 而现在 Lagrange 函数只有唯一的稳定点 $(1,0,2,1,1,-2)$, 因此, 点 $(1,0,2,1)$ 是本问题的最小值点且最小距离为

$$d(x,y,u,v)=\sqrt{(x-u)^2+(y-v)^2}=\sqrt{(2-1)^2+(1-0)^2}=\sqrt{2}. \qquad \square$$

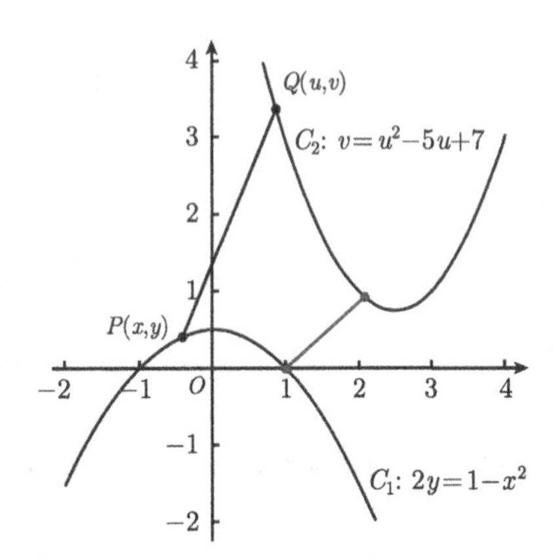

图 14.12　两曲线之间最短距离

思考题

1. 条件极值的几何意义是什么?
2. 如何判断条件极值的稳定点是极值点?
3. 为什么在本节例 1 中要将原条件极值问题转化为新的条件极值问题 (14.7.11)?

习　题　14.7

1. 用 Lagrange 乘数法求下列条件极值问题:

(1) 目标函数: $f(x,y)=x^2+y^2$, 约束条件: $x+y=2$;

(2) 目标函数: $f(x,y)=x^2-2x+y^2+2y+2$, 约束条件: $x^2+y^2=4$;

(3) 目标函数: $f(x,y)=xyz$, 约束条件: $x^2+y^2+z^2=1$ 和 $x+y+z=0$.

2. 求解下列最值问题:

(1) 求表面积一定而体积最大的长方体;

(2) 求体积一定而表面积最小的长方体.

3. 求空间中一点 (X_0,Y_0,Z_0) 到平面 $Ax+By+Cz+D=0$ 的最短距离.

4. 设点 (x,y,z) 在球面 $x^2+y^2+z^2=4$ 上, 求 $x^3+y^3+z^3$ 的最大值和最小值.

5. 求原点到椭球面 $\dfrac{x^2}{a^2}+\dfrac{y^2}{b^2}+\dfrac{z^2}{c^2}=1(a>b>c>0)$ 的最长和最短距离.

---

6. 求椭圆 $4x^2+9y^2=72$ 的切线使其与坐标轴所围面积最小.

7. 设 $\psi(x,y)$ 是连续可微函数, P 和 Q 分别位于曲线 $\psi(x,y)=0$ 之上和之外. 证明: 如果 PQ 是 Q 到该曲线的最短距离, 则 PQ 就是该曲线过 P 点的法线.

小　结

本章的内容是多元函数微分法的应用, 主要学习了方向导数、多元函数的 Taylor 公式、极值及条件极值问题、隐函数 (组) 存在性和 (偏) 导数的求法、空间曲线的切线和法平面、曲面的切平面和法线等内容.

(1) 深刻理解和掌握二元及多元函数梯度和方向导数的概念及计算方法, 与一元函数不同的是梯度和方向导数是多元函数所特有的, 并且具有很实际的应用背景和物理、几何意义.

(2) 体会以 Taylor 公式作为工具的理论和方法, 熟练掌握由此发展而来的判断二元及多元函数极值问题的充分条件, 掌握最值问题的求解原则, 注意区别最值问题在一元函数和多元函数之间的异同.

(3) 隐函数及隐函数组是本章的重点内容, 也是本章的难点. 保证隐函数存在性的充分条件在几何上给出了透彻解释, 在理论上给出了严格的证明. 本着由浅到深、由简到难的原则, 首先介绍的是由二元函数给出的代数方程所确定的隐函数 (一元隐函数), 这种情形的条件和结论都有着明确的几何意义; 接着是三元函数给出的代数方程所确定的隐函数 (二元隐函数), 只有结论具有几何意义. 对这些内容均应熟练地加以掌握. 隐函数组的问题更为复杂, 从具有几何意义的两张曲面的交线可参数化出发, 导出了 Jacobi 行列式的概念, 给出了保证隐函数组存在性的充分条件. 进一步应用到隐函数组和反函数组的存在性上, 则只能借助于抽象的理论和 Jacobi 行列式的形式化推广. 相对于理论框架的构建和函数行列式的计算, 由方程 (组) 确定的隐函数 (组) 的 (偏) 导数的求法, 显得更有实际意义和实用价值.

(4) 作为隐函数存在性定理的一个应用, 介绍了用 Lagrange 乘数法求解条件极值的方法. 值得注意的是, Lagrange 乘数法只是在理论上解决了条件极值必要性部分, 至于如何判断条件极值稳定点是否是极 (最) 值点, 还需要从所论证问题的实际意义等背景材料中加以分析解决. 即使如此, Lagrange 乘数法仍是本章最重要、最应该熟练掌握的一个内容.

(5) 作为隐函数存在性定理的另一个应用, 学习了空间曲线的切线和法平面、曲面的切平面和法线. 这部分内容几何意义明确, 直线和平面求法有着固定的套路. 需要注意的是, 这里虽然技巧并不高深, 但仍有一定的灵活性.

复 习 题

1. 求函数 $z=f(x,y)=\sqrt{x^2+y^2}$ 在原点 $(0,0)$ 处沿任意方向的方向导数.

2. 求函数 $u=f(x,y,z)=(x+y+z)^2$ 在点 $(2,1,3)$ 处沿向径方向的方向导数.

3. 求函数 $u=f(x,y,z)=\ln(x+y+z)$ 在点 $(1,2,3)$ 处的梯度、梯度的模和梯度的方向余弦.

4. 将函数 $z=\ln x\ln y$ 在点 $(1,1)$ 用 Taylor 公式展开到三阶项.

5. 求出周长为 $2p$ 而面积最大的三角形.

6. 设 $f(x,y)$ 在点 $P_0(x_0,y_0)$ 可微, 证明:

$$\sum_{k=1}^{n}\left.\frac{\partial f}{\partial \boldsymbol{l}_k}\right|_{P_0}=0,$$

其中 $\boldsymbol{l}_1,\boldsymbol{l}_2,\cdots,\boldsymbol{l}_n$ 是 n 个向量, 相邻两个向量之间的夹角为 $\dfrac{2\pi}{n}$.

7. 求平面上的点, 使其到 n 个定点 $(a_1,b_1),(a_2,b_2),\cdots,(a_n,b_n)$ 的距离平方和最小.

8. 证明: 函数 $f(x,y)=(1+\mathrm{e}^x)\cos y-x\mathrm{e}^x-2$ 有无穷多个极大值点, 但无极小值点.

9. 在椭圆 $3x^2+y^2=12$ 内接一个底边平行于长轴的等腰三角形, 求该三角形的最大面积.

10. 在半径为 a 的半球内内接一个长方体, 问各边的边长为多少时, 长方体体积最大?

11. 在底半径为 a, 高为 h 的正圆锥内, 内接一个长方体, 问各边边长为多少时, 体积最大?

---

12. 求过点 $\left(1,\dfrac{1}{3},2\right)$ 的平面, 该平面与三个坐标平面在第一卦限所围成的立体体积最小.

13. 设 $u=F(x,y,z)$ 是 n 次齐次函数且可微, 如果在 $P_0(x_0,y_0,z_0)$ 处, $\mathbf{grad}F$ 不为零且 $F(P_0)=1$, 则曲面 $F(x,y,z)=1$ 在 P_0 处的切平面方程为

$$F_x(P_0)x+F_y(P_0)y+F_z(P_0)z=n.$$

14. 证明: 曲面 $\sqrt{x}+\sqrt{y}+\sqrt{z}=\sqrt{a}$ 上任一点处的切平面在各个坐标轴上的截距之和等于 a.

第 15 章　含参变量积分

含参变量积分是指积分的被积函数中含有参数或 (和) 积分的上、下限含有参数的积分, 这类积分的理论问题本身涉及许多重要的应用, 如含参变量积分可以用来定义非初等函数, 含参变量积分也为后续的重积分的计算建立基础. 本章的主要目的是研究含参变量正常积分的分析性质、含参变量反常积分的一致收敛性和分析性质. 在此基础上讨论若干含参变量积分的计算问题和两类特殊函数：Gamma 函数和 Beta 函数.

15.1　含参变量正常积分及其分析性质

15.1.1　含参变量正常积分

设二元函数 $z=f(x,t)$ 定义在矩形区域 $R=[a,b]\times[c,d]$ 上, 并且对每一个 $t\in[c,d]$, 作为 x 的一元函数, $f(x,t)$ 在 $[a,b]$ 上是可积的, 因此, $f(x,t)$ 关于 x 在 $[a,b]$ 上的积分是关于 t 的函数, 称之为 **含参变量 t 的 (正常) 积分**, 记为

$$I(t)=\int_a^b f(x,t)\mathrm{d}x,\quad t\in[c,d].$$

更一般的情形, 设 $\varphi(t)$ 和 $\psi(t)$ 是 $[c,d]$ 上的连续函数, 如果还满足

$$a\leqslant\varphi(t)\leqslant b,\quad a\leqslant\psi(t)\leqslant b,$$

则可以定义更为一般的变上、下限的含参变量积分

$$I(t)=\int_{\varphi(t)}^{\psi(t)} f(x,t)\mathrm{d}x,\quad t\in[c,d].$$

对于含参变量积分, 要讨论的问题通常是求含参变量积分的积分值及含参变量积分的分析性质, 即关于参变量的连续性、可微性和可积性等. 这些性质的研究对于计算积分及与积分相关的极限具有重要的意义. 以求以下极限为例来说明这样的问题:

$$\lim_{t\to+\infty}\int_0^1 \frac{t}{t+\sqrt{x}+tx^2}\mathrm{d}x. \tag{15.1.1}$$

如果按所给定的求解问题的顺序, 即先求积分, 再求极限, 显然是颇为复杂的, 但如果积分号和极限号可以互换顺序, 则问题就变得很容易处理,

$$\lim_{t\to+\infty}\int_0^1\frac{t}{t+\sqrt{x}+tx^2}\mathrm{d}x=\int_0^1\lim_{t\to+\infty}\frac{t}{t+\sqrt{x}+tx^2}\mathrm{d}x$$
$$=\int_0^1\frac{1}{1+x^2}\mathrm{d}x=\frac{\pi}{4}. \tag{15.1.2}$$

但是这里所产生的问题是: 能否将积分号和极限号的顺序交换? 当然, 如果 t 只取正整数, 可将被积函数视为函数序列, 则可以应用函数序列的分析性质来解决类似的问题. 然而更重要的问题是当 t 为连续的变量时应该怎样处理.

15.1.2 含参变量正常积分的分析性质

含参变量积分是一类常见的定积分, 在后面讨论重积分的计算时, 常常要将重积分转化为对含参变量的函数进行积分, 并再次积分, 也就是转化为累次积分. 因此, 研究含参变量积分的分析性质具有重要的意义.

含参变量积分分析性质也就是含参变量积分关于参变量的连续性、可微性和可积性. 从本质上来讲, 是两类不同的极限的交换顺序问题. 这类问题在函数项级数部分已经进行过类似的讨论.

定理 15.1.1(含参变量积分的连续性) 设函数 $f(x,t)$ 在矩形区域 $R=[a,b]\times[c,d]$ 上连续, 则含参变量积分

$$I(t)=\int_a^b f(x,t)\mathrm{d}x,\quad t\in[c,d] \tag{15.1.3}$$

在 $[c,d]$ 上也连续.

证明 任意取定 $t\in[c,d]$, 对于 $t+\Delta t\in[c,d]$, 可求出 $I(t)$ 的增量为

$$I(t+\Delta t)-I(t)=\int_a^b[f(x,t+\Delta t)-f(x,t)]\mathrm{d}x.$$

注意到 $f(x,t)$ 在矩形区域 $R=[a,b]\times[c,d]$ 上连续, 因此一致连续, 故对于任意给定的 $\varepsilon>0$, 存在 $\delta>0$, 使得只要 $(x_1,t_1),(x_2,t_2)\in R$ 且 $|x_1-x_2|<\delta$, $|t_1-t_2|<\delta$, 就有

$$|f(x_1,t_1)-f(x_2,t_2)|<\varepsilon.$$

因此, 当 $|\Delta t|<\delta$ 时, 利用积分的绝对值不等式和单调性可以得到

$$|I(t+\Delta t)-I(t)|\leqslant\int_a^b\big|f(x,t+\Delta t)-f(x,t)\big|\mathrm{d}x<\varepsilon(b-a),$$

即 $I(t)$ 在 $[c,d]$ 上连续. □

注 定理 15.1.1 的结论可以写成如下的形式: 当 $f(x,t)$ 在 R 上连续时, 对于 $t_0 \in [c,d]$ 有

$$\lim_{t\to t_0}\int_a^b f(x,t)\mathrm{d}x = \lim_{t\to t_0} I(t) = I(t_0) = \int_a^b f(x,t_0)\mathrm{d}x = \int_a^b \lim_{t\to t_0} f(x,t)\mathrm{d}x,$$

即积分和极限可以交换次序.

例 1 试计算 (15.1.1) 所定义的极限 $\lim\limits_{t\to+\infty}\int_0^1 \frac{t}{t+\sqrt{x}+tx^2}\mathrm{d}x$.

解 只需再验证式 (15.1.2) 中极限和积分交换顺序的合理性即可. 选取函数为

$$f(x,s) = \frac{1}{1+s\sqrt{x}+x^2}, \quad (x,s)\in[0,1]\times[0,1].$$

显然, $f(x,s)$ 是 $[0,1]^2$ 上的连续函数. 对于 $t=\frac{1}{s}$, $t\to+\infty$ 等价于 $s\to0^+$. 根据定理 15.1.1 即有

$$\lim_{t\to+\infty}\int_0^1 \frac{t}{t+\sqrt{x}+tx^2}\mathrm{d}x = \lim_{s\to0^+}\int_0^1 \frac{1}{1+s\sqrt{x}+x^2}\mathrm{d}x = \int_0^1 \lim_{s\to0^+}\frac{1}{1+s\sqrt{x}+x^2}\mathrm{d}x.$$

因此, 式 (15.1.2) 中极限和积分交换顺序的计算是合理的. □

定理 15.1.2(含参变量积分的可微性) 设函数 $f(x,t)$ 和 $f_t(x,t)$ 在矩形区域 $R=[a,b]\times[c,d]$ 上连续, 则含参变量积分

$$I(t) = \int_a^b f(x,t)\mathrm{d}x, \quad t\in[c,d]$$

在 $[c,d]$ 上也可微且

$$\frac{\mathrm{d}}{\mathrm{d}t}I(t) = \int_a^b \frac{\partial}{\partial t}f(x,t)\mathrm{d}x, \quad t\in[c,d]. \tag{15.1.4}$$

证明 任意取定 $t\in[c,d]$, 对于 $t+\Delta t\in[c,d]$, $I(t)$ 的增量为

$$I(t+\Delta t)-I(t) = \int_a^b [f(x,t+\Delta t)-f(x,t)]\mathrm{d}x.$$

注意到 $f_t(x,t)$ 在矩形区域 $R=[a,b]\times[c,d]$ 上存在, 根据一元函数的中值定理, 存在 $0<\theta<1$, 使得

$$f(x,t+\Delta t)-f(x,t) = f_t(x,t+\theta\Delta t)\Delta t.$$

代入到上一等式中并在两端除以 $\Delta t(\neq 0)$ 可以得到

$$\frac{I(t+\Delta t)-I(t)}{\Delta t}=\int_a^b f_t(x,t+\theta\Delta t)\mathrm{d}x,$$

进而可得

$$\begin{aligned}\left|\frac{I(t+\Delta t)-I(t)}{\Delta t}-\int_a^b f_t(x,t)\mathrm{d}x\right|&=\left|\int_a^b f_t(x,t+\theta\Delta t)\mathrm{d}x-\int_a^b f_t(x,t)\mathrm{d}x\right|\\&\leqslant\int_a^b |f_t(x,t+\theta\Delta t)-f_t(x,t)|\mathrm{d}x.\end{aligned}$$

由所设 $f_t(x,t)$ 在 R 上连续, 故一致连续, 从而对于任意给定的 $\varepsilon>0$, 存在 $\delta>0$, 使得只要 $(x,t),(x,t+\theta\Delta t)\in R$ 且 $|\Delta t|<\delta$, 就成立

$$|f_t(x,t+\theta\Delta t)-f_t(x,t)|<\varepsilon.$$

因此, 当 $0<|\Delta t|<\delta$ 时, 利用积分的绝对值不等式和单调性可以得到

$$\left|\frac{I(t+\Delta t)-I(t)}{\Delta t}-\int_a^b f_t(x,t)\mathrm{d}x\right|<\varepsilon(b-a),$$

故 $\lim\limits_{\Delta t\to 0}\dfrac{I(t+\Delta t)-I(t)}{\Delta t}=\displaystyle\int_a^b f_t(x,t)\mathrm{d}x$, 即 $I'(t)$ 存在且 $I'(t)=\displaystyle\int_a^b f_t(x,t)\mathrm{d}x$. □

注　定理 15.1.2 的结论可以写成如下的形式: 当 $f(x,t)$ 和 $f_t(x,t)$ 在 R 上连续时, 对于 $t\in[c,d]$ 有

$$\frac{\mathrm{d}}{\mathrm{d}t}\int_a^b f(x,t)\mathrm{d}x=\int_a^b\frac{\partial}{\partial t}f(x,t)\mathrm{d}x,\quad t\in[c,d].$$

这一性质也称为**积分号下可求导**.

定理 15.1.3 (含参变量积分的可积性)　设函数 $f(x,t)$ 在矩形区域 $R=[a,b]\times[c,d]$ 上连续, 则含参变量积分

$$I(t)=\int_a^b f(x,t)\mathrm{d}x,\quad t\in[c,d]$$

在 $[c,d]$ 上可积, 并且有下列等式成立:

$$\int_c^d I(t)\mathrm{d}t=\int_c^d\mathrm{d}t\int_a^b f(x,t)\mathrm{d}x=\int_a^b\left\{\int_c^d f(x,t)\mathrm{d}t\right\}\mathrm{d}x.\tag{15.1.5}$$

证明　因为函数 $f(x,t)$ 在矩形区域 $R=[a,b]\times[c,d]$ 上连续, 故由参变量的积分连续性定理知道, $I(t)$ 在 $[c,d]$ 上连续, 因此可积. 只需再证定理结论中的等式成立即可.

对于 $u \in [c,d]$, 记

$$A(u) = \int_c^u I(t)\mathrm{d}t, \quad B(u) = \int_a^b \left\{\int_c^u f(x,t)\mathrm{d}t\right\}\mathrm{d}x.$$

显然, 只需证明 $A(d) = B(d)$, 则 (15.1.5) 得证.

事实上, 根据原函数存在定理有

$$A'(u) = I(u) = \int_a^b f(x,u)\mathrm{d}x.$$

由已知条件不难看出, 作为 x 和 u 的函数,

$$\int_c^u f(x,t)\mathrm{d}t \quad 和 \quad \frac{\partial}{\partial u}\int_c^u f(x,t)\mathrm{d}t = f(x,u) \tag{15.1.6}$$

都在 R 上连续. 因此, 根据含参变量积分的可微性 (即定理 15.1.2) 有

$$B'(u) = \frac{\mathrm{d}}{\mathrm{d}u}\int_a^b \left\{\int_c^u f(x,t)\mathrm{d}t\right\}\mathrm{d}x = \int_a^b \frac{\partial}{\partial u}\left\{\int_c^u f(x,t)\mathrm{d}t\right\}\mathrm{d}x = \int_a^b f(x,u)\mathrm{d}x.$$

此即表明, 对于每一个 $u \in [c,d]$ 均有

$$A'(u) = B'(u).$$

因此, $A(u) = B(u) + C(u \in [c,d])$. 又注意到

$$A(c) = 0, \quad B(c) = 0,$$

因此, 必有 $C = 0$, 故 $A(u) \equiv B(u)\ (u \in [c,d])$, 从而 $A(d) = B(d)$. □

注 定理 15.1.3 的结论类似于定理 15.1.1 和定理 15.1.2, 同样可以写成如下的形式: 当 $f(x,t)$ 在矩形区域 R 上连续时有

$$\int_c^d \left\{\int_a^b f(x,t)\mathrm{d}x\right\}\mathrm{d}t = \int_a^b \left\{\int_c^d f(x,t)\mathrm{d}t\right\}\mathrm{d}x.$$

这一性质也称为**累次积分可交换性**.

例 2 设 $b > a > 0$, 求积分 $\displaystyle\int_0^1 \frac{x^b - x^a}{\ln x}\mathrm{d}x$.

解法 1 积分号下求导法 考虑如下的含参数 y 的积分:

$$I(y) = \int_0^1 f(x,y)\mathrm{d}x, \quad 其中 f(x,y) = \frac{x^y - x^a}{\ln x}, a \leqslant y \leqslant b.$$

所要求的积分只不过是 $I(y)$ 在 b 点的值. 注意被积函数当 $x=0$ 和 $x=1$ 时没有定义, 而

$$\lim_{x\to 0^+} f(x,y)=\lim_{x\to 0^+}\frac{x^y-x^a}{\ln x}=0$$

及

$$\lim_{x\to 1^-} f(x,y)=\lim_{x\to 1^-}\frac{x^y-x^a}{\ln x}=\lim_{x\to 1^-}\frac{yx^{y-1}-ax^{a-1}}{\dfrac{1}{x}}=y-a,$$

因此, 分别补充定义 $f(0,y)=0$ 和 $f(1,y)=y-a$, 则易证 $f(x,y)$ 在矩形区域 $D=[0,1]\times[a,b]$ 上是连续函数, 进而

$$f_y(x,y)=x^y,\quad (x,y)\in D$$

也是 D 上的连续函数. 因此, 根据含参变量积分的可微性 (即定理 15.1.2) 有

$$I'(y)=\int_0^1 f_y(x,y)\mathrm{d}x=\int_0^1 x^y\mathrm{d}x=\frac{1}{y+1}x^{y+1}\bigg|_{x=0}^{x=1}=\frac{1}{y+1}.$$

等式两端在 $[a,b]$ 上积分, 注意到 $I(a)=0$,

$$I(b)=\int_a^b I'(y)\mathrm{d}y+I(a)=\int_a^b\frac{1}{y+1}\mathrm{d}y=\ln(1+y)\Big|_a^b=\ln\frac{1+b}{1+a}.$$

解法 2 交换累次积分顺序法 被积函数可以写为

$$\frac{x^b-x^a}{\ln x}=\frac{x^y}{\ln x}\bigg|_{y=a}^{y=b}=\int_a^b x^y\mathrm{d}y.$$

显然, 函数 x^y 在 $D=[0,1]\times[a,b]$ 上连续, 因此, 根据累次积分可交换性 (即定理 15.1.3) 有

$$\begin{aligned}\int_0^1\frac{x^b-x^a}{\ln x}\mathrm{d}x&=\int_0^1\left(\int_a^b x^y\mathrm{d}y\right)\mathrm{d}x\\&=\int_a^b\left(\int_0^1 x^y\mathrm{d}x\right)\mathrm{d}y\\&=\int_a^b\frac{x^{1+y}}{1+y}\bigg|_{x=0}^{x=1}\mathrm{d}y\\&=\int_a^b\frac{1}{1+y}\mathrm{d}y=\ln\frac{1+b}{1+a}.\end{aligned}$$

□

对于更一般的情形, 如除了被积函数含有参变量, 积分的上、下限也是参变量的函数, 也可以讨论其分析性质. 这里利用复合函数求导法则, 介绍如何对积分上、下限都含参变量的含参变量积分求导.

定理 15.1.4(含参变量积分的可微性) 设函数 $f(x,t)$ 和 $f_t(x,t)$ 在矩形区域 $R=[a,b]\times[c,d]$ 上连续, 函数 $\varphi(t)$ 和 $\psi(t)$ 在 $[c,d]$ 上可导且

$$a\leqslant\varphi(t)\leqslant b,\quad a\leqslant\psi(t)\leqslant b,\quad t\in[c,d],\tag{15.1.7}$$

则含参变量积分 $I(t)=\displaystyle\int_{\varphi(t)}^{\psi(t)}f(x,t)\mathrm{d}x$ 在 $[c,d]$ 上可导且

$$\frac{\mathrm{d}}{\mathrm{d}t}I(t)=\int_{\varphi(t)}^{\psi(t)}\frac{\partial f(x,t)}{\partial t}\mathrm{d}x+f(\psi(t),t)\psi'(t)-f(\varphi(t),t)\varphi'(t).\tag{15.1.8}$$

证明 引入新的中间变量 $u=\varphi(t)$, $v=\psi(t)$, 并记

$$F(t,u,v)=\int_u^v f(x,t)\mathrm{d}x,\quad u,v\in[a,b],t\in[c,d],$$

则条件 (15.1.7) 保证了复合函数有意义, 即

$$I(t)=\int_{\varphi(t)}^{\psi(t)}f(x,t)\mathrm{d}x=F(t,\varphi(t),\psi(t)).$$

注意到 F_t, F_u 和 F_v 都是连续函数, 因此, $F(t,u,v)$ 可微, $I(t)=F(t,\varphi(t),\psi(t))$ 可导, 并且根据复合函数求导法则有

$$I'(t)=\frac{\partial F}{\partial t}+\frac{\partial F}{\partial u}\frac{\mathrm{d}u}{\mathrm{d}t}+\frac{\partial F}{\partial v}\frac{\mathrm{d}v}{\partial t},$$

其中

$$\begin{aligned}
\frac{\partial F}{\partial t}&=\frac{\partial}{\partial t}\int_u^v f(x,t)\mathrm{d}x=\int_u^v\frac{\partial}{\partial t}f(x,t)\mathrm{d}x,\\
\frac{\partial F}{\partial u}&=\frac{\partial}{\partial u}\int_u^v f(x,t)\mathrm{d}x=-f(u,t),\\
\frac{\partial F}{\partial v}&=\frac{\partial}{\partial v}\int_u^v f(x,t)\mathrm{d}x=f(v,t).
\end{aligned}$$

最后得到

$$\frac{\mathrm{d}}{\mathrm{d}t}I(t)=\int_{\varphi(t)}^{\psi(t)}\frac{\partial f(x,t)}{\partial t}\mathrm{d}x-f(\varphi(t),t)\varphi'(t)+f(\psi(t),t)\psi'(t).$$ □

容易看出, 定理 15.1.2 是上述结果当 $\varphi(t)$ 和 $\psi(t)$ 为常值函数时的特例.

含参变量正常积分

思考题

1. 被积函数的连续性是保证含参变量积分对参变量连续的必要条件吗?

2. 在定理 15.1.3 的证明中, 为什么可以断言式 (15.1.6) 所定义的两个函数是连续的?

习　题　15.1

1. 求极限.

(1) $\lim\limits_{t\to 0}\displaystyle\int_{-1}^{1} \sqrt[2n]{x^{2n}+t^{2n}}\,\mathrm{d}x$, n 是正整数;　　(2) $\lim\limits_{t\to 0}\displaystyle\int_{0}^{1} \mathrm{e}^{x+t^2x^2}\,\mathrm{d}x$.

2. 求 $I'(x)$, 其中 $I(x)=\displaystyle\int_{3x}^{x^3}\frac{\sin(xy)}{y}\mathrm{d}y$.

3. 应用积分号下对参数积分的方法, 求下列积分 (设 $b>a>0$):

(1) $\displaystyle\int_0^1 \sin(\ln x)\frac{x^b-x^a}{\ln x}\mathrm{d}x$;　　(2) $\displaystyle\int_0^1 \cos(\ln x)\frac{x^b-x^a}{\ln x}\mathrm{d}x$.

4. 设函数 $f(s)$ 和 $g(s)$ 分别二阶和一阶连续可导, 则二元函数

$$u(x,t)=\frac{1}{2}[f(x-at)+f(x+at)]+\frac{1}{2a}\int_{x-at}^{x+at}g(s)\mathrm{d}s$$

是弦振动方程 $u_{tt}=a^2u_{xx}$ 的解.

---

5. 设 $u(x)=\displaystyle\int_0^{\pi}\cos(n\theta-x\sin\theta)\mathrm{d}\theta$, 证明: $u(x)$ 满足如下的 Bessel 常微分方程:

$$x^2u''+xu'+(x^2-n^2)u=0.$$

6. 运用对参数求导的方法, 求含参变量积分:

(1) $\displaystyle\int_0^{\pi/2}\ln(a^2\sin^2 x+\cos^2 x)\mathrm{d}x\ (a\neq 0)$;

(2) $I(t)=\displaystyle\int_0^{\pi}\ln(1-2t\cos\tau+t^2)\mathrm{d}\tau$, 其中 $|t|<1$.

15.2　含参变量反常积分及一致收敛判别法

含参变量积分的思想方法还常常用于处理反常积分, 即无穷限积分和瑕积分. 为简单起见, 在本章只处理无穷限积分, 至于瑕积分, 所用的方法和所得到的结果都是类似的, 故此省略.

设二元函数 $f(x,t)$ 在区域 $D=[a,+\infty)\times J$ 中有定义, 其中 J 是 t 轴上的区间, 可开可闭, 半开半闭, 甚至是无界的. 若对于每一个 $t\in J$, 反常积分 $\displaystyle\int_a^{+\infty}f(x,t)\mathrm{d}x$

都收敛, 由此产生一个确定的数值, 这样就定义了一个 J 上的函数, 记为

$$I(t)=\int_a^{+\infty}f(x,t)\mathrm{d}x,\quad t\in J.$$

称之为以 t 为参变量的**含参变量无穷限积分** 或 **含参变量反常积分**, J 也称为 $I(t)$ 的**收敛区间**.

注意根据无穷限反常积分的定义, 可以写

$$I(t)=\lim_{u\to+\infty}\int_a^{u}f(x,t)\mathrm{d}x,\quad t\in J.$$

因此, 可以认为含参变量无穷限积分实际上是含参变量正常积分的极限状态. 在这种极限状态下研究对参变量的分析性质, 按照以前对函数项级数及函数列的理解, 应该先讨论关于参数 (参变量) t 的一致收敛性问题.

定义 15.2.1 设对于区间 J 中的每一点 t, 含参变量 t 的反常积分 $I(t)=\int_a^{+\infty}f(x,\,t)\mathrm{d}x$ 都收敛. 如果对于任意给定的 $\varepsilon>0$, 存在与 t 无关的 $G\in(a,+\infty)$, 使得对于任意的 $G'>G$ 和 $t\in J$ 均成立

$$\left|\int_a^{+\infty}f(x,t)\mathrm{d}x-\int_a^{G'}f(x,t)\mathrm{d}x\right|=\left|\int_{G'}^{+\infty}f(x,t)\mathrm{d}x\right|<\varepsilon,\tag{15.2.1}$$

则称含参变量反常积分 $I(t)=\int_a^{+\infty}f(x,t)\mathrm{d}x$ 在区间 J 上 **一致收敛** 或 **关于** $t\in J$ **一致收敛**.

例 1 设

$$f(x,y)=\frac{y}{y^2+x^2},\quad (x,y)\in[0,+\infty)\times(0,+\infty).$$

试确定参变量无穷限积分 $\varphi(y)=\int_0^{+\infty}f(x,y)\mathrm{d}x$ 的收敛区间 J, 并用定义证明 $\varphi(y)$ 在 J 的任何形如 $(0,B]$ 的子区间中一致收敛, 其中 B 是任意给定的正常数.

解 对于 $y>0$, 利用变量变换, 容易算出含参变量无穷限积分 $\varphi(y)$ 的值为 $\pi/2$, 故 $\varphi(y)$ 的收敛区间 $J=(0,+\infty)$. 当 $y\in(0,B]$ 时, 因为

$$\begin{aligned}\left|\varphi(y)-\int_0^{G}\frac{y}{y^2+x^2}\mathrm{d}x\right|&=\left|\int_G^{+\infty}\frac{y}{y^2+x^2}\mathrm{d}x\right|\\&=\arctan\frac{x}{y}\Big|_{x=G}^{x\to+\infty}\end{aligned}$$

$$
\begin{aligned}
&= \frac{\pi}{2} - \arctan\frac{G}{y} \\
&\leqslant \frac{\pi}{2} - \arctan\frac{G}{B},
\end{aligned}
$$

因此, 对于任意给定的 $\varepsilon > 0$, 选取 G 足够大, 可以使得 $\pi/2 - \arctan(G/B) < \varepsilon$. 因此, 对于任意的 $G' > G$ 和 $y \in (0, B]$ 也有

$$
\left|\varphi(y) - \int_0^{G'} \frac{y}{y^2 + x^2}\mathrm{d}x\right| \leqslant \frac{\pi}{2} - \arctan\frac{G'}{B} \leqslant \frac{\pi}{2} - \arctan\frac{G}{B} < \varepsilon.
$$

根据一致收敛的定义知 $\varphi(y)$ 关于 $y \in (0, B]$ 一致收敛. □

注　(1) 在定义 15.2.1 中要求对于任意给定的 $\varepsilon > 0$, 存在一个 G, 使得当 $G' > G$ 时, 对所有的 $t \in J$ 都"一致性地"成立式 (15.2.1). 这也就是一致收敛的含义所在.

(2) "不一致收敛"的陈述如下: 含参变量反常积分 $I(t) = \int_a^{+\infty} f(x,t)\mathrm{d}x$ 在区间 J 上收敛但 **不一致收敛** 是指存在某个 $\varepsilon_0 > 0$, 对于任意给定的 $G > a$, 总有 $G' > G$ 和 $t_0 \in J$, 使得

$$
\left|\int_{G'}^{+\infty} f(x, t_0)\mathrm{d}x\right| \geqslant \varepsilon_0.
$$

定理 15.2.1(一致收敛的 Cauchy 准则)　含参变量反常积分$I(t) = \int_a^{+\infty} f(x,t)\mathrm{d}x$ 在区间 J 上一致收敛的充分必要条件是: 对于任意给定的 $\varepsilon > 0$, 总存在 $G > a$, 使得只要 $G < G_1, G_2 < +\infty$, 就成立

$$
\left|\int_{G_1}^{G_2} f(x,t)\mathrm{d}x\right| < \varepsilon, \quad \forall t \in J. \tag{15.2.2}
$$

证明　**充分性**　设条件满足, 即对于任意给定的 $\varepsilon > 0$, 总存在 $G > a$, 使得只要 $G < G_1, G_2 < +\infty$, 就有式 (15.2.2) 成立. 则 $\forall t \in J$, 由反常积分的 Cauchy 准则得, $\int_a^{+\infty} f(x,t)\mathrm{d}x$ 收敛, 于是在式 (15.2.2) 中令 $G_2 \to +\infty$, 可得

$$
\left|\int_{G_1}^{+\infty} f(x,t)\mathrm{d}x\right| \leqslant \varepsilon, \quad \forall t \in J.
$$

根据一致收敛的定义, 即知该积分在区间 J 上是一致收敛的.

必要性　设含参变量反常积分 $I(t) = \int_a^{+\infty} f(x,t)\mathrm{d}x$ 在区间 J 上是一致收敛

的, 由一致收敛的定义知, 对于任意的 $\varepsilon>0$, 总存在 G, 使得对于 $G'>G$,

$$\left|\int_{G'}^{+\infty} f(x,t)\mathrm{d}x\right|<\frac{\varepsilon}{2},\quad \forall t\in J.$$

于是对于任意的 $G<G_1,G_2<+\infty$, 当然也成立

$$\left|\int_{G_1}^{+\infty} f(x,t)\mathrm{d}x\right|<\frac{\varepsilon}{2},\quad \left|\int_{G_2}^{+\infty} f(x,t)\mathrm{d}x\right|<\frac{\varepsilon}{2},\quad \forall t\in J.$$

因此, 可以得到对于任意的 $t\in J$,

$$\begin{aligned}\left|\int_{G_1}^{G_2} f(x,t)\mathrm{d}x\right| &= \left|\int_{G_1}^{+\infty} f(x,t)\mathrm{d}x-\int_{G_2}^{+\infty} f(x,t)\mathrm{d}x\right|\\ &\leqslant \left|\int_{G_1}^{+\infty} f(x,t)\mathrm{d}x\right|+\left|\int_{G_2}^{+\infty} f(x,t)\mathrm{d}x\right|<\frac{\varepsilon}{2}+\frac{\varepsilon}{2}=\varepsilon.\end{aligned}$$ □

注 作为定理 15.2.1 的逆否命题, 可以叙述 **不一致收敛的 Cauchy 准则**如下: 含参变量反常积分 $I(t)=\displaystyle\int_a^{+\infty} f(x,t)\mathrm{d}x$ 在区间 J 上不一致收敛的充分必要条件是: 存在某一个 $\varepsilon_0>0$, 对于任意给定的 $G>a$, 总有 $t_0\in J$ 和 G_1, $G_2>G$, 使得

$$\left|\int_{G_1}^{G_2} f(x,t_0)\mathrm{d}x\right|\geqslant\varepsilon_0. \tag{15.2.3}$$

例 2 讨论参变量无穷限积分 $\varphi(y)$ 在收敛区间 $J=(0,+\infty)$ 上的一致收敛性, 其中

$$\varphi(y)=\int_0^{+\infty}\frac{y}{y^2+x^2}\mathrm{d}x,\quad y>0.$$

解 含参变量无穷限积分 $\varphi(y)$ 在收敛区间 $J=(0,+\infty)$ 上是不一致收敛的. 因为可以选取 $\varepsilon_0=\pi/12>0$. 对于任意给定的 $G>0$, 存在 $G_1=G+1>G$, 可以令 $G_2=\sqrt{3}G_1$, 则只要取 $y=G_1\in J$, 不难看出

$$\begin{aligned}\int_{G_1}^{G_2}\frac{y}{y^2+x^2}\mathrm{d}x &= \arctan\frac{x}{y}\Big|_{x=G_1}^{x=G_2}\\ &= \arctan\frac{G_2}{G_1}-\arctan\frac{G_1}{G_1}\\ &= \arctan\sqrt{3}-\arctan 1=\frac{\pi}{12}=\varepsilon_0.\end{aligned}$$

因此, 根据不一致收敛的 Cauchy 准则, $\varphi(y)$ 在 $(0,+\infty)$ 上不一致收敛. □

一致收敛的 Cauchy 准则具有理论上的重要性. 为了实际应用上的需要, 仿照函数项级数一致收敛的判别法, 建立如下一系列涉及含参变量反常积分一致收敛的判别法:

定理 15.2.2(M 判别法)　如果含参变量反常积分 $I(t)=\int_a^{+\infty}f(x,t)\mathrm{d}x$ 的被积函数 $f(x,t)$ 可被一个可积的函数 $F(x)$ 所控制, 即存在 $b\geqslant a$, 使得

$$|f(x,t)|\leqslant F(x),\quad \forall x\in[b,+\infty),\forall t\in J,$$

并且反常积分 $\int_b^{+\infty}F(x)\mathrm{d}x$ 收敛, 则含参变量反常积分 $I(t)=\int_a^{+\infty}f(x,t)\mathrm{d}x$ 在区间 J 上是 (绝对) 一致收敛的.

函数 $F(x)$ 常称为是被积函数 $f(x,t)$ 的 **优函数** 或 **控制函数**.

证明　因为反常积分 $\int_b^{+\infty}F(x)\mathrm{d}x$ 收敛, 所以对于任意的 $\varepsilon>0$, 由 Cauchy 收敛准则知, 存在某个 G, 满足 $b\leqslant G<+\infty$, 使得对于任意的 $G_2, G_1>G$, 恒成立

$$\left|\int_{G_1}^{G_2}F(x)\mathrm{d}x\right|<\varepsilon.$$

因此, 对于所有的 $t\in J$ 恒有

$$\left|\int_{G_1}^{G_2}f(x,t)\mathrm{d}x\right|\leqslant\left|\int_{G_1}^{G_2}|f(x,t)|\mathrm{d}x\right|\leqslant\left|\int_{G_1}^{G_2}F(x)\mathrm{d}x\right|<\varepsilon,$$

所以由一致收敛的 Cauchy 准则, 即定理 15.2.1 知, 含参变量反常积分 $I(t)=\int_a^{+\infty}f(x,t)\mathrm{d}x$ 在区间 J 上一致收敛. □

例 3　定义如下两个含参变量无穷限积分:

$$\varphi(x)=\int_0^{+\infty}y\mathrm{e}^{-(1+x^2)y^2}\mathrm{d}y,\qquad \psi(y)=\int_0^{+\infty}y\mathrm{e}^{-(1+x^2)y^2}\mathrm{d}x.$$

证明: (1) $\varphi(x)$ 在区间 $J=[0,+\infty)$ 上一致收敛; (2) 对于任意的 $\varepsilon>0$, $\psi(y)$ 在 $[\varepsilon,+\infty)$ 上一致收敛.

证明　记 $f(x,y)=y\mathrm{e}^{-(1+x^2)y^2}$.

(1) 先证: 积分 $\varphi(x)$ 关于 $x\in[0,+\infty)$ 一致收敛. 事实上, 因为

$$|f(x,y)|=y\mathrm{e}^{-(1+x^2)y^2}\leqslant y\mathrm{e}^{-y^2},\quad \forall x\in[0,+\infty),$$

并且反常积分 $\int_0^{+\infty} y\mathrm{e}^{-y^2}\mathrm{d}y$ 是收敛的, 因此, 根据 M 判别法可得积分 $\varphi(x) = \int_0^{+\infty} y\mathrm{c}^{-(1+x^2)y^2}\,\mathrm{d}y$ 关于 $x \in [0,+\infty)$ 是一致收敛的.

(2) 再证: 对于任意给定的 $\varepsilon > 0$, 积分 $\psi(y)$ 关于 $y \in [\varepsilon,+\infty)$ 一致收敛. 事实上, 因为

$$0 \leqslant y\mathrm{e}^{-(1+x^2)y^2} \leqslant \left(\max_{y\geqslant 0} y\mathrm{e}^{-y^2}\right)\mathrm{e}^{-\varepsilon^2x^2} = \frac{\mathrm{e}^{-(\varepsilon x)^2}}{\sqrt{2\mathrm{e}}}, \quad \forall x \geqslant 0, y \geqslant \varepsilon,$$

并且反常积分 $\int_0^{+\infty} \mathrm{e}^{-(\varepsilon x)^2}\mathrm{d}x$ 是收敛的, 因此, 根据 M 判别法得 $\psi(y)$ 关于 $y \in [\varepsilon,+\infty)$ 一致收敛. □

将函数项级数的 Dirichlet 及 Abel 判别法推广到含参变量无穷限积分, 即可得到如下的结果:

定理 15.2.3(一致收敛的 Dirichlet 判别法) 设 $f(x,t)$ 和 $g(x,t)$ 在 $[a,+\infty)\times J$ 上连续且满足如下条件:

(1) 存在正常数 M, 使得

$$\left|\int_a^b f(x,t)\mathrm{d}x\right| \leqslant M \text{ 对所有的 } b \text{ 满足 } a < b < +\infty \text{ 和 } t \in J;$$

(2) 函数 $g(x,t)$ 是 x 的单调函数;

(3) 当 $x \to +\infty$ 时, $g(x,t)$ 关于 $t \in J$ 一致趋于零,

则含参变量反常积分 $I(t) = \int_a^{+\infty} f(x,t)g(x,t)\mathrm{d}x$ 在区间 J 上一致收敛.

***证明** 对于 $b_2 > b_1 \geqslant a$, 由所给定的条件 (2), 根据定积分的第二中值定理 8.5.4, 对于每一个 $t \in J$, 存在 $\xi = \xi(t) \in [b_1, b_2]$, 使得

$$\int_{b_1}^{b_2} f(x,t)g(x,t)\mathrm{d}x = g(b_1,t)\int_{b_1}^{\xi} f(x,t)\mathrm{d}x + g(b_2,t)\int_{\xi}^{b_2} f(x,t)\mathrm{d}x. \tag{15.2.4}$$

由条件 (1) 可以得到

$$\begin{aligned}\left|\int_{b_1}^{\xi} f(x,t)\mathrm{d}x\right| &= \left|\int_a^{\xi} f(x,t)\mathrm{d}x - \int_a^{b_1} f(x,t)\mathrm{d}x\right| \\ &\leqslant \left|\int_a^{\xi} f(x,t)\mathrm{d}x\right| + \left|\int_a^{b_1} f(x,t)\mathrm{d}x\right| \leqslant 2M.\end{aligned}$$

同理, 可以得到

$$\left|\int_{\xi}^{b_2} f(x,t)\mathrm{d}x\right| \leqslant 2M.$$

于是可以将积分 $I(t)$ 的余项用 $2M$ 和充分远处的 $g(x,t)$ 加以控制,

$$\left|\int_{b_1}^{b_2} f(x,t)g(x,t)\mathrm{d}x\right| \leqslant 2M(|g(b_1,t)|+|g(b_2,t)|).$$

现在对于任意的 $\varepsilon>0$, 根据条件 (3), 存在 $G>a$, 使得当 $x\geqslant G$ 且 $t\in J$ 时,

$$|g(x,t)|<\frac{\varepsilon}{4M}.$$

因此, 对所有的 $t\in J, b_2>b_1\geqslant G$, 成立

$$\left|\int_{b_1}^{b_2} f(x,t)g(x,t)\mathrm{d}x\right| \leqslant 2M(|g(b_1,t)|+|g(b_2,t)|)<\varepsilon,$$

故由一致收敛的 Cauchy 准则知, 积分 $I(t)$ 在 J 上一致收敛. □

例 4 证明: 含参变量无穷限积分

$$I(t)=\int_1^{+\infty}\mathrm{e}^{-xt}\frac{\sin x}{x}\mathrm{d}x,\quad t\in[0,+\infty)$$

在区间 $J=[0,+\infty)$ 上是一致收敛的.

证明 记 $f(x,t)=\sin x$, $g(x,t)=\mathrm{e}^{-xt}/x$. 下面来验证定理 15.2.3 的三个条件. 首先, 对每个 $t\geqslant 0$, $g(x,t)$ 是 $x\in[1,+\infty)$ 的单调递减函数, 因为

$$\frac{\mathrm{d}}{\mathrm{d}x}g(x,t)=\frac{\mathrm{d}}{\mathrm{d}x}\frac{\mathrm{e}^{-xt}}{x}=\frac{-\mathrm{e}^{-xt}(1+xt)}{x^2}<0.$$

因此, 条件 (2) 满足. 又当 $t\geqslant 0$ 时,

$$\frac{\mathrm{e}^{-xt}}{x}\leqslant\frac{1}{x},$$

即当 $x\to+\infty$ 时, $g(x,t)$ 关于 $t\in J$ 一致趋于零, 所以条件 (3) 成立. 最后对于任意的 $b>1$, 对于 $t\in J$, 一致地有

$$\left|\int_1^b f(x,t)\mathrm{d}x\right|=\left|\int_1^b \sin x\mathrm{d}x\right|=|\cos 1-\cos b|\leqslant 2,$$

即条件 (1) 也成立. 于是根据一致收敛的 Dirichlet 判别法, 含参变量无穷限积分 $I(t)$ 在区间 $J=[0,+\infty)$ 上是一致收敛的. □

含参量反常积分的一致收敛性

定理 15.2.4(一致收敛的 Abel 判别法) 设 $f(x,t)$ 和 $g(x,t)$ 在 $[a,+\infty)\times J$ 上连续且满足如下条件:

(1) 含参变量反常积分 $\displaystyle\int_a^{+\infty} f(x,t)\mathrm{d}x$ 在区间 J 上一致收敛;

(2) 函数 $g(x,t)$ 是 x 的单调函数;

(3) 函数 $g(x,t)$ 在区间 J 上一致有界, 即存在 $M>0$, 使得

$$|g(x,t)|\leqslant M,\quad (x,t)\in[a,+\infty)\times J,$$

则含参变量无穷限积分 $I(t)=\displaystyle\int_a^{+\infty} f(x,t)g(x,t)\mathrm{d}x$ 在区间 J 上一致收敛.

***证明** 对于 $+\infty>b_2>b_1\geqslant a$, 由所给定的条件 (2), 根据定积分的第二中值定理 8.5.4 仍可得到式 (15.2.4), 进而由条件 (3) 可以得到

$$\begin{aligned}\left|\int_{b_1}^{b_2} f(x,t)g(x,t)\mathrm{d}x\right| &\leqslant \left|g(b_1,t)\int_{b_1}^{\xi} f(x,t)\mathrm{d}x+g(b_2,t)\int_{\xi}^{b_2} f(x,t)\mathrm{d}x\right|\\ &\leqslant |g(b_1,t)|\left|\int_{b_1}^{\xi} f(x,t)\mathrm{d}x\right|+|g(b_2,t)|\left|\int_{\xi}^{b_2} f(x,t)\mathrm{d}x\right|\\ &\leqslant M\left(\left|\int_{b_1}^{\xi} f(x,t)\mathrm{d}x\right|+\left|\int_{\xi}^{b_2} f(x,t)\mathrm{d}x\right|\right).\end{aligned}$$

现在对于任意给定的 $\varepsilon>0$, 根据条件 (1), 存在 $G>a$, 使得只要 $b',b''\geqslant G$, 就有

$$\left|\int_{b'}^{b''} f(x,t)\mathrm{d}x\right|<\frac{\varepsilon}{2M},\quad \forall t\in J.$$

因此, 分别取 $b'=b_1,b''=\xi$ 和 $b'=\xi,b''=b_2$, 对所有的 $t\in J$ 成立

$$\left|\int_{b_1}^{b_2} f(x,t)g(x,t)\mathrm{d}x\right|<M\left(\frac{\varepsilon}{2M}+\frac{\varepsilon}{2M}\right)=\varepsilon.$$

故由 Cauchy 一致收敛准则知, 积分 $I(t)$ 在 J 上一致收敛. □

例 5 用一致收敛的 Abel 判别法, 即定理 15.2.4, 证明: 无穷限积分

$$I(t)=\int_0^{+\infty}\mathrm{e}^{-xt}\frac{\sin x}{x}\mathrm{d}x,\quad t\in[0,+\infty)$$

在区间 $J=[0,+\infty)$ 上是一致收敛的.

证明 记 $f(x,t)=\sin x/x$, $g(x,t)=\mathrm{e}^{-xt}$. 下面来验证定理 15.2.4 的三个条件. 首先, 当 $t\geqslant 0$ 时, $g(x,t)=\mathrm{e}^{-xt}$ 是 x 的单调减函数, 并且

$$|g(x,t)|=\mathrm{e}^{-xt}\leqslant 1,\quad x\geqslant 0.$$

因此, 条件 (2) 和 (3) 都满足, 进而, $f(x,t)=\sin x/x$ 与 t 无关, 积分

$$\int_0^{+\infty}\frac{\sin x}{x}\mathrm{d}x$$

收敛, 因此, 关于 $t\in[0,+\infty)$ 一致收敛, 即条件 (1) 成立. 故根据 Abel 一致收敛判别法, 含参变量无穷限积分 $I(t)$ 在区间 $J=[0,+\infty)$ 上是一致收敛的. □

思考题

1. 为什么 M 判别法的结论是含参变量反常积分绝对一致收敛?
2. 如果 $g(x,t)=h(x)$, 一致收敛的 Dirichlet 判别法应该怎样叙述?
3. 如果 $g(x,t)=h(x)$, 一致收敛的 Abel 判别法应该怎样叙述?
4. 含参变量反常积分 $I(t)=\displaystyle\int_a^{+\infty}f(x,t)\mathrm{d}x$ 在区间 J 上一致收敛, 能否得出 $I(t)$ 在 J 上是绝对收敛的?
5. 含参变量反常积分 $I(t)=\displaystyle\int_a^{+\infty}f(x,t)\mathrm{d}x$ 在区间 J 上一致收敛, 能否得出 $f(x,t)$ 在 J 上一定能被一个可积函数所控制?

习　题　15.2

1. 证明: 积分

$$\psi(t)=\int_0^{+\infty}t\mathrm{e}^{-xt}\mathrm{d}x$$

在区间 $[0,+\infty)$ 上收敛, 但不一致收敛.

2. 判断下列含参变量无穷限积分在所给定区间上的一致收敛性:

(1) $\displaystyle\int_1^{+\infty}\frac{\sin(tx)}{x^2}\mathrm{d}x,\ t\in(-\infty,+\infty)$;

(2) $\displaystyle\int_1^{+\infty}\frac{1}{1+(x+t)^2}\mathrm{d}x,\ t\in[0,+\infty)$;

(3) $\displaystyle\int_1^{+\infty}\frac{\sin(xt)}{1+x^p}\mathrm{d}x,\ t\in(-\infty,+\infty),p>1$;

(4) $\displaystyle\int_1^{+\infty}\cos(xt)\mathrm{e}^{-x(1+t^2)}\mathrm{d}x,\ t\in(-\infty,+\infty)$.

3. 证明: 积分

$$\psi(\beta)=\int_0^{+\infty}\frac{\sin\beta x}{x}\mathrm{d}x$$

在区间 $[0,+\infty)$ 上收敛, 但不一致收敛.

---

4. 证明: 对于 $a>0$, 含参变量无穷限积分 $I(p)=\displaystyle\int_1^{+\infty}\frac{x\sin(px)}{1+x^2}\mathrm{d}x$ 关于 $p\in[a,+\infty)$ 一致收敛.

5. 设 $f(x,t)$ 在 $[a,+\infty)\times J(a>0)$ 上连续且积分 $\varphi(x,t)=\int_a^x f(\tau,t)\mathrm{d}\tau$ 在 $[a,+\infty)\times J$ 上有界. 证明: 含参变量无穷限积分 $I(t)=\int_a^{+\infty}\frac{f(x,t)}{x^\lambda}\mathrm{d}x(\lambda>0)$ 在区间 J 上一致收敛.

15.3 含参变量反常积分的分析性质

含参变量反常积分的分析性质也就是含参变量反常积分关于参变量的连续性、可微性和可积性, 从本质上来讲, 仍是两类不同极限的交换顺序问题. 这类问题与函数项级数有密切的关系, 因为这些性质都要用到一致收敛性.

定理 15.3.1(连续性) 设函数 $f(x,t)$ 在矩形区域 $R=[a,+\infty)\times J$上连续, 其中 J 是一个区间. 又含参变量反常积分 $I(t)=\int_a^{+\infty}f(x,t)\mathrm{d}x$ 在 J 上是一致收敛的, 则含参变量反常积分

$$I(t)=\int_a^{+\infty}f(x,t)\mathrm{d}x$$

在 J 上连续.

证明 由于 $I(t)=\int_a^{+\infty}f(x,t)\mathrm{d}x$ 在 J 上一致收敛, 因此, 对于任意给定的 $\varepsilon>0$, 存在 $G\geqslant a$, 使得对于任意的 $G'\geqslant G$, 成立

$$\left|\int_{G'}^{+\infty}f(x,t)\mathrm{d}x\right|<\frac{\varepsilon}{3},\quad \forall t\in J.$$

任意取定 $t_0\in J$, 对于 $t_0+\Delta t\in J$, 根据定理 15.1.1, 含参变量正常积分 $\int_a^G f(x,t)\mathrm{d}x$ 在 t_0 连续, 因此, 存在 $\delta>0$, 使得当 $|\Delta t|<\delta$ 时, 成立

$$\left|\int_a^G f(x,t_0+\Delta t)\mathrm{d}x-\int_a^G f(x,t_0)\mathrm{d}x\right|<\frac{\varepsilon}{3}.$$

因此,

$$\begin{aligned}|I(t_0+\Delta t)-I(t_0)|&=\left|\int_a^{+\infty}[f(x,t_0+\Delta t)-f(x,t_0)]\mathrm{d}x\right|\\&=\left|\int_a^G f(x,t_0+\Delta t)\mathrm{d}x+\int_G^{+\infty}f(x,t_0+\Delta t)\mathrm{d}x\right.\\&\qquad\left.-\int_a^G f(x,t_0)\mathrm{d}x-\int_G^{+\infty}f(x,t_0)\mathrm{d}x\right|\end{aligned}$$

$$
\begin{aligned}
&\leqslant \left|\int_a^G f(x,t_0+\Delta t)\mathrm{d}x-\int_a^G f(x,t_0)\mathrm{d}x\right| \\
&\quad+\left|\int_G^{+\infty} f(x,t_0+\Delta t)\mathrm{d}x\right|+\left|\int_G^{+\infty} f(x,t_0)\mathrm{d}x\right| \\
&<\frac{\varepsilon}{3}+\frac{\varepsilon}{3}+\frac{\varepsilon}{3}=\varepsilon,
\end{aligned}
$$

即 $I(t)$ 在 t_0 连续, 又因为 $t_0\in J$ 是任意的, 因此, $I(t)$ 在 J 上连续. □

从定理 15.3.1 可以看出, 如果 $I(t)$ 在区间 J 上一致收敛, 则对于 $t_0\in J$ 有

$$
\lim_{t\to t_0}\int_a^{+\infty} f(x,t)\mathrm{d}x=\int_a^{+\infty}\lim_{t\to t_0} f(x,t)\mathrm{d}x.
$$

因此, 定理 15.3.1 的结论也可以称为**反常积分和极限可以交换次序**.

例 1　求极限 $\displaystyle\lim_{n\to+\infty}\int_0^{+\infty}\frac{n}{n+\sqrt{x}+nx^2}\mathrm{d}x$.

解　参数和极限都是离散性的, 但是可以作为连续参数的特例. 记

$$
f(x,t)=\frac{1}{1+t\sqrt{x}+x^2},\quad (x,t)\in[0,+\infty)\times[0,1],
$$

则原积分号下的被积函数可以视为 $t=1/n$ 的特殊情形, 即

$$
\frac{n}{n+\sqrt{x}+nx^2}=f\left(x,\frac{1}{n}\right).
$$

注意到当 $(x,t)\in[0,+\infty)\times[0,1]$ 时,

$$
|f(x,t)|=\frac{1}{1+t\sqrt{x}+x^2}\leqslant\frac{1}{1+x^2}.
$$

而 $\dfrac{1}{1+x^2}$ 在 $[0,+\infty)$ 上的积分是收敛的, 即 $f(x,t)$ 具有收敛的优函数 $\dfrac{1}{1+x^2}$, 因此, 积分 $\displaystyle\int_0^{+\infty}\frac{1}{1+t\sqrt{x}+x^2}\mathrm{d}x$ 关于 $t\in[0,1]$ 是一致收敛的, 故是参数 t 的连续函数, 即积分和极限可以交换顺序,

$$
\begin{aligned}
\lim_{n\to+\infty}\int_0^{+\infty}\frac{n}{n+\sqrt{x}+nx^2}\mathrm{d}x&=\lim_{n\to+\infty}\int_0^{+\infty}\frac{1}{1+\dfrac{\sqrt{x}}{n}+x^2}\mathrm{d}x \\
&=\int_0^{+\infty}\lim_{n\to+\infty}\frac{1}{1+\dfrac{\sqrt{x}}{n}+x^2}\mathrm{d}x \\
&=\int_0^{+\infty}\frac{1}{1+x^2}\mathrm{d}x=\frac{\pi}{2}.
\end{aligned}
$$

□

注 例 1 是函数列的**无穷限**积分, 不宜直接用函数列的积分求极限的结果.

定理 15.3.2(可积性) 设函数 $f(x,t)$ 在矩形区域 $R=[a,+\infty)\times J$ 上连续, 并且含参变量反常积分 $I(t)=\displaystyle\int_a^{+\infty} f(x,t)\mathrm{d}x$ 在区间 J 上一致收敛, 则 $I(t)$ 在任意有限区间 $[c,d]\subset J$ 上可积且

$$\int_c^d I(t)\mathrm{d}t=\int_c^d\left\{\int_a^{+\infty} f(x,t)\mathrm{d}x\right\}\mathrm{d}t=\int_a^{+\infty}\left\{\int_c^d f(x,t)\mathrm{d}t\right\}\mathrm{d}x.$$

证明 取定 $[c,d]\subset J$. 因为函数 $f(x,t)$ 在矩形区域 $R=[a,+\infty)\times J$ 上连续, 又 $I(t)$ 关于 $t\in J$ 是一致收敛的, 故由含参变量的反常积分的连续性定理 15.3.1 知, $I(t)$ 在 J 上连续, 因此, 在 $[c,d]$ 上可积. 只需再证定理结论中的等式成立即可.

因为 $I(t)$ 在区间 J 上是一致收敛的, 因此, 在 $[c,d]\subset J$ 中亦然. 对于任意给定的 $\varepsilon>0$, 存在 $G\in(a,+\infty)$, 使得对任意的 $G'>G$, 成立

$$\left|\int_{G'}^{+\infty} f(x,t)\mathrm{d}x\right|<\varepsilon,\quad \forall t\in[c,d].$$

根据含参变量正常积分的积分公式 (15.1.5) 有

$$\int_c^d\left\{\int_a^{G'} f(x,t)\mathrm{d}x\right\}\mathrm{d}t=\int_a^{G'}\left\{\int_c^d f(x,t)\mathrm{d}t\right\}\mathrm{d}x.$$

因此, 可以得到

$$\begin{aligned}\int_c^d I(t)\mathrm{d}t&=\int_c^d\left(\int_a^{G'} f(x,t)\mathrm{d}x+\int_{G'}^{+\infty} f(x,t)\mathrm{d}x\right)\mathrm{d}t\\&=\int_a^{G'}\int_c^d f(x,t)\mathrm{d}t\mathrm{d}x+\int_c^d\int_{G'}^{+\infty} f(x,t)\mathrm{d}x\mathrm{d}t.\end{aligned}$$

故当 $G'>G$ 时,

$$\left|\int_c^d I(t)\mathrm{d}t-\int_a^{G'}\int_c^d f(x,t)\mathrm{d}t\mathrm{d}x\right|\leqslant\int_c^d\left|\int_{G'}^{+\infty} f(x,t)\mathrm{d}x\right|\mathrm{d}t<\varepsilon(d-c),$$

即

$$\int_c^d I(t)\mathrm{d}t=\lim_{G\to+\infty}\int_a^G\int_c^d f(x,t)\mathrm{d}t\mathrm{d}x=\int_a^{+\infty}\int_c^d f(x,t)\mathrm{d}t\mathrm{d}x,$$

所以定理的结论成立. □

从定理 15.3.2 的结论可以看出, 如果 $I(t)$ 在 J 上一致收敛, 则对于任意的 $[c,d]\subset J$ 有

$$\int_c^d\left\{\int_a^{+\infty} f(x,t)\mathrm{d}x\right\}\mathrm{d}t=\int_a^{+\infty}\left\{\int_c^d f(x,t)\mathrm{d}t\right\}\mathrm{d}x.$$

这一性质也称为**反常积分号下可积分**.

例 2　求无穷限积分

$$A=\int_0^{+\infty}\frac{\mathrm{e}^{-ax}-\mathrm{e}^{-bx}}{x}\sin x\mathrm{d}x,\quad b>a>0.$$

解　首先将被积函数的一部分改写成积分的形式,

$$\frac{\mathrm{e}^{-ax}-\mathrm{e}^{-bx}}{x}=\int_a^b\mathrm{e}^{-xy}\mathrm{d}y.$$

因此, 可将原积分写成累次积分的形式, 通过交换积分顺序可得

$$\begin{aligned}A&=\int_0^{+\infty}\sin x\mathrm{d}x\int_a^b\mathrm{e}^{-xy}\mathrm{d}y\\&=\int_a^b\mathrm{d}y\int_0^{+\infty}\mathrm{e}^{-xy}\sin x\mathrm{d}x.\end{aligned}$$

这里积分可以交换顺序是因为如果取控制函数为 $F(x)=\mathrm{e}^{-ax}$, 利用 M 判别法容易验证含参变量积分

$$\int_0^{+\infty}\mathrm{e}^{-xy}\sin x\mathrm{d}x$$

在区间 $[a,b]$ 上是一致收敛的. 进一步根据分部积分法, 不难计算

$$\begin{aligned}\int_0^{+\infty}\mathrm{e}^{-xy}\sin x\mathrm{d}x&=-\mathrm{e}^{-xy}\cos x\Big|_{x=0}^{x\to+\infty}-y\int_0^{+\infty}\mathrm{e}^{-xy}\cos x\mathrm{d}x\\&=1-y\left[\mathrm{e}^{-xy}\sin x\Big|_{x=0}^{x\to+\infty}+y\int_0^{+\infty}\mathrm{e}^{-xy}\sin x\mathrm{d}x\right]\\&=1-y^2\int_0^{+\infty}\mathrm{e}^{-xy}\sin x\mathrm{d}x,\end{aligned}$$

即得

$$\int_0^{+\infty}\mathrm{e}^{-xy}\sin x\mathrm{d}x=\frac{1}{1+y^2}.$$

故

$$A=\int_a^b\mathrm{d}y\int_0^{+\infty}\mathrm{e}^{-xy}\sin x\mathrm{d}x=\int_a^b\frac{1}{1+y^2}\mathrm{d}y=\arctan b-\arctan a.$$ □

定理 15.3.3(可微性)　设函数 $f(x,t)$ 和 $f_t(x,t)$ 在矩形区域 $R=[a,+\infty)\times J$ 上连续且

$$I(t)=\int_a^{+\infty}f(x,t)\mathrm{d}x\text{ 在}J\text{ 上收敛},\quad\int_a^{+\infty}f_t(x,t)\mathrm{d}x\text{ 在 }J\text{ 上一致收敛},$$

则含参变量反常积分 $I(t)$ 在 J 上可导且

$$\frac{\mathrm{d}}{\mathrm{d}t}I(t)=\int_a^{+\infty}\frac{\partial}{\partial t}f(x,t)\mathrm{d}x,\quad t\in J.$$

证明 取定 $c \in J$. 考虑积分

$$\int_c^u \int_a^{+\infty} \frac{\partial}{\partial t} f(x,t)\mathrm{d}x\mathrm{d}t, \quad u \in J.$$

由定理 15.3.2 容易得到

$$\begin{aligned}\int_c^u \int_a^{+\infty} \frac{\partial}{\partial t} f(x,t)\mathrm{d}x\mathrm{d}t &= \int_a^{+\infty} \int_c^u \frac{\partial}{\partial t} f(x,t)\mathrm{d}t\mathrm{d}x \\ &= \int_a^{+\infty} f(x,t)\Big|_{t=c}^{t=u} \mathrm{d}x \\ &= I(u) - I(c).\end{aligned}$$

又由条件, 根据定理 15.3.1 得, $\int_a^{+\infty} \frac{\partial}{\partial t} f(x,t)\,\mathrm{d}x$ 在 J 上连续. 于是根据原函数存在定理得, $I(u)$ 在 J 上可导, 所以在上式两端对 u 求导, 即可得到定理中的结论. □

从定理 15.3.3 可以看出, 如果 $\int_a^{+\infty} f_t(x,t)\mathrm{d}x$ 在 J 上一致收敛, 则对于 $t \in J$ 有

$$\frac{\mathrm{d}}{\mathrm{d}t} \int_a^{+\infty} f(x,t)\mathrm{d}x = \int_a^{+\infty} \frac{\partial}{\partial t} f(x,t)\mathrm{d}x, \quad t \in J.$$

这一性质也称为**反常积分号下可微分性**.

例 3 用对参数求导的方法求下列无穷限积分:

$$\int_0^{+\infty} \frac{\mathrm{e}^{-ax} - \mathrm{e}^{-bx}}{x} \sin x \mathrm{d}x, \quad b > a > 0.$$

解 令

$$A(t) = \int_0^{+\infty} \frac{\mathrm{e}^{-tx} - \mathrm{e}^{-bx}}{x} \sin x \mathrm{d}x, \quad a \leqslant t \leqslant b.$$

利用定理 15.3.3, 对 t 求导得

$$\begin{aligned}A'(t) &= \int_0^{+\infty} \frac{\partial}{\partial t}\left(\frac{\mathrm{e}^{-tx} - \mathrm{e}^{-bx}}{x} \sin x\right)\mathrm{d}x \\ &= -\int_0^{+\infty} \mathrm{e}^{-tx} \sin x \mathrm{d}x \\ &= -\frac{1}{1+t^2} \ (\text{见本节例 } 2).\end{aligned}$$

这里之所以可以用定理 15.3.3 在积分号下求导, 是因为求导后所得到的积分在 $[a,b]$ 上是一致收敛的 (见本节例 2). 注意到 $A(b) = 0$, 将上式在区间 $[a,b]$ 上积分得到

$$A(a) = A(a) - A(b) = \int_b^a A'(t)\mathrm{d}t = -\int_b^a \frac{1}{1+t^2}\mathrm{d}t = \arctan b - \arctan a. \quad \square$$

例 4　讨论由含参变量反常积分 $\int_0^{+\infty}\frac{1}{1+x^t}\mathrm{d}x$ 所定义的函数 $\varphi(t)$ 的连续性和可微性.

解　显然, 对于任意的 $t>1$, $\varphi(t)=\int_0^{+\infty}\frac{1}{1+x^t}\mathrm{d}x$ 是收敛的, 即收敛区间是 $J=(1,+\infty)$. 任意取定 $t_0\in J$, 选取 $\delta>0$, 使得

$$[t_0-\delta,t_0+\delta]\subset J.$$

$f(x,t)=1/(1+x^t)$ 显然在 $[0,+\infty)\times[t_0-\delta,t_0+\delta]$ 上是连续的, 又当 $t\in[t_0-\delta,t_0+\delta]$ 时,

$$f(x,t)=\frac{1}{1+x^t}\leqslant\frac{1}{1+x^{t_0-\delta}},\quad x\in[1,+\infty).$$

注意到 $t_0-\delta>1$, 因此, $1/(1+x^{t_0-\delta})$ 是可积的控制函数. 根据 M 判别法知, $\varphi(t)$ 关于 $t\in[t_0-\delta,t_0+\delta]$ 一致收敛, 再由定理 15.3.1 即知, $\varphi(t)$ 在 $[t_0-\delta,t_0+\delta]$ 上连续, 当然在点 t_0 连续, 又因为 $t_0\in J$ 是任意的, 即得 $\varphi(t)$ 在整个区间 $J=(1,+\infty)$ 上连续.

类似地, 可以证明 $\varphi(t)$ 在 J 中是连续可微的且

$$\varphi'(t)=\int_0^{+\infty}\frac{-x^t\ln x}{(1+x^t)^2}\mathrm{d}x,\quad t\in J.$$

详细过程留给读者作为练习来完成.　□

注　(1) 在讨论含参变量反常积分在某一点 $t_0\in J$ 的连续性和可微性时, 可以只要求含参变量反常积分在包含这一点的某个 (小) 邻域内具有定理所要求的一致收敛性即可, 大可不必去验证含参变量反常积分在整个区间 J 上的一致收敛性.

(2) 如果 $f(x,t)$ 在 $R=[a,+\infty)\times J$ 上连续且 $I(t)=\int_a^{+\infty}f(x,t)\mathrm{d}x$ 在区间 J 上收敛, 但不连续, 则可以反证 $I(t)$ 不可能在 J 上一致收敛. 例如, 二元函数 $f(x,t)=t\mathrm{e}^{-(1+x^2)t^2}$ 在区域 $[0,+\infty)\times[0,+\infty)$ 上连续, 对于定义在 $[0,+\infty)$ 上的无穷限积分 $\psi(t)=\int_0^{+\infty}f(x,t)\mathrm{d}x$, 显然, 当 $t=0$ 时, 积分值为零; 当 $t>0$ 时, 令 $u=xt$, 则不难算出 J 中每一点的积分都是收敛的,

$$\psi(t)=\int_0^{+\infty}t\mathrm{e}^{-(1+x^2)t^2}\mathrm{d}x=\begin{cases}0, & t=0,\\ \mathrm{e}^{-t^2}\int_0^{+\infty}\mathrm{e}^{-u^2}\mathrm{d}u, & t>0,\end{cases}$$

但积分 $\psi(t)$ 作为 t 的函数在原点不连续, 因此, 不可能是一致收敛的.

(3) 请读者注意含参变量反常积分的可积性定理中两个积分可交换顺序, 除了一致收敛性的条件外, 还限制了在闭区间 $[c,d]\subset J$ 上的可积性. 当 J 是无界区间时, 相应的结果可能并不成立, 需要提出更多的条件来保证交换积分顺序后等号保持成立. 相应的结果和反例叙述如下:

定理 15.3.4(积分顺序的可交换性) 设 $f(x,y)$ 在 $R=[a,+\infty)\times[c,+\infty)$ 上连续, 含参变量无穷限积分

$$\varphi(x)=\int_c^{+\infty}f(x,y)\mathrm{d}y \quad 和 \quad \psi(y)=\int_a^{+\infty}f(x,y)\mathrm{d}x$$

分别在区间 $[a,+\infty)$ 和 $[c,+\infty)$ 中收敛, 并且

(1) 积分 $\varphi(x)$ 和 $\psi(y)$ 在 $[a,+\infty)$ 及 $[c,+\infty)$ 上分别具有内闭一致收敛性, 即 $\varphi(x)$ 关于 x 在任何区间 $[a,b]$ 上一致收敛, $\psi(y)$ 关于 y 在任何区间 $[c,d]$ 上一致收敛;

(2) 下面的两个积分中至少有一个收敛:

$$\int_a^{+\infty}\mathrm{d}x\int_c^{+\infty}|f(x,y)|\mathrm{d}y,\quad \int_c^{+\infty}\mathrm{d}y\int_a^{+\infty}|f(x,y)|\mathrm{d}x,$$

则

$$\int_a^{+\infty}\mathrm{d}x\int_c^{+\infty}f(x,y)\mathrm{d}y=\int_c^{+\infty}\mathrm{d}y\int_a^{+\infty}f(x,y)\mathrm{d}x. \tag{15.3.1}$$

***证明** 设条件 (2) 中的第二个积分是收敛的, 因此, 积分

$$\int_c^{+\infty}\psi(y)\mathrm{d}y=\int_c^{+\infty}\mathrm{d}y\int_a^{+\infty}f(x,y)\mathrm{d}x$$

也是收敛的. 对于 $G>a$, 记

$$\begin{aligned}I_G:&=\left|\int_c^{+\infty}\psi(y)\mathrm{d}y-\int_a^G\varphi(x)\mathrm{d}x\right|\\&=\left|\int_c^{+\infty}\mathrm{d}y\int_a^G f(x,y)\mathrm{d}x+\int_c^{+\infty}\mathrm{d}y\int_G^{+\infty}f(x,y)\mathrm{d}x-\int_a^G\mathrm{d}x\int_c^{+\infty}f(x,y)\mathrm{d}y\right|.\end{aligned}$$

根据条件 (1) 和定理 15.3.2, 上式绝对值中的第一项和第三项完全一致, 可以相互抵消, 因此, 对于 $C>c$,

$$\begin{aligned}I_G&\leqslant\left|\int_c^{+\infty}\mathrm{d}y\int_G^{+\infty}f(x,y)\mathrm{d}x\right|\\&\leqslant\left|\int_c^{C}\mathrm{d}y\int_G^{+\infty}f(x,y)\mathrm{d}x\right|+\int_C^{+\infty}\mathrm{d}y\int_G^{+\infty}|f(x,y)|\mathrm{d}x.\end{aligned} \tag{15.3.2}$$

现在对于任意给定的 $\varepsilon>0$, 由条件 (2) 知道, 当 C 充分大时有

$$\int_C^{+\infty}\mathrm{d}y\int_a^{+\infty}|f(x,y)|\mathrm{d}x<\frac{\varepsilon}{2}.$$

当 C 取定后, 只需再估计式 (15.3.2) 中的第一项即可. 事实上, 因为积分 $\psi(y)$ 关于 $y\in[c,C]$ 是一致收敛的, 因此, $\int_G^{+\infty} f(x,y)\mathrm{d}x$ 关于 $y\in[c,C]$ 也是一致收敛的, 故可选取 $G'>G$, 使得

$$\left|\int_{G'}^{+\infty} f(x,y)\mathrm{d}x\right| < \frac{\varepsilon}{2(C-c)}.$$

综上便可得到 $I_{G'}$ 的最后估计为

$$I_{G'} < \int_c^C \frac{\varepsilon}{2(C-c)}\mathrm{d}y + \frac{\varepsilon}{2} = \varepsilon,$$

即 $\lim\limits_{G\to+\infty} I_G = 0$. 故定理的结论成立. □

***例 5**　记 $R=[1,+\infty)\times[1,+\infty)$. 考虑 R 上的连续函数

$$f(x,y) = \frac{x^2-y^2}{(x^2+y^2)^2},$$

则 $f(x,y)$ 在 R 上两个不同顺序的累次积分不相等.

证明　容易知道, 当 $y\in[1,+\infty)$ 和 $x\in[1,+\infty)$ 时分别有

$$|f(x,y)| \leqslant \frac{1}{x^2},\quad |f(x,y)| \leqslant \frac{1}{y^2},$$

因此, 根据 M 判别法, 含参变量 x 的无穷限积分和含参变量 y 的无穷限积分

$$\varphi(x) = \int_1^{+\infty} \frac{x^2-y^2}{(x^2+y^2)^2}\mathrm{d}y,\quad \psi(y) = \int_1^{+\infty} \frac{x^2-y^2}{(x^2+y^2)^2}\mathrm{d}x$$

分别关于 $x\in[1,+\infty)$ 一致收敛和关于 $y\in[1,+\infty)$ 一致收敛. 然而

$$\int_1^{+\infty} \varphi(x)\mathrm{d}x = \int_1^{+\infty}\mathrm{d}x \int_1^{+\infty} \frac{x^2-y^2}{(x^2+y^2)^2}\mathrm{d}y = -\frac{\pi}{4},$$

$$\int_1^{+\infty} \psi(y)\mathrm{d}y = \int_1^{+\infty}\mathrm{d}y \int_1^{+\infty} \frac{x^2-y^2}{(x^2+y^2)^2}\mathrm{d}x = \frac{\pi}{4},$$

二者并不相等. □

思考题

1. 一致收敛性在保证含参变量反常积分与极限交换顺序的过程中起着至关重要的作用, 请问这个条件是否是必要的?

2. 含参变量无穷限积分 $I(t)=\int_a^{+\infty} f(x,t)\mathrm{d}x$ 在区间 J 上一致收敛, 能否得出 $I(t)$ 在 J 上是有界的?

3. 含参变量无穷限积分 $I(t)=\int_a^{+\infty} f(x,t)\mathrm{d}x$ 在区间 $[c,+\infty)$ 上一致收敛, 能否得出 $\lim\limits_{t\to+\infty} I(t)$ 存在?

习 题 15.3

1. 用交换累次积分的顺序和积分号下求导两种方法计算下列积分 (其中 $b>a>0$):

(1) $\displaystyle\int_0^{+\infty}\frac{\mathrm{e}^{-bx}-\mathrm{e}^{-ax}}{x}\mathrm{d}x$;

(2) $\displaystyle\int_0^{+\infty}\frac{\cos bx-\cos ax}{x^2}\mathrm{d}x$. $\left(\text{提示: 利用积分}\displaystyle\int_0^{+\infty}\frac{\sin(xt)}{x}\mathrm{d}x=\frac{\pi}{2}\mathrm{sgn}t.\right)$

2. 证明: $\displaystyle\int_0^{+\infty}\frac{\mathrm{e}^{-ax}-\mathrm{e}^{-bx}}{x}\cos(mx)\mathrm{d}x=\frac{1}{2}\ln\frac{b^2+m^2}{a^2+m^2}$, $b>a>0$.

3. 求积分 $\displaystyle\int_0^{+\infty}\frac{\ln(1+x^2y^2)}{1+x^2}\mathrm{d}x$.

*15.4 含参变量反常积分的应用

本节计算一些特殊类型的定积分. 这些定积分的特点是: 被积函数的原函数很难直接求出, 或者被积函数没有能用初等函数表达的原函数, 因此, 不能直接用 Newton-Leibniz 公式求出积分的值, 但可以通过引入适当的含参变量积分, 运用对参变量求导, 积分号下取极限或交换积分顺序等方法将积分转化为容易求出的形式, 从而得到原积分的值. 为了保证这种转化过程的合理性, 需要验证一个充分性条件, 即积分对参数的一致收敛性.

15.4.1 Poisson 型积分的计算

Poisson 型积分 (也称为 Gauss 积分) 是被积函数具有 $f(x)=\mathrm{e}^{-x^2}$ 形式的无穷限积分. 常见的形式有

$$\int_0^{+\infty}\mathrm{e}^{-x^2}\mathrm{d}x,\quad \int_{-\infty}^{+\infty}\mathrm{e}^{-x^2}\mathrm{d}x,\quad \int_0^{+\infty}\mathrm{e}^{-x^2}\cos(xy)\mathrm{d}x.$$

例 1 Poisson 积分

$$I=\int_0^{+\infty}\mathrm{e}^{-x^2}\mathrm{d}x=\frac{\sqrt{\pi}}{2}. \tag{15.4.1}$$

解 首先注意到对于任意的 $y>0$, 可以将这个积分写成 (令 $u=xy$)

$$I=\int_0^{+\infty}\mathrm{e}^{-u^2}\mathrm{d}u=\int_0^{+\infty}\mathrm{e}^{-(xy)^2}y\mathrm{d}x.$$

因此, 可以将 $I^2=I\cdot I$ 表示为累次积分,

$$\begin{aligned}I^2&=I\int_0^{+\infty}\mathrm{e}^{-y^2}\mathrm{d}y=\int_0^{+\infty}I\mathrm{e}^{-y^2}\mathrm{d}y\\&=\int_0^{+\infty}\left(\int_0^{+\infty}\mathrm{e}^{-(xy)^2}y\mathrm{d}x\right)\mathrm{e}^{-y^2}\mathrm{d}y\\&=\int_0^{+\infty}\mathrm{d}y\int_0^{+\infty}y\mathrm{e}^{-(1+x^2)y^2}\mathrm{d}x.\end{aligned}$$

注意到在 15.2 节的例 3 中已经证明过如下的两个含参变量无穷限积分：

$$\varphi(x)=\int_0^{+\infty} y\mathrm{e}^{-(1+x^2)y^2}\mathrm{d}y,\quad \psi(y)=\int_0^{+\infty} y\mathrm{e}^{-(1+x^2)y^2}\mathrm{d}x$$

分别关于 $x\in[0,+\infty)$ 一致收敛和对于任意给定的 $\varepsilon>0$, 关于 $y\in[\varepsilon,+\infty)$ 一致收敛. 因此, 不能直接对上述累次积分改变积分顺序, 但根据定理 15.3.4, 可以在 $x\in[0,+\infty)$ 和 $y\in[\varepsilon,+\infty)$ 时改变积分次序, 由此可以得到

$$\begin{aligned}
I^2&=\lim_{\varepsilon\to0^+}\int_\varepsilon^{+\infty}\mathrm{d}y\int_0^{+\infty} y\mathrm{e}^{-(1+x^2)y^2}\mathrm{d}x\\
&=\lim_{\varepsilon\to0^+}\int_0^{+\infty}\mathrm{d}x\int_\varepsilon^{+\infty} y\mathrm{e}^{-(1+x^2)y^2}\mathrm{d}y \quad (\text{交换积分顺序})\\
&=\frac12\lim_{\varepsilon\to0^+}\int_0^{+\infty}\frac{1}{1+x^2}\mathrm{d}x\int_\varepsilon^{+\infty}\mathrm{e}^{-(1+x^2)y^2}\mathrm{d}[(1+x^2)y^2] \quad (\text{凑微分})\\
&=-\frac12\lim_{\varepsilon\to0^+}\int_0^{+\infty}\frac{1}{1+x^2}[\mathrm{e}^{-(1+x^2)y^2}|_\varepsilon^{+\infty}]\mathrm{d}x\\
&=\frac12\lim_{\varepsilon\to0^+}\int_0^{+\infty}\frac{\mathrm{e}^{-(1+x^2)\varepsilon^2}}{1+x^2}\mathrm{d}x\\
&=\frac12\int_0^{+\infty}\lim_{\varepsilon\to0^+}\frac{\mathrm{e}^{-(1+x^2)\varepsilon^2}}{1+x^2}\mathrm{d}x\\
&=\frac12\int_0^{+\infty}\frac{1}{1+x^2}\mathrm{d}x=\frac12\arctan x\Big|_0^{+\infty}=\frac{\pi}{4}.
\end{aligned}$$

最后几步中积分与极限可以交换顺序是因为含参变量 ε 的积分

$$\int_0^{+\infty}\frac{\mathrm{e}^{-(1+x^2)\varepsilon^2}}{1+x^2}\mathrm{d}x$$

关于 $\varepsilon\in[0,+\infty)$ 是一致收敛的, 即得到

$$I=\int_0^{+\infty}\mathrm{e}^{-x^2}\mathrm{d}x=\frac{\sqrt{\pi}}{2}.$$

□

例 2　求如下形式的 Poisson 型积分的值:

$$I(y)=\int_0^{+\infty}\mathrm{e}^{-x^2}\cos(xy)\mathrm{d}x.$$

解　记 $f(x,y)=\mathrm{e}^{-x^2}\cos(xy)$. 利用 M 判别法容易看出, $I(y)$ 在 $J=(-\infty,+\infty)$ 上处处收敛且在 J 上绝对一致收敛. 因此, 由前面所计算的 Poisson 积分有

$$I(0)=\lim_{y\to0}I(y)=\int_0^{+\infty}\mathrm{e}^{-x^2}\mathrm{d}x=\frac{\sqrt{\pi}}{2}.$$

又

$$\left|\frac{\partial}{\partial y}f(x,y)\right|=|-x\mathrm{e}^{-x^2}\sin(xy)|\leqslant x\mathrm{e}^{-x^2},\quad \forall(x,y)\in[0,+\infty)\times(-\infty,+\infty).$$

注意到 $x\mathrm{e}^{-x^2}$ 在 $[0,+\infty)$ 上的积分收敛, 因此, 由 M 判别法知, 含参数无穷限积分

$$\int_0^{+\infty}\frac{\partial}{\partial y}f(x,y)\mathrm{d}x=-\int_0^{+\infty}x\mathrm{e}^{-x^2}\sin(xy)\mathrm{d}x$$

在 J 上是一致收敛的, 进而根据**无穷限积分积分号下可微分性**有

$$\begin{aligned}I'(y)&=-\int_0^{+\infty}x\mathrm{e}^{-x^2}\sin(xy)\mathrm{d}x\\&=\frac{1}{2}\int_0^{+\infty}\mathrm{e}^{-x^2}\sin(xy)\mathrm{d}(-x^2)\\&=\frac{1}{2}\left[\mathrm{e}^{-x^2}\sin(xy)\Big|_0^{+\infty}-\int_0^{+\infty}y\mathrm{e}^{-x^2}\cos(xy)\mathrm{d}x\right]\\&=-\frac{y}{2}I(y).\end{aligned}$$

这是一个含有未知函数 $I(y)$ 的导数的方程, 称为常微分方程. 为求解此方程, 在方程的两端乘以 $\mathrm{e}^{y^2/4}$, 则可得到

$$\frac{\mathrm{d}}{\mathrm{d}y}\left(I(y)\mathrm{e}^{\frac{y^2}{4}}\right)=I'(y)\mathrm{e}^{\frac{y^2}{4}}+\frac{y}{2}\mathrm{e}^{\frac{y^2}{4}}I(y)=0.$$

两端在 $[0,y]$ 上积分, 注意到 $I(0)=\sqrt{\pi}/2$, 即有

$$I(y)\mathrm{e}^{\frac{y^2}{4}}-I(0)=0,\quad 即\ I(y)=\frac{\sqrt{\pi}}{2}\mathrm{e}^{-\frac{y^2}{4}}.$$

□

15.4.2 Dirichlet 型积分的计算

被积函数含有 $\sin x/x$ 的无穷限积分称为 Dirichlet 型积分, 常见的形式有

$$\int_0^{+\infty}\frac{\sin\beta x}{x}\mathrm{d}x,\quad\int_{-\infty}^{+\infty}\frac{\sin\beta x}{x}\mathrm{d}x,\quad\int_0^{+\infty}\left(\frac{\sin\beta x}{x}\right)^2\mathrm{d}x.$$

用通常的积分方法很难求出这些积分的数值, 然而如果引入某些特别的参数, 灵活运用含参数积分的分析性质, 通过对参数进行适当地求导、求极限和再积分的运算, 可以巧妙地求出这些积分的数值.

例 3 求 Dirichlet 型积分 $J=\displaystyle\int_0^{+\infty}\frac{\sin x}{x}\mathrm{d}x$.

解 补充定义 $x=0$ 处的函数值为 1, 则积分 J 的被积函数可以视为在 $[0,+\infty)$ 中是连续的. 引入带参数 $y(y\geqslant 0)$ 的无穷限积分

$$J(y)=\int_0^{+\infty}\mathrm{e}^{-xy}\frac{\sin x}{x}\mathrm{d}x.$$

在 15.2 节的例 4 和例 5 中已经证明过积分 $J(y)$ 关于 $y\in[0,c]$ 是一致收敛的, 因此, 在 $[0,c]$ 上连续. 注意到

$$\frac{\partial}{\partial y}\left(\mathrm{e}^{-xy}\frac{\sin x}{x}\right)=-\mathrm{e}^{xy}\sin x,$$

因此, 对于任意的 $y_0>0$, 当 $y\geqslant y_0$ 时,

$$|-\mathrm{e}^{-xy}\sin x|\leqslant \mathrm{e}^{-y_0x}.$$

而积分 $\displaystyle\int_0^{+\infty}\mathrm{e}^{-y_0x}\mathrm{d}x$ 收敛, 根据 M 判别法知道

$$\int_0^{+\infty}\frac{\partial}{\partial y}\Big(\mathrm{e}^{-xy}\frac{\sin x}{x}\Big)\mathrm{d}x=-\int_0^{+\infty}\mathrm{e}^{-xy}\sin x\mathrm{d}x$$

在 $[y_0,c]$ 上一致收敛. 因此, 根据无穷限积分号下可微分性有

$$J'(y)=\int_0^{+\infty}\frac{\partial}{\partial y}\Big(\mathrm{e}^{-xy}\frac{\sin x}{x}\Big)\mathrm{d}x=-\int_0^{+\infty}\mathrm{e}^{-xy}\sin x\mathrm{d}x=\frac{-1}{1+y^2}.$$

既然 y_0 和 c 都是任意的, 上式实际上在 $(0,+\infty)$ 中都成立, 因此, 可以得到

$$J(y)=-\arctan y+C,\tag{15.4.2}$$

其中 C 是一个常数. 下面的任务是确定出这个常数 C. 事实上, 不难看出

$$|J(y)|\leqslant\int_0^{+\infty}\left|\mathrm{e}^{-xy}\frac{\sin x}{x}\right|\mathrm{d}x\leqslant\int_0^{+\infty}\mathrm{e}^{-xy}\mathrm{d}x\leqslant\frac{1}{y}.$$

因此,

$$\lim_{y\to+\infty}J(y)=0.$$

在式 (15.4.2) 两端令 $y\to+\infty$, 由此蕴涵 $C=\pi/2$. 最后因为 $J(y)$ 在 $[0,c]$ 中连续,

$$\frac{\pi}{2}=J(0)=\lim_{y\to0}\int_0^{+\infty}\mathrm{e}^{-xy}\frac{\sin x}{x}\mathrm{d}x=\int_0^{+\infty}\lim_{y\to0}\mathrm{e}^{-xy}\frac{\sin x}{x}\mathrm{d}x=\int_0^{+\infty}\frac{\sin x}{x}\mathrm{d}x.\qquad\square$$

15.4.3 Euler 型的参变量积分——Gamma 函数

Gamma 函数 $\Gamma(s)$ 定义为

$$\Gamma(s):=\int_0^{+\infty}x^{s-1}\mathrm{e}^{-x}\mathrm{d}x,\quad s>0.$$

对于任意给定的 $s>1$, Gamma 函数定义的积分是收敛的. 对于 $0<s<1$, 虽然 0 是被积函数的瑕点, 但该瑕积分仍是收敛的. 因此, Gamma 函数的定义域是 $(0,+\infty)$.

1. **Gamma 函数 $\Gamma(s)$ 关于 $s\in(0,+\infty)$ 是内闭一致收敛的**

对任意的闭区间 $[\alpha,\beta]\subset(0,+\infty)$, $\Gamma(s)$ 在 $[\alpha,\beta]$ 上是一致收敛的. 事实上,

$$x^{s-1}\mathrm{e}^{-x}\leqslant g(x):=\begin{cases}x^{\alpha-1}\mathrm{e}^{-x}, & 0<x\leqslant1,\\ x^{\beta-1}\mathrm{e}^{-x}, & 1\leqslant x<+\infty,\end{cases}$$

而 $g(x)$ 分别在 $(0,1]$ 和 $[1,+\infty)$ 上是收敛的, 因此, 根据 M 判别法知, $\Gamma(s)$ 关于 $s\in[\alpha,\beta]$ 一致收敛. 类似地, 可以证明含参变量积分

$$\int_0^{+\infty}\frac{\partial}{\partial s}(x^{s-1}\mathrm{e}^{-x})\mathrm{d}x=\int_0^{+\infty}x^{s-1}\mathrm{e}^{-x}\ln x\mathrm{d}x$$

任何闭区间 $[\alpha,\beta]\subset(0,+\infty)$ 中都是一致收敛的.

2. Gamma **函数** $\Gamma(s)$ **在定义域** $(0,+\infty)$ **内连续且任意阶可导**

$$\Gamma'(s)=\int_0^{+\infty}x^{s-1}\mathrm{e}^{-x}\ln x\mathrm{d}x,\quad s>0, \tag{15.4.3}$$

$$\Gamma''(s)=\int_0^{+\infty}x^{s-1}\mathrm{e}^{-x}(\ln x)^2\mathrm{d}x,\quad s>0, \tag{15.4.4}$$

$$\Gamma^{(n)}(s)=\int_0^{+\infty}x^{s-1}\mathrm{e}^{-x}(\ln x)^n\mathrm{d}x,\quad s>0,n=3,4,\cdots. \tag{15.4.5}$$

这只需注意到 Gamma 函数 $\Gamma(s)$ 及上面所有的表达式在任何闭区间 $[\alpha,\beta]\subset(0,+\infty)$ 上均是一致收敛的. 显然, (15.4.4) 表明 Gamma 函数当 $s>0$ 时是严格凸函数.

3. Gamma **函数** $\Gamma(s)$ **满足递推公式**

$$\Gamma(s+1)=s\Gamma(s).$$

事实上, 利用分部积分法,

$$\begin{aligned}\Gamma(s+1)&=\lim_{G\to+\infty}\int_0^G x^s\mathrm{e}^{-x}\mathrm{d}x\\&=\lim_{G\to+\infty}\left(-x^s\mathrm{e}^{-x}\Big|_0^G+s\int_0^G x^{s-1}\mathrm{e}^{-x}\mathrm{d}x\right)\\&=-\lim_{G\to+\infty}G^s\mathrm{e}^{-G}+\lim_{G\to+\infty}s\int_0^G x^{s-1}\mathrm{e}^{-x}\mathrm{d}x\\&=s\Gamma(s).\end{aligned}$$

利用这个递推关系可以得到一些特殊的结果, 如当取 s 为正整数 n 时, 成立

$$\begin{aligned}\Gamma(n)&=(n-1)\Gamma(n-1)\\&=(n-1)(n-2)\Gamma(n-2)=\cdots\\&=(n-1)!\Gamma(1)=(n-1)!,\quad n=2,3,\cdots,\end{aligned}$$

其中, 容易计算 $\Gamma(1)=1$ 及 $\Gamma(2)=1$. 从这个意义上来讲, Gamma 函数是正整数阶乘的推广, 即对于任何非正整数的实数 $s>0$ 有

$$\Gamma(s)=(s-1)(s-2)\cdots(s-[s])\Gamma(s-[s]),$$

其中 $[s]$ 表示正数 s 的整数部分. 上式可以视为任意正实数的阶乘的定义. 显然, 只要知道了 Gamma 函数在 $(0,1)$ 中的函数值, 则 Gamma 函数的其他值就可以按照上面的关系式计算出来.

4. Gamma 函数的延拓

原始的 Gamma 函数 $\Gamma(s)$ 的定义域是 $(0,+\infty)$. 然而利用 Γ 函数的递推关系, 可以将其定义延拓到 s 轴的负方向上. 事实上, 由递推关系有

$$\Gamma(s)=\frac{\Gamma(s+1)}{s}.$$

显然, 右端对于 $-1<s<0$ 时仍有意义, 因此, 可以作为新的 Gamma 函数在 $(-1,0)$ 上的定义. 这样定义的新的 Gamma 函数仍沿用原来的记法, 即 Gamma 函数已经延拓到 $(-1,0)$ 上. 当然在 $(-1,0)$ 上, 新的 Gamma 函数是负的. 归纳地进行下去, 可以将 Gamma 函数逐次延拓定义到 $(-2,-1),(-3,-2),\cdots$ 等开区间上, 并且新的 Gamma 函数在 $(-2,-1)$ 上是正的, 在 $(-3,-2)$ 上是负的等.

5. Gamma 函数的图像

当 $s>0$ 时, $\Gamma(s)>0$, 即 Gamma 函数位于 s 轴的上方. 又由式 (15.4.4) 知道 $\Gamma''(s)>0$, 所以 Gamma 函数是严格凸函数.

注意到 $\Gamma(1)=\Gamma(2)=1$, 因此, Gamma 函数 $\Gamma(s)$ 在 $(1,2)$ 中有唯一的极小点 $s_0\in(1,2)$, 而 $\Gamma(s)$ 在 $(0,s_0)$ 内是严格递减的, 在 $(s_0,+\infty)$ 内是严格递增的.

又 $\lim\limits_{s\to0^+}\Gamma(s+1)=\Gamma(1)=1$, 因此,

$$\lim_{s\to0^+}\Gamma(s)=\lim_{s\to0^+}\frac{\Gamma(s+1)}{\Gamma(s)}=+\infty.$$

此即表明, 纵轴是 Gamma 函数的一条垂直渐近线. 最后不难看出

$$\lim_{s\to+\infty}\Gamma(s)=+\infty.$$

至于 Gamma 函数在 $s<0$ 时的情形可以类似地讨论, Gamma 函数的图像如图 15.1 所示.

6. Gamma 函数的其他表示式

利用变量变换可以用其他形式的含参变量积分表示 Gamma 函数, 并且可以算出 Gamma 函数的某些特殊值.

(1) 令 $x=py$, 则有

$$\Gamma(s)=\int_0^{+\infty}x^{s-1}\mathrm{e}^{-x}\mathrm{d}x=p^s\int_0^{+\infty}y^{s-1}\mathrm{e}^{-py}\mathrm{d}y,\quad s>0,\ p>0;\tag{15.4.6}$$

(2) 令 $x=y^2$, 则有

$$\Gamma(s)=\int_0^{+\infty}x^{s-1}\mathrm{e}^{-x}\mathrm{d}x=2\int_0^{+\infty}y^{2s-1}\mathrm{e}^{-y^2}\mathrm{d}y,\quad s>0,\tag{15.4.7}$$

进而利用前面求出的 Poisson 积分, 可以得到

$$\Gamma\left(\frac{1}{2}\right)=2\int_0^{+\infty}\mathrm{e}^{-y^2}\mathrm{d}y=\sqrt{\pi},\quad\Gamma\left(\frac{3}{2}\right)=\frac{\sqrt{\pi}}{2},\quad\cdots.\tag{15.4.8}$$

当然如果事先可用其他方法求得了 Gamma 函数在 1/2 处的值, 由此也可以得到 Poisson 积分的值.

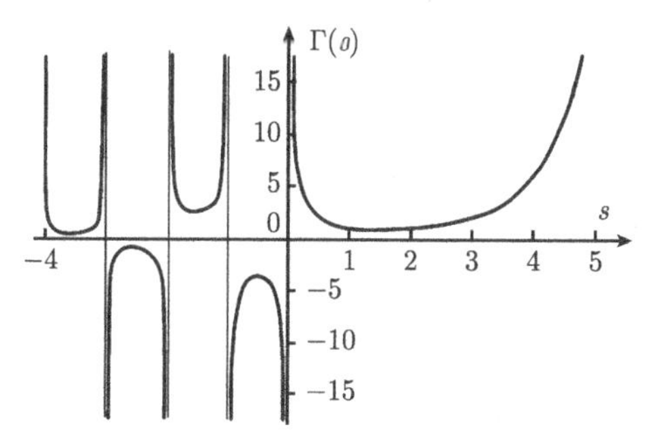

图 15.1 Gamma 函数的图像

15.4.4 Beta 函数

Beta 函数 $\mathrm{B}(p,q)$定义为

$$\mathrm{B}(p,q) := \int_0^1 x^{p-1}(1-x)^{q-1}\mathrm{d}x, \quad p>0,\ q>0.$$

1. Beta 函数的定义域

将定义 Beta 函数的含参变量积分分为两项,

$$\mathrm{B}(p,q) = \int_0^{1/2} x^{p-1}(1-x)^{q-1}\mathrm{d}x + \int_{1/2}^1 x^{p-1}(1-x)^{q-1}\mathrm{d}x.$$

若 $p \geqslant 1$, 则第一个积分是正常积分, 当然收敛; 若 $0<p<1$, 则 $x=0$ 是第一个积分的瑕点, 并且当 $x \to 0^+$ 时,

$$x^{p-1}(1-x)^{q-1} \sim x^{p-1},$$

而积分 $\displaystyle\int_0^{1/2} x^{p-1}\mathrm{d}x$ 是收敛的, 因此, 第一个积分是收敛的.

若 $q \geqslant 1$, 则第二个积分是正常积分, 当然收敛; 若 $0<q<1$, 则 $x=1$ 是第二个积分的瑕点, 并且当 $x \to 1^-$ 时,

$$x^{p-1}(1-x)^{q-1} \sim (1-x)^{q-1},$$

而积分 $\displaystyle\int_{1/2}^1 (1-x)^{q-1}\mathrm{d}x$ 是收敛的, 因此, 第二个积分是收敛的.

综上知, Beta 函数 $\mathrm{B}(p,q)$ 的定义域 D 是 pq 平面的第一象限, 即 $D=\{(p,q)|p>0,q>0\}$.

2. Beta 函数关于自变量具有对称性, 即 $\mathrm{B}(p,q)=\mathrm{B}(q,p)$

事实上, 利用变量变换 $x=1-t$, 则 $\mathrm{d}x=-\mathrm{d}t$, 因而有

$$\begin{aligned}\mathrm{B}(p,q) &= \int_0^1 x^{p-1}(1-x)^{q-1}\mathrm{d}x = -\int_1^0 (1-t)^{p-1}t^{q-1}(-\mathrm{d}t)\\ &= \int_0^1 (1-t)^{p-1}t^{q-1}\mathrm{d}t = \mathrm{B}(q,p).\end{aligned}$$

3. Beta 函数的递推公式

$$B(p,q)=\frac{q-1}{p+q-1}B(p,q-1),\quad p>0,\ q>1, \tag{15.4.9}$$

$$B(p,q)=\frac{p-1}{p+q-1}B(p-1,q),\quad p>1,\ q>0, \tag{15.4.10}$$

$$B(p,q)=\frac{(p-1)(q-1)}{(p+q-1)(p+q-2)}B(p-1,q-1),\quad p>1,\ q>1. \tag{15.4.11}$$

只证式 (15.4.9). 当 $p>0,q>1$ 时, 根据分部积分法有

$$\begin{aligned}
B(p,q)&=\int_0^1 x^{p-1}(1-x)^{q-1}\mathrm{d}x\\
&=\frac{x^p(1-x)^{q-1}}{p}\bigg|_0^1+\frac{q-1}{p}\int_0^1 x^p(1-x)^{q-2}\mathrm{d}x\\
&=\frac{q-1}{p}\int_0^1 [x^{p-1}-x^{p-1}(1-x)](1-x)^{q-2}\mathrm{d}x\\
&=\frac{q-1}{p}\int_0^1 x^{p-1}(1-x)^{q-2}\mathrm{d}x-\frac{q-1}{p}\int_0^1 x^{p-1}(1-x)^{q-1}\mathrm{d}x\\
&=\frac{q-1}{p}B(p,q-1)-\frac{q-1}{p}B(p,q),
\end{aligned}$$

移项整理后即得所欲求等式 (15.4.9).

4. Beta 函数的其他表达方式

利用变量变换可以用其他形式的含参变量积分表示 Beta 函数, 并且可以算出 Beta 函数的某些特殊值.

(1) 令 $x=\cos^2\theta$, 则有

$$B(p,q)=2\int_0^{\frac{\pi}{2}}\sin^{2q-1}\theta\cos^{2p-1}\theta\mathrm{d}\theta; \tag{15.4.12}$$

(2) 取 $x=\dfrac{y}{1+y}$, 则 $1-x=\dfrac{1}{1+y}$, 而 $\mathrm{d}x=\dfrac{\mathrm{d}y}{(1+y)^2}$, 因此得到

$$B(p,q)=\int_0^{+\infty}\frac{y^{p-1}}{(1+y)^{p+q}}\mathrm{d}y; \tag{15.4.13}$$

(3) Beta 函数还可以表示为

$$B(p,q)=\int_0^1\frac{t^{p-1}+t^{q-1}}{(1+t)^{p+q}}\mathrm{d}t. \tag{15.4.14}$$

事实上, 在 (2) 的表达式中令 $y=1/t$, 则有

$$\int_1^{+\infty}\frac{y^{p-1}}{(1+y)^{p+q}}\mathrm{d}y=-\int_1^0\frac{t^{q-1}}{(1+t)^{p+q}}\mathrm{d}t,$$

故有

$$B(p,q)=\int_0^1\frac{y^{p-1}}{(1+y)^{p+q}}\mathrm{d}y+\int_0^1\frac{t^{q-1}}{(1+t)^{p+q}}\mathrm{d}t=\int_0^1\frac{t^{p-1}+t^{q-1}}{(1+t)^{p+q}}\mathrm{d}t.$$

5. Beta 函数的图像

显然, Beta 函数位于 pq 平面的上方, 因为定义 Beta 函数的被积函数是正的. 又 Beta 函数是连续可微函数, 另外, 对于 $(p,q)\in D$ 有

$$\frac{\partial \mathrm{B}}{\partial p}(p,q)=\int_0^1 x^{p-1}(1-x)^{q-1}\ln x\mathrm{d}x<0,$$

因此, Beta 函数 $\mathrm{B}(p,q)$ 沿 p 方向是严格递减函数. 又

$$\frac{\partial^2 \mathrm{B}}{\partial p^2}(p,q)=\int_0^1 x^{p-1}(1-x)^{q-1}\ln^2 x\mathrm{d}x>0,$$

则知 Beta 函数关于 p 是严格凸的. 根据式 (15.4.14) 不难建立如下的估计:

$$\frac{1}{p}\frac{1}{2^{p+q}}<\mathrm{B}(p,q)<\frac{1}{p}+\frac{2^{1-p-q}-1}{1-p-q}. \tag{15.4.15}$$

这表明, 对于任意固定的 q, 当 $p\to+\infty$ 时, $\mathrm{B}(p,q)\to 0$; 当 $p\to 0$ 时, $\mathrm{B}(p,q)\to+\infty$. 由对称性, 沿 q 方向 $\mathrm{B}(p,q)$ 具有相同的性质. 利用 Beta 函数的这些性质, 不难画出其图像, 如图 15.2 所示.

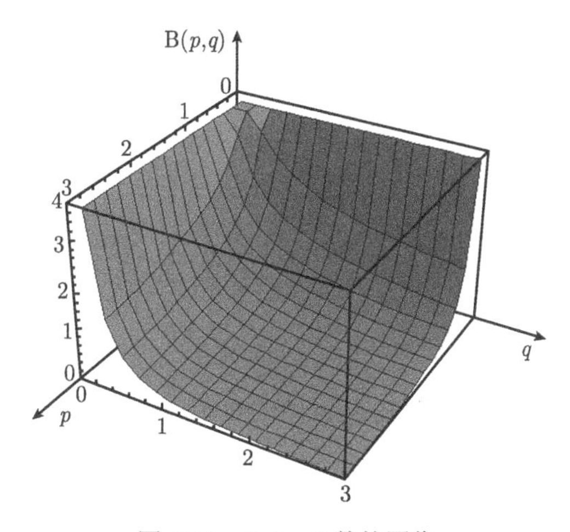

图 15.2 Beta 函数的图像

15.4.5 Gamma 函数和 Beta 函数之间的关系

当 m,n 是正整数时, 重复应用 Beta 函数的递推公式可以得到

$$\mathrm{B}(m,n)=\frac{n-1}{n+n-1}\mathrm{B}(m,n-1)=\frac{n-1}{m+n-1}\frac{n-2}{m+n-2}\cdots\frac{1}{m+1}\mathrm{B}(m,1).$$

又因为

$$\mathrm{B}(m,1)=\int_0^1 x^{m-1}\mathrm{d}x=\frac{1}{m},$$

故

$$\mathrm{B}(m,n)=\frac{n-1}{m+n-1}\frac{n-2}{m+n-2}\cdots\frac{1}{m+1}\frac{1}{m}=\frac{(n-1)!(m-1)!}{(m+n-1)!}.$$

再根据 Gamma 函数与阶乘的关系, 可以得到

$$\mathrm{B}(m,n)=\frac{\Gamma(n)\Gamma(m)}{\Gamma(n+m)},\quad m,n\in\mathbb{N}\setminus\{0\},$$

进而当 m,n 换为正实数 p,q 时, 仍有相同的关系 (证明略)

$$\mathrm{B}(p,q)=\frac{\Gamma(p)\Gamma(q)}{\Gamma(p+q)},\quad p>0,\ q>0. \tag{15.4.16}$$

例 4 利用 Gamma 函数和 Beta 函数之间的关系, 计算 $\Gamma(1/2)$.

解 根据 Beta 函数表达式 (15.4.12) 有

$$\int_0^{\frac{\pi}{2}}\cos^{2p-1}\theta\sin^{2q-1}\theta\mathrm{d}\theta=\frac{1}{2}\mathrm{B}(p,q)=\frac{1}{2}\frac{\Gamma(p)\Gamma(q)}{\Gamma(p+q)}.$$

特别地, 取 $q=(n+1)/2\ (n>-1)$, $p=1/2$, 则有

$$\int_0^{\frac{\pi}{2}}\sin^n\theta\mathrm{d}\theta=\frac{1}{2}\frac{\Gamma\left(\frac{1}{2}\right)\Gamma\left(\frac{n+1}{2}\right)}{\Gamma\left(\frac{n}{2}+1\right)}.$$

进而令 $n=0$ 得到

$$\frac{\pi}{2}=\int_0^{\frac{\pi}{2}}\sin^0\theta\mathrm{d}\theta=\frac{1}{2}\frac{\Gamma\left(\frac{1}{2}\right)\Gamma\left(\frac{1}{2}\right)}{\Gamma(1)}=\frac{1}{2}\left[\Gamma\left(\frac{1}{2}\right)\right]^2,$$

故

$$\Gamma\left(\frac{1}{2}\right)=\sqrt{\pi}.$$

这里, 实际上用另一种方法求出了 Poisson 积分的值, 因为根据式 (15.4.8) 有 $\Gamma(1/2)=2\int_0^{+\infty}\mathrm{e}^{-y^2}\mathrm{d}y$.

思考题

1. Poisson 积分的值可以计算出来, 是否代表着 e^{-x^2} 的原函数可以表示为初等函数?
2. 为什么说 Gamma 函数是“阶乘函数”?
3. 为什么计算 Gamma 函数的值只需求出 $(0,1)$ 中的值即可?

习 题 15.4

1. 利用已有的积分计算下列积分:

(1) $\displaystyle\int_{-\infty}^{+\infty}\frac{\sin\beta x}{x}\mathrm{d}x$; (2) $\displaystyle\int_0^{+\infty}\left(\frac{\sin\beta x}{x}\right)^2\mathrm{d}x$;

(3) $\int_0^{+\infty} \frac{\sin^4 x}{x^2}\mathrm{d}x$;　　(4) $\int_0^{+\infty} y\mathrm{e}^{-x^2}\sin(xy)\mathrm{d}x$.

2. 计算下列 Gamma 函数的值:

$$\Gamma(3.5),\quad \Gamma(-3.5),\quad \Gamma(0.5-n),\ n\text{是正整数}.$$

3. 计算下列 Beta 函数的值:

$$\mathrm{B}(3,5),\quad \mathrm{B}(3.5,2.5),\quad \mathrm{B}(0.5,1.5).$$

4. 证明: $\int_0^{+\infty} \frac{x^{\alpha-1}}{1+x}\mathrm{d}x = \Gamma(\alpha)\Gamma(1-\alpha),\ 0<\alpha<1$.

5. 证明; $\int_0^1 x^{p-1}(1-x^r)^{q-1}\mathrm{d}x = \mathrm{B}(p/r,q)/r,\ p>0,q>0,r>0$.

6. 证明: Beta 函数的公式 $\mathrm{B}(p,q)=\mathrm{B}(p+1,q)+\mathrm{B}(p,q+1)$.

7. 证明 $\int_0^{+\infty} \mathrm{e}^{-x^4}\mathrm{d}x = \Gamma(1/4)$.

8. 证明式 (15.4.15).

---

9. 利用含参数的积分

$$I(y)=\int_0^{+\infty} \frac{\mathrm{e}^{-(1+x^2)y}}{1+x^2}\mathrm{d}x,\quad y\geqslant 0,$$

通过对参数 y 求导计算 Poisson 积分 $I=\int_0^{+\infty} \mathrm{e}^{-x^2}\mathrm{d}x$.

小　结

从本质上讲, 含参变量积分的分析性质是两个累次极限交换顺序的问题. 这样的问题对于含参变量正常积分较易处理, 但对于含参变量反常积分, 因为涉及另一个极限, 按照在学习函数项级数时所熟悉的那样, 需要引入一个能保证合理交换极限顺序的充分条件 —— 一致收敛性.

本章的主要内容是含参变量正常积分及反常积分, 主要学习了包括含参变量正常积分的概念、分析性质、求某些特殊积分的方法、含参变量反常积分的概念、关于参数的一致收敛性、含参变量反常积分的分析性质、求某些特殊的反常积分的方法、两类特殊的含参变量反常积分 ——Gamma 函数和 Beta 函数等内容.

(1) 掌握含参变量正常积分的概念, 熟练掌握含参变量积分的三种分析性质: 连续性、可微性和可积性. 体会所谓的含参变量积分的分析性质本质上就是两种不同的极限交换顺序. 所学过的具有类似性质的内容还有函数列和函数项级数, 将这些内容对照起来学习, 可以收到事半功倍的效果.

(2) 含参变量反常积分与函数列和函数项级数一样, 为了研究其分析性质, 需要引入一致收敛的概念. 一致收敛的判别也与函数项级数类似, 有 M 判别法、Abel 判别法及 Dirichlet 判别法等. 这些判别法的形式、证明等均可与函数项级数相类比.

(3) 运用一致收敛的概念同样可以建立含参变量反常积分的分析性质. 值得注意的是在利用这些分析性质时, 需要验证的条件有些细节性的不同, 勿相互混淆. 借助于这些分析性质, 可以计算某些具有特殊上、下限和特殊被积函数的定积分, 在通常意义下, 这些定积分不是原函数不能表示为初等函数, 就是求原函数过于复杂. 而运用分析性质, 将极限运算与积分运算交换顺序, 即或积分号下对参变量求极限, 或积分号下对参变量求导、对参变量求积分等, 这些积分的值可以巧妙地求出. 应该指出的是对于同一个积分而言, 如何选取参变量、如何选取对参变量求导或求积分等均具有相当的技巧, 应该通过多比较、多思考、多做题达到熟能生巧的目的.

(4) 含参变量反常积分包含了两种形式：一种是无穷限的含参变量反常积分, 一种是含参变量瑕积分. 因为所涉及的论证方法的类似性, 只讨论了无穷限含参变量积分. 读者可以仿照这里的方法, 对含参变量瑕积分建立相应的一致收敛的概念、判别法以及含参变量瑕积分的分析性质等.

(5) Gamma 函数和 Beta 函数是两类典型的用参变量反常积分定义的特殊函数, 运用前面所学过一致收敛及分析性质的知识, 可以研究这两类特殊函数的性质, 画出其图像. 这些特殊函数在数学中尤其是在工程中具有重要的实际的应用背景.

复　习　题

1. 设 $f(x)$ 是 [0,1] 上正的连续函数, 研究如下含参变量积分关于参数的连续性：

$$F(y)=\int_0^1 \frac{yf(x)}{x^2+y^2}\mathrm{d}x.$$

2. 设 $f(t)$ 是可微函数, $F(x,y)=\displaystyle\int_{x/y}^{xy}(x-yt)f(t)\mathrm{d}t$, 求 $\dfrac{\partial^2 F}{\partial x\partial y}$.

3. 设 $g(s,t)$ 是连续可微函数, $f(u)=\displaystyle\int_0^u g(x+u,x-u)\mathrm{d}x$, 求 $f'(u)$.

4. 求极限 $\displaystyle\lim_{t\to 0}\int_0^1 \frac{\sin(tx)}{t}\left(\int_0^1 \mathrm{e}^{(txy)^2}\mathrm{d}y\right)\mathrm{d}x$.

5. 运用对参数求导的方法, 求含参变量积分 $\int_0^{\pi/2}\frac{\arctan(a\tan x)}{\tan x}\mathrm{d}x$.

6. 用对参数求导的方法, 证明:

$$\int_0^{\pi/2}\ln\frac{1+a\cos x}{1-a\cos x}\frac{\mathrm{d}x}{\cos x}=\pi\arcsin a,\quad |a|<1.$$

7. 用对参数求积分的方法证明第 6 题. (提示: 利用

$$\ln\frac{1+a\cos x}{1-a\cos x}\frac{1}{\cos x}=2a\int_0^1\frac{dy}{1-a^2y^2\cos^2 x}.)$$

---

8. 证明: $\int_0^1\frac{\ln(1+x)}{1+x^2}\mathrm{d}x=\frac{\pi}{8}\ln 2$. (提示: 可用两种方法引入参数

(1) $I(t)=\int_0^1\frac{\ln(1+tx)}{1+x^2}\mathrm{d}x$;　　(2) $\int_0^1\frac{\ln(1+x)}{1+x^2}\mathrm{d}x=\int_0^{\pi/4}\ln(1+\tan\alpha)\mathrm{d}\alpha$.)

9. 设 $\int_{-\infty}^{+\infty}|f(x)|\mathrm{d}x$ 收敛. 证明: 含参变量积分 $I(y)=\int_{-\infty}^{+\infty}f(x)\cos(xy)\mathrm{d}x$ 关于 $y\in(-\infty,+\infty)$ 一致收敛, 进而 $I(y)$ 还是 $(-\infty,+\infty)$ 上的一致连续函数.

10. 证明: $\int_0^{+\infty}\frac{\mathrm{e}^{-ax^2}-\mathrm{e}^{-bx^2}}{x^2}\mathrm{d}x=(\sqrt{b}-\sqrt{a})\sqrt{\pi}$, $b>a>0$.

11. 证明: $\int_0^{+\infty}\mathrm{e}^{-x^2-a^2x^{-2}}\mathrm{d}x=\mathrm{e}^{-2a}\frac{\sqrt{\pi}}{2}$, $a\geqslant 0$.

12. 考察含参变量瑕积分 $\int_0^1\frac{1}{x^p}\sin\frac{1}{x}\mathrm{d}x$ $(p>0)$ 的一致收敛性.

第16章 重 积 分

16.1 二重积分的概念

16.1.1 平面图形的面积

在第 8 章, 通过求曲边梯形的面积引进了定积分的概念, 然后通过"分割、近似求和、取极限"定义了定积分. 从这个角度来说, 在一开始, 定积分与不定积分 (求原函数) 没有什么联系, 是微积分基本定理把求定积分的值转化为原函数的有关运算, 使得求一些较复杂的函数的定积分成为可能, 因为很显然, 仅仅依靠定积分的概念要求出定积分的值一般来说是不现实的.

既然对 $[a,b]$ 上定义的非负黎曼可积函数 $y=f(x)$ 来说, 其定积分值在几何上是由直线 $x=a, x=b$, $y=0$ 和曲线 $y=f(x)$ 所围成的曲边梯形的面积, 那么自然要问: 对于二元函数 $z=f(x,y)$, 其中 $f(x,y)\geqslant 0$, $(x,y)\in D$, 求以曲面 $z=f(x,y)$ 为顶 (曲顶), 以 D 为底的曲顶柱体体积, 是否会引入一种新的积分? 这里 D 是 xy 平面上的有界闭域. 另一个问题是一旦定义好这种积分, 应该如何求它的值? 为此, 先要定义平面有界图形可求面积的概念.

设 D 是一平面有界图形 (即存在一矩形 R, 使得 $D\subset R$), 用平行于坐标轴的一组直线网 T 将矩形 R 分割成有限多个小矩形 $\{\Delta_i\}$(图 16.1). 这些小闭矩形可分为如下三类:

(1) Δ_i 中的点都是 D 的内点;

(2) Δ_i 中含有 D 的边界点;

(3) Δ_i 中的点都是 D 的外点, 即 $\Delta_i\cap D=\varnothing$.

将所有的第 (1) 类小矩形 (图 16.1 中深色阴影部分) 的面积加起来, 记这个和数为 $s_D(T)$, 则有 $s_D(T)\leqslant \Delta_R$(其中 Δ_R 表示矩形 R 的面积); 将所有第 (1) 类与第 (2) 类小矩形 (图 16.1 中粗线所围部分) 的面积加起来, 记这个和数为 $S_D(T)$, 则有 $s_D(T)\leqslant S_D(T)$. 显然, $s_D(T)$ 和 $S_D(T)$ 与分割 T 有关, 对于平面上所有可能的直线网分割 T, 数集 $\{s_D(T)\}$ 有上界, 数集 $\{S_D(T)\}$ 有下界, 所以根据确界原理知, 它们分别有上确界和下确界. 记

$$\underline{I}_D=\sup_T\{s_D(T)\},\quad \overline{I}_D=\inf_T\{S_D(T)\}.$$

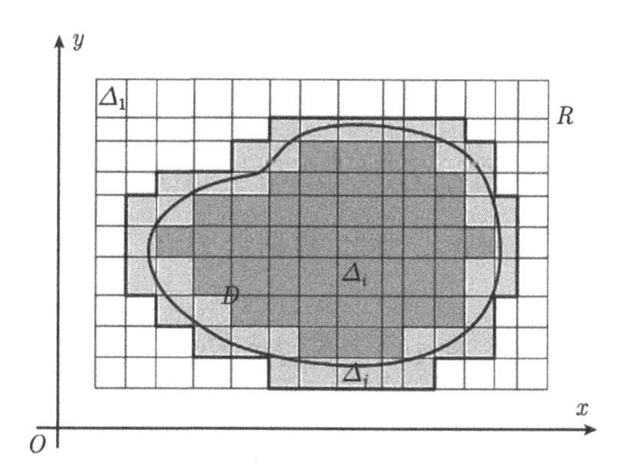

图 16.1 Δ_i 是第一类小矩形, Δ_j 是第二类小矩形, Δ_1 是第三类小矩形

称 $\underline{I}_D$ 为 D 的**内面积**, $\overline{I}_D$ 为 D 的**外面积**. 显然有

$$0 \leqslant \underline{I}_D \leqslant \overline{I}_D \leqslant \Delta_R. \tag{16.1.1}$$

定义 16.1.1 如果平面图形 D 的内面积等于它的外面积, 即 $\underline{I}_D = \overline{I}_D$, 则称 D 为**可求面积的**, 并称其共同值 $I_D = \underline{I}_D = \overline{I}_D$ 为 D 的**面积**.

定理 16.1.1 平面有界图形 D 可求面积的充要条件是: 对任意给定的 $\varepsilon > 0$ 都存在直线网 T, 使得

$$S_D(T) - s_D(T) < \varepsilon. \tag{16.1.2}$$

证明 **必要性** 设平面有界图形 D 是可求面积的, 则 $I_D = \underline{I}_D = \overline{I}_D$, 于是对任意给定的 $\varepsilon > 0$, 根据 $\underline{I}_D$ 及 $\overline{I}_D$ 的定义知, 分别存在直线网 T_1 与 T_2, 使得

$$s_D(T_1) > I_D - \frac{\varepsilon}{2}, \quad S_D(T_2) < I_D + \frac{\varepsilon}{2}. \tag{16.1.3}$$

记 T 为由直线网 T_1 与 T_2 合并所成的直线网, 类似于定积分的上和、下和性质的证明, 可以证得

$$s_D(T_1) \leqslant s_D(T), \quad S_D(T_2) \geqslant S_D(T),$$

所以结合 (16.1.3) 可得

$$s_D(T) > I_D - \frac{\varepsilon}{2}, \quad S_D(T) < I_D + \frac{\varepsilon}{2}.$$

因此, 对直线网 T 有 $S_D(T) - s_D(T) < \varepsilon$.

充分性 设对任意给定的 $\varepsilon > 0$ 都存在某直线网 T, 使得式 (16.1.2) 成立. 注意到

$$s_D(T) \leqslant \underline{I}_D \leqslant \overline{I}_D \leqslant S_D(T),$$

于是可得

$$0 \leqslant \overline{I}_D - \underline{I}_D \leqslant S_D(T) - s_D(T) < \varepsilon.$$

由于 ε 是任意的, 所以 $\overline{I}_D = \underline{I}_D$, 因此, 根据定义 16.1.1 得平面图形 D 是可求面积的. □

根据不等式 (16.1.1) 和定理 16.1.1 可得如下结论:

推论 16.1.1 平面有界图形 D 的面积为零的充要条件是它的外面积 $\overline{I}_D = 0$, 即对任意给定的 $\varepsilon > 0$, 存在直线网 T, 使得 $S_D(T) < \varepsilon$.

定理 16.1.2 平面有界图形 D 可求面积的充要条件是 D 的边界 ∂D 的面积为零.

证明 由于对于任意直线网 T, ∂D 中的点都属于第 (2) 类小矩形, 所以

$$S_{\partial D}(T) = S_D(T) - s_D(T),$$

因此, 根据定理 16.1.1 可知, D 可求面积的充要条件是: 对任意给定的 $\varepsilon > 0$, 存在直线网 T, 使得 $S_{\partial D}(T) = S_D(T) - s_D(T) < \varepsilon$, 即 ∂D 的面积为零. □

利用一致连续的定义和推论 16.1.1, 易证如下定理:

定理 16.1.3 若曲线 K 为 $[a,b]$ 上连续函数 $f(x)$ 的图像, 即 $K = \{(x, f(x))|x \in [a,b]\}$, 则曲线 K 的面积为零.

还可以证明: 由参数方程 $x = \varphi(t), y = \psi(t)$ $(\alpha \leqslant t \leqslant \beta)$ 所表示的平面光滑曲线或按段光滑曲线, 其面积也为零.

类似地, 可以定义空间图形可求体积的概念. 以后都约定: 所涉及的区域都假定是可求面积或可求体积的.

16.1.2 二重积分的定义

设 $f(x,y)$ 是定义在可求面积的有界闭区域 D 上的非负连续函数, 称以曲面 $z = f(x,y)$ 为顶, 以 D 为底的柱体为曲顶柱体. 问题是: 如何求这个曲顶柱体的体积? 为此, 采取以前求定积分时的“分割、近似求和、取极限”的思想方法.

对自变量 (x,y) 所在区域 D 用平行于坐标轴的直线网 T 把 D 分割成 n 个小区域 $\sigma_i (i = 1, 2, \cdots, n)$(称 T 为区域 D 的一个分割). 用 $\Delta\sigma_i$ 表示小区域 σ_i 的面积. 对应的平面网也把曲顶柱体分割成以 σ_i 为底的小曲顶柱体 $V_i (i = 1, 2, \cdots, n)$(图 16.2). 由于 $f(x,y)$ 在 D 上连续, 可见当 σ_i 的直径充分小时, $f(x,y)$ 在 σ_i 上各点的函数值都相差很小, 因而可在 σ_i 上任取一点 (ξ_i, η_i), 将 V_i 近似地看成是以 $f(\xi_i, \eta_i)$

为高, 以 σ_i 为底的平顶柱体 (图 16.3), 这个平顶柱体的体积为 $f(\xi_i,\eta_i)\Delta\sigma_i$, 它是 ΔV_i 的近似值. 将多个近似的平顶柱体的体积加起来就是要求的曲顶柱体体积的一个近似, 即

$$V=\sum_{i=1}^{n}\Delta V_i\approx\sum_{i=1}^{n}f(\xi_i,\eta_i)\Delta\sigma_i.$$

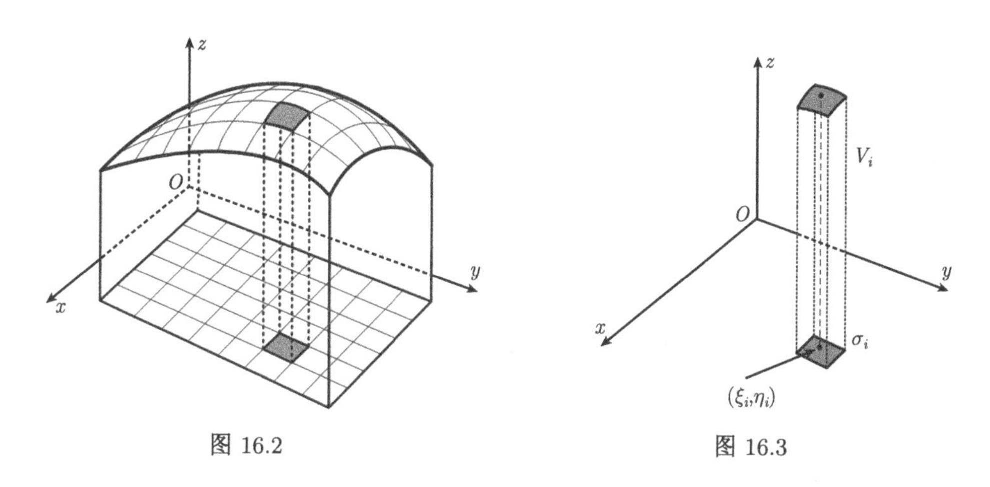

图 16.2　　图 16.3

设 d_i 为 σ_i 的直径, 即 $d_i=d(\sigma_i)$, 称 $\|T\|=\max\limits_{1\leqslant i\leqslant n}d_i$ 为分割 T 的**细度**. 根据前面的分析, 当 $\|T\|\to 0$ 时就有

$$\sum_{i=1}^{n}f(\xi_i,\eta_i)\Delta\sigma_i\to V.$$

根据上面的思路, 可以叙述定义在平面有界闭区域 D 上的二元函数 $f(x,y)$ 的二重积分概念.

设 D 是 xy 平面上可求面积的有界闭区域, $f(x,y)$ 是定义在 D 上的二元函数. 用任意方式把 D 分割成 n 个可求面积的小区域 $\sigma_1,\sigma_2,\cdots,\sigma_n$, 用 $\Delta\sigma_i$ 表示小区域 σ_i 的面积. 这些小区域构成 D 的一个**分割** T, 记作 $T=\{\sigma_1,\sigma_2,\cdots,\sigma_n\}$. 以 d_i 表示小区域 σ_i 的直径, 并称 $\|T\|=\max\limits_{1\leqslant i\leqslant n}d_i$ 为分割 T 的**细度**. 在每个 σ_i 上任取一点 (ξ_i,η_i), 作和式

$$\sum_{i=1}^{n}f(\xi_i,\eta_i)\Delta\sigma_i,$$

称它为 $f(x,y)$ 在 D 上相对于分割 T 的一个**积分和**.

定义 16.1.2　设 $f(x,y)$ 是定义在可求面积的有界闭区域 D 上的二元函数, J 是一个确定的数. 如果对于任意给定的正数 ε, 总存在一个正数 δ, 使得对于 D 的

任何分割 $T=\{\sigma_1,\cdots,\sigma_n\}$ 以及任何点 $(\xi_i,\eta_i)\in\sigma_i$(称为**介点**), 当细度 $||T||<\delta$ 时都有

$$\left|\sum_{i=1}^{n} f(\xi_i,\eta_i)\Delta\sigma_i - J\right| < \varepsilon, \tag{16.1.4}$$

则称 $f(x,y)$ 在 D 上是**黎曼可积**的, 简称为 $f(x,y)$ 在 D 上**可积**, 数 J 称为函数 $f(x,y)$ 在 D 上的**二重积分**, 记作

$$J=\iint\limits_D f(x,y)\mathrm{d}\sigma,$$

其中 $f(x,y)$ 称为**被积函数**, x,y 称为**积分变量**, D 称为**积分区域**, $\mathrm{d}\sigma$ 称为**面积微元**. 也可以用极限来表示二重积分, 即

$$J=\lim_{||T||\to 0}\sum_{i=1}^{n} f(\xi_i,\eta_i)\Delta\sigma_i=\iint\limits_D f(x,y)\mathrm{d}\sigma. \tag{16.1.5}$$

易知, 当 $f(x,y)\equiv 1$ 时, 二重积分 $\iint\limits_D f(x,y)\mathrm{d}\sigma$ 的值正是 D 的面积 S_D.

和定积分的定义比较, 在二重积分定义中, 应当注意到以下问题:

首先, 在定积分定义中, 由于自变量在区间 $[a,b]$ 上变化, 所以对 $[a,b]$ 的分割显得比较简单, 只能是 $x_0=a<x_1<\cdots<x_n=b$ 这种形式, 但是将一个二维区域分割成 n 个可求面积的小区域 $\sigma_1,\cdots,\sigma_n$ 的方式就有多种多样. 在定义 16.1.2 中要求的是任意一种分割.

其次, $||T||\to 0$ 不能被 $n\to\infty$ 所取代, 这一点和以前的定积分相似. 这是因为 $n\to\infty$ 并不能保证每个 σ_i 最后都收缩到一点, 而 $||T||\to 0$ 可以做到这点.

如果 $f(x,y)$ 在 D 上可积, 为方便计算起见, 可以选择平行于坐标轴的直线网对 D 来进行分割, 用以取代定义 16.1.2 中的任意分割. 在这种直线网的分割下, 每一个小区域 σ_i 的面积都可以看成是 $\Delta x_i\Delta y_i$, 因此, 通常把 $\iint\limits_D f(x,y)\mathrm{d}\sigma$ 写作

$$\iint\limits_D f(x,y)\mathrm{d}x\mathrm{d}y.$$

最后要注意的是, 在定义 16.1.2 中, 对任何分割 T, 只要 $||T||<\delta$, 式 (16.1.4) 都成立, 而与介点 (ξ_i,η_i) 的选取无关. 这一点是相当重要的.

16.1.3 二重积分的存在性

在本小节, 探讨定义在可求面积的有界闭区域 D 上的函数 $f(x,y)$ 可积的充分必要条件.

类似于定积分, 可以证明 $f(x,y)$ 在 D 上可积的必要条件是 $f(x,y)$ 在 D 上有界. 但是, 就像定积分中 Dirichlet 函数在 $[0,1]$ 上不可积一样, 在 D 上的有界函数 $f(x,y)$ 可能是不可积的 (见本节例 1).

设函数 $f(x,y)$ 在 D 上有界, $T=\{\sigma_1,\sigma_2,\cdots,\sigma_n\}$ 是 D 的一个分割, 令

$$M_i=\sup_{(x,y)\in\sigma_i} f(x,y),\quad m_i=\inf_{(x,y)\in\sigma_i} f(x,y),\quad i=1,2,\cdots,n.$$

作和式

$$S(T)=\sum_{i=1}^{n} M_i\Delta\sigma_i,\quad s(T)=\sum_{i=1}^{n} m_i\Delta\sigma_i,$$

分别称它们为函数 $f(x,y)$ 关于分割 T 的**上和与下和**. 类似于定积分, 有如下定理:

定理 16.1.4 有界函数 $f(x,y)$ 在 D 上可积的充要条件是

$$\lim_{||T||\to 0} S(T)=\lim_{||T||\to 0} s(T). \tag{16.1.6}$$

此时, 这个极限值就是二重积分 $\iint\limits_D f(x,y)\mathrm{d}x\mathrm{d}y$.

定理 16.1.5 有界函数 $f(x,y)$ 在 D 上可积的充要条件是: 对任意给定的正数 $\varepsilon>0$, 存在 D 的某个分割 T, 使得

$$S(T)-s(T)<\varepsilon. \tag{16.1.7}$$

16.1.4 可积函数类

定理 16.1.6 有界闭区域 D 上的连续函数 $f(x,y)$ 必可积.

证明 因为 D 是有界闭区域, $f(x,y)$ 在 D 上连续, 所以 $f(x,y)$ 在 D 上一致连续. 于是对于任意给定的正数 ε, 可找 D 的一种分割 $T=\{\sigma_1,\sigma_2,\cdots,\sigma_n\}$, 使得

$$M_i-m_i<\frac{\varepsilon}{1+S_D},\quad i=1,2,\cdots,n,$$

其中 S_D 表示区域 D 的面积. 对应于这种分割有

$$S(T)-s(T)=\sum_{i=1}^{n}(M_i-m_i)\Delta\sigma_i<\frac{\varepsilon}{1+S_D}\sum_{i=1}^{n}\Delta\sigma_i<\varepsilon.$$

由定理 16.1.5 知, $f(x,y)$ 在 D 上可积. □

定理 16.1.7 设 $f(x,y)$ 是定义在有界闭区域 D 上的有界函数. 若 $f(x,y)$ 的不连续点都落在有限条光滑曲线上, 则 $f(x,y)$ 在 D 上可积.

显然, 定理 16.1.6 和定理 16.1.7 给出了常见的可积函数类. 根据这两个定理, 并结合下一小节关于可积函数的性质, 既可给出更多的可积函数, 又可方便以后二重积分的运算.

16.1.5　二重积分的性质

二重积分具有一系列与定积分相似的性质.

性质 16.1.1 (线性性质)　设 $f(x,y),g(x,y)$ 都是区域 D 上的可积函数, k 为常数, 则 $kf(x,y),f(x,y)\pm g(x,y)$ 均在 D 上可积, 而且有以下等式成立:

$$\iint\limits_{D} kf(x,y)\mathrm{d}x\mathrm{d}y=k\iint\limits_{D} f(x,y)\mathrm{d}x\mathrm{d}y, \tag{16.1.8}$$

$$\iint\limits_{D}[f(x,y)\pm g(x,y)]\mathrm{d}x\mathrm{d}y=\iint\limits_{D} f(x,y)\mathrm{d}x\mathrm{d}y\pm\iint\limits_{D} g(x,y)\mathrm{d}x\mathrm{d}y. \tag{16.1.9}$$

性质 16.1.2(积分区域的可加性)　设 $f(x,y)$ 在区域 D_1 和 D_2 上都可积, 那么 $f(x,y)$ 在 $D_1\cup D_2$ 上也可积, 进一步地, 如果 D_1 与 D_2 无公共内点, 那么

$$\iint\limits_{D_1\cup D_2} f(x,y)\mathrm{d}x\mathrm{d}y=\iint\limits_{D_1} f(x,y)\mathrm{d}x\mathrm{d}y+\iint\limits_{D_2} f(x,y)\mathrm{d}x\mathrm{d}y. \tag{16.1.10}$$

性质 16.1.3(单调性)　设 $f(x,y)$ 与 $g(x,y)$ 在区域 D 上可积, 如果 $f(x,y)\leqslant g(x,y)((x,y)\in D)$, 则

$$\iint\limits_{D} f(x,y)\mathrm{d}x\mathrm{d}y\leqslant\iint\limits_{D} g(x,y)\mathrm{d}x\mathrm{d}y. \tag{16.1.11}$$

由此可见, 如果可积函数 $f(x,y)\geqslant 0$, 则 $\iint\limits_{D} f(x,y)\mathrm{d}x\mathrm{d}y\geqslant 0$, 而且当 $f(x,y)\geqslant 0$ 时, 如果 $D_1\subset D$, 则 $\iint\limits_{D_1} f(x,y)\mathrm{d}x\mathrm{d}y\leqslant\iint\limits_{D} f(x,y)\mathrm{d}x\mathrm{d}y$.

性质 16.1.4　若 $f(x,y)$ 在区域 D 上可积, 则 $|f(x,y)|$ 在 D 上也可积且

$$\left|\iint\limits_{D} f(x,y)\mathrm{d}x\mathrm{d}y\right|\leqslant\iint\limits_{D}|f(x,y)|\,\mathrm{d}x\mathrm{d}y. \tag{16.1.12}$$

性质 16.1.5(积分中值定理)　设 $f(x,y)$ 在有界闭区域 D 上连续, 则存在 $(\xi,\eta)\in D$, 使得

$$\iint\limits_{D} f(x,y)\mathrm{d}x\mathrm{d}y=f(\xi,\eta)S_D, \tag{16.1.13}$$

其中 S_D 是积分区域 D 的面积.

16.1.6 例题

例 1 设 $D=[0,1]\times[0,1]$, 证明: 函数

$$f(x,y)=\begin{cases}1, & (x,y)\text{为}D\text{内有理点 (即 } x,y \text{ 皆为有理数)},\\ 0, & (x,y)\text{为}D\text{内非有理点}\end{cases}$$

在 D 上不可积.

证明 首先, 根据上面给出的可积性准则 (定理 16.1.5) 可得, 一个有界函数在 D 上不可积的充要条件是: 存在正数 ε_0, 使得对 D 的任意分割 T 均有 $S(T)-s(T)\geqslant\varepsilon_0$.

于是, 对本题所给的函数 $f(x,y)$ 可取 $\varepsilon_0=\dfrac{1}{2}$, 对 D 的任意分割 $T=\{\sigma_1,\sigma_2,\cdots,\sigma_n\}$, 由有理数的稠密性知 $M_i=1, m_i=0$, 所以

$$\begin{aligned}S(T)-s(T)&=\sum_{i=1}^{n}(1-0)\Delta\sigma_i=\sum_{i=1}^{n}\Delta\sigma_i\\&=[0,1]\times[0,1]\text{的面积}=1>\varepsilon_0,\end{aligned}$$

所以 $f(x,y)$ 在 D 上不可积. □

例 2 设 $f(x,y)$ 是有界闭区域 D 上的非负连续函数, 并且在 D 上不恒为 0, 则 $\iint\limits_D f(x,y)\mathrm{d}x\mathrm{d}y>0$.

证明 因为 $f(x,y)$ 在 D 上非负连续且不恒为 0, 所以存在 $P_0(x_0,y_0)\in D^\circ$, 使得 $f(x_0,y_0)>0$. 因此, 由连续函数的保号性, 存在正数 δ_0, 使得 $B_{\delta_0}(P_0)\subset D^\circ$ 且

$$f(x,y)\geqslant\frac{f(x_0,y_0)}{2},\quad (x,y)\in B_{\delta_0}(P_0).$$

再由 $f(x,y)$ 非负有

$$\iint\limits_D f(x,y)\mathrm{d}x\mathrm{d}y\geqslant\iint\limits_{B_{\delta_0}(x_0,y_0)}f(x,y)\mathrm{d}x\mathrm{d}y\geqslant\frac{f(x_0,y_0)}{2}\cdot\pi\delta_0^2>0.$$ □

例 3 证明: 若 $f(x,y)$ 在有界闭区域 D 上连续, $g(x,y)$ 在 D 上可积且不变号, 则存在一点 $(\xi,\eta)\in D$, 使得

$$\iint\limits_D f(x,y)g(x,y)\mathrm{d}x\mathrm{d}y=f(\xi,\eta)\iint\limits_D g(x,y)\mathrm{d}x\mathrm{d}y.\tag{16.1.14}$$

证明　因为 $f(x,y)$ 在有界闭区域 D 上连续, 所以根据最值定理得, $f(x,y)$ 在 D 上有最大值 M, 最小值 m, 于是

$$m \leqslant f(x,y) \leqslant M, \quad (x,y) \in D.$$

由题设, $g(x,y)$ 在 D 上可积且不变号, 不妨设 $g(x,y) \geqslant 0((x,y) \in D)$, 于是有

$$mg(x,y) \leqslant f(x,y)g(x,y) \leqslant Mg(x,y), \quad (x,y) \in D,$$

所以由性质 16.1.1 和性质 16.1.3 得到

$$m \iint\limits_D g(x,y)\mathrm{d}x\mathrm{d}y \leqslant \iint\limits_D f(x,y)g(x,y)\mathrm{d}x\mathrm{d}y \leqslant M \iint\limits_D g(x,y)\mathrm{d}x\mathrm{d}y.$$

由 $g(x,y) \geqslant 0\,((x,y) \in D)$ 得, $\iint\limits_D g(x,y)\mathrm{d}x\mathrm{d}y \geqslant 0.$

如果 $\iint\limits_D g(x,y)\mathrm{d}x\mathrm{d}y = 0$, 则 $\iint\limits_D f(x,y)g(x,y)\mathrm{d}x\mathrm{d}y = 0$, 于是等式 (16.1.14) 对任意的 $(\xi,\eta) \in D$ 都成立. 下设二重积分 $\iint\limits_D g(x,y)\mathrm{d}x\mathrm{d}y > 0$, 那么

$$m \leqslant \frac{\iint\limits_D f(x,y)g(x,y)\mathrm{d}x\mathrm{d}y}{\iint\limits_D g(x,y)\mathrm{d}x\mathrm{d}y} \leqslant M.$$

因此, 由连续函数介值定理知, 存在 $(\xi,\eta) \in D$, 使得

$$f(\xi,\eta) = \frac{\iint\limits_D f(x,y)g(x,y)\mathrm{d}x\mathrm{d}y}{\iint\limits_D g(x,y)\mathrm{d}x\mathrm{d}y},$$

即

$$\iint\limits_D f(x,y)g(x,y)\mathrm{d}x\mathrm{d}y = f(\xi,\eta) \iint\limits_D g(x,y)\mathrm{d}x\mathrm{d}y. \qquad \square$$

二重积分的概念和性质

思考题

1. 在二重积分的定义中, d_i 表示分割 T 的小区域 σ_i 的直径, 定义 $\|T\| = \max\limits_{1\leqslant i\leqslant n} d_i$. 问 $\|T\| \to 0$ 是否与 “$\max\limits_{1\leqslant i\leqslant n}\{\Delta\sigma_i\} \to 0$” 等价?

2. 设 $|f(x,y)|$ 在 D 上可积, $f(x,y)$ 是否可积?

习　题　16.1

1. 设函数 $f(x,y)$ 在有界闭区域 D 上可积, 试证明 $f(x,y)$ 在 D 上有界.

2. 证明定理 16.1.5.

3. 设 $f(x,y)$ 在有界闭区域 D 上连续, 并且对 D 内任一闭子区域 D' 有 $\iint\limits_{D'} f(x,y)\mathrm{d}x\mathrm{d}y = 0$, 试证明 $f(x,y) \equiv 0((x,y) \in D)$.

4. 判断下列函数在相应的定义域上的可积性:

(1) $f(x,y) = \begin{cases} x^2 + \sin xy, & y > 1, \\ xy, & y \leqslant 1, \end{cases}$ 在 $D = [0,2] \times [0,2]$ 上;

(2) $f(x,y) = \begin{cases} xy, & y > 1, \\ 1, & (x,y)\text{为有理点且}y \leqslant 1, \\ 0, & (x,y)\text{为非有理点且}y \leqslant 1, \end{cases}$ 在 $D = [0,2] \times [0,2]$ 上.

---

5. 设 $f(x,y)$ 在原点的邻域内连续, 求 $\lim\limits_{\rho\to 0} \dfrac{1}{\pi\rho^2} \iint\limits_{x^2+y^2\leqslant\rho^2} f(x,y)\mathrm{d}x\mathrm{d}y$.

6. 设 $f(x)$ 在 $[a,b]$ 上可积, $g(y)$ 在 $[c,d]$ 上可积. 证明: $f(x)g(y)$ 在 $D = [a,b] \times [c,d]$ 上可积且

$$\iint\limits_D f(x)g(y)\mathrm{d}x\mathrm{d}y = \int_a^b f(x)\mathrm{d}x \int_c^d g(y)\mathrm{d}y.$$

7. 设 $f(x), g(x)$ 都在 $[a,b]$ 上可积, 试证明: Cauchy 不等式

$$\left[\int_a^b f(x)g(x)\mathrm{d}x\right]^2 \leqslant \int_a^b f^2(x)\mathrm{d}x \int_a^b g^2(x)\mathrm{d}x.$$

16.2　直角坐标系下二重积分的计算

16.2.1　矩形区域上二重积分转化为累次积分

二重积分的计算是本节的重点. 为了理解下面关于二重积分的计算方法的本质, 还是从曲顶柱体求体积的几何意义入手. 在 D 中, 当积分变量 (x,y) 恰好扫遍 D 一次时, 微元的体积 $f(x,y)\mathrm{d}x\mathrm{d}y$ 的累加 (即 $\iint\limits_D f(x,y)\mathrm{d}x\mathrm{d}y$) 恰好就是曲顶柱体的体积. 这是一种比较直观地理解二重积分的观点. 问题的关键是: 为了方便求出

积分值, 要根据积分区域的形状以及被积函数的特性, 采用多种特殊的方法, 让积分变量 (x,y) 恰好走遍 D 一次, 就像雷达扫描一样. 扫描方法的不同以及顾及被积函数和积分区域的特性, 会引进不同的“累次积分”和变量变换方法与技巧. 目的只有一个, 就是方便地把积分求出来.

先看矩形区域上二重积分的计算, 再推广到一般区域.

定理 16.2.1　设 $f(x,y)$ 在矩形区域 $D=[a,b]\times[c,d]$ 上可积, 并且对每个 $x\in[a,b]$, 积分 $\int_c^d f(x,y)\mathrm{d}y$ 存在, 则累次积分

$$\int_a^b \mathrm{d}x\int_c^d f(x,y)\mathrm{d}y$$

也存在且

$$\iint\limits_D f(x,y)\mathrm{d}x\mathrm{d}y=\int_a^b \mathrm{d}x\int_c^d f(x,y)\mathrm{d}y. \tag{16.2.1}$$

证明　令 $F(x)=\int_c^d f(x,y)\mathrm{d}y$, 定理要求证明 $F(x)$ 在 $[a,b]$ 上可积且 $\int_a^b F(x)\mathrm{d}x=\iint\limits_D f(x,y)\mathrm{d}x\mathrm{d}y$. 为此, 对区间 $[a,b]$ 作分割: $a=x_0<x_1<x_2<\cdots<x_r=b$, 在每个区间 $[x_{i-1},x_i]$ 中任取一点 ξ_i, 记 $d=\max\limits_{1\leqslant i\leqslant r}\Delta x_i$, 则要证明:

$$\lim_{d\to 0}\sum_{i=1}^r F(\xi_i)\Delta x_i=\iint\limits_D f(x,y)\mathrm{d}x\mathrm{d}y.$$

再对区间 $[c,d]$ 作分割 (如图 16.4): $c=y_0<y_1<\cdots<y_s=d$. 其中 $y_0=c, k=i, s=r$,

$$y_i-y_{i-1}=\frac{d-c}{b-a}(x_i-x_{i-1}),\quad i=1,\cdots,r.$$

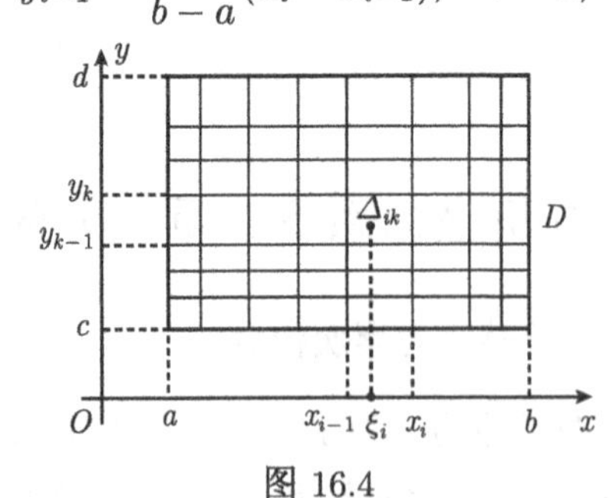

图 16.4

按这些分点作两组直线

$$x=x_i,\quad i=1,2,\cdots,r-1,$$
$$y=y_k\quad k=1,2,\cdots,s-1,$$

把矩形 D 分为 rs 个小矩形. 记 Δ_{ik} 为小矩形 $[x_{i-1},x_i]\times[y_{k-1},y_k]$ $(i=1,2,\cdots,r,$ $k=1,2,\cdots,s)$. 设

$$M_{ik}=\sup_{(x,y)\in\Delta_{ik}}f(x,y),\quad m_{ik}=\inf_{(x,y)\in\Delta_{ik}}f(x,y),$$

在区间 $[x_{i-1},x_i]$ 中任取一点 ξ_i, 则有下面的不等式:

$$m_{ik}\Delta y_k\leqslant\int_{y_{k-1}}^{y_k}f(\xi_i,y)\mathrm{d}y\leqslant M_{ik}\Delta y_k,$$

其中 $\Delta y_k=y_k-y_{k-1}$. 对 k 求和得

$$\sum_{k=1}^{s}m_{ik}\Delta y_k\leqslant F(\xi_i)=\int_c^d f(\xi_i,y)\mathrm{d}y\leqslant\sum_{k=1}^{s}M_{ik}\Delta y_k.$$

将上式两边乘以 Δx_i, 再对 i 求和得

$$\sum_{i=1}^{r}\sum_{k=1}^{s}m_{ik}\Delta y_k\Delta x_i\leqslant\sum_{i=1}^{r}F(\xi_i)\Delta x_i\leqslant\sum_{i=1}^{r}\sum_{k=1}^{s}M_{ik}\Delta y_k\Delta x_i,$$

其中 $\Delta x_i=x_i-x_{i-1}$. 记 Δ_{ik} 的对角线长度 (Δ_{ik} 的直径) 为 $d_{ik}=\sqrt{2}\Delta x_i$ 以及 $||T||=\max\limits_{i,k}d_{ik}=\sqrt{2}d$, 则 $||T||\to 0$ 等价于 $d\to 0$.

由于二重积分存在, 则由定理 16.1.4 有

$$\lim_{||T||\to 0}\sum_{i,k}M_{ik}\Delta y_k\Delta x_i=\lim_{||T||\to 0}\sum_{i,k}m_{ik}\Delta y_k\Delta x_i=\iint\limits_D f(x,y)\mathrm{d}x\mathrm{d}y.$$

因此,

$$\lim_{||T||\to 0}\sum_{i=1}^{r}F(\xi_i)\Delta x_i=\iint\limits_D f(x,y)\mathrm{d}x\mathrm{d}y.$$

由于 $||T||\to 0$ 等价于 $d=\max\limits_{1\leqslant i\leqslant r}\Delta x_i\to 0$, 所以

$$\lim_{d\to 0}\sum_{i=1}^{r}F(\xi_i)\Delta x_i=\iint\limits_D f(x,y)\mathrm{d}x\mathrm{d}y.$$

因此, 由定积分的定义得, $F(x)$ 在 $[a,b]$ 上可积, 且 (16.2.1) 式成立. □

类似地, 可证如下定理:

定理 16.2.2 设 $f(x,y)$ 在 $D=[a,b]\times[c,d]$ 上可积, 并且对每个 $y\in[c,d]$, 积分 $\displaystyle\int_a^b f(x,y)\mathrm{d}x$ 存在, 则累次积分

$$\int_c^d\mathrm{d}y\int_a^b f(x,y)\mathrm{d}x$$

也存在且

$$\iint_D f(x,y)\mathrm{d}x\mathrm{d}y = \int_c^d \mathrm{d}y \int_a^b f(x,y)\mathrm{d}x. \tag{16.2.2}$$

特别地, 当 $f(x,y)$ 在 D 上连续时有

$$\iint_D f(x,y)\mathrm{d}x\mathrm{d}y = \int_a^b \mathrm{d}x \int_c^d f(x,y)\mathrm{d}y = \int_c^d \mathrm{d}y \int_a^b f(x,y)\mathrm{d}x. \tag{16.2.3}$$

前面已经说到, 当求积分 $\iint_D f(x,y)\mathrm{d}x\mathrm{d}y$ 的值时, 要根据被积函数 $f(x,y)$ 的性质以及积分区域 D 的特点, 找到一种“扫描”方式, 让积分变量 (x,y) 恰好扫描 D 一次.

上面将重积分化为累次积分的计算方法, 其实就是给出了不同的扫描方式. 在累次积分

$$\int_a^b \mathrm{d}x \int_c^d f(x,y)\mathrm{d}y$$

中, 扫描方法是: 对 $[a,b]$ 中任意固定的 x, 线段 $\{(x,y)|c \leqslant y \leqslant d\}$ 恰好在 D 中, 让这样的线段从 $x=a$ 连续扫描到 $x=b$(图 16.5 中的粗线段), 则 (x,y) 恰好扫描 D 一次. 在这样的累次积分中, 先求里层积分 $\int_c^d f(x,y)\mathrm{d}y$(将 x 视为参量), 就是在图 16.5 中的粗线段上对 y 积分, 再求 $\int_a^b \mathrm{d}x \int_c^d f(x,y)\mathrm{d}y$, 可以看成将粗线段上关于 y 的积分从 $x=a$ 到 $x=b$ 进行累加.

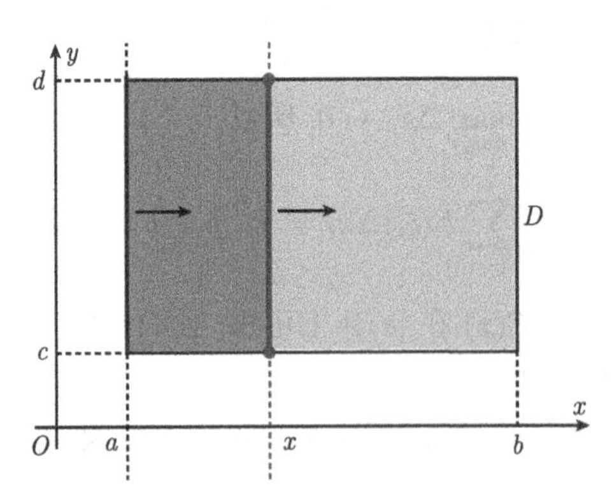

图 16.5　对积分区域的扫描

例 1　计算二重积分 $\iint_D (x^2+2xy-3y^2)\mathrm{d}x\mathrm{d}y$, 其中 $D=[0,2]\times[0,1]$.

解 由于被积函数在 D 上连续, 当然在 D 上可积, 所以应用定理 16.2.1 有

$$\begin{aligned}\iint\limits_D (x^2+2xy-3y^2)\mathrm{d}x\mathrm{d}y &= \int_0^2 \mathrm{d}x\int_0^1 (x^2+2xy-3y^2)\mathrm{d}y \\ &= \int_0^2 (x^2y+xy^2-y^3)\Big|_{y=0}^{y=1}\mathrm{d}x \\ &= \int_0^2 (x^2+x-1)\mathrm{d}x \\ &= \left(\frac{x^3}{3}+\frac{x^2}{2}-x\right)\Big|_0^2 = \frac{8}{3}.\end{aligned}$$

□

16.2.2 一般区域上二重积分转化为累次积分

对于一般区域, 通常可以分解为如下两类区域来进行积分计算, 对不同类型的区域给出不同的扫描方式, 从而对应不同顺序的累次积分:

形如 $D=\{(x,y)|y_1(x)\leqslant y\leqslant y_2(x), a\leqslant x\leqslant b\}$ 的区域称为 x **型区域**(图 16.6), 形如 $D=\{(x,y)|x_1(y)\leqslant x\leqslant x_2(y), c\leqslant y\leqslant d\}$ 的区域称为 y **型区域**(图 16.7).

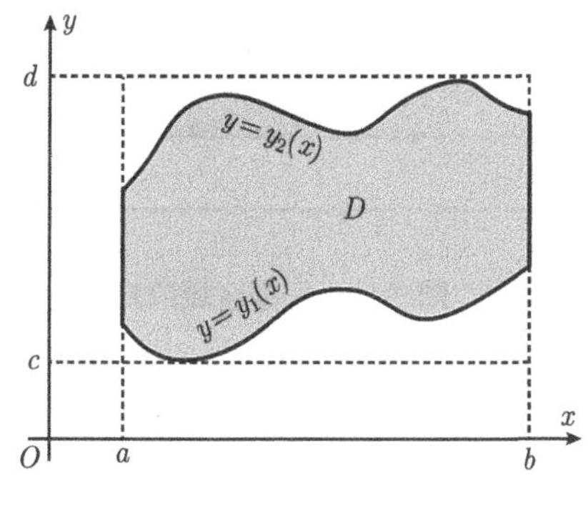

图 16.6 x 型区域

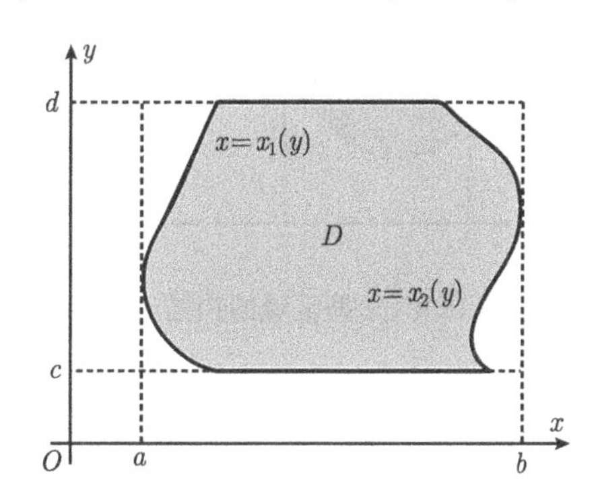

图 16.7 y 型区域

这两种类型区域的特点是当 D 为 x 型区域时, 任何垂直于 x 轴且穿过 D 内部的直线至多与区域 D 的边界交于两点; 当 D 为 y 型区域时, 任何垂直于 y 轴且穿过 D 内部的直线至多与 D 的边界交于两点.

两种类型的区域对应两种简单的扫描方式, 从而对应两种累次积分.

对于 x 型区域来说, 对于 $[a,b]$ 中任何固定的 x, 线段 $\{(x,y)|y_1(x)\leqslant y\leqslant y_2(x)\}$ 恰好在 D 内, 再让 x 从 a 连续变到 b, 恰好扫描 D 一次. 对应的累次积分为

$$\int_a^b \mathrm{d}x\int_{y_1(x)}^{y_2(x)} f(x,y)\mathrm{d}y,$$

如图 16.8 所示. 类似地, 对 y 型区域, 累次积分为

$$\int_c^d \mathrm{d}y \int_{x_1(y)}^{x_2(y)} f(x,y)\mathrm{d}x,$$

如图 16.9 所示.

许多常见的区域可以分解成有限个除边界外无公共内点的 x 型区域或 y 型区域, 然后进行积分的计算, 如图 16.10 所示.

定理 16.2.3 若 $f(x,y)$ 在 x 型区域 $D=\{(x,y)|y_1(x)\leqslant y\leqslant y_2(x), a\leqslant x\leqslant b\}$ 上连续, 其中 $y_1(x), y_2(x)$ 在 $[a,b]$ 上连续, 则

$$\iint\limits_D f(x,y)\mathrm{d}x\mathrm{d}y = \int_a^b \mathrm{d}x \int_{y_1(x)}^{y_2(x)} f(x,y)\mathrm{d}y, \tag{16.2.4}$$

即二重积分可化为先对 y, 后对 x 的累次积分.

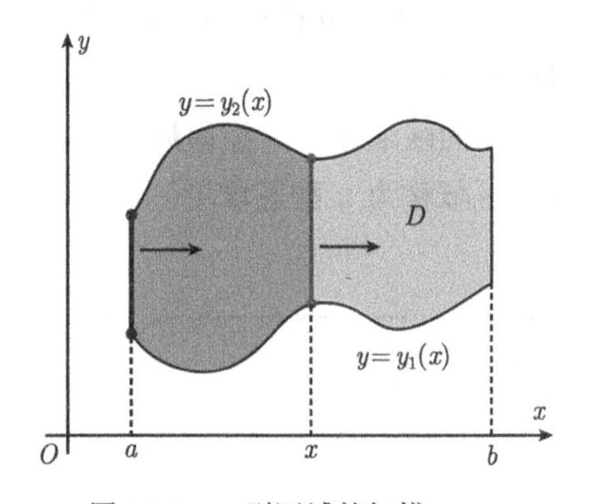

图 16.8 x 型区域的扫描

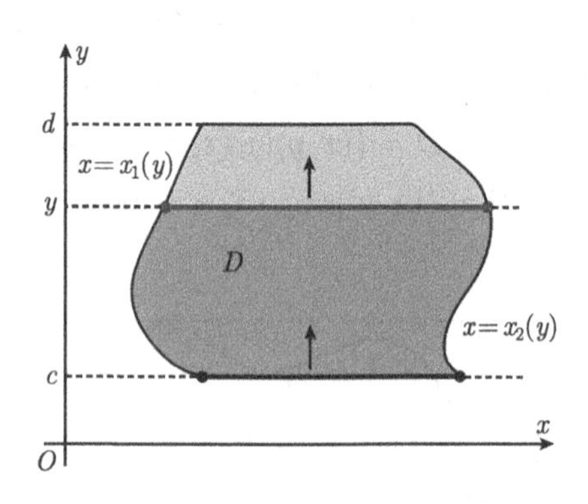

图 16.9 y 型区域的扫描

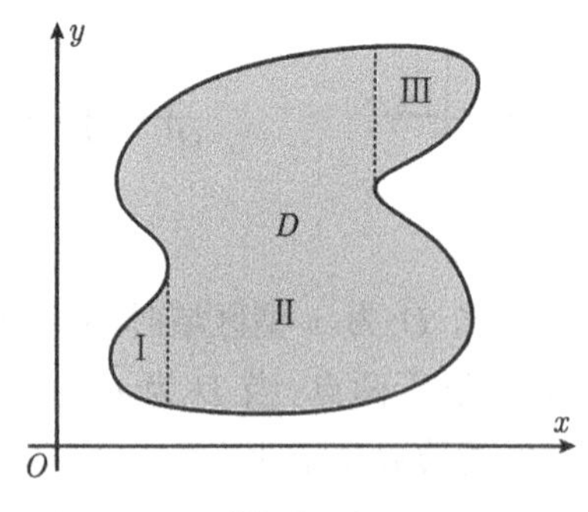

图 16.10

类似地, 若 D 是 y 型区域, $D=\{(x,y)|x_1(y)\leqslant x\leqslant x_2(y), c\leqslant y\leqslant d\}$ 且 $x_1(y), x_2(y)$ 在 $[c,d]$ 上连续, 则

$$\iint\limits_D f(x,y)\mathrm{d}x\mathrm{d}y = \int_c^d \mathrm{d}y \int_{x_1(y)}^{x_2(y)} f(x,y)\mathrm{d}x. \tag{16.2.5}$$

证明 选取

$$d \geqslant \max_{x\in[a,b]} y_2(x) \quad 和 \quad c \leqslant \min_{x\in[a,b]} y_1(x),$$

则易知 $D \subset [a,b]\times[c,d]$. 再在矩形区域 $[a,b]\times[c,d]$ 上定义一个新的函数

$$\tilde{f}(x,y)=\begin{cases} f(x,y), & (x,y)\in D,\\ 0, & (x,y)\in[a,b]\times[c,d]\setminus D.\end{cases}$$

由于 f 在 D 上连续, 所以根据性质 16.1.2 知, $\tilde{f}(x,y)$ 在矩形区域 $[a,b]\times[c,d]$ 上可积, 且对每个 $x\in[a,b]$, $\widetilde{f}(x,y)$ 关于 y 在 $[c,d]$ 上分段连续, 由此推得, $\int_c^d \widetilde{f}(x,y)\mathrm{d}y$ 存在, 因此, 根据定理 16.2.1 可以得到

$$\begin{aligned}\iint_D f(x,y)\mathrm{d}x\mathrm{d}y &= \iint_{[a,b]\times[c,d]} \tilde{f}(x,y)\mathrm{d}x\mathrm{d}y=\int_a^b \mathrm{d}x\int_c^d \tilde{f}(x,y)\mathrm{d}y\\ &= \int_a^b \mathrm{d}x\int_{y_1(x)}^{y_2(x)} \tilde{f}(x,y)\mathrm{d}y=\int_a^b \mathrm{d}x\int_{y_1(x)}^{y_2(x)} f(x,y)\mathrm{d}y,\end{aligned}$$

即式 (16.2.4) 得证, 同理可证式 (16.2.5). □

例 2 设 D 是由直线 $x=0, y=1$ 及 $y=x$ 围成的区域 (图 16.11), 试计算二重积分 $I=\iint\limits_D x^2\mathrm{e}^{-y^2}\mathrm{d}x\mathrm{d}y$ 的值.

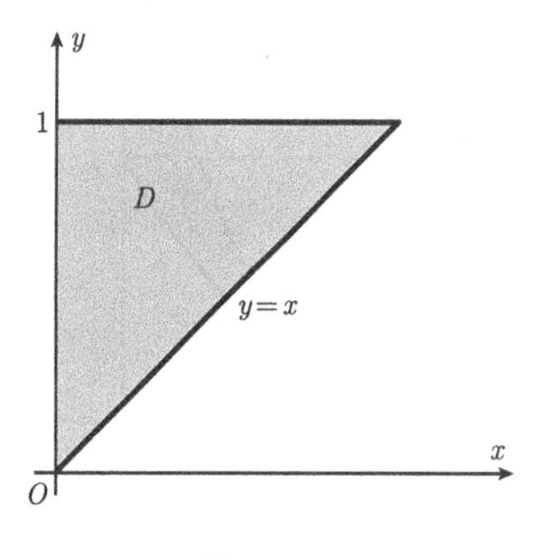

图 16.11

解 若采用 x 型区域进行积分, 则

$$I=\int_0^1 x^2\mathrm{d}x\int_x^1 \mathrm{e}^{-y^2}\mathrm{d}y.$$

由于 e^{-y^2} 的原函数无法用初等函数表示, 因此, 改用另一种顺序的累次积分, 用 y 型区域进行积分, 则有

$$I=\int_0^1 \mathrm{d}y\int_0^y x^2\mathrm{e}^{-y^2}\mathrm{d}x=\frac{1}{3}\int_0^1 y^3\mathrm{e}^{-y^2}\mathrm{d}y.$$

由分部积分法, 即可算得

$$I=\frac{1}{6}-\frac{1}{3\mathrm{e}}.$$ □

可见, 当计算二重积分时, 要安排好累次积分顺序. 如果安排不当, 不仅使计算复杂, 有时甚至计算不出结果.

例 3　设 $f(x,y)$ 连续, 交换下面累次积分的顺序:

(1) $\int_0^1 \mathrm{d}x \int_3^5 f(x,y)\mathrm{d}y$;

(2) $\int_1^2 \mathrm{d}x \int_{x^2}^{x^3} f(x,y)\mathrm{d}y$.

解　(1) 由于积分区域是边平行于坐标轴的矩形 $D=[0,1]\times[3,5]$, 所以可以直接交换积分顺序. 于是有

$$\int_0^1 \mathrm{d}x \int_3^5 f(x,y)\mathrm{d}y = \iint\limits_D f(x,y)\mathrm{d}x\mathrm{d}y = \int_3^5 \mathrm{d}y \int_0^1 f(x,y)\mathrm{d}x.$$

(2) 根据扫描方式, x 型积分区域 $D=\{(x,y)|x^2\leqslant y\leqslant x^3, 1\leqslant x\leqslant 2\}$ 要比 (1) 复杂, 为了交换积分顺序, 要将 D 换成 y 型区域.

由于将 D 作为 y 型区域时, 虽然左边界有一个统一的表达式 $x=x_1(y)=\sqrt[3]{y}(1\leqslant y\leqslant 8)$, 但是, 右边界的表达式却是一个分段函数 (图 16.12)

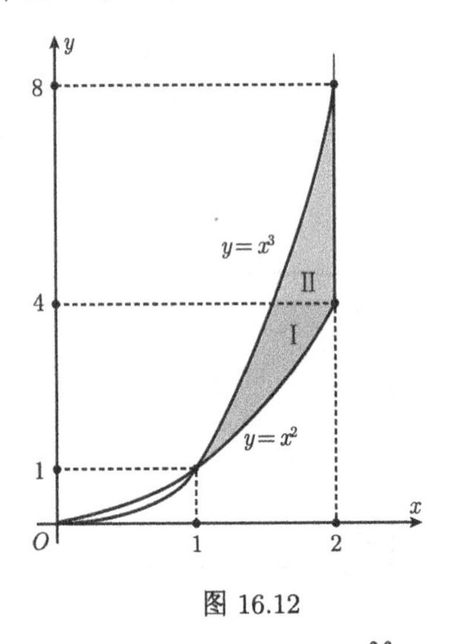

图 16.12

$$x=x_2(y)=\begin{cases} 2, & 4\leqslant y\leqslant 8, \\ \sqrt{y}, & 1\leqslant y\leqslant 4, \end{cases}$$

所以将积分区域 D 换成 y 型区域时, 要分解成两个 y 型区域 I 和 II, 它们无公共内点, 从而

$$\int_1^2 \mathrm{d}x \int_{x^2}^{x^3} f(x,y)\mathrm{d}y = \int_1^4 \mathrm{d}y \int_{\sqrt[3]{y}}^{\sqrt{y}} f(x,y)\mathrm{d}x + \int_4^8 \mathrm{d}y \int_{\sqrt[3]{y}}^{2} f(x,y)\mathrm{d}x.$$

□

由例 3 可见, 不同的累次积分顺序, 其繁简程度也不一样.

例 4　计算二重积分 $\iint\limits_D x^2\mathrm{d}x\mathrm{d}y$, 其中 D 为由直线 $y=3x, x=3y$ 及 $x+y=4$ 所围的三角形区域 (图 16.13).

解　由图 16.13 可见, 无论视 D 为 x 型区域还是 y 型区域, 总有一条边界的表达式是分段函数. 将 D 视为 x 型区域, 则有

$$y_1(x)=\frac{x}{3}, \quad y_2(x)=\begin{cases} 3x, & 0\leqslant x\leqslant 1, \\ 4-x, & 1< x\leqslant 3, \end{cases}$$

所以

$$\begin{aligned}\iint\limits_{D} x^2 \mathrm{d}x\mathrm{d}y &= \iint\limits_{D_1} x^2 \mathrm{d}x\mathrm{d}y + \iint\limits_{D_2} x^2 \mathrm{d}x\mathrm{d}y \\ &= \int_0^1 x^2 \mathrm{d}x \int_{\frac{x}{3}}^{3x} \mathrm{d}y + \int_1^3 x^2 \mathrm{d}x \int_{\frac{x}{3}}^{4-x} \mathrm{d}y \\ &= \int_0^1 x^2 \left(3x - \frac{x}{3}\right) \mathrm{d}x + \int_1^3 x^2 \left(4 - x - \frac{x}{3}\right) \mathrm{d}x \\ &= \frac{2}{3}x^4\bigg|_0^1 + \left(\frac{4}{3}x^3 - \frac{1}{3}x^4\right)\bigg|_1^3 = \frac{26}{3}.\end{aligned}$$

□

例 5 计算由平面 $z=0$ 与曲面 $y=\sqrt{x}, y=x^3, z=1+x^2+y^2$ 所围曲顶柱体的体积.

解 由图 16.14 知, 所求曲顶柱体的体积为

$$V = \iint\limits_{D} (1+x^2+y^2)\mathrm{d}x\mathrm{d}y,$$

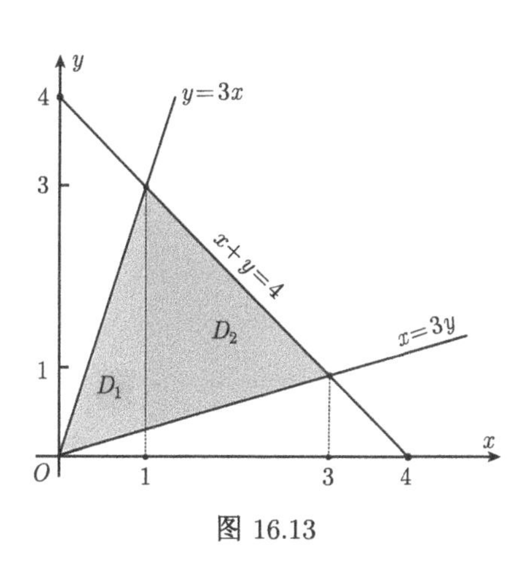

图 16.13

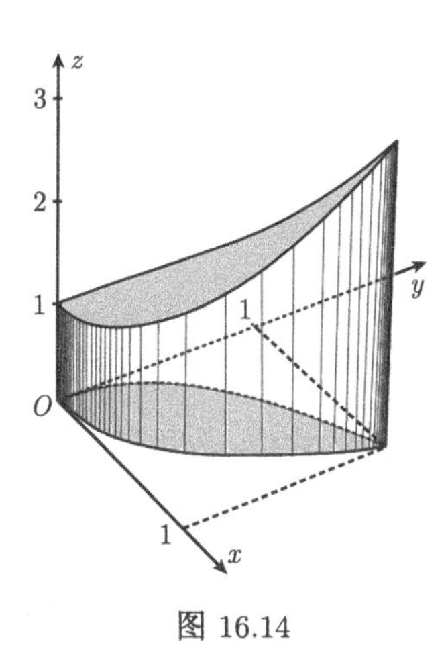

图 16.14

其中 D 是 xy 平面上由 $y=\sqrt{x}, y=x^3$ 所围成的区域, 两曲线交于 (0,0) 及 (1,1) 两点, 自变量 $x\in[0,1]$.

由于当 $0\leqslant x\leqslant 1$ 时, $\sqrt{x}\geqslant x^3$, 所以

$$V = \int_0^1 \mathrm{d}x \int_{x^3}^{\sqrt{x}} (1+x^2+y^2)\mathrm{d}y$$

$$= \int_0^1 \left(\sqrt{x} - x^3 + x^{\frac{5}{2}} - x^5 + \frac{1}{3}x^{\frac{3}{2}} - \frac{1}{3}x^9\right)\mathrm{d}x$$
$$= \frac{89}{140}.$$

□

直角坐标下二重积分的计算

思考题

1. 举例说明当二重积分存在时, 两个累次积分可能不存在.

2. 举出两个累次积分存在而二重积分不存在的例子.

习　题　16.2

1. 求下列二重积分:

(1) $\iint\limits_D (x^3 + xy + y^2)\mathrm{d}x\mathrm{d}y$, 其中 $D = [0,1] \times [0,1]$;

(2) $\iint\limits_D |\sin(x+y)|\mathrm{d}x\mathrm{d}y$, 其中 $D = [0,\pi] \times [0,\pi]$;

(3) $\iint\limits_D (x^2 + y^2)\mathrm{d}x\mathrm{d}y$, 其中 $D = \{(x,y)|0 \leqslant x \leqslant 1,\ \sqrt{x} \leqslant y \leqslant 2\sqrt{x}\}$;

(4) $\iint\limits_D xy^2\mathrm{d}x\mathrm{d}y$, 其中 D 由 $y^2 = 2px$ 与直线 $x = \frac{p}{2}$ $(p > 0)$ 围成;

(5) $\iint\limits_D \sqrt{x}\mathrm{d}x\mathrm{d}y$, 其中 $D = \{(x,y)|x^2 + y^2 \leqslant 2x\}$.

2. 改变下列累次积分的顺序:

(1) $\int_0^2 \mathrm{d}x \int_{2x}^{3x} f(x,y)\mathrm{d}y$;　　(2) $\int_{-1}^1 \mathrm{d}x \int_{x^2-1}^0 f(x,y)\mathrm{d}y$;

(3) $\int_0^1 \mathrm{d}y \int_0^{y^2} f(x,y)\mathrm{d}x + \int_1^2 \mathrm{d}y \int_0^{2-y} f(x,y)\mathrm{d}x$.

3. 设区域 D 如下给定, $f(x,y)$ 在 D 上连续, 试将 $\iint\limits_D f(x,y)\mathrm{d}x\mathrm{d}y$ 化为不同顺序的累次积分:

(1) $D = \{(x,y)||x| + |y| \leqslant 2\}$;

(2) $D=\{(x,y)|x^2+y^2\leqslant 4, x+y\geqslant 1\}$;

(3) $D=\{(x,y)|x^2+y^2\leqslant 4, y\leqslant x, y\geqslant 0\}$.

4. 求由坐标平面及 $x=2, y=4, x+y+z=5$ 所围的角柱体的体积.

---

5. 计算由曲面 $z=1-4x^2-y^2$ 与平面 $z=0$ 所围立体的体积.

6. 设 $f(x)$ 在 $[a,b]$ 上连续, 证明不等式

$$\left(\int_a^b f(x)\mathrm{d}x\right)^2\leqslant (b-a)\int_a^b f^2(x)\mathrm{d}x,$$

其中等号当且仅当 $f(x)$ 为常数函数时成立.

7. 计算二重积分 $\iint\limits_D xy\mathrm{d}x\mathrm{d}y$, 其中 D 由直线 $x=0, y=0$ 与曲线 $\begin{cases} x=a\cos^3 t, \\ y=a\sin^3 t \end{cases}$ $\left(0\leqslant t\leqslant \dfrac{\pi}{2}, a>0\right)$ 围成.

16.3 二重积分的变量变换

16.3.1 二重积分的变量变换与面积微元

习惯上, 用直角坐标表示平面上的点, 也就是用平行于直角坐标轴的直线的交点来决定一个点的位置. 自然地, 也可以采用另外的一些曲线族来确定点的位置, 使得函数 $f(x,y)$ 或区域在新的坐标系中有更简单的表达式. 这样的曲线族也叫坐标网.

例如, 直角坐标下的圆可以表示成 $x^2+y^2=R^2$, 但是在极坐标 (r,θ) 之下, 则可以简单地表示成 $r=R$, 其中坐标变换为 $x=r\cos\theta, y=r\sin\theta$.

直角坐标下的圆域 $x^2+y^2\leqslant R^2$ 在极坐标 (r,θ) 下, 可以表示成 $0\leqslant r\leqslant R, 0\leqslant \theta\leqslant 2\pi$, 这在 (r,θ) 坐标系中是一个矩形 (图 16.15).

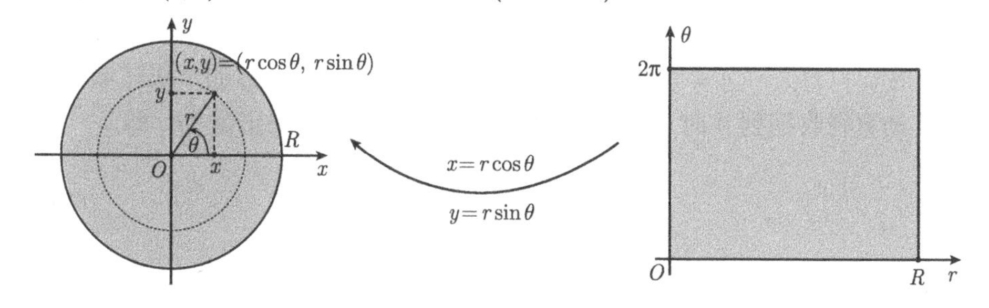

图 16.15 极坐标变换

在 xy 平面中去看极坐标网, 它是由两族曲线构成, 一族是从原点出发的射线, 一族是以原点为圆心的圆, 就像在一个圆形雷达屏上确定点的位置.

如果 D 是 xy 平面中由 $xy=1, xy=2, y=x, y=4x$ 所围成的区域, 那么自然可以想到采用坐标变换 $u=xy,\ v=y/x$, 将 D 变为 uv 平面中的长方形区域 $\widetilde{D}=[1,2]\times[1,4]$(图 16.16).

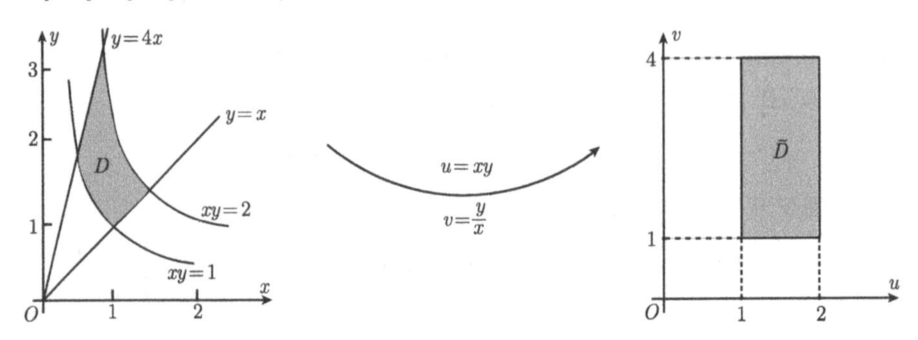

图 16.16　极坐标变换

当然, 在坐标变换下, xy 平面中二重积分的**面积微元** $\mathrm{d}x\mathrm{d}y$ 与 uv 平面中的面积微元 $\mathrm{d}u\mathrm{d}v$ 之间的关系, 是进行二重积分坐标变换的关键. 需要如下引理:

引理 16.3.1　设变换 $T: x=x(u,v),\ y=y(u,v)$ 将 uv 平面上由分段光滑封闭曲线所围的闭区域 Δ, 一对一地映成 xy 平面上的闭区域 D, 函数 $x(u,v), y(u,v)$ 在 Δ 内分别具有一阶连续偏导数且它们的函数行列式

$$J(u,v)=\frac{\partial(x,y)}{\partial(u,v)}\neq 0,\quad (u,v)\in\Delta,$$

则 Δ 和在 xy 平面上对应区域 D 之间的微元面积伸缩系数为 $|J(u,v)|$, 即

$$\mathrm{d}x\mathrm{d}y=|J(u,v)|\mathrm{d}u\mathrm{d}v. \tag{16.3.1}$$

为了理解引理 16.3.1, 设在 uv 平面上有一块包含点 (u,v) 的区域 S. 这块区域通过变换 $x=x(u,v), y=y(u,v)$ 被变成 xy 平面包含 (x,y) 点的一块区域 S^*. 当区域 S 的直径收缩到 0 时, 它们的面积之比 $|S^*|/|S|$ 的极限正是 $|J|$, 即

$$\lim_{\substack{(u,v)\in S,\\ d(S)\to 0}}\frac{|S^*|}{|S|}=\left|\frac{\partial(x,y)}{\partial(u,v)}\right|. \tag{16.3.2}$$

***证明**　在 Δ 上任取一点 $A(u,v)$ 作一矩形 $ABCD$. 它的 4 个顶点分别为 $A(u,v)$, $B(u+\mathrm{d}u,v)$, $C(u+\mathrm{d}u,v+\mathrm{d}v)$, $D(u,v+\mathrm{d}v)$. 通过变换 $x=x(u,v), y=y(u,v)$, 则相应地在 xy 平面上得到一个曲边四边形 $A'B'C'D'$. 它的 4 个顶点为 $A'(x_1,y_1)$, $B'(x_2,y_2)$, $C'(x_3,y_3)$, $D'(u_4,y_4)$(图 16.17). 利用 Taylor 公式可得

$$A' : x_1 = x(u,v), \quad y_1 = y(u,v);$$

$$B' : x_2 = x(u+\mathrm{d}u, v) = x(u,v) + \frac{\partial x(u,v)}{\partial u}\mathrm{d}u + o(\mathrm{d}u),$$

$$y_2 = y(u+\mathrm{d}u, v) = y(u,v) + \frac{\partial y(u,v)}{\partial u}\mathrm{d}u + o(\mathrm{d}u);$$

$$C' : x_3 = x(u+\mathrm{d}u, v+\mathrm{d}v) = x(u,v) + \frac{\partial x(u,v)}{\partial u}\mathrm{d}u + \frac{\partial x(u,v)}{\partial v}\mathrm{d}v + o(\mathrm{d}u) + o(\mathrm{d}v),$$

$$y_3 = y(u+\mathrm{d}u, v+\mathrm{d}v) = y(u,v) + \frac{\partial y(u,v)}{\partial u}\mathrm{d}u + \frac{\partial y(u,v)}{\partial v}\mathrm{d}v + o(\mathrm{d}u) + o(\mathrm{d}v);$$

$$D' : x_4 = x(u, v+\mathrm{d}v) = x(u,v) + \frac{\partial x(u,v)}{\partial v}\mathrm{d}v + o(\mathrm{d}v),$$

$$y_4 = y(u, v+\mathrm{d}v) = y(u,v) + \frac{\partial y(u,v)}{\partial v}\mathrm{d}v + o(\mathrm{d}v).$$

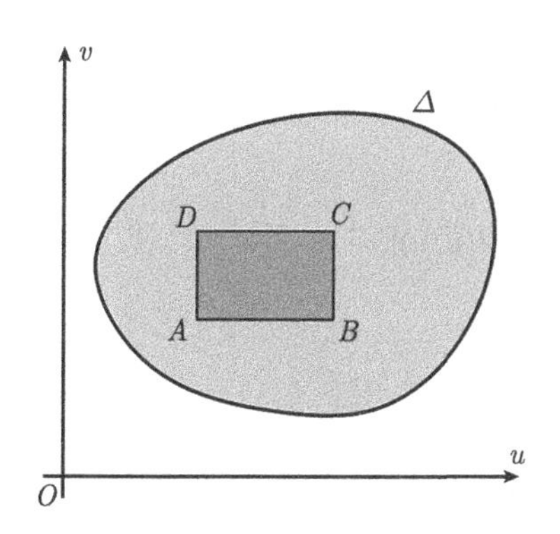

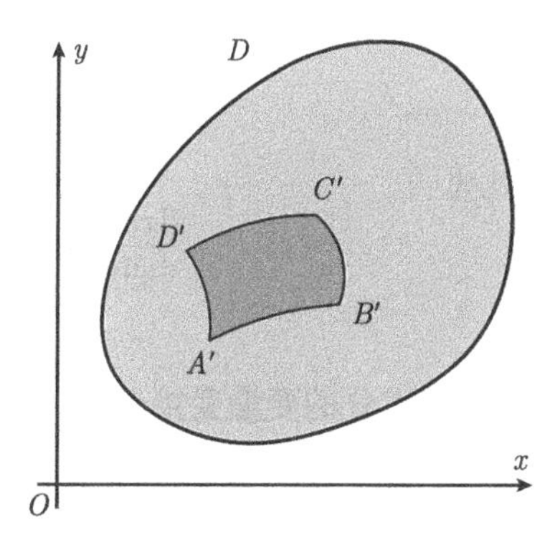

图 16.17 微元面积的伸缩变化

为了计算 $A'B'C'D'$ 的面积, 将 $A'B'$, $B'C'$, $C'D'$ 以及 $D'A'$ 皆用直线连接作出一个四边形 $A'B'C'D'$. 可以证明当 $\mathrm{d}x$ 与 $\mathrm{d}y$ 充分小时, 忽略高阶无穷小量, 曲边四边形 $A'B'C'D'$ 的面积等于四边形 $A'B'C'D'$ 的面积. 再由 x_i, $y_i (i=1,2,3,4)$ 的表达式, 略去 $o(\mathrm{d}u)$ 与 $o(\mathrm{d}v)$, 则有

$$x_2 - x_1 = x_3 - x_4, \quad x_4 - x_1 = x_3 - x_2,$$

$$y_2 - y_1 = y_3 - y_4, \quad y_4 - y_1 = y_3 - y_2.$$

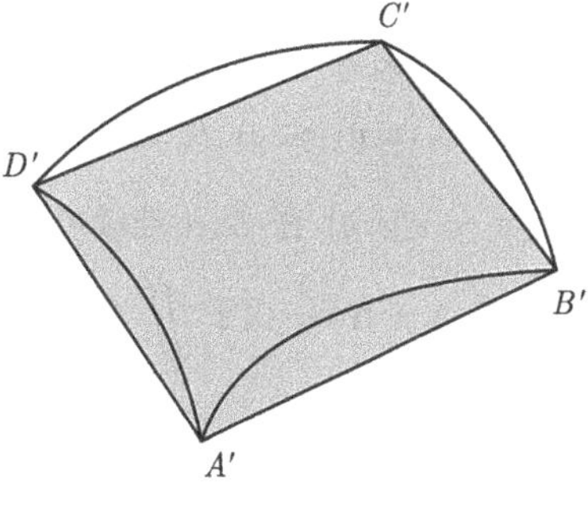

图 16.18

可见, 在四边形 $A'B'C'D'$ 中, 两两对边的长度是相等的, 所以当忽略高阶无穷小量时, 曲边四边形是一个平行四边形 (图 16.18), 其面积 $\mathrm{d}\Sigma$ 是

三角形 $A'B'C'$ 面积的两倍, 由解析几何知识, 则有

$$\mathrm{d}\Sigma = \pm \begin{vmatrix} x_1 & y_1 & 1 \\ x_2 & y_2 & 1 \\ x_3 & y_3 & 1 \end{vmatrix}, \text{ 符号选取使} \mathrm{d}\Sigma > 0,$$

代入 $x_i, y_i (i = 1, 2, 3)$ 的表达式并再次忽略高阶无穷小量, 于是有

$$\mathrm{d}\Sigma = \pm \begin{vmatrix} x(u,v) & y(u,v) & 1 \\ x(u,v) + \dfrac{\partial x}{\partial u}\mathrm{d}u & y(u,v) + \dfrac{\partial y}{\partial u}\mathrm{d}u & 1 \\ x(u,v) + \dfrac{\partial x}{\partial u}\mathrm{d}u + \dfrac{\partial y}{\partial v}\mathrm{d}v & y(u,v) + \dfrac{\partial y}{\partial u}\mathrm{d}u + \dfrac{\partial y}{\partial v}\mathrm{d}v & 1 \end{vmatrix}$$

$$= \pm \begin{vmatrix} x & y & 1 \\ \dfrac{\partial x}{\partial u}\mathrm{d}u & \dfrac{\partial y}{\partial u}\mathrm{d}u & 0 \\ \dfrac{\partial x}{\partial v}\mathrm{d}v & \dfrac{\partial y}{\partial v}\mathrm{d}v & 0 \end{vmatrix} = \left| \frac{\partial(x,y)}{\partial(u,v)} \right| \mathrm{d}u\mathrm{d}v,$$

因而

$$\mathrm{d}x\mathrm{d}y = \left| \frac{\partial(x,y)}{\partial(u,v)} \right| \mathrm{d}u\mathrm{d}v,$$

即面积之比为

$$\frac{\mathrm{d}x\mathrm{d}y}{\mathrm{d}u\mathrm{d}v} = \left| \frac{\partial(x,y)}{\partial(u,v)} \right| = |J(u,v)|.$$

□

16.3.2 二重积分的变量变换公式

定理 16.3.1 在引理 16.3.1 的条件下, 设 $f(x,y)$ 在有界闭区域 D 上可积, 则

$$\iint_D f(x,y)\mathrm{d}x\mathrm{d}y = \iint_\Delta f(x(u,v), y(u,v))|J(u,v)|\mathrm{d}u\mathrm{d}v. \tag{16.3.3}$$

***证明** 因为 T 是 Δ 到 D 上的一对一变换, 所以 T 的逆变换 T^{-1} 存在. 又因为 $\dfrac{\partial(x,y)}{\partial(u,v)} \neq 0, (u,v) \in \Delta$ 及 $x(u,v), y(u,v)$ 在 Δ 上有一阶连续偏导数, 所以逆变换 $u = u(x,y), v = v(x,y)$ 在 D 上连续可微. 又因为 $J(u,v) = \dfrac{\partial(x,y)}{\partial(u,v)}$ 是闭区域 Δ 上的连续函数, 所以在 Δ 上有界. 由于 $\iint\limits_D f(x,y)\mathrm{d}x\mathrm{d}y$ 存在, 所以对 D 作分割 $T = \{\sigma_1, \cdots, \sigma_n\}$ 就有

$$\iint_D f(x,y)\mathrm{d}x\mathrm{d}y = \lim_{\|T\| \to 0} \sum_{i=1}^n f(\xi_i, \eta_i)\Delta\sigma_i,$$

其中 $(\xi_i, \eta_i) \in \sigma_i (i = 1, 2, \cdots, n)$.

对应于 D 上的分割 T, 由变换的可逆性, Δ 上有对应的分割 $\pi=\{\sigma_1',\cdots,\sigma_n'\}$. 由引理 16.3.1 有

$$\Delta\sigma_i-\left|\frac{\partial(x,y)}{\partial(u,v)}\right|\Delta\sigma_i'+o(1)\cdot\Delta\sigma_i,$$

所以

$$\sum_{i=1}^{n}f(\xi_i,\eta_i)\Delta\sigma_i=\sum_{i=1}^{n}f(\xi_i,\eta_i)\left|\frac{\partial(x,y)}{\partial(u,v)}\right|\Delta\sigma_i'+o(1),$$

其中, 在等号右边, $(\xi_i,\eta_i)=(x(s_i,t_i),y(s_i,t_i))$, $\left|\frac{\partial(x,y)}{\partial(u,v)}\right|$ 在 (s_i,t_i) 处取值, $(s_i,t_i)\in\sigma_i'(i=1,2,\cdots,n)$. 另一方面, 逆变换 $u=u(x,y)$, $v=v(x,y)$ 在 D 上一致连续, 所以当 $\|T\|\to 0$ 时, 对应地, 也有 $\|\pi\|\to 0$. 于是在上式中两边令 $\|T\|\to 0$ 得

$$\iint\limits_D f(x,y)\mathrm{d}x\mathrm{d}y=\iint\limits_\Delta f(x(u,v),y(u,v))|J(u,v)|\mathrm{d}u\mathrm{d}v.$$ □

16.3.3 例题

在进行坐标变换计算二重积分时, 应该根据积分区域和被积函数的特点, 选择合适的变换, 尽可能地做到既把被积函数化简, 又把积分区域变得简单, 更加方便地计算出积分值.

例 1 求抛物线 $x^2=my,x^2=ny$ 和直线 $y=\alpha x,y=\beta x$ 所围区域 D 的面积 S_D, 其中 $0<m<n$, $0<\alpha<\beta$ (图 16.19).

解

$$S_D=\iint\limits_D\mathrm{d}x\mathrm{d}y.$$

为了简化积分区域, 作变换

$$u=\frac{x^2}{y},\quad v=\frac{y}{x},$$

即

$$x=uv,\quad y=uv^2,$$

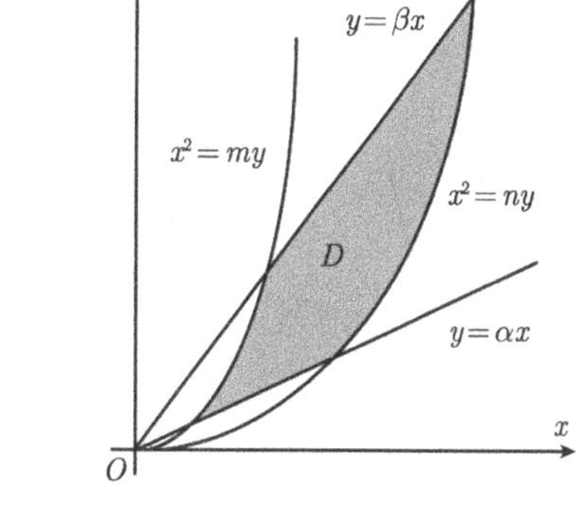

图 16.19

则 xy 平面上的区域 D 与 uv 平面的矩形区域 $\Delta=[m,n]\times[\alpha,\beta]$ 一一对应, 并且

$$J(u,v)=\frac{\partial(x,y)}{\partial(u,v)}=\begin{vmatrix}v&u\\v^2&2uv\end{vmatrix}=uv^2>0,\quad u,v\in\Delta,$$

所以

$$S_D = \iint\limits_D \mathrm{d}x\mathrm{d}y = \iint\limits_\Delta uv^2\mathrm{d}u\mathrm{d}v = \int_m^n u\mathrm{d}u \cdot \int_\alpha^\beta v^2\mathrm{d}v = \frac{1}{6}(n^2 - m^2)(\beta^3 - \alpha^3). \quad \square$$

例 2　计算二重积分 $I = \iint\limits_D f(xy)\mathrm{d}x\mathrm{d}y$, 其中 D 是由 $xy = 1$, $xy = 2$, $y = x$ 和 $y = 4x$ $(x > 0)$ 所围成的区域 (图 16.16).

解　直接积分会很复杂. 根据被积函数和积分区域的特点, 可作如下变换:

$$u = xy, \quad v = \frac{y}{x},$$

即 $x = \sqrt{\dfrac{u}{v}}$, $y = \sqrt{uv}$. 于是 xy 平面的区域 D 与 uv 平面的矩形 $\Delta = [1,2] \times [1,4]$ 一一对应, 并且

$$J(u,v) = \begin{vmatrix} \dfrac{1}{2\sqrt{uv}} & -\dfrac{\sqrt{u}}{2v\sqrt{v}} \\ \dfrac{1}{2}\sqrt{\dfrac{v}{u}} & \dfrac{1}{2}\sqrt{\dfrac{u}{v}} \end{vmatrix} = \frac{1}{2v} > 0,$$

所以

$$I = \iint\limits_D f(xy)\mathrm{d}x\mathrm{d}y = \int_1^4 \mathrm{d}v \int_1^2 \frac{1}{2v} f(u)\mathrm{d}u = \ln 2 \cdot \int_1^2 f(u)\mathrm{d}u. \quad \square$$

例 3　计算二重积分

$$I = \iint\limits_D \frac{x^2 \sin xy}{y}\mathrm{d}x\mathrm{d}y,$$

其中 D 是由曲线 $x^2 = ay$, $x^2 = by$, $y^2 = cx$, $y^2 = dx$ $(0 < a < b,\ 0 < c < d)$ 围成的区域 (图 16.20).

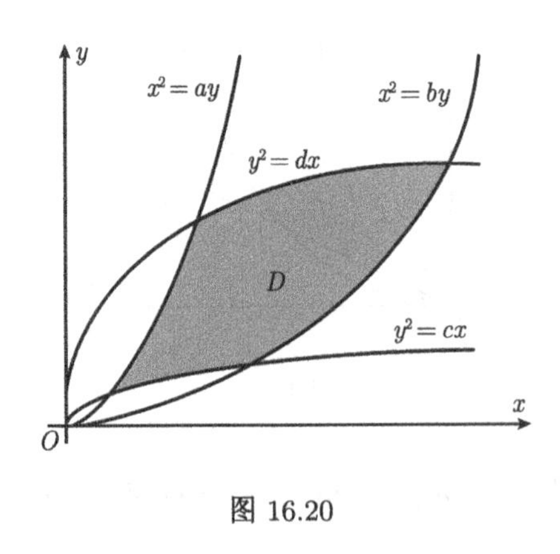

图 16.20

解　作变换

$$\begin{cases} u = \dfrac{x^2}{y}, & a \leqslant u \leqslant b, \\ v = \dfrac{y^2}{x}, & c \leqslant v \leqslant d, \end{cases}$$

则 $x = \sqrt[3]{u^2 v}$, $y = \sqrt[3]{uv^2}$, 于是 $J(u,v) = \dfrac{\partial(x,y)}{\partial(u,v)} = \dfrac{1}{3}$, 所以

$$
\begin{aligned}
I &= \frac{1}{3}\int_a^b \mathrm{d}u \int_c^d u \sin uv \mathrm{d}v \\
&= \frac{\sin bc - \sin ac}{3c} - \frac{\sin bd - \sin ad}{3d}.
\end{aligned}
$$
□

16.3.4 在极坐标系中计算二重积分

当被积函数呈现 $f(x^2+y^2)$ 形式, 或者积分区域是圆域或圆域的一部分时, 选取极坐标变换是比较方便的. 采用极坐标变换

$$
T: x = r\cos\theta,\ y = r\sin\theta, \quad 0 \leqslant r < +\infty, 0 \leqslant \theta \leqslant 2\pi \tag{16.3.4}
$$

得到

$$
J(r,\theta) = \begin{vmatrix} \cos\theta & -r\sin\theta \\ \sin\theta & r\cos\theta \end{vmatrix} = r.
$$

坐标变换 T 把 $r\theta$ 平面上的矩形 $[0,R]\times[0,2\pi]$ 变换成 xy 平面上的圆域 $D = \{(x,y)|x^2+y^2 \leqslant R^2\}$.

然而, 这样的对应不是一对一的. 例如, 如图 16.21 和图 16.22 所示, xy 平面上原点 $O(0,0)$ 与 $r\theta$ 平面上直线 $r=0$ 相对应, x 轴上线段 AA' 对应于 $r\theta$ 平面上两条线段 CD 和 EF. 又当 $r=0$ 时, $J(r,\theta)=0$, 因此, 不满足定理 16.3.1 的条件, 但是可以证明如下定理:

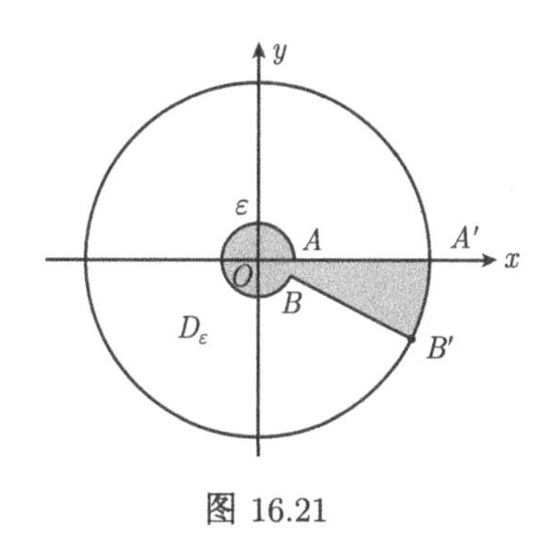

图 16.21

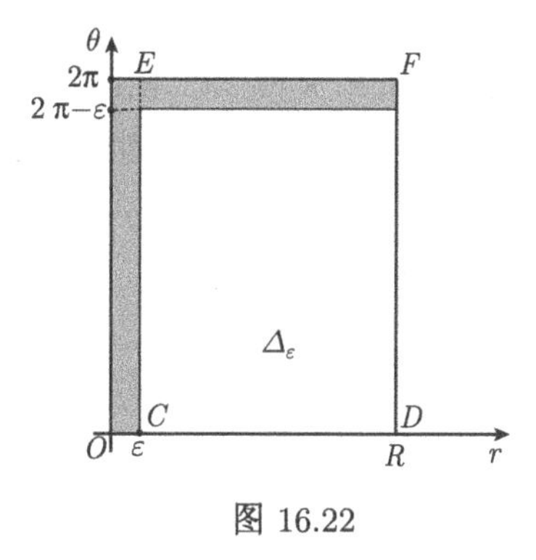

图 16.22

定理 16.3.2 设 $f(x,y)$ 在有界闭区域 D 上可积, 并且在极坐标变换下, xy 平面上区域 D 与 $r\theta$ 平面上区域 Δ 对应, 其中 $D \subset \overline{B_R}(0), \Delta \subset [0,R]\times[0,2\pi]$, 则

$$
\iint\limits_D f(x,y)\mathrm{d}x\mathrm{d}y = \iint\limits_\Delta f(r\cos\theta, r\sin\theta) r \mathrm{d}r\mathrm{d}\theta.
$$

证明　若 D 为圆域 $\{(x,y)|x^2+y^2 \leqslant R^2\}$, 则 Δ 为 $r\theta$ 平面上矩形区域 $[0,R]\times[0,2\pi]$. 设 D_ε 为 $\{(x,y)|0<\varepsilon^2 \leqslant x^2+y^2 \leqslant R^2\}$ 减去扇形区域 $BB'A'A$(图 16.21), 则在极坐标变换下, D_ε 对应于 $r\theta$ 平面上的矩形区域 $\Delta_\varepsilon=[\varepsilon,R]\times[0,2\pi-\varepsilon]$(图 16.22).

D_ε 与 Δ_ε 之间在极坐标变换下是一一对应的, 并且在 Δ_ε 上函数行列式 $J(r,\theta)=r>0$, 所以由定理 16.3.1 有

$$\iint\limits_{D_\varepsilon} f(x,y)\mathrm{d}x\mathrm{d}y=\iint\limits_{\Delta_\varepsilon} f(r\cos\theta,r\sin\theta)r\mathrm{d}r\mathrm{d}\theta.$$

因为 $f(x,y)$ 在有界闭域 D 上有界, 在上式中令 $\varepsilon\to 0$ 即得

$$\iint\limits_{D} f(x,y)\mathrm{d}x\mathrm{d}y=\iint\limits_{\Delta} f(r\cos\theta,r\sin\theta)r\mathrm{d}r\mathrm{d}\theta.$$

若 D 是一般的有界闭区域, 则取足够大的 $R>0$, 使 D 包含在圆域 $\overline{B}_R(O)=\{(x,y)|x^2+y^2\leqslant R^2\}$ 内, 并且在 $\overline{B}_R(O)$ 上定义函数

$$F(x,y)=\begin{cases} f(x,y), & (x,y)\in D,\\ 0, & (x,y)\notin D.\end{cases}$$

因此,

$$\iint\limits_{\overline{B}_R(O)} F(x,y)\mathrm{d}x\mathrm{d}y=\iint\limits_{\Delta_R} F(r\cos\theta,r\sin\theta)r\mathrm{d}r\mathrm{d}\theta,$$

其中 $\Delta_R=[0,R]\times[0,2\pi]$. 由函数 $F(x,y)$ 的定义, 即得定理的结论.　□

现在介绍二重积分在极坐标下如何化为累次积分计算.

(1) 若原点 $O\notin D$ 且 xy 平面上射线 $\theta=$ 常数与 D 的边界至多交于两点, 则 Δ 必可表示成 (图 16.23)

$$\Delta: r_1(\theta)\leqslant r\leqslant r_2(\theta),\alpha\leqslant\theta\leqslant\beta,$$

于是

$$\iint\limits_{D} f(x,y)\mathrm{d}x\mathrm{d}y=\int_\alpha^\beta \mathrm{d}\theta\int_{r_1(\theta)}^{r_2(\theta)} f(r\cos\theta,r\sin\theta)r\mathrm{d}r.$$

如果 Δ 可以表示成 (图 16.24)

$$\Delta: \theta_1(r)\leqslant\theta\leqslant\theta_2(r),\quad r_1\leqslant r\leqslant r_2,$$

则

$$\iint\limits_{D} f(x,y)\mathrm{d}x\mathrm{d}y=\int_{r_1}^{r_2} r\mathrm{d}r\int_{\theta_1(r)}^{\theta_2(r)} f(r\cos\theta, r\sin\theta)\mathrm{d}\theta.$$

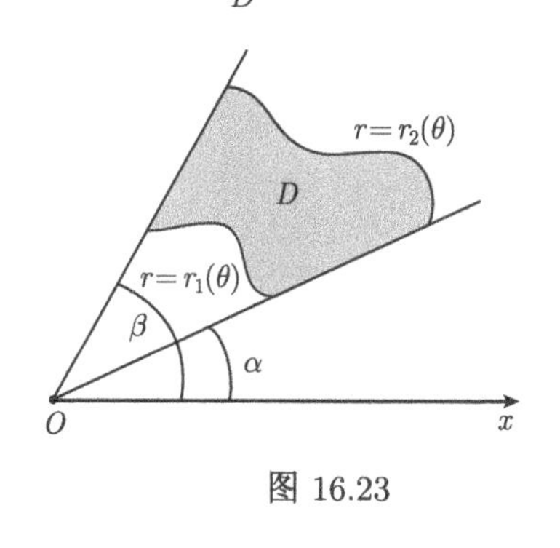

图 16.23

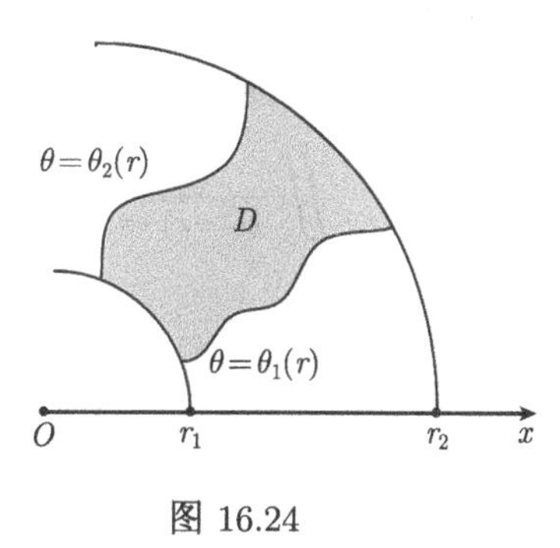

图 16.24

(2) 原点 $O(0,0)\in D^{\circ}$, D 的边界的极坐标方程为 $r=r(\theta)$, 则 Δ 可表示成 (图 16.25)

$$\Delta:\ 0\leqslant r\leqslant r(\theta), 0\leqslant\theta\leqslant 2\pi,$$

于是

$$\iint\limits_{D} f(x,y)\mathrm{d}x\mathrm{d}y=\int_{0}^{2\pi}\mathrm{d}\theta\int_{0}^{r(\theta)} f(r\cos\theta, r\sin\theta)r\mathrm{d}r.$$

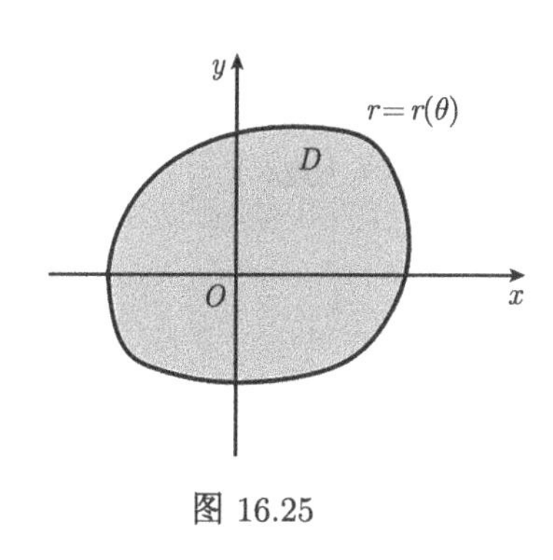

图 16.25

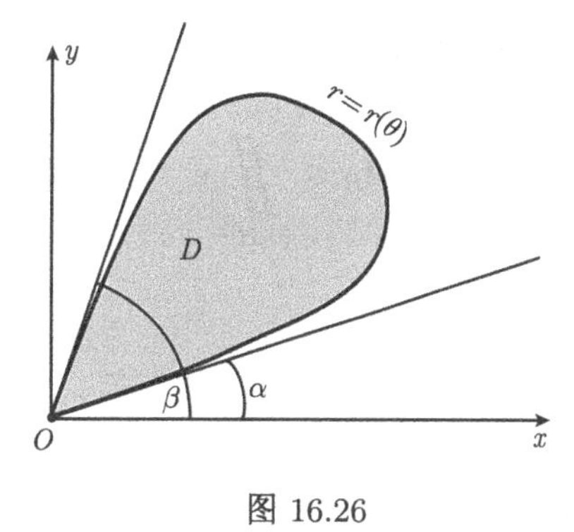

图 16.26

(3) 原点 O 在 D 的边界上 (图 16.26), 则 Δ 可表示成

$$\Delta:\ 0\leqslant r\leqslant r(\theta), \alpha\leqslant\theta\leqslant\beta,$$

于是

$$\iint\limits_{D} f(x,y)\mathrm{d}x\mathrm{d}y=\int_{\alpha}^{\beta}\mathrm{d}\theta\int_{0}^{r(\theta)} f(r\cos\theta, r\sin\theta)r\mathrm{d}r.$$

例 4 计算

$$I = \iint\limits_D \frac{\mathrm{d}x\mathrm{d}y}{\sqrt{1+x^2+y^2}},$$

其中 D 为圆域 $x^2+y^2 \leqslant 1$.

解 作极坐标变换, 注意到原点在 D° 内, 则有

$$\begin{aligned}\iint\limits_D \frac{\mathrm{d}x\mathrm{d}y}{\sqrt{1+x^2+y^2}} &= \int_0^{2\pi} \mathrm{d}\theta \int_0^1 \frac{r}{\sqrt{1+r^2}}\mathrm{d}r \\ &= \int_0^{2\pi} \sqrt{1+r^2}\Big|_0^1 \mathrm{d}\theta = 2(\sqrt{2}-1)\pi.\end{aligned}$$

□

例 5 计算 $I_R = \iint\limits_D \mathrm{e}^{-(x^2+y^2)}\mathrm{d}x\mathrm{d}y$, 其中 $D_R = \{(x,y)|x^2+y^2 \leqslant R^2, x \geqslant 0, y \geqslant 0\}$. 由此推出 $\int_0^{+\infty} \mathrm{e}^{-x^2}\mathrm{d}x = \frac{\sqrt{\pi}}{2}$.

解 首先利用极坐标变换知, D_R 对应 $\Delta_R = \left\{(r,\theta)|0 \leqslant r \leqslant R, 0 \leqslant \theta \leqslant \frac{\pi}{2}\right\}$, 于是有

$$I_R = \int_0^{\frac{\pi}{2}} \mathrm{d}\theta \int_0^R r\mathrm{e}^{-r^2}\mathrm{d}r = \frac{\pi}{4}(1-\mathrm{e}^{-R^2}).$$

其次, 注意到 $D_R \subset [0,R]^2 \subset D_{\sqrt{2}R}$ 及 $\mathrm{e}^{-(x^2+y^2)} > 0$, 于是有

$$\frac{\pi}{4}(1-\mathrm{e}^{-R^2}) = I_R \leqslant \iint\limits_{[0,R]^2} \mathrm{e}^{-(x^2+y^2)}\mathrm{d}x\mathrm{d}y = \left(\int_0^R \mathrm{e}^{-x^2}\mathrm{d}x\right)^2 \leqslant I_{\sqrt{2}R} = \frac{\pi}{4}(1-\mathrm{e}^{-2R^2}),$$

因此,

$$\frac{\sqrt{\pi}}{2}\sqrt{1-\mathrm{e}^{-R^2}} \leqslant \int_0^R \mathrm{e}^{-x^2}\mathrm{d}x \leqslant \frac{\sqrt{\pi}}{2}\sqrt{1-\mathrm{e}^{-2R^2}},$$

故由迫敛性知

$$\int_0^{+\infty} \mathrm{e}^{-x^2}\mathrm{d}x = \lim_{R\to+\infty} \int_0^R \mathrm{e}^{-x^2}\mathrm{d}x = \frac{\sqrt{\pi}}{2}.$$

□

例 6 求椭球体

$$\frac{x^2}{a^2} + \frac{y^2}{b^2} + \frac{z^2}{c^2} \leqslant 1$$

的体积.

解 由对称性, 椭球体的体积 V 是其第一卦限部分体积的 8 倍, 这一部分的曲顶是 $z = c\sqrt{1-\frac{x^2}{a^2}-\frac{y^2}{b^2}}$, 其中 $(x,y) \in D$,

$$D=\left\{(x,y)\middle|0\leqslant y\leqslant b\sqrt{1-\frac{x^2}{a^2}},0\leqslant x\leqslant a\right\}$$

是 xy 平面上椭圆的 1/4, 所以

$$V=8\iint\limits_D c\sqrt{1-\frac{x^2}{a^2}-\frac{y^2}{b^2}}\mathrm{d}x\mathrm{d}y.$$

作广义极坐标变换

$$T:x=ar\cos\theta,\ y=br\sin\theta,\quad 0\leqslant r\leqslant 1,0\leqslant\theta\leqslant\frac{\pi}{2}.$$

计算可得 $J(r,\theta)=abr$, 所以

$$V=8\int_0^{\frac{\pi}{2}}\mathrm{d}\theta\int_0^1 c\sqrt{1-r^2}abr\mathrm{d}r=8abc\int_0^{\frac{\pi}{2}}\mathrm{d}\theta\int_0^1 r\sqrt{1-r^2}\mathrm{d}r=\frac{4\pi}{3}abc.\qquad\square$$

当 $a=b=c=R$ 时得到球的体积为 $\dfrac{4\pi}{3}R^3$.

例 7　求球 $x^2+y^2+z^2\leqslant R^2$ 被圆柱面 $x^2+y^2=Rx$ 所割下部分 (维维安尼 (Viviani) 体, 图 16.27) 的体积.

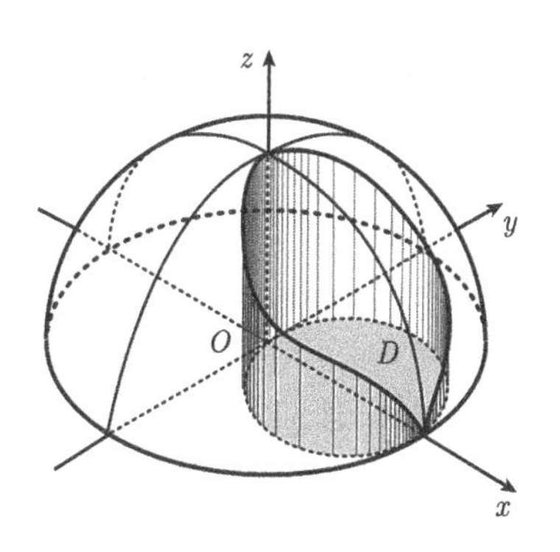

图 16.27　维维安尼体

解　由对称性, 只要求出其在第一卦限内部分的体积再乘以 4 即可. 其在第一卦限部分的曲顶为 $z=\sqrt{R^2-x^2-y^2}(y\geqslant 0,x^2+y^2\leqslant Rx)$, 所以

$$V=4\iint\limits_D\sqrt{R^2-x^2-y^2}\mathrm{d}x\mathrm{d}y,$$

其中 $D=\{(x,y)|y\geqslant 0,x^2+y^2\leqslant Rx\}$. 用极坐标变换可得

$$\begin{aligned}V&=4\int_0^{\frac{\pi}{2}}\mathrm{d}\theta\int_0^{R\cos\theta}\sqrt{R^2-r^2}r\mathrm{d}r\\&=\frac{4}{3}R^3\int_0^{\frac{\pi}{2}}(1-\sin^3\theta)\mathrm{d}\theta=\frac{4}{3}R^3\left(\frac{\pi}{2}-\frac{2}{3}\right).\end{aligned}\qquad\square$$

二重积分的坐标变换

习　题　16.3

1. 引入新变量 u, v 后, 将下列积分化为不同顺序的累次积分:

(1) $\iint\limits_D f(3x+4y)\mathrm{d}x\mathrm{d}y$, 其中 $D=\{(x,y)|x^2+y^2\leqslant 1\}$, 令 $u=\frac{3}{5}x+\frac{4}{5}y, v=-\frac{4}{5}x+\frac{3}{5}y$;

(2) $\int_0^2 \mathrm{d}x\int_{1-2x}^{4-2x} f(x,y)\mathrm{d}y$, 令 $u=2x+y, v=x-y$.

2. 用极坐标变换计算下列二重积分:

(1) $\iint\limits_D (2x-3y)\mathrm{d}x\mathrm{d}y$, 其中 $D=\{(x,y)|x^2+y^2\leqslant 2x\}$;

(2) $\iint\limits_D \cos(x^2+y^2)\mathrm{d}x\mathrm{d}y$, 其中 $D=\{(x,y)|1\leqslant x^2+y^2\leqslant \pi^2\}$;

(3) $\iint\limits_D y\mathrm{d}x\mathrm{d}y$, 其中 D 由阿基米德螺线 $r=\theta$ 与射线 $\theta=\pi$ 围成.

3. 进行适当的坐标变换, 计算下列二重积分:

(1) $\iint\limits_D |\cos(x+y)|\mathrm{d}x\mathrm{d}y$, 其中 $D=\{(x,y)||x|+|y|\leqslant 2\pi\}$;

(2) $\iint\limits_D (x-y)\cos(x+y)\mathrm{d}x\mathrm{d}y$, 其中 $D=\{(x,y)|0\leqslant x+y\leqslant \pi, 0\leqslant x-y\leqslant \pi\}$;

(3) 求 $\iint\limits_D \mathrm{e}^{\frac{x-y}{x+y}}\mathrm{d}x\mathrm{d}y$, 其中 D 是由 $x=0$, $y=0$ 和 $x+y=1$ 所围的区域.

4. 求由下列曲面所围立体 V 的体积:

(1) V 是由曲面 $z^2=x^2+y^2$ 和 $2z=x^2+y^2$ 所围的立体;

(2) V 是由 $z=\frac{x^2}{4}+\frac{y^2}{9}$ 和 $z=x+y$ 所围的立体.

---

5. 作适当变量变换, 把下列二重积分化为定积分:

(1) $\iint\limits_D f(x^2+y^2)\mathrm{d}x\mathrm{d}y$, 其中 $D=\{(x,y)|1\leqslant x^2+y^2\leqslant 4\}$;

(2) $\iint\limits_D f\left(\frac{y}{x}\right)\mathrm{d}x\mathrm{d}y$, 其中 $D=\{(x,y)|x^2+y^2\leqslant x\}$;

(3) $\iint\limits_D f(ax+by)\mathrm{d}x\mathrm{d}y$, 其中 $a^2+b^2\neq 0$, $D=\{(x,y)|x^2+y^2\leqslant 1\}$;

(4) $\iint\limits_D f(xy)\mathrm{d}x\mathrm{d}y$, 其中 $D=\left\{(x,y)\middle|\frac{x}{\mathrm{e}}\leqslant y\leqslant \mathrm{e}x, 1\leqslant xy\leqslant 3\right\}$.

6. 求由椭圆 $(a_1x+b_1y+c_1)^2+(a_2x+b_2y+c_2)^2=1$ 所围成区域的面积, 其中 $a_1b_2-a_2b_1\neq 0$.

16.4 三重积分

16.4.1 三重积分的概念

求空间物体 V 的质量 M 是导出三重积分的物理背景. 如果在 V 的每一点 (x,y,z) 的密度函数是 $f(x,y,z)$, 那么为了求 V 的质量, 把 V 分割成 n 个可求体积的小块 $V_1,V_2,\cdots,V_n$, 在每一小块 V_i 上任取一点 (ξ_i,η_i,ζ_i), 以 $f(\xi_i,\eta_i,\zeta_i)$ 近似地作为 V_i 各点的密度, 则定义

$$M=\lim_{||T||\to 0}\sum_{i=1}^{n}f(\xi_i,\eta_i,\zeta_i)\Delta V_i,$$

其中 ΔV_i 为小块 V_i 的体积, $||T||=\max\limits_{1\leqslant i\leqslant n}\{V_i\text{的直径}\}$.

设 $f(x,y,z)$ 是定义在三维空间中可求体积的有界区域 V 上的有界函数. 用若干光滑曲面构成的曲面网 T 来分割 V, 把 V 分成 n 个小区域 $V_1,V_2,\cdots,V_n$. 记 V_i 的体积为 $\Delta V_i(i=1,2,\cdots,n)$, $||T||=\max\limits_{1\leqslant i\leqslant n}\{V_i\text{的直径}\}$ 为分割 T 的细度. 在 V_i 中任取一点 (ξ_i,η_i,ζ_i), 作积分和

$$\sum_{i=1}^{n}f(\xi_i,\eta_i,\zeta_i)\Delta V_i.$$

定义 16.4.1 设 $f(x,y,z)$ 是定义在三维空间中可求体积的有界闭区域 V 上的函数, J 是一个确定的数. 如果对任意正数 ε, 总存在正数 δ, 使得对 V 的任一分割 $T=\{V_1,\cdots,V_n\}$ 及任何点 $(\xi_i,\eta_i,\zeta_i)\in V_i(i=1,2,\cdots,n)$, 只要 $||T||<\delta$, 就都有

$$\left|\sum_{i=1}^{n}f(\xi_i,\eta_i,\zeta_i)\Delta V_i-J\right|<\varepsilon, \tag{16.4.1}$$

则称 $f(x,y,z)$ 在 V 上**黎曼可积**, 简称为 $f(x,y,z)$ 在 V 上可积. 数 J 称为函数 $f(x,y,z)$ 在 V 上的**三重积分**, 记作

$$J=\iiint\limits_V f(x,y,z)\mathrm{d}V \quad \text{或} \quad J=\iiint\limits_V f(x,y,z)\mathrm{d}x\mathrm{d}y\mathrm{d}z, \tag{16.4.2}$$

其中 $f(x,y,z)$ 称为**被积函数**, x,y,z 称为**积分变量**, V 称为**积分区域**, $\mathrm{d}x\mathrm{d}y\mathrm{d}z$ 称为**体积微元**.

当 $f(x,y,z)\equiv 1$ 时, $\iiint\limits_V \mathrm{d}V$ 表示 V 的体积.

三重积分具有与二重积分相应的可积条件和性质, 并且

(1) 有界闭区域 V 上的连续函数必可积;

(2) 如果有界闭区域 V 上的有界函数 $f(x,y,z)$ 的间断点集中在有限多个体积为 0 的曲面上, 则 $f(x,y,z)$ 在 V 上必可积.

16.4.2 化三重积分为累次积分(穿针法与切片法)

三重积分的计算是本节的重点. 在计算三重积分 $\iiint\limits_V f(x,y,z)\mathrm{d}x\mathrm{d}y\mathrm{d}z$ 时, 与二重积分一样, 也要转化成累次积分. 形象地讲, 转化为累次积分的过程就是让自变量 (x,y,z) 恰好扫过立体 V 一遍. 不同的扫描方式对应不同的累次积分, 先从最简单的积分区域开始.

定理 16.4.1 若函数 $f(x,y,z)$ 在长方体 $V=[a,b]\times[c,d]\times[e,h]$ 上的三重积分存在, 并且对任何 $x\in[a,b]$, 二重积分

$$I(x)=\iint\limits_D f(x,y,z)\mathrm{d}y\mathrm{d}z$$

存在, 其中 $D=[c,d]\times[e,h]$, 则积分

$$\int_a^b \mathrm{d}x\iint\limits_D f(x,y,z)\mathrm{d}y\mathrm{d}z$$

也存在且

$$\iiint\limits_V f(x,y,z)\mathrm{d}x\mathrm{d}y\mathrm{d}z=\int_a^b \mathrm{d}x\iint\limits_D f(x,y,z)\mathrm{d}y\mathrm{d}z. \tag{16.4.3}$$

证明 要证明: $I(x)$ 在 $[a,b]$ 上可积, 且

$$\int_a^b I(x)\mathrm{d}x=\iiint\limits_V f(x,y,z)\mathrm{d}x\mathrm{d}y\mathrm{d}z.$$

为此, 对区间 $[a,b]$ 作分割: $a=x_0<x_1<x_2<\cdots<x_r=b$, 在每个区间 $[x_{i-1},x_i]$ 中任取一点 ξ_i, 记 $d=\max\limits_{1\leqslant i\leqslant r}\Delta x_i$, 则要证明:

$$\lim_{d\to 0}\sum_{i=1}^r I(\xi_i)\Delta x_i=\iiint\limits_V f(x,y,z)\mathrm{d}x\mathrm{d}y\mathrm{d}z.$$

事实上, 用平行于坐标面的平面网对 V 作分割 $T=\{V_{ijk}\}$, 其中

$$V_{ijk}=[x_{i-1},x_i]\times[y_{j-1},y_j]\times[z_{k-1},z_k],$$

和 $y_0=c, z_0=e, j=k=i$,

$$y_i-y_{i-1}=\frac{d-c}{b-a}(x_i-x_{i-1}), z_i-z_{i-1}=\frac{h-e}{b-a}(x_i-x_{i-1}), i=1,\cdots,r.$$

则易知, $\|T\|=d\sqrt{1+\left(\frac{d-c}{b-a}\right)^2+\left(\frac{h-e}{b-a}\right)^2}$. 于是 $\|T\|\to 0\Leftrightarrow d\to 0$. 设 M_{ijk}, m_{ijk} 分别为 $f(x,y,z)$ 在 V_{ijk} 上的上、下确界. 对 $[x_{i-1},x_i]$ 中任一点 ξ_i, 在 $D_{jk}=[y_{j-1},y_j]\times[z_{k-1},z_k]$ 上有

$$m_{ijk}\Delta y_j\Delta z_k\leqslant\iint\limits_{D_{jk}}f(\xi_i,y,z)\mathrm{d}y\mathrm{d}z\leqslant M_{ijk}\Delta y_j\Delta z_k.$$

对 j,k 求和得

$$\sum_{j,k}m_{ijk}\Delta y_j\Delta z_k\leqslant\sum_{j,k}\iint\limits_{D_{jk}}f(\xi_i,y,z)\mathrm{d}y\mathrm{d}z\leqslant\sum_{j,k}M_{ijk}\Delta y_j\Delta z_k,$$

其中

$$\sum_{j,k}\iint\limits_{D_{jk}}f(\xi_i,y,z)\mathrm{d}y\mathrm{d}z=\iint\limits_{D}f(\xi_i,y,z)\mathrm{d}y\mathrm{d}z=I(\xi_i),$$

所以

$$\sum_{i,j,k}m_{ijk}\Delta x_i\Delta y_j\Delta z_k\leqslant\sum_{i}I(\xi_i)\Delta x_i\leqslant\sum_{i,j,k}M_{ijk}\Delta x_i\Delta y_j\Delta z_k.$$

上述不等式两边是分割 T 的下和与上和. 由于 $f(x,y,z)$ 在 V 上可积, 所以

$$\begin{aligned}\lim_{||T||\to 0}\sum_{i,j,k}m_{ijk}\Delta x_i\Delta y_j\Delta z_k&=\lim_{||T||\to 0}\sum_{i,j,k}M_{ijk}\Delta x_i\Delta y_j\Delta z_k\\&=\iiint\limits_{V}f(x,y,z)\mathrm{d}x\mathrm{d}y\mathrm{d}z,\end{aligned}$$

而 $||T||\to 0$ 等价于 $d=\max\{\Delta x_i\}\to 0$, 因此根据迫敛性得, $I(x)$ 在 $[a,b]$ 上可积且

$$\int_a^b I(x)\mathrm{d}x=\iiint\limits_{V}f(x,y,z)\mathrm{d}x\mathrm{d}y\mathrm{d}z.$$ □

对于定理 16.4.1 中的长方体区域 V 来说, 运用二重积分转化为累次积分的知识有

$$\iiint\limits_{V}f(x,y,z)\mathrm{d}x\mathrm{d}y\mathrm{d}z=\int_a^b\mathrm{d}x\int_c^d\mathrm{d}y\int_e^h f(x,y,z)\mathrm{d}z,\tag{16.4.4}$$

其中 $V=[a,b]\times[c,d]\times[e,h]$. 从最里层积分计算起, 就可以计算出三重积分.

对于复杂一些的一般区域上三重积分的计算, 可以转化成简单一些的区域上的积分之和.

对于比较简单的区域

$$V = \{(x,y,z)|z_1(x,y) \leqslant z \leqslant z_2(x,y), y_1(x) \leqslant y \leqslant y_2(x), a \leqslant x \leqslant b\}, \tag{16.4.5}$$

也就是说, 任何一条平行于 z 轴且穿过 V 内部的直线至多与 V 的边界交于两点, 那么 V 在 xy 平面上的投影为

$$D = \{(x,y)|y_1(x) \leqslant y \leqslant y_2(x), a \leqslant x \leqslant b\}, \tag{16.4.6}$$

于是当 $f(x,y,z)$ 在 V 上连续, $z_1(x,y)$ 和 $z_2(x,y)$ 在 D 上连续, $y_1(x)$ 和 $y_2(x)$ 在 $[a,b]$ 上连续时有

$$\iiint\limits_V f(x,y,z)\mathrm{d}x\mathrm{d}y\mathrm{d}z = \iint\limits_D \mathrm{d}x\mathrm{d}y \int_{z_1(x,y)}^{z_2(x,y)} f(x,y,z)\mathrm{d}z, \tag{16.4.7}$$

从而

$$\iiint\limits_V f(x,y,z)\mathrm{d}x\mathrm{d}y\mathrm{d}z = \int_a^b \mathrm{d}x \int_{y_1(x)}^{y_2(x)} \mathrm{d}y \int_{z_1(x,y)}^{z_2(x,y)} f(x,y,z)\mathrm{d}z. \tag{16.4.8}$$

式 (16.4.7) 对应的累次积分法叫“穿针法”, 意思是指过 V 在 xy 平面的投影 D 中任一点 (x,y) 的平行于 z 轴的直线, 其中的一段 $z_1(x,y) \leqslant z \leqslant z_2(x,y)$ 恰好在 V 中, 就像一根线穿过 V 一样, 按照这种办法, 让 (x,y) 走遍 D, 则这样的线段恰好走遍 V 一次 (图 16.28).

同样地, 当把 V 投影到 zx 平面和 yz 平面上时, 也可写出相应的累次积分公式.

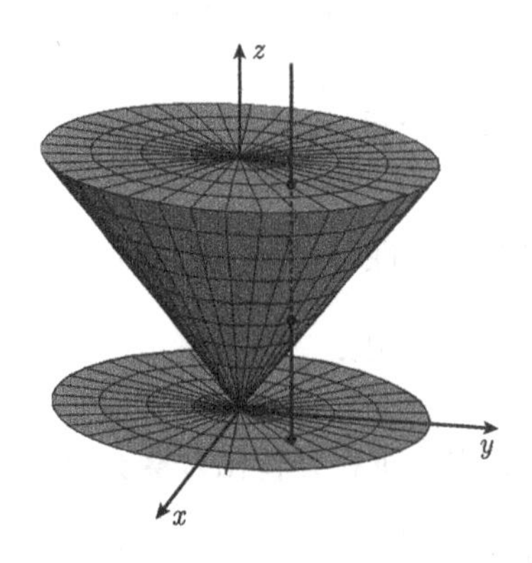

图 16.28 “穿针法” 示意图

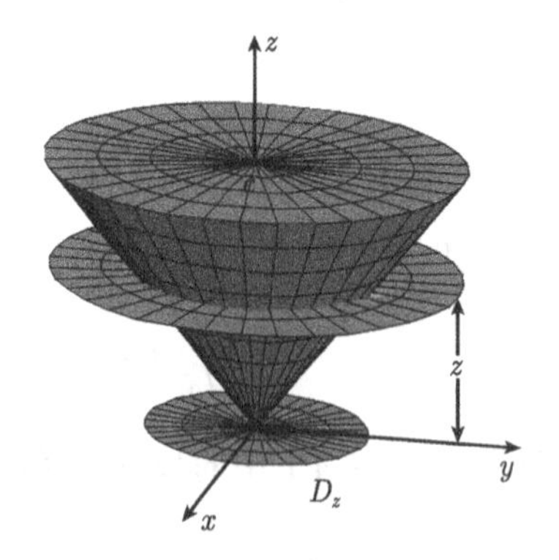

图 16.29 “切片法” 示意图

另外的转化累次积分的方式是

$$\iiint\limits_V f(x,y,z)\mathrm{d}x\mathrm{d}y\mathrm{d}z = \int_e^h \mathrm{d}z \iint\limits_{D_z} f(x,y,z)\mathrm{d}x\mathrm{d}y. \tag{16.4.9}$$

此时, 立体 V 恰好夹在两个平行平面 $z=e$ 与 $z=h$ 之间, D_z 是这两个平面之间的任一平行平面与立体 V 的截面, 所以这种累次积分法叫"切片法". 这样的切片随 z 的变化而变化, 当 z 从 $z=e$ 变到 $z=h$ 时, 点 (x,y,z) 恰好走遍 V 一次 (图 16.29).

适合切片法的是切口比较规则, 即 D_z 的边界表达式简单的情形. 穿针法适合的区域是上述比较有特点的区域, 即 V 有明显的上、下边界面, 并且表达式比较简单.

后面还会涉及坐标变换法, 以简化积分区域或被积函数, 使三重积分的计算变得简单.

例 1 计算三重积分

$$I=\iiint\limits_V \frac{xy}{\sqrt{z}}\mathrm{d}x\mathrm{d}y\mathrm{d}z,$$

其中 V 是由锥面 $\left(\frac{z}{c}\right)^2=\left(\frac{x}{a}\right)^2+\left(\frac{y}{b}\right)^2$, 坐标面 $x=0,y=0$ 以及平面 $z=c>0$ 所围成的立体, $x>0,y>0,a>0,b>0$.

解法 1(穿针法) 将 V 向 xy 平面投影为 (图 16.28 中第一卦限部分)

$$D=\left\{(x,y)\middle|\left(\frac{x}{a}\right)^2+\left(\frac{y}{b}\right)^2\leqslant 1, x\geqslant 0, y\geqslant 0\right\},$$

所以

$$\begin{aligned}I&=\iint\limits_D xy\mathrm{d}x\mathrm{d}y\int_{c\sqrt{(\frac{x}{a})^2+(\frac{y}{b})^2}}^{c}\frac{\mathrm{d}z}{\sqrt{z}}\\&=2\sqrt{c}\iint\limits_D xy\left[1-\sqrt[4]{\left(\frac{x}{a}\right)^2+\left(\frac{y}{b}\right)^2}\right]\mathrm{d}x\mathrm{d}y.\end{aligned}$$

用广义极坐标变换 $x=ar\cos\theta,\ y=br\sin\theta\left(0\leqslant r\leqslant 1, 0\leqslant\theta\leqslant\frac{\pi}{2}\right)$, 则有 $J=abr$, 于是

$$\begin{aligned}I&=2a^2b^2\sqrt{c}\int_0^1 r^3\mathrm{d}r\int_0^{\frac{\pi}{2}}\sin\theta\cos\theta(1-\sqrt{r})\mathrm{d}\theta\\&=a^2b^2\sqrt{c}\int_0^1 r^3(1-\sqrt{r})\mathrm{d}r\\&=\frac{1}{36}a^2b^2\sqrt{c}.\end{aligned}$$

解法 2(切片法) 因为 V 恰好夹在两个平面 $z=0$ 和 $z=c$ 之间, 并且对任意固定的 $z:0\leqslant z\leqslant c$, V 被平面 $z=0$ 和 $z=c$ 之间的任何一平行平面所切的截面 D_z(即切片, 图 16.29 中第一卦限部分) 为四分之一椭圆, 即

$$D_z = \left\{ (x,y) \middle| \left(\frac{x}{a}\right)^2 + \left(\frac{y}{b}\right)^2 \leqslant \left(\frac{z}{c}\right)^2, x \geqslant 0, y \geqslant 0 \right\},$$

所以

$$\begin{aligned} I &= \int_0^c \mathrm{d}z \iint_{D_z} \frac{xy}{\sqrt{z}} \mathrm{d}x\mathrm{d}y \\ &= \int_0^c \mathrm{d}z \int_0^{\frac{b}{c}z} y\mathrm{d}y \int_0^{a\sqrt{(\frac{z}{c})^2 - (\frac{y}{b})^2}} \frac{x}{\sqrt{z}} \mathrm{d}x \\ &= \int_0^c \frac{\mathrm{d}z}{\sqrt{z}} \int_0^{\frac{b}{c}z} y \cdot \frac{1}{2} a^2 \left[\left(\frac{z}{c}\right)^2 - \left(\frac{y}{b}\right)^2 \right] \mathrm{d}y \\ &= \int_0^c \frac{a^2b^2}{8c^4} z^{\frac{7}{2}} \mathrm{d}z = \frac{1}{36} a^2 b^2 \sqrt{c}. \end{aligned}$$

□

例 2　计算

$$\iiint_V \frac{\mathrm{d}x\mathrm{d}y\mathrm{d}z}{x^2+y^2},$$

其中 V 为由平面 $x=1, x=2, z=0, y=x$ 与 $z=y$ 所围的区域 (图 16.30).

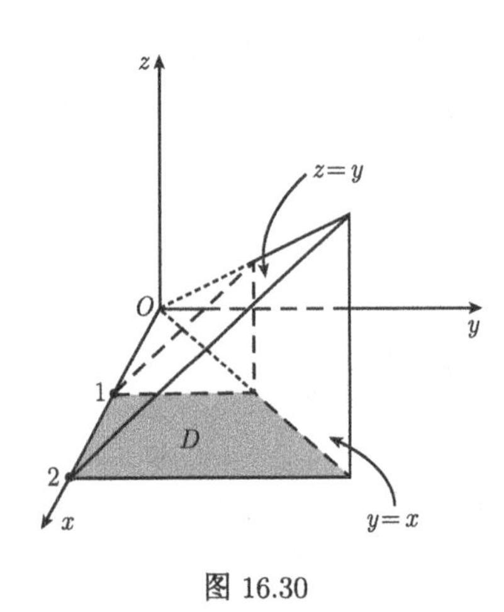

图 16.30

解法 1(穿针法)　本题的积分区域 V 在 xy 平面上的投影为 $D = \{(x,y)|0 \leqslant y \leqslant x, 1 \leqslant x \leqslant 2\}$, 并且下底为 $z=0$, 上底为 $z=y$, 所以用穿针法比较方便, 于是

$$\begin{aligned} \iiint_V \frac{\mathrm{d}x\mathrm{d}y\mathrm{d}z}{x^2+y^2} &= \iint_D \mathrm{d}x\mathrm{d}y \int_0^y \frac{\mathrm{d}z}{x^2+y^2} \\ &= \int_1^2 \mathrm{d}x \int_0^x \mathrm{d}y \int_0^y \frac{\mathrm{d}z}{x^2+y^2} \\ &= \int_1^2 \frac{1}{2} \ln(x^2+y^2) \Big|_{y=0}^{y=x} \mathrm{d}x \\ &= \int_1^2 \frac{1}{2} \ln 2 \mathrm{d}x = \frac{1}{2} \ln 2. \end{aligned}$$

解法 2(切片法)　因为 V 恰好夹在两个平面 $x=1$ 和 $x=2$ 之间, 并且对任意固定的 $x: 1 \leqslant x \leqslant 2$, V 被平面 $x=1$ 和 $x=2$ 之间的任何一平行平面所切的截面 D_x(即切片, 图 16.30) 为三角形, 即

$$D_x = \{(y,z)|0 \leqslant y \leqslant x,\ 0 \leqslant z \leqslant y\},$$

所以

$$\iiint_V \frac{\mathrm{d}x\mathrm{d}y\mathrm{d}z}{x^2+y^2} = \int_1^2 \mathrm{d}x \iint_{D_x} \frac{\mathrm{d}y\mathrm{d}z}{x^2+y^2}$$

$$
\begin{aligned}
&= \int_1^2 \mathrm{d}x \int_0^x \mathrm{d}y \int_0^y \frac{\mathrm{d}z}{x^2+y^2} \\
&= \int_1^2 \frac{1}{2}\ln(x^2+y^2)\Big|_{y=0}^{y=x} \mathrm{d}x = \int_1^2 \frac{1}{2}\ln 2\mathrm{d}x \\
&= \frac{1}{2}\ln 2.
\end{aligned}
$$

□

例 3 求 $I = \iiint\limits_V z^2 \mathrm{d}x\mathrm{d}y\mathrm{d}z$, 其中 V 是椭球体 $\dfrac{x^2}{a^2}+\dfrac{y^2}{b^2}+\dfrac{z^2}{c^2} \leqslant 1$.

解 用切片法有

$$
I = \iiint\limits_V z^2 \mathrm{d}x\mathrm{d}y\mathrm{d}z = \int_{-c}^{c} z^2 \mathrm{d}z \iint\limits_{D_z} \mathrm{d}x\mathrm{d}y,
$$

其中 D_z 是椭圆域切片,

$$
D_z = \left\{(x,y)\middle|\frac{x^2}{a^2}+\frac{y^2}{b^2} \leqslant 1-\frac{z^2}{c^2}\right\} = \left\{(x,y)\middle|\frac{x^2}{a^2\left(1-\dfrac{z^2}{c^2}\right)}+\frac{y^2}{b^2\left(1-\dfrac{z^2}{c^2}\right)} \leqslant 1\right\},
$$

它的面积为

$$
\pi\left(a\sqrt{1-\frac{z^2}{c^2}}\right)\cdot\left(b\sqrt{1-\frac{z^2}{c^2}}\right) = \pi ab\left(1-\frac{z^2}{c^2}\right).
$$

于是

$$
I = \int_{-c}^{c} \pi ab z^2\left(1-\frac{z^2}{c^2}\right)\mathrm{d}z = \frac{4}{15}\pi abc^3.
$$

□

根据积分区域是椭球 $\dfrac{x^2}{a^2}+\dfrac{y^2}{b^2}+\dfrac{z^2}{c^2} \leqslant 1$, 被积函数是 $\dfrac{x^2}{a^2}+\dfrac{y^2}{b^2}+\dfrac{z^2}{c^2}$ 的特点, 在后面可以看到, 用适当的变量变换可以使得计算十分简单.

16.4.3 三重积分的变量变换法

某些类型的三重积分作适当的变换后, 要么能使积分区域变简单, 要么使被积函数变简单, 从而使积分的计算更方便.

设变换

$$
T: x = x(u,v,w),\ y = y(u,v,w),\ z = z(u,v,w) \tag{16.4.10}
$$

将 uvw 空间中区域 V' 一对一地变换成 xyz 空间中的区域 V, 并设 $x = x(u,v,w), y = y(u,v,w), z = z(u,v,w)$ 及它们的一阶偏导数在 V' 内连续且函数行列式

$$
J(u,v,w) = \begin{vmatrix} \dfrac{\partial x}{\partial u} & \dfrac{\partial x}{\partial v} & \dfrac{\partial x}{\partial w} \\ \dfrac{\partial y}{\partial u} & \dfrac{\partial y}{\partial v} & \dfrac{\partial y}{\partial w} \\ \dfrac{\partial z}{\partial u} & \dfrac{\partial z}{\partial v} & \dfrac{\partial z}{\partial w} \end{vmatrix} \neq 0, \quad (u,v,w) \in V', \tag{16.4.11}
$$

则可以证明

$$\iiint\limits_V f(x,y,z)\mathrm{d}x\mathrm{d}y\mathrm{d}z = \iiint\limits_{V'} f(x(u,v,w),y(u,v,w),z(u,v,w))|J(u,v,w)|\mathrm{d}u\mathrm{d}v\mathrm{d}w, \tag{16.4.12}$$

其中 $f(x,y,z)$ 在 V 上可积.

在三维空间中进行坐标变换, 就是用不同的曲面网去确定点的位置. 在变换后, xyz 空间中的区域 V 在 uvw 空间中的表示可能会很简单.

例 4　计算 $I=\iiint\limits_V xy\mathrm{d}x\mathrm{d}y\mathrm{d}z$, 其中 V 在第一卦限内由曲面

$$z=\frac{x^2+y^2}{m},\quad z=\frac{x^2+y^2}{n},\quad xy=a,\quad xy=b,\quad y=\alpha x,\quad y=\beta x$$

$(0<a<b, 0<\alpha<\beta, 0<m<n)$ 所围成.

解　作变量变换 $u=y/x$, $v=xy$, $w=(x^2+y^2)/z$, 则围成 V 的 6 个面分别化为

$$u=\alpha,\quad u=\beta,\quad v=a,\quad v=b,\quad w=m,\quad w=n,$$

其逆变换为

$$T:\ x=\sqrt{\frac{v}{u}},\quad y=\sqrt{uv},\quad z=\frac{v}{w}\left(u+\frac{1}{u}\right),$$

并且可算出 Jacobi 行列式 $J(u,v,w)=vw^{-2}(1+u^{-2})/2\neq 0$, 所以

$$\begin{aligned}
I&=\int_\alpha^\beta \mathrm{d}u\int_a^b \mathrm{d}v\int_m^n \sqrt{\frac{v}{u}}\cdot\sqrt{uv}\cdot\frac{v}{2w^2}\left(1+\frac{1}{u^2}\right)\mathrm{d}w\\
&=\frac{1}{2}\int_\alpha^\beta\left(1+\frac{1}{u^2}\right)\mathrm{d}u\cdot\int_a^b v^2\mathrm{d}v\cdot\int_m^n\frac{1}{w^2}\mathrm{d}w\\
&=\frac{1}{6}(\beta-\alpha)\left(1+\frac{1}{\alpha\beta}\right)(b^3-a^3)\left(\frac{1}{m}-\frac{1}{n}\right).
\end{aligned}$$

□

坐标变换的选取要视积分区域和被积函数的形式而定, 下面介绍常用的球坐标变换公式.

球坐标变换　在直角坐标系中, 采用这样三组曲面的交点来决定空间中点的位置的办法对应着球坐标变换, 这三组曲面是以原点为中心, 半径为 r 的球面; 过 z 轴的半平面, 它与 zx 正半坐标平面的夹角为 θ(叫经度); 以原点为顶点, z 轴为中心轴的上半锥面, 其母线与 z 的正半轴夹角为 φ(叫纬度). 此时, 球坐标变换为

$$T:\begin{cases} x=r\sin\varphi\cos\theta, & 0\leqslant r<+\infty,\\ y=r\sin\varphi\sin\theta, & 0\leqslant\varphi\leqslant\pi,\\ z=r\cos\varphi, & 0\leqslant\theta\leqslant 2\pi,\end{cases} \tag{16.4.13}$$

并且 (见定理 14.5.2 后的注)

$$J(r,\varphi,\theta)=r^2\sin\varphi,\quad 0\leqslant\varphi\leqslant\pi. \tag{16.4.14}$$

可以证明: 当 $f(x)$ 在 V 上可积时有

$$\iiint\limits_V f(x,y,z)\mathrm{d}x\mathrm{d}y\mathrm{d}z=\iiint\limits_{V'} f(r\sin\varphi\cos\theta,r\sin\varphi\sin\theta,r\cos\varphi)r^2\sin\varphi\mathrm{d}r\mathrm{d}\varphi\mathrm{d}\theta. \tag{16.4.15}$$

在球坐标系中, 用 $r=$ 常数, $\varphi=$ 常数, $\theta=$ 常数的平面分割 V' 时, 变换后在 xyz 直角坐标系中, $r=$ 常数是以原点为中心的球面, $\varphi=$ 常数是以原点为顶点, z 轴为中心轴的圆锥面, $\theta=$ 常数是过 z 轴的半平面 (图 16.31).

如果 V 在球坐标系下可以表示为

$$V'=\{(r,\varphi,\theta)|r_1(\varphi,\theta)\leqslant r\leqslant r_2(\varphi,\theta),\ \varphi_1(\theta)\leqslant\varphi\leqslant\varphi_2(\theta),\ \theta_1\leqslant\theta\leqslant\theta_2\}, \tag{16.4.16}$$

则

$$\begin{aligned}&\iiint\limits_V f(x,y,z)\mathrm{d}x\mathrm{d}y\mathrm{d}z\\ =&\int_{\theta_1}^{\theta_2}\mathrm{d}\theta\int_{\varphi_1(\theta)}^{\varphi_2(\theta)}\mathrm{d}\varphi\int_{r_1(\varphi,\theta)}^{r_2(\varphi,\theta)}f(r\sin\varphi\cos\theta,r\sin\varphi\sin\theta,r\cos\varphi)r^2\sin\varphi\mathrm{d}r.\end{aligned} \tag{16.4.17}$$

例 5 求由圆锥体$z\geqslant\sqrt{x^2+y^2}\cot\alpha$ 和球体 $x^2+y^2+(z-c)^2\leqslant c^2$ 所确定的立体体积, 其中 $\alpha\in\left(0,\dfrac{\pi}{2}\right)$, $c>0$ 为常数 (图 16.32).

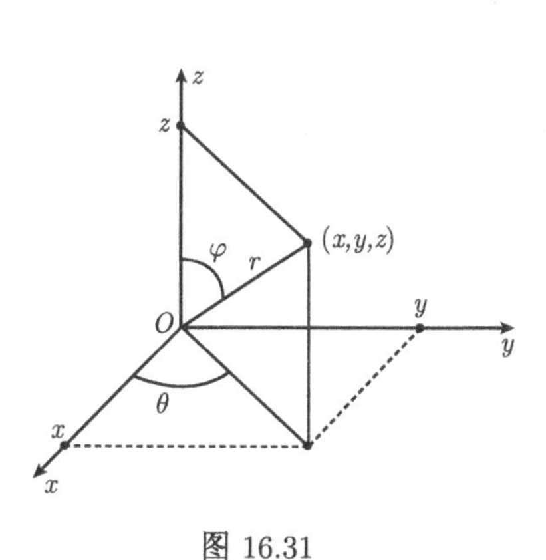

图 16.31

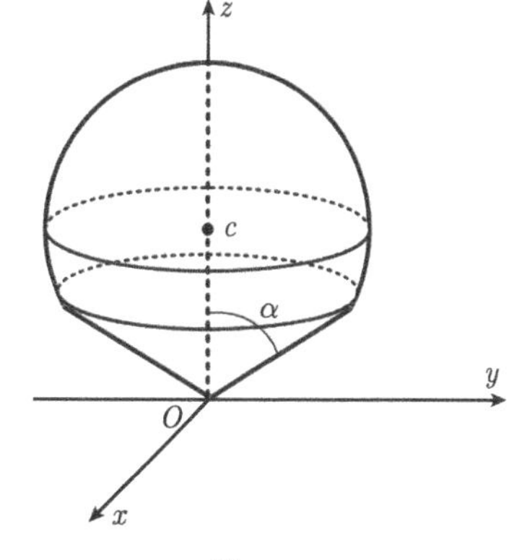

图 16.32

解　在球坐标变换下, 球面方程 $x^2+y^2+(z-c)^2=c^2$ 可表示成 $r=2c\cos\varphi$. 锥面方程 $z=\sqrt{x^2+y^2}\cot\alpha$ 可表示成 $\varphi=\alpha$. 因此,

$$V'=\{(r,\varphi,\theta)|0\leqslant r\leqslant 2c\cos\varphi,0\leqslant\varphi\leqslant\alpha,0\leqslant\theta\leqslant 2\pi\}.$$

于是 V 的体积为

$$\iiint_V \mathrm{d}V=\int_0^{2\pi}\mathrm{d}\theta\int_0^{\alpha}\mathrm{d}\varphi\int_0^{2c\cos\varphi}r^2\sin\varphi\mathrm{d}r=\frac{4}{3}\pi c^3(1-\cos^4\alpha).$$ □

例 6　求 $I=\iiint_V y\mathrm{d}x\mathrm{d}y\mathrm{d}z$, 其中 $V=\left\{(x,y,z)\left|\frac{x^2}{a^2}+\frac{y^2}{b^2}+\frac{z^2}{c^2}\leqslant 1,y\geqslant 0\right.\right\}$.

解　根据积分区域的特点, 采取广义球坐标变换

$$T:\begin{cases}x=ar\sin\varphi\cos\theta, & 0\leqslant r\leqslant 1,\\ y=br\sin\varphi\sin\theta, & 0\leqslant\varphi\leqslant\pi,\\ z=cr\cos\varphi, & 0\leqslant\theta\leqslant\pi,\end{cases}$$

则 $J=abcr^2\sin\varphi$, 所以

$$\begin{aligned}\iiint_V y\mathrm{d}x\mathrm{d}y\mathrm{d}z&=\iiint_{V'}ab^2cr^3\sin^2\varphi\sin\theta\mathrm{d}r\mathrm{d}\varphi\mathrm{d}\theta\\&=\int_0^{\pi}\sin\theta\mathrm{d}\theta\int_0^{\pi}\sin^2\varphi\mathrm{d}\varphi\int_0^1 ab^2cr^3\mathrm{d}r\\&=\frac{ab^2c}{2}\int_0^{\pi}\sin^2\varphi\mathrm{d}\varphi=\frac{\pi ab^2c}{4}.\end{aligned}$$ □

从上面的例题可以看到, 在三重积分的计算中, 球坐标变换是经常用到的有效方法. 一般来说, 选择坐标变换不仅要考虑积分区域, 而且要考虑被积函数的特点. 当积分区域为球形区域 (或为其一部分) 或被积函数含有 $x^2+y^2+z^2$ 的因子时, 就可以试用球坐标变换, 其他形式的坐标变换的选取要根据具体情况而定.

三重积分的计算

思考题

1. 列出三重积分的性质.

2. 三维空间中有界闭区域 V 上的黎曼可积函数一定是有界函数, 试证明之.

3. 试举出有界闭区域 V 上的有界函数不是黎曼可积的例子.

习　题　16.4

1. 计算下列三重积分:

(1) $\iiint\limits_V \sin x\cos^2 y\tan z\mathrm{d}x\mathrm{d}y\mathrm{d}z$, 其中 $V=[0,3]\times\left[0,\dfrac{\pi}{2}\right]\times\left[0,\dfrac{\pi}{4}\right]$;

(2) $\iiint\limits_V (x^2-y+2z)\mathrm{d}x\mathrm{d}y\mathrm{d}z$, 其中 $V=[-3,3]\times[0,2]\times[-4,1]$;

(3) $\iiint\limits_V z\mathrm{d}x\mathrm{d}y\mathrm{d}z$, 其中 V 是由曲面 $z=xy$ 与平面 $z=0,\ x=-1,x=1,y=2,y=3$ 围成的;

(4) $\iiint\limits_V (1+x+y+z)\mathrm{d}x\mathrm{d}y\mathrm{d}z$, 其中 V 是由平面 $x+y+z=1$ 与三个坐标面围成的;

(5) $\iiint\limits_V xy^2z^3\,\mathrm{d}x\mathrm{d}y\mathrm{d}z$, 其中 V 是由 $z=xy,z=0,x=1$ 及 $x=y$ 围成的;

(6) $\iiint\limits_V (x^2+y^2)\mathrm{d}x\mathrm{d}y\mathrm{d}z$, 其中 V 是以曲面 $x^2+y^2=z^2$ 与 $z=2$ 为界面的区域.

2. 试将下列累次积分改为先对 x 后对 y 再对 z, 以及先对 y 后对 z 再对 x 的累次积分:

(1) $\displaystyle\int_0^1\mathrm{d}x\int_0^{1-x}\mathrm{d}y\int_0^{x+y}f(x,y,z)\mathrm{d}z$;

(2) $\displaystyle\int_{-1}^1\mathrm{d}x\int_{-\sqrt{1-x^2}}^{\sqrt{1-x^2}}\mathrm{d}y\int_{\sqrt{x^2+y^2}}^1 f(x,y,z)\mathrm{d}z$.

3. 利用适当的坐标变换, 计算下列积分:

(1) $I=\iiint\limits_V\sqrt{x^2+y^2}\mathrm{d}x\mathrm{d}y\mathrm{d}z$, 其中 V 是由 $x^2+y^2=z^2,z=1$ 所围成的区域;

(2) $I=\iiint\limits_V\sqrt{x^2+y^2+z^2}\mathrm{d}x\mathrm{d}y\mathrm{d}z$, 其中 V 是由 $x^2+y^2+z^2=z$ 所围成的区域;

(3) $I=\iiint\limits_V\sqrt{1-\dfrac{x^2}{a^2}-\dfrac{y^2}{b^2}-\dfrac{z^2}{c^2}}\mathrm{d}x\mathrm{d}y\mathrm{d}z$, 其中 V 是椭球 $\dfrac{x^2}{a^2}+\dfrac{y^2}{b^2}+\dfrac{z^2}{c^2}\leqslant 1$;

(4) $I=\iiint\limits_V(x^2+y^2+z^2)^{-\frac{1}{2}}\mathrm{d}x\mathrm{d}y\mathrm{d}z$, 其中 $V=\{(x,y,z)|x^2+y^2+z^2\leqslant 2az\}$, $a>0$.

4. 设 $f(x,y,z)$ 连续, 试证明:

$$\int_0^1 \mathrm{d}x \int_0^x \mathrm{d}y \int_0^y f(x,y,z)\mathrm{d}z = \int_0^1 \mathrm{d}z \int_z^1 \mathrm{d}y \int_y^1 f(x,y,z)\mathrm{d}x.$$

5. 求由下列曲面所围立体的体积:

(1) V 由曲面 $z=x^2+y^2$ 与 $z=x+y$ 围成;

(2) V 由平面 $y=0, z=0, 3x+y=6, 3x+2y=12$ 和 $x+y+z=6$ 围成.

6. 计算下列积分:

(1) $I=\iiint\limits_V \mathrm{e}^{\sqrt{\frac{x^2}{a^2}+\frac{y^2}{b^2}+\frac{z^2}{c^2}}}\mathrm{d}x\mathrm{d}y\mathrm{d}z$, 其中 $V=\left\{(x,y,z)\left|\frac{x^2}{a^2}+\frac{y^2}{b^2}+\frac{z^2}{c^2}\leqslant 1\right.\right\}$;

(2) $I=\iiint\limits_V \mathrm{d}x\mathrm{d}y\mathrm{d}z$, 其中 V 是由 6 个平面

$$a_1x+b_1y+c_1z=\pm d_1,\quad a_2x+b_2y+c_2z=\pm d_2,\quad a_3x+b_3y+c_3z=\pm d_3$$

所围成的区域, 其中 $\begin{vmatrix} a_1 & b_1 & c_1 \\ a_2 & b_2 & c_2 \\ a_3 & b_3 & c_3 \end{vmatrix} \neq 0.$

7. 已知 $f(x,y,z)$ 可微, $F(t)=\iiint\limits_{x^2+y^2+z^2\leqslant t^2} f(x,y,z)\mathrm{d}x\mathrm{d}y\mathrm{d}z$, $t>0$, 求 $F'(t)$.

16.5 重积分的应用

在前面, 从求空间立体的体积和质量的角度引进了二重积分和三重积分. 下面再看几个几何与力学方面的应用.

16.5.1 曲面的面积

在第 9 章, 只求过旋转曲面的面积, 求一般空间曲面的面积还是一个新的内容, 先看最简单的情形. 设曲面 S 由方程

$$z=f(x,y),\quad (x,y)\in D \tag{16.5.1}$$

确定, 其中 D 是可求面积的平面有界区域, $f(x,y)$ 在 D 上具有连续的一阶偏导数.

为确定曲面面积, 采取对曲面分割的办法. 为此, 只要对曲面 S 在 xy 平面的投影 D 作分割 $T=\{\sigma_1,\cdots,\sigma_n\}$, 则相应地, S 也被分成 n 个小曲面 $S_1,S_2,\cdots,S_n$ (图 16.33).

在每个 S_i 上任取一点 M_i, 在该点作 S_i 的切平面 π_i, 在 π_i 上取一小块 A_i, 使得 A_i 与 S_i 在 xy 平面上的投影都是 σ_i. 用 A_i 的面积代替小曲面片 S_i 的面积, 于是当分割细度 $||T||$ 充分小时, 曲面 S 的面积

$$\Delta S=\sum_{i=1}^{n}\Delta S_i\approx\sum_{i=1}^{n}\Delta A_i, \qquad (16.5.2)$$

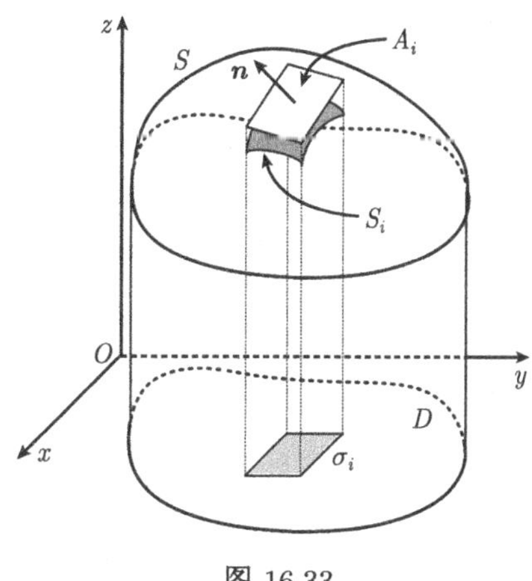

图 16.33

定义

$$\Delta S=\lim_{||T||\to 0}\sum_{i=1}^{n}\Delta A_i.$$

由于切平面 A_i 在 $M_i(\xi_i,\eta_i,\zeta_i)$ 处的法向量就是 S_i 在 M_i 处的法向量 $\boldsymbol{n}=\pm(f_x,f_y,-1)$, 记此法向量 $\boldsymbol{n}$ 与 z 轴正向的夹角为 γ_i, 则

$$|\cos\gamma_i|=\frac{1}{\sqrt{1+f_x^2(\xi_i,\eta_i)+f_y^2(\xi_i,\eta_i)}}.$$

于是

$$\Delta A_i=\frac{\Delta\sigma_i}{|\cos\gamma_i|}=\sqrt{1+f_x^2(\xi_i,\eta_i)+f_y^2(\xi_i,\eta_i)}\,\Delta\sigma_i,$$

和式

$$\sum_{i=1}^{n}\Delta A_i=\sum_{i=1}^{n}\sqrt{1+f_x^2(\xi_i,\eta_i)+f_y^2(\xi_i,\eta_i)}\,\Delta\sigma_i$$

是函数 $\sqrt{1+f_x^2(x,y)+f_y^2(x,y)}$ 在有界闭区域 D 上的积分和, 所以当 $||T||\to 0$ 时,

$$\Delta S=\lim_{||T||\to 0}\sum_{i=1}^{n}\sqrt{1+f_x^2(\xi_i,\eta_i)+f_y^2(\xi_i,\eta_i)}\,\Delta\sigma_i,$$

因此,

$$\Delta S=\iint_D\sqrt{1+f_x^2(x,y)+f_y^2(x,y)}\,\mathrm{d}x\mathrm{d}y \qquad (16.5.3)$$

或

$$\Delta S=\iint_D\frac{\mathrm{d}x\mathrm{d}y}{|\cos(\boldsymbol{n},z)|}, \qquad (16.5.4)$$

其中 $\cos(\boldsymbol{n},z)$ 是曲面的法向量 $\boldsymbol{n}$ 与 z 轴正向夹角的余弦, 即

$$|\cos(\boldsymbol{n},z)|=\frac{1}{\sqrt{1+f_x^2(x,y)+f_y^2(x,y)}}. \qquad (16.5.5)$$

当然还可以称 $\mathrm{d}S := \sqrt{1+f_x^2(x,y)+f_y^2(x,y)}\,\mathrm{d}x\mathrm{d}y$ **为曲面 S 的面积微元**.

例 1　求圆锥 $z=2\sqrt{x^2+y^2}$ 在圆柱体 $x^2+y^2\leqslant y$ 内那部分曲面的面积.

解　根据上面的面积公式有

$$\Delta S=\iint\limits_D\sqrt{1+z_x^2+z_y^2}\mathrm{d}x\mathrm{d}y,\quad D=\{(x,y)|x^2+y^2\leqslant y\}.$$

由于 $z=2\sqrt{x^2+y^2}$, 所以

$$z_x=\frac{2x}{\sqrt{x^2+y^2}},\quad z_y=\frac{2y}{\sqrt{x^2+y^2}},$$

于是

$$\Delta S=\iint\limits_D\sqrt{5}\mathrm{d}x\mathrm{d}y=\frac{\sqrt{5}}{4}\pi.$$ □

* 由参量方程

$$x=x(u,v),y=y(u,v),z=z(u,v),\quad (u,v)\in D$$

确定的曲面 S, 其中 $x(u,v),y(u,v),z(u,v)$ 在 D 上具有连续的一阶偏导数, 则 S 在点 (x,y,z) 的法线方向为

$$\left(\frac{\partial(y,z)}{\partial(u,v)},\frac{\partial(z,x)}{\partial(u,v)},\frac{\partial(x,y)}{\partial(u,v)}\right),$$

所以

$$|\cos(\boldsymbol{n},z)|=\left|\frac{\partial(x,y)}{\partial(u,v)}\right|\frac{1}{\sqrt{EG-F^2}},\tag{16.5.6}$$

其中

$$E=x_u^2+y_u^2+z_u^2,\quad F=x_ux_v+y_uy_v+z_uz_v,\quad G=x_v^2+y_v^2+z_v^2,\tag{16.5.7}$$

所以

$$\begin{aligned}\Delta S&=\iint\limits_D\frac{1}{|\cos(\boldsymbol{n},z)|}\mathrm{d}x\mathrm{d}y\\&=\iint\limits_{D'}\frac{1}{|\cos(\boldsymbol{n},z)|}\left|\frac{\partial(x,y)}{\partial(u,v)}\right|\mathrm{d}u\mathrm{d}v,\end{aligned}$$

即

$$\Delta S=\iint\limits_{D'}\sqrt{EG-F^2}\mathrm{d}u\mathrm{d}v.\tag{16.5.8}$$

***例 2**　试用公式 (16.5.8) 求圆锥 $z=2\sqrt{x^2+y^2}$ 在圆柱体 $x^2+y^2\leqslant y$ 内那部分曲面的面积.

解 圆锥面的参量方程为

$$x = r\cos\theta,\quad y = r\sin\theta,\quad z = 2r,\quad (r,\theta)\in D,$$

其中

$$D = \{(r,\theta)|0\leqslant r\leqslant \sin\theta, 0\leqslant\theta\leqslant\pi\}.$$

于是

$$x_r = \cos\theta,\quad x_\theta = -r\sin\theta,\quad y_r = \sin\theta,\quad y_\theta = r\cos\theta,\quad z_r = 2,\quad z_\theta = 0,$$

所以 $E = x_r^2 + y_r^2 + z_r^2 = 5$, $F = x_r x_\theta + y_r y_\theta + z_r z_\theta = 0$, $G = x_\theta^2 + y_\theta^2 + z_\theta^2 = r^2$, 因此由公式 (16.5.8) 可得

$$\Delta S = \int_0^\pi \int_0^{\sin\theta} \sqrt{5r^2}\mathrm{d}r\mathrm{d}\theta = \frac{\sqrt{5}}{4}\int_0^\pi (1-\cos 2\theta)\mathrm{d}\theta = \frac{\sqrt{5}}{4}\pi. \qquad \square$$

*16.5.2 重心

在高中物理课程中, 学习了一个有限质点系的重心公式. 现在要探讨空间一个立体的重心坐标. 设 V 是一个空间物体, 其密度 $\rho(x,y,z)$ 在 V 上连续, 求 V 的重心坐标公式. 为此对 V 作分割 $T = \{v_1,\cdots,v_n\}$, 在每一小块 v_i 上任取一点 (ξ_i,η_i,ζ_i), 则小块 v_i 的质量近似地为 $\rho(\xi_i,\eta_i,\zeta_i)\Delta v_i$. 如果把每一小块看成质量集中在 (ξ_i,η_i,ζ_i) 的质点时, 整个物体就可以用这 n 个质点构成的质点系来近似. 这 n 个质点构成的质点系的重心坐标为

$$\bar{x}_n = \frac{\sum\limits_{i=1}^n \xi_i\rho(\xi_i,\eta_i,\zeta_i)\Delta v_i}{\sum\limits_{i=1}^n \rho(\xi_i,\eta_i,\zeta_i)\Delta v_i},\quad \bar{y}_n = \frac{\sum\limits_{i=1}^n \eta_i\rho(\xi_i,\eta_i,\zeta_i)\Delta v_i}{\sum\limits_{i=1}^n \rho(\xi_i,\eta_i,\zeta_i)\Delta v_i},\quad \bar{z}_n = \frac{\sum\limits_{i=1}^n \zeta_i\rho(\xi_i,\eta_i,\zeta_i)\Delta v_i}{\sum\limits_{i=1}^n \rho(\xi_i,\eta_i,\zeta_i)\Delta v_i}.$$

当 $||T||\to 0$ 时得到 V 的重心坐标为

$$\bar{x} = \frac{\iiint\limits_V x\rho(x,y,z)\mathrm{d}V}{\iiint\limits_V \rho(x,y,z)\mathrm{d}V},\quad \bar{y} = \frac{\iiint\limits_V y\rho(x,y,z)\mathrm{d}V}{\iiint\limits_V \rho(x,y,z)\mathrm{d}V},\quad \bar{z} = \frac{\iiint\limits_V z\rho(x,y,z)\mathrm{d}V}{\iiint\limits_V \rho(x,y,z)\mathrm{d}V}. \tag{16.5.9}$$

当 $\rho(x,y,z) =$ 常数时, 则有

$$\bar{x} = \frac{1}{\Delta V}\iiint\limits_V x\mathrm{d}V,\quad \bar{y} = \frac{1}{\Delta V}\iiint\limits_V y\mathrm{d}V,\quad \bar{z} = \frac{1}{\Delta V}\iiint\limits_V z\mathrm{d}V, \tag{16.5.10}$$

其中 ΔV 为 V 的体积.

当 D 为密度 $\rho(x,y)$ 的平面薄板时, D 的重心坐标为

$$\bar{x} = \frac{\iint\limits_D x\rho(x,y)\mathrm{d}\sigma}{\iint\limits_D \rho(x,y)\mathrm{d}\sigma},\quad \bar{y} = \frac{\iint\limits_D y\rho(x,y)\mathrm{d}\sigma}{\iint\limits_D \rho(x,y)\mathrm{d}\sigma}. \tag{16.5.11}$$

例 3　求密度均匀的右半椭球体的重心.

解　设右半椭球体为

$$\frac{x^2}{a^2}+\frac{y^2}{b^2}+\frac{z^2}{c^2}\leqslant 1,\quad y\geqslant 0.$$

由对称性知 $\bar{x}=0$, $\bar{z}=0$. 又因为 ρ 为常数, 所以由 16.4 节的例 6 得

$$\bar{y}=\frac{\displaystyle\iiint\limits_V \rho y\mathrm{d}V}{\displaystyle\iiint\limits_V \rho\mathrm{d}V}=\frac{\displaystyle\iiint\limits_V y\mathrm{d}x\mathrm{d}y\mathrm{d}z}{\dfrac{2}{3}\pi abc}=\frac{3b}{8}.$$

□

*16.5.3　万有引力

设 V 是一空间物体, 其密度函数 $\rho(x,y,z)$ 在 V 上连续, 求立体 V 对立体外一点 (ξ,η,ζ) 处质量为 1 的质点 A 的引力 $\boldsymbol{F}$.

用微元法. V 中质量微元 $\mathrm{d}m=\rho(x,y,z)\mathrm{d}V$ 对点 A 的引力的三个分量为

$$\mathrm{d}F_x=k\frac{x-\xi}{r^3}\rho\mathrm{d}V,\quad \mathrm{d}F_y=k\frac{y-\eta}{r^3}\rho\mathrm{d}V,\quad \mathrm{d}F_z=k\frac{z-\zeta}{r^3}\rho\mathrm{d}V,\tag{16.5.12}$$

其中 k 为引力系数, $r=\sqrt{(x-\xi)^2+(y-\eta)^2+(z-\zeta)^2}$ 是 A 到 $\mathrm{d}V$ 的距离. 于是引力为

$$\boldsymbol{F}=F_x\boldsymbol{i}+F_y\boldsymbol{j}+F_z\boldsymbol{k},\tag{16.5.13}$$

其中

$$F_x=k\iiint\limits_V\frac{x-\xi}{r^3}\rho\mathrm{d}V,\quad F_y=k\iiint\limits_V\frac{y-\eta}{r^3}\rho\mathrm{d}V,\quad F_z=k\iiint\limits_V\frac{z-\zeta}{r^3}\rho\mathrm{d}V.\tag{16.5.14}$$

例 4　设球体 V 具有均匀的密度 $\rho\equiv 1$, 求 V 对球外一点 A(质量为 1) 的引力 (引力系数为 k).

解　设球体 V 为 $x^2+y^2+z^2\leqslant r^2$, 球外一点 A 的坐标为 $(0,0,a)$ $(a>r)$. 显然, 在这种坐标设置下, $F_x=F_y=0$, 由式 (16.5.14) 得

$$\begin{aligned}F_z&=k\iiint\limits_V\frac{(z-a)}{[x^2+y^2+(z-a)^2]^{3/2}}\rho\mathrm{d}x\mathrm{d}y\mathrm{d}z\\&=k\int_{-R}^{R}(z-a)\mathrm{d}z\iint\limits_D\frac{\mathrm{d}x\mathrm{d}y}{[x^2+y^2+(z-a)^2]^{3/2}},\end{aligned}$$

其中 $D=\{(x,y)|x^2+y^2\leqslant r^2-z^2\}$. 用坐标变换计算得

$$\begin{aligned}F_z&=k\int_{-r}^{r}(z-a)\mathrm{d}z\int_0^{2\pi}\mathrm{d}\theta\int_0^{\sqrt{r^2-z^2}}\frac{t}{[t^2+(z-a)^2]^{3/2}}\mathrm{d}t\\&=2\pi k\int_{-r}^{r}\left(-1-\frac{z-a}{\sqrt{r^2-2az+a^2}}\right)\mathrm{d}z\\&=-\frac{4}{3a^2}\pi r^3k.\end{aligned}$$

□

思考题

如何计算曲线对其外一质点的引力?

习　题　16.5

1. 求下列图形的面积:

(1) 曲面 $z=\sqrt{2xy}$ 被平面 $x+y=1, x=1$ 及 $y=1$ 所截部分;

(2) 锥面 $z=\sqrt{x^2+y^2}$ 被柱面 $z^2=4x$ 所截部分.

---

2. 求下列均匀平面薄板的重心:

(1) 半椭圆 $\dfrac{x^2}{a^2}+\dfrac{y^2}{b^2}\leqslant 1, x\geqslant 0$;

(2) 由 $y=2x^2$, $x+y=1$ 围成.

3. 求下列均匀立体 V 的重心:

(1) 由 $z=x^2+y^2$, 平面 $x+y=1$ 及三个坐标面围成;

(2) 由坐标面及平面 $x+2y-z=1$ 所围的四面体.

4. 计算密度为 ρ 的均匀柱体 $x^2+y^2\leqslant a^2, 0\leqslant z\leqslant h$ 对于点 $P(0,0,b)(b>h)$ 处的单位质量的引力.

5. 求螺旋面

$$x=r\cos\varphi,\quad y=r\sin\varphi,\quad z=h\varphi,$$

其中 $0\leqslant r\leqslant a$, $0\leqslant\varphi\leqslant 2\pi$ 那部分的面积.

小　结

二重积分和三重积分是定积分在二维和三维空间的发展和推广, 具有特别重要的实际应用意义. 本章主要讨论二重积分和三重积分的概念、性质和计算方法, 重积分在几何与物理中的应用.

(1) 与一元函数定积分略有不同的是, 首先要搞清楚平面上区域面积的定义. 在此基础上, 对照一元函数定积分的理论, 仍旧用分割、近似求和、取极限的过程来定义二重积分与三重积分.

(2) 对照定积分的可积性准则, 可以建立二重积分、三重积分的可积性准则, 进而给出重积分的可积函数类以及重积分可积函数的性质. 这些性质从形式上和实质上都与定积分有着密切的联系, 甚至对这些性质的证明都采用与定积分相类似的方法.

(3) 重积分的计算是本章的重点. 计算重积分的关键之处在于将重积分转化为累次积分来计算. 因此, 掌握重积分的计算技巧, 实际上就是恰当地选择累次积分的顺序和适当地配置累次积分中每一个定积分的积分限. 对于二重积分, 对积分区域用适当的方法扫描, 目的在于保证积分时对积分区域不遗漏、不重复. 对于三重积分, 或者用穿针法, 或者用切片法可将重积分转化为不同顺序的累次积分. 计算重积分的另一类重要的工具是坐标变换, 根据被积函数和积分区域的特点选择适当的坐标变换, 可以简化积分计算. 需要注意的是, 用坐标变换将导致积分区域的变化, 即引起面积或体积的伸缩, 因此, 计算重积分时要引入一个重要的表示这种伸缩率的量, 即 Jacobi 行列式.

(4) 用重积分所能解决的实际问题除了平面图形的面积、变密度平面图形的质量、空间立体的体积以及变密度空间立体的质量之外, 还可以用重积分计算平面物体或空间物体的重心, 以及与面积、体积相关的某些物理量的叠加, 如物体对某一点的引力等.

复　习　题

1. 计算下列积分:

(1) $\iint\limits_D |x+y|\mathrm{d}x\mathrm{d}y$, 其中 $D=\{(x,y)||x|+|y|\leqslant 1\}$;

(2) $\iint\limits_D \mathrm{sgn}(3-y^2)\mathrm{d}x\mathrm{d}y$, 其中 $D=\{(x,y)|x^2+y^2\leqslant 4\}$;

(3) $\iint\limits_D xy\mathrm{d}x\mathrm{d}y$, 其中 D 是由 $y=ax^3, y=bx^3, y^2=px, y^2=qx$ 所围成的平面区域, $0<a<b, 0<p<q$.

2. 设 $\Delta=\begin{vmatrix} a_1 & b_1 & c_1 \\ a_2 & b_2 & c_2 \\ a_3 & b_3 & c_3 \end{vmatrix}\neq 0$, 求椭球

$$(a_1x+b_1y+c_1z)^2+(a_2x+b_2y+c_2z)^2+(a_3x+b_3y+c_3z)^2\leqslant h^2$$

的体积.

3. 设 $f(x,y)$ 在有界闭区域 D 上连续, 并且对任何 D 上的连续函数 $g(x,y)$ 均有

$$\iint\limits_D f(x,y)g(x,y)\mathrm{d}x\mathrm{d}y=0,$$

求证: $f(x,y)\equiv 0((x,y)\in D)$.

4. 设 $f(x,y)$ 为连续函数且 $f(x,y)=f(y,x)$. 证明:

$$\int_0^1\mathrm{d}x\int_0^x f(x,y)\mathrm{d}y=\int_0^1\mathrm{d}x\int_0^x f(1-x,1-y)\mathrm{d}y.$$

5. 设 $F(t)$ 分别由下列重积分定义, 计算 $F'(t)$:

(1) $F(t)=\iint\limits_{\substack{0\leqslant x\leqslant t\\0\leqslant y\leqslant t}} \mathrm{e}^{-\frac{tx}{y^2}}\mathrm{d}x\mathrm{d}y\,(t>0)$;

(2) $F(t)=\iiint\limits_{\substack{0\leqslant x\leqslant t\\0\leqslant y\leqslant t\\0\leqslant z\leqslant t}} f(xyz)\mathrm{d}x\mathrm{d}y\mathrm{d}z$, 其中 $f(u)$ 可微.

6. 设 $f(x,y,z)$ 在长方体 $V=[a,b]\times[c,d]\times[e,h]$ 上可积. 若对任何 $(y,z)\in D=[c,d]\times[e,h]$, 定积分

$$F(y,z)=\int_a^b f(x,y,z)\mathrm{d}x$$

存在, 证明: $F(y,z)$ 在 D 上可积且

$$\iint\limits_D F(y,z)\mathrm{d}y\mathrm{d}z=\iiint\limits_V f(x,y,z)\mathrm{d}x\mathrm{d}y\mathrm{d}z.$$

7. 设 $f(x,y)$ 在 $[0,\pi]\times[0,\pi]$ 上连续且恒取正值, 求

$$\lim_{n\to\infty}\iint\limits_{\substack{0\leqslant x\leqslant\pi\\0\leqslant y\leqslant\pi}}(f(x,y))^{\frac{1}{n}}\sin x\,\mathrm{d}x\mathrm{d}y.$$

8. 计算下列三重积分:

(1) $I=\iiint\limits_V \dfrac{z\ln(x^2+y^2+z^2+1)}{x^2+y^2+z^2+1}\mathrm{d}x\mathrm{d}y\mathrm{d}z$, 其中 $V: x^2+y^2+z^2\leqslant 1$;

(2) $J=\iiint\limits_V \mathrm{d}x\mathrm{d}y\mathrm{d}z$, 其中 V 是 $(x^2+y^2+z^2)^3=3xyz$ 围成的立体;

(3) $J=\iiint\limits_V \dfrac{(x^2+y^2)^2}{z^2}\mathrm{d}x\mathrm{d}y\mathrm{d}z$, 其中 V 是由曲面 $z=x^2+y^2, z=2(x^2+y^2), xy=a^2, xy=2a^2, x=2y, 2x=y\,(x>0,y>0)$ 围成的立体.

9. 利用坐标变换

$$\begin{aligned}
&x=ar\sin^3\varphi\cos^3\theta, \quad 0\leqslant r\leqslant 1,\\
&y=br\sin^3\varphi\sin^3\theta, \quad 0\leqslant\varphi\leqslant\pi,\\
&z=cr\cos^3\varphi, \quad 0\leqslant\theta\leqslant 2\pi
\end{aligned}$$

计算曲面

$$\left(\frac{x}{a}\right)^{2/3}+\left(\frac{y}{b}\right)^{2/3}+\left(\frac{z}{c}\right)^{2/3}=1$$

所围的立体体积.

---

10. 试写出当积分区域是以原点为中心的单位正方体时, 球面坐标系下的三重积分的上、下限.

第 17 章　曲线积分和曲面积分

定积分研究的是定义在直线段上的函数的积分, 本章将研究定义在平面或空间曲线段或曲面片上的函数的积分, 它们具有广泛的实际背景.

17.1　第一型曲线积分

第一型曲线积分的背景是求曲线状物体的质量. 如果曲线的线密度 (单位长度的质量) 是常数 ρ, 曲线的长度是 l, 则曲线的质量 $M=\rho l$.

如果曲线 $\overset{\frown}{AB}$ 的线密度是 $\rho(x,y)$ (即在点 (x,y) 单位长度的质量), 对 $\overset{\frown}{AB}$ 作分割, 第 i 段的质量 $M_i\approx\rho(\xi_i,\eta_i)\Delta s_i$, 其中 (ξ_i,η_i) 是第 i 段上的任一点, Δs_i 是第 i 段的长度. 如果

$$\lim_{||T||\to 0}\sum_i \rho(\xi_i,\eta_i)\Delta s_i$$

存在, 其中 $||T||$ 是分割 T 的细度, 则定义极限值为该曲线的质量 M.

17.1.1　第一型曲线积分的概念

$\mathbb{R}^n$ 中以点 A 为起点, 点 B 为终点的连续不自交的曲线段 $\varGamma=\overset{\frown}{AB}$ 称为 $\mathbb{R}^n$ 中的一条**简单曲线**. 如果 $A=B$, 则称 $\varGamma$ 为**封闭曲线或闭曲线**; 否则, 称之为不封闭曲线.

下面定义在简单可求长平面曲线上的第一型曲线积分.

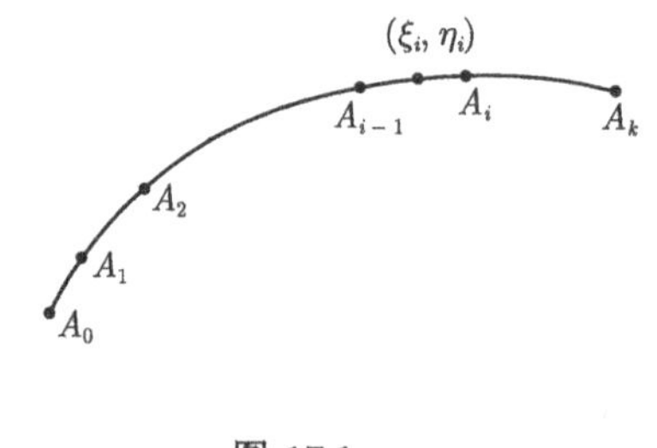

图 17.1

定义 17.1.1　设函数 $f(x,y)$ 定义在简单可求长平面曲线 $\varGamma$ 上, 对于 $\varGamma$ 的任一分割 $T: A=A_0,\ A_1,\ A_2,\ \cdots,\ A_k=B$, 记 Δs_i 为从 A_{i-1} 到 A_i 的曲线段 $\overset{\frown}{A_{i-1}A_i}$ 的弧长, $||T||=\max\limits_{1\leqslant i\leqslant k}\Delta s_i$, 任取 $(\xi_i,\eta_i)\in\overset{\frown}{A_{i-1}A_i}$ (图 17.1), 如果

$$\lim_{||T||\to 0}\sum_{i=1}^{k} f(\xi_i,\eta_i)\Delta s_i$$

存在, 并且极限值与 Γ 的分割 T 以及介点 (ξ_i,η_i) 在 $\widehat{A_{i-1}A_i}$ 上的取法无关, 则称 f 在 Γ 上的第一型 (或第一类) 曲线积分存在, 其极限值 I 称为 $f(x,y)$ 在 Γ 上的**第一型曲线积分**, 记为

$$I=\int_\Gamma f(x,y)\mathrm{d}s=\int_{\widehat{AB}} f(x,y)\mathrm{d}s, \tag{17.1.1}$$

读作 f 沿曲线 Γ 的积分. 称 f 为**被积函数**, Γ 为**积分曲线**, $\mathrm{d}s$ 为**弧微分**.

第一型曲线积分也称为**对弧长的积分**, 它与曲线方向的选取无关, 对于同一条简单可求长曲线 $\Gamma=\widehat{AB}$, 也可以选取 B 为起点, A 为终点, 即 $\Gamma=\widehat{BA}$ 且

$$\int_{\widehat{AB}} f(x,y)\mathrm{d}s=\int_{\widehat{BA}} f(x,y)\mathrm{d}s. \tag{17.1.2}$$

利用定理 9.1.1 可以证明: 若 Γ 是 $\mathbb{R}^2$ 中的简单可求长曲线, $f(x,y)$ 在 Γ 上连续, 则 f 在 Γ 上的第一型曲线积分存在.

若 Γ 为空间简单可求长曲线段, $f(x,y,z)$ 为定义在 Γ 上的函数, 则可类似地定义 $f(x,y,z)$ 在空间曲线 Γ 上的第一型曲线积分, 并且记作

$$\int_\Gamma f(x,y,z)\mathrm{d}s. \tag{17.1.3}$$

于是前面讲到的质量分布在平面或空间曲线段上的物体的质量可由第一型曲线积分 (17.1.1) 或 (17.1.3) 求得. 当 $f\equiv 1$ 时，积分 (17.1.1) 或 (17.1.3) 就是曲线 Γ 的弧长.

第一型曲线积分也和定积分一样具有下述重要的性质. 下面列出平面上第一型曲线积分的性质, 对于空间第一型曲线积分的性质, 读者可自行仿此写出.

性质 17.1.1 (线性性质) 若 $\int_\Gamma f_i(x,y)\mathrm{d}s\ (i=1,2,\cdots,k)$ 存在, $c_i(i=1,2,\cdots,k)$ 为常数, 则 $\int_\Gamma \sum_{i=1}^k c_if_i(x,y)\mathrm{d}s$ 也存在且

$$\int_\Gamma \sum_{i=1}^k c_if_i(x,y)\mathrm{d}s=\sum_{i=1}^k c_i\int_\Gamma f_i(x,y)\mathrm{d}s.$$

性质 17.1.2 (积分路径可加性) 若曲线段 Γ 由曲线 $\Gamma_1,\Gamma_2,\cdots,\Gamma_k$ 首尾相接而成, 并且 $\int_{\Gamma_i} f(x,y)\mathrm{d}s\ (i=1,2,\cdots,k)$ 都存在, 则 $\int_\Gamma f(x,y)\mathrm{d}s$ 也存在且

$$\int_\Gamma f(x,y)\mathrm{d}s=\sum_{i=1}^k\int_{\Gamma_i} f(x,y)\mathrm{d}s.$$

性质 17.1.3 (单调性) 若$\int_\Gamma f(x,y)\mathrm{d}s$与$\int_\Gamma g(x,y)\mathrm{d}s$都存在且在$\Gamma$上 $f(x,y)\leqslant g(x,y)$, 则

$$\int_\Gamma f(x,y)\mathrm{d}s\leqslant\int_\Gamma g(x,y)\mathrm{d}s.$$

性质 17.1.4 (绝对可积性) 若 $\int_\Gamma f(x,y)\mathrm{d}s$ 存在, 则 $\int_\Gamma |f(x,y)|\mathrm{d}s$ 也存在且

$$\left|\int_\Gamma f(x,y)\mathrm{d}s\right|\leqslant\int_\Gamma |f(x,y)|\mathrm{d}s.$$

性质 17.1.5 (积分中值定理) 若 $\int_\Gamma f(x,y)\mathrm{d}s$ 存在, Γ 的弧长为 l, 则存在常数 c, 使得

$$\int_\Gamma f(x,y)\mathrm{d}s=cl,$$

其中 $\inf\limits_\Gamma f(x,y)\leqslant c\leqslant\sup\limits_\Gamma f(x,y)$.

17.1.2 第一型曲线积分的计算

第一型曲线积分可化为定积分来计算.

定理 17.1.1 设曲线 Γ 的参数方程为

$$\Gamma:\begin{cases}x=x(t),\\ y=y(t),\end{cases}\quad \alpha\leqslant t\leqslant\beta.$$

若 Γ 是光滑曲线, 即 $x'(t),y'(t)$ 在 $[\alpha,\beta]$ 上连续且不同时为零, 又 $f(x,y)$ 在 Γ 上连续, 则 f 在 Γ 上的第一型曲线积分存在且

$$\int_\Gamma f(x,y)\mathrm{d}s=\int_\alpha^\beta f(x(t),y(t))\sqrt{[x'(t)]^2+[y'(t)]^2}\,\mathrm{d}t. \tag{17.1.4}$$

证明 由 $f(x,y)$ 在 Γ 上连续知, $f(x,y)$ 在 Γ 上的第一型曲线积分存在. 对区间 $[\alpha,\beta]$ 作分割 $\alpha=t_0<t_1<t_2<\cdots<t_n=\beta$. 记 $\Delta t_i=t_i-t_{i-1}$, $d=\max\limits_i\Delta t_i$, 相应的 Γ 被分成 n 个小弧段, 第 i 个弧段的长度为 Δs_i, $\lambda=\max\limits_i\Delta s_i$. 因为 $f(x,y)$ 在 Γ 上连续, 所以 $f(x(t),y(t))$ 在 $[\alpha,\beta]$ 上连续. 在第 i 个弧段上任取一点 (ξ_i,η_i), 对应唯一的 $\tau_i\in[t_{i-1},t_i]$, 使得 $\xi_i=x(\tau_i)$, $\eta_i=y(\tau_i)$. 依第一型曲线积分定义,

$$\int_\Gamma f(x,y)\mathrm{d}s=\lim_{\lambda\to0}\sum_{i=1}^n f(x(\tau_i),y(\tau_i))\Delta s_i. \tag{17.1.5}$$

由弧长的计算公式以及定积分中值定理有

$$\Delta s_i=\int_{t_{i-1}}^{t_i}\sqrt{[x'(t)]^2+[y'(t)]^2}\,\mathrm{d}t=\sqrt{[x'(\tau_i^*)]^2+[y'(\tau_i^*)]^2}\,\Delta t_i,$$

其中 $\tau_i^* \in [t_{i-1}, t_i]$. 由于当 $\lambda \to 0$ 时 $d \to 0$, 因此, 式 (17.1.5) 可化为

$$\int_\Gamma f(x,y)\mathrm{d}s = \lim_{d\to 0}\sum_{i=1}^n f(x(\tau_i), y(\tau_i))\sqrt{[x'(\tau_i^*)]^2 + [y'(\tau_i^*)]^2}\,\Delta t_i.$$

记

$$g(t) = f(x(t), y(t)), \quad h(t) = \sqrt{[x'(t)]^2 + [y'(t)]^2},$$

下面证明

$$\lim_{d\to 0}\sum_{i=1}^n g(\tau_i)h(\tau_i^*)\Delta t_i = \int_\alpha^\beta g(t)h(t)\mathrm{d}t,$$

这使得想起第 8 章复习题中的第 9 题, 那里的条件只需要 $g(t)$ 和 $h(t)$ 都在 $[\alpha,\beta]$ 上可积. 为了完整起见, 在目前的条件下给出证明. 利用

$$\lim_{d\to 0}\sum_{i=1}^n g(\tau_i)h(\tau_i^*)\Delta t_i = \lim_{d\to 0}\sum_{i=1}^n g(\tau_i)h(\tau_i)\Delta t_i + \lim_{d\to 0}\sum_{i=1}^n g(\tau_i)[h(\tau_i^*) - h(\tau_i)]\Delta t_i,$$

上式中第一项是 $\int_\alpha^\beta g(t)h(t)\mathrm{d}t$, 下面证明第二项是零. 由于 $h(t)$ 在 $[\alpha,\beta]$ 上一致连续, 因此, 对任意的 $\varepsilon > 0$, 存在 $\delta > 0$, 使得当 $d < \delta$ 时,

$$|h(\tau_i^*) - h(\tau_i)| < \varepsilon.$$

又设 $|g(t)| \leqslant M$, 则

$$\left|\sum_{i=1}^n g(\tau_i)[h(\tau_i^*) - h(\tau_i)]\Delta t_i\right| \leqslant \varepsilon M(\beta - \alpha).$$

因此, 第二项是零. □

注 (1) 定理 17.1.1 的结论对分段光滑的平面曲线也成立;

(2) 如果 Γ 为分段光滑的空间曲线, 则

$$\int_\Gamma f(x,y,z)\mathrm{d}s = \int_\alpha^\beta f(x(t),y(t),z(t))\sqrt{[x'(t)]^2 + [y'(t)]^2 + [z'(t)]^2}\,\mathrm{d}t, \quad (17.1.6)$$

其中 $\mathrm{d}s$ 是弧长的微分;

(3) 若分段光滑的平面曲线 Γ 的方程为 $y = g(x)$ $(x \in [a,b])$, 即

$$\Gamma: \begin{cases} x = x, \\ y = g(x), \end{cases} \quad a \leqslant x \leqslant b,$$

则

$$\int_{\Gamma} f(x,y)\mathrm{d}s = \int_a^b f(x,g(x))\sqrt{1+[g'(x)]^2}\,\mathrm{d}x. \tag{17.1.7}$$

例 1　设 $\Gamma: x^2+y^2=a^2(x\geqslant 0)$, 计算 $\int_{\Gamma}|y|\mathrm{d}s$, 其中 $a>0$.

解法 1　曲线 Γ 的参数方程为

$$\begin{cases} x=a\cos\theta, \\ y=a\sin\theta, \end{cases} \quad \theta\in\left[-\frac{\pi}{2},\frac{\pi}{2}\right],$$

由式 (17.1.4),

$$\begin{aligned}\int_{\Gamma}|y|\mathrm{d}s &= \int_{-\frac{\pi}{2}}^{\frac{\pi}{2}}|a\sin\theta|\sqrt{a^2(\cos^2\theta+\sin^2\theta)}\,\mathrm{d}\theta \\ &= 2a^2\int_0^{\frac{\pi}{2}}\sin\theta\mathrm{d}\theta = 2a^2.\end{aligned}$$

解法 2　以 y 为参数, 则 Γ 对应的参数方程为

$$\Gamma: \begin{cases} x=\sqrt{a^2-y^2}, \\ y=y, \end{cases} \quad y\in[-a,a],$$

则

$$x'(y) = -\frac{y}{\sqrt{a^2-y^2}},$$

由式 (17.1.7) 有

$$\begin{aligned}\int_{\Gamma}|y|\mathrm{d}s &= \int_{-a}^{a}|y|\sqrt{1+\frac{y^2}{a^2-y^2}}\mathrm{d}y = \int_{-a}^{a}|y|\sqrt{\frac{a^2}{a^2-y^2}}\mathrm{d}y \\ &= 2a\int_0^a\frac{y}{\sqrt{a^2-y^2}}\mathrm{d}y = -2a\sqrt{a^2-y^2}\,\Big|_0^a = 2a^2.\end{aligned}$$

□

例 2　设有空间曲线

$$\Gamma: \begin{cases} x=a, \\ y=at, \\ z=\dfrac{1}{2}at^2, \end{cases} \quad a>0,\ t\in[0,1],$$

曲线线密度 $\rho(x,y,z)=\sqrt{\dfrac{2z}{a}}$, 求 Γ 的质量.

解 Γ 的质量为

$$\begin{aligned} M &= \int_\Gamma \rho(x,y,z)\mathrm{d}s = \int_0^1 \sqrt{\frac{2\cdot\frac{1}{2}at^2}{a}}\sqrt{a^2+a^2t^2}\,\mathrm{d}t \\ &= \int_0^1 at\sqrt{1+t^2}\,\mathrm{d}t = \frac{a}{3}(2\sqrt{2}-1). \end{aligned}$$ □

例 3 求 $I=\oint_C x^2\mathrm{d}s$, 其中 C 为

$$\begin{cases} x^2+y^2+z^2=R^2, \\ x+y+z=0. \end{cases}$$

注 符号 $\oint_C$ 中的圆圈表示曲线 C 是闭曲线. 这个圆圈也可以不写.

解法 1 (常规方法) 先写出曲线 C 的参数表达式. 由于 C 是球面 $x^2+y^2+z^2=R^2$ 与经过球心的平面 $x+y+z=0$ 的交线, 因此, 它是空间的一个圆周. 它在 xy 平面上的投影为一个椭圆, 这个椭圆方程可从两个曲面方程中消去 z 得到, 即以 $z=-(x+y)$ 代入 $x^2+y^2+z^2=R^2$ 中得

$$x^2+xy+y^2=\frac{R^2}{2}.$$

将左边配方成平方和得

$$\left(\frac{\sqrt{3}}{2}x\right)^2+\left(\frac{x}{2}+y\right)^2=\frac{R^2}{2}.$$

令

$$\frac{\sqrt{3}}{2}x=\frac{R}{\sqrt{2}}\cos t,\quad \frac{x}{2}+y=\frac{R}{\sqrt{2}}\sin t,\quad t\in[0,2\pi],$$

即得到参数表示

$$x=\sqrt{\frac{2}{3}}R\cos t,\quad y=\frac{R}{\sqrt{2}}\sin t-\frac{R}{\sqrt{6}}\cos t,\quad t\in[0,2\pi],$$

代入 $z=-(x+y)$ 得

$$z=-\frac{R}{\sqrt{6}}\cos t-\frac{R}{\sqrt{2}}\sin t,\quad t\in[0,2\pi].$$

由此得

$$\begin{aligned} \mathrm{d}s &= \sqrt{[x'(t)]^2+[y'(t)]^2+[z'(t)]^2}\,\mathrm{d}t \\ &= R\sqrt{\frac{2}{3}\sin^2 t+\left(\frac{\cos t}{\sqrt{2}}+\frac{\sin t}{\sqrt{6}}\right)^2+\left(\frac{\sin t}{\sqrt{6}}-\frac{\cos t}{\sqrt{2}}\right)^2}\,\mathrm{d}t \\ &= R\,\mathrm{d}t, \end{aligned}$$

故有

$$\oint_C x^2\,\mathrm{d}s=\int_0^{2\pi}\frac{2}{3}R^3\cos^2 t\,\mathrm{d}t=\frac{2}{3}\pi R^3.$$

解法 2 (利用对称性)　由对称性有

$$\oint_C x^2\,\mathrm{d}s=\oint_C y^2\,\mathrm{d}s=\oint_C z^2\,\mathrm{d}s,$$

则

$$\oint_C x^2\,\mathrm{d}s=\frac{1}{3}\oint_C(x^2+y^2+z^2)\,\mathrm{d}s=\frac{1}{3}R^2\oint_C\,\mathrm{d}s=\frac{2}{3}\pi R^3.$$ □

第一型曲线积分的计算

利用第一型曲线积分除了可以求曲线的弧长、质量之外, 还可以用来求曲线状物体的重心坐标. $\mathbb{R}^3$ 中曲线 Γ 的重心坐标 (x_0,y_0,z_0) 由下面的公式确定:

$$x_0=\frac{1}{m}\int_\Gamma x\rho(x,y,z)\mathrm{d}s,\quad y_0=\frac{1}{m}\int_\Gamma y\rho(x,y,z)\,\mathrm{d}s,\quad z_0=\frac{1}{m}\int_\Gamma z\rho(x,y,z)\,\mathrm{d}s,\quad(17.1.8)$$

其中 $m=\int_\Gamma\rho(x,y,z)\,\mathrm{d}s$ 为曲线的质量.

思考题

1. 在第一型曲线积分的定义中并没有要求曲线光滑, 在计算第一型曲线积分 (定理 17.1.1) 时为什么要求曲线光滑?

2. 为什么第一型曲线积分与定积分有相同的 5 条性质?

习　题　17.1

1. 计算下列第一型曲线积分:

(1) $\int_\Gamma(x+2y+3z)\mathrm{d}s$, 其中 Γ 为螺旋线 $x=a\cos t,y=a\sin t,z=bt(0\leqslant t\leqslant 2\pi)$ 的一段;

(2) $\int_\Gamma xy\mathrm{d}s$, 其中 Γ 为曲线 $x=t,y=\frac{2}{3}\sqrt{t^3},z=\frac{1}{4}t^2(0\leqslant t\leqslant 1)$ 的一段;

(3) $\int_\Gamma(x+3y)\mathrm{d}s$, 其中 Γ 为连接点 $O(0,0),A(3,0),B(0,1)$ 为顶点的三角形;

(4) $\int_\Gamma(x^2+y^2)^{\frac{1}{2}}\mathrm{d}s$, 其中 Γ 为以原点为中心, R 为半径的右半圆周;

(5) $\int_\Gamma xy\mathrm{d}s$, 其中 Γ 为椭圆 $\dfrac{x^2}{a^2}+\dfrac{y^2}{b^2}=1$ 在第一象限中的部分;

(6) $\int_\Gamma \sqrt{x^2+2y^2}\mathrm{d}s$, 其中 Γ 为 $x^2+y^2+z^2=a^2$ 与 $x=y$ 相交的圆周.

2. 已知一条非均匀金属线 Γ 的方程为 $x(t)=\mathrm{e}^t\cos t, y(t)=\mathrm{e}^t\sin t, z=\mathrm{e}^t\,(t\in[0,1])$, 它在每点的线密度与该点到原点的距离的平方成反比, 并且在点 $(1,0,1)$ 处的线密度为 1, 求它的质量 M.

3. 计算质量均匀分布的球面 $x^2+y^2+z^2=a^2$ 在第一卦限部分的边界的重心坐标 (x_0,y_0,z_0).

---

4. 求曲线 Γ:

$$\begin{cases}(x-y)^2=3(x+y),\\ x^2-y^2=\dfrac{9}{8}z^2\end{cases}$$

从 $O(0,0,0)$ 到 $A(x_0,y_0,z_0)$ 的弧长, 其中 $x_0>0$.

5. 求摆线 $\begin{cases}x=a(t-\sin t),\\ y=a(1-\cos t)\end{cases}$ $(0\leqslant t\leqslant \pi)$ 的重心, 设其质量分布是均匀的.

17.2 第一型曲面积分

17.2.1 第一型曲面积分的概念

类似于第一型曲线积分, 当曲面状物体 S 的面密度函数 $\rho(x,y,z)$ 连续时, 曲面 S 的质量

$$M=\lim_{||T||\to 0}\sum_{i=1}^n \rho(\xi_i,\eta_i,\zeta_i)\Delta S_i,$$

其中 $T=\{S_1,S_2,\cdots,S_n\}$ 为曲面 S 的分割, $||T||$ 为分割的细度, ΔS_i 表示 S_i 的面积, (ξ_i,η_i,ζ_i) 为 S_i 上任一点.

定义 17.2.1 设 S 是 $\mathbb{R}^3$ 中可求面积的曲面, 函数 $f(x,y,z)$ 在 S 上有定义, 对于 S 的任一分割 $T=\{S_1,S_2,\cdots,S_n\}$, 用 ΔS_i 表示 S_i 的面积, 用 $d(S_i)$ 表示 S_i 的直径. 任取 $(\xi_i,\eta_i,\zeta_i)\in S_i$, 如果当 $||T||=\max\limits_{1\leqslant i\leqslant n} d(S_i)$ 趋向于零时, 极限

$$\lim_{||T||\to 0}\sum_{i=1}^n f(\xi_i,\eta_i,\zeta_i)\Delta S_i$$

存在, 并且极限值不依赖于 S 的分割 T 和介点 (ξ_i,η_i,ζ_i) 在 S_i 上的位置, 则称函数 f 在 S 上的第一型曲面积分存在, 称极限值为 $f(x,y,z)$ 在 S 上的**第一型曲面**

积分, 记为

$$\iint_S f(x,y,z)\mathrm{d}S = \lim_{\|T\|\to 0}\sum_{i=1}^{n} f(\xi_i,\eta_i,\zeta_i)\Delta S_i.$$

称 f 为**被积函数**, S 为**积分曲面**, $\mathrm{d}S$ 为**曲面微分**. 当 $f(x,y,z)\equiv 1$ 时, 曲面积分 $\iint_S \mathrm{d}S$ 就是曲面 S 的面积.

类似于定积分、重积分和第一型曲线积分, 第一型曲面积分也具有线性性质, 对积分区域的可加性、单调性、绝对可积性, 并且积分中值定理也成立.

17.2.2　第一型曲面积分的计算

第一型曲面积分可以化为二重积分来计算.

定理 17.2.1　设有光滑曲面 $S: z = z(x,y)$ 定义在有界平面区域 D 上. $f(x,y,z)$ 为 S 上的连续函数, 则

$$\iint_S f(x,y,z)\mathrm{d}S = \iint_D f(x,y,z(x,y))\sqrt{1+z_x^2+z_y^2}\,\mathrm{d}x\mathrm{d}y. \tag{17.2.1}$$

定理 17.2.1 的证明与定理 17.1.1 的证明相仿. 在证明定理 17.1.1 时, 用到了弧微分公式 $\mathrm{d}s = \sqrt{[x'(t)]^2+[y'(t)]^2}\,\mathrm{d}t$, 在证明定理 17.2.1 时, 用面积微元公式 (见式 (16.5.3))

$$\mathrm{d}S = \sqrt{1+z_x^2+z_y^2}\,\mathrm{d}x\mathrm{d}y,$$

这里就不再重复证明过程了.

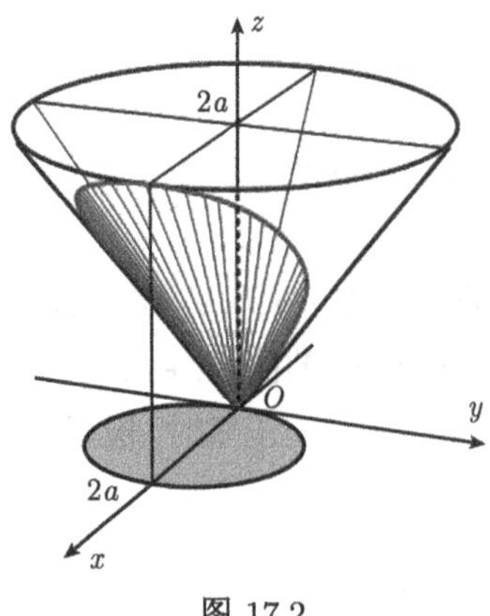

图 17.2

注　定理 17.2.1 的结论对分片光滑的曲面也成立.

例 1　设 S 为锥面 $z=\sqrt{x^2+y^2}$ 被柱面 $x^2+y^2=2ax(a>0)$ 割下的部分, 求

$$I = \iint_S (x^2y^2+y^2z^2+z^2x^2)\,\mathrm{d}S.$$

解　曲面 S 在 xy 平面上的投影为 $D=\{(x,y)|x^2+y^2\leqslant 2ax\}$, 如图 17.2 所示.

$$z_x = \frac{x}{\sqrt{x^2+y^2}},\quad z_y = \frac{y}{\sqrt{x^2+y^2}},\quad \sqrt{1+z_x^2+z_y^2}=\sqrt{2},$$

由式 (17.2.1),

$$I=\iint\limits_{x^2+y^2\leqslant 2ax}[x^2y^2+(x^2+y^2)^2]\sqrt{2}\,\mathrm{d}x\mathrm{d}y.$$

作极坐标变换, 则

$$\begin{aligned}I&=\sqrt{2}\int_{-\pi/2}^{\pi/2}\mathrm{d}\theta\int_0^{2a\cos\theta}(r^4\cos^2\theta\sin^2\theta+r^4)r\,\mathrm{d}r\\&=\sqrt{2}\int_{-\pi/2}^{\pi/2}(\cos^2\theta\sin^2\theta+1)\cdot\left(\frac{1}{6}r^6\Big|_0^{2a\cos\theta}\right)\mathrm{d}\theta\\&=\frac{\sqrt{2}}{6}(2a)^6\int_{-\pi/2}^{\pi/2}\cos^6\theta(\cos^2\theta\sin^2\theta+1)\,\mathrm{d}\theta\\&=\frac{\sqrt{2}}{6}(2a)^6 2\int_0^{\pi/2}\cos^6\theta(\cos^2\theta-\cos^4\theta+1)\,\mathrm{d}\theta\\&=\frac{\sqrt{2}}{3}(2a)^6\left(\frac{7!!}{8!!}\frac{\pi}{2}-\frac{9!!}{10!!}\frac{\pi}{2}+\frac{5!!}{6!!}\frac{\pi}{2}\right)=\frac{29}{8}\sqrt{2}\pi a^6.\end{aligned}$$

□

例 2 设 S 是立体 $\sqrt{x^2+y^2}\leqslant z\leqslant 1$ 的边界曲面, 求

$$\iint\limits_S(x^2+y^2)\mathrm{d}S.$$

解 记 $S=S_1\cup S_2$, 其中

$$\begin{aligned}&S_1: z=1,\quad (x,y)\in D=\{(x,y)|x^2+y^2\leqslant 1\},\\&S_2: z=\sqrt{x^2+y^2},\quad (x,y)\in D,\end{aligned}$$

则在 S_1 上, $\sqrt{1+z_x^2+z_y^2}=1$; 在 S_2 上, $\sqrt{1+z_x^2+z_y^2}=\sqrt{2}$. 因此,

$$\begin{aligned}\iint\limits_S(x^2+y^2)\mathrm{d}S&=\iint\limits_{S_1}(x^2+y^2)\mathrm{d}S+\iint\limits_{S_2}(x^2+y^2)\mathrm{d}S\\&=\iint\limits_{x^2+y^2\leqslant 1}(x^2+y^2)\mathrm{d}x\mathrm{d}y+\iint\limits_{x^2+y^2\leqslant 1}(x^2+y^2)\sqrt{2}\,\mathrm{d}x\mathrm{d}y\\&=(1+\sqrt{2})\iint\limits_{x^2+y^2\leqslant 1}(x^2+y^2)\mathrm{d}x\mathrm{d}y\\&=(1+\sqrt{2})\int_0^{2\pi}\int_0^1 r^3\mathrm{d}r\mathrm{d}\theta\\&=(1+\sqrt{2})2\pi\frac{1}{4}=\frac{\pi}{2}(1+\sqrt{2}).\end{aligned}$$

□

第一型曲面积分的计算

* 下面推导用参数方程表示的曲面上第一型曲面积分公式, 对于用参数方程表示的光滑曲面

$$S:\begin{cases}x=x(u,v),\\ y=y(u,v),\qquad (u,v)\in D,\\ z=z(u,v),\end{cases}$$

假设 Jacobi 行列式 $\dfrac{\partial(x,y)}{\partial(u,v)}, \dfrac{\partial(y,z)}{\partial(u,v)}, \dfrac{\partial(z,x)}{\partial(u,v)}$ 中至少有一个不为 0, 则

$$\iint\limits_S f(x,y,z)\mathrm{d}S=\iint\limits_D f(x(u,v),y(u,v),z(u,v))\sqrt{EG-F^2}\,\mathrm{d}u\mathrm{d}v, \tag{17.2.2}$$

其中

$$E=x_u^2+y_u^2+z_u^2,\quad F=x_ux_v+y_uy_v+z_uz_v,\quad G=x_v^2+y_v^2+z_v^2.$$

有两种方法可以证明第一型曲面积分公式 (17.2.2).

第一种方法是利用面积微分公式 (16.5.8)

$$\mathrm{d}S=\sqrt{EG-F^2}\,\mathrm{d}u\mathrm{d}v$$

代替直角坐标系下的面积微分公式 $\mathrm{d}S=\sqrt{1+z_x^2+z_y^2}\,\mathrm{d}x\mathrm{d}y$, 重复定理 17.2.1 的证明可得到式 (17.2.2).

第二种方法是利用式 (17.2.1), 作二重积分的变量替换也可以得到式 (17.2.2).

例 3　利用式 (17.2.2) 求例 1 中的积分.

解　$z=\sqrt{x^2+y^2}$ 在球坐标系中的方程为 $\varphi=\dfrac{\pi}{4}$, 因此, S 的参数方程为

$$x=\frac{1}{\sqrt2}r\cos\theta,\ \ y=\frac{1}{\sqrt2}r\sin\theta,\ \ z=\frac{1}{\sqrt2}r,\quad (r,\theta)\in D.$$

又 S 的边界曲线 $\begin{cases}z=\sqrt{x^2+y^2},\\ x^2+y^2=2ax\end{cases}$ 的球坐标表示为

$$\varphi=\frac{\pi}{4},\quad r^2\sin^2\varphi=2ar\sin\varphi\cos\theta,$$

于是

$$D=\left\{(r,\theta)\middle|-\frac{\pi}{2}\leqslant\theta\leqslant\frac{\pi}{2},\ 0\leqslant r\leqslant 2\sqrt2a\cos\theta\right\}.$$

计算得

$$E=\frac{r^2}{2},\quad F=0,\quad G=1,$$

最后得到

$$I = \int_{\pi/2}^{\pi/2} \mathrm{d}\theta \int_0^{2\sqrt{2}a\cos\theta} \left(\frac{1}{4}r^4\cos^2\theta\sin^2\theta + \frac{1}{4}r^4\right)\frac{r}{\sqrt{2}}\,\mathrm{d}r = \frac{29}{8}\sqrt{2}\pi a^6. \qquad \square$$

与重积分相同, 利用第一型曲面积分可以求曲面的面积、质量、重心、转动惯量、引力等.

曲面 S 的重心坐标 (x_0, y_0, z_0) 由下面的公式确定:

$$x_0 = \frac{1}{m}\iint\limits_S x\rho(x,y,z)\mathrm{d}S,$$

$$y_0 = \frac{1}{m}\iint\limits_S y\rho(x,y,z)\mathrm{d}S,$$

$$z_0 = \frac{1}{m}\iint\limits_S z\rho(x,y,z)\mathrm{d}S,$$

其中 $m = \iint\limits_S \rho(x,y,z)\mathrm{d}S$ 是曲面 S 的质量.

思考题

1. 写出第一型曲面积分的主要性质.
2. 说明式 (17.2.1) 是式 (17.2.2) 的特殊情形.

习 题 17.2

1. 计算下列第一型曲面积分.

(1) $\iint\limits_S (x+y+z)^2\mathrm{d}S$, 其中 S 为单位球面 $x^2+y^2+z^2=1$;

(2) $\iint\limits_S (x^4-y^4+y^2z^2-z^2x^2+1)\mathrm{d}S$, 其中 S 是锥面 $z^2=x^2+y^2$ 被柱面 $x^2+y^2=2x$ 割下的部分;

(3) $\iint\limits_S |xyz|\mathrm{d}S$, 其中 S 是曲面 $|x|+|y|+|z|=1$;

(4) $\iint\limits_S z^2\mathrm{d}S$, 其中 S 是锥面 $z=\sqrt{x^2+y^2}$ 在球面 $x^2+y^2+z^2=R^2$ 内的部分.

2. 求 $F(t) = \iint\limits_{x^2+y^2+z^2=t^2} f(x,y,z)\mathrm{d}S$, 其中

$$f(x,y,z)=\begin{cases} x^2+y^2, & z\geqslant\sqrt{x^2+y^2},\\ 0, & z<\sqrt{x^2+y^2}.\end{cases}$$

3. 求上半球面 $z=\sqrt{a^2-x^2-y^2}$ 被 $x^2+y^2=ax$ 截取部分的面积和重心坐标 (x_0,y_0,z_0), 其中 $a>0$, 球面的面密度为 1.

---

4. 设 $\dfrac{\partial(x,y)}{\partial(u,v)}\neq 0$, 利用式 (17.2.1) 推出式 (17.2.2).

5. 计算 $\displaystyle\iint_S x^2\mathrm{d}S$, 其中 S 为圆锥表面的一部分,

$$S:\begin{cases} x=r\cos\phi\sin\theta,\\ y=r\sin\phi\sin\theta,\\ z=r\cos\theta,\end{cases}\qquad D:\begin{cases} 0\leqslant r\leqslant a,\\ 0\leqslant\phi\leqslant 2\pi,\end{cases}$$

其中 θ 为常数, $0<\theta<\dfrac{\pi}{2}$.

17.3 第二型曲线积分

17.3.1 第二型曲线积分的概念

第二型曲线积分的物理背景之一是质点在力的作用下做曲线运动时力所做的功.

例 1 求质点 P 在外力 $\boldsymbol{F}=P(x,y)\boldsymbol{i}+Q(x,y)\boldsymbol{j}$ 的作用下沿平面曲线 $\Gamma=\overset{\frown}{AB}$ 从点 A 移动到点 B 时, 外力 $\boldsymbol{F}$ 所做的功.

解 如果 $\boldsymbol{F}$ 是常力, $\overset{\frown}{AB}$ 是直线段, 则 $\boldsymbol{F}$ 所做的功 $W=\boldsymbol{F}\cdot\overrightarrow{AB}$. 当 $\boldsymbol{F}$ 是变力时, 对 Γ 作分割 T:

$$A=M_0,\ M_1,\ M_2,\ \cdots,\ M_n=B.$$

记 $M_i=M_i(x_i,y_i)$, Δs_i 是 $\overset{\frown}{M_{i-1}M_i}$ 的弧长, $\|T\|=\max\limits_{1\leqslant i\leqslant n}\{\Delta s_i\}$. 在每一段 $\overset{\frown}{M_{i-1}M_i}$ 上, 可以近似地认为 $\boldsymbol{F}$ 是常力, $\overset{\frown}{M_{i-1}M_i}$ 是直线段, 则质点 P 从 M_{i-1} 移动到 M_i 时, 外力 $\boldsymbol{F}$ 所做的功为

$$\begin{aligned} W_i &\approx \boldsymbol{F}(\xi_i,\eta_i)\cdot\overrightarrow{M_{i-1}M_i}\\ &=P(\xi_i,\eta_i)\Delta x_i+Q(\xi_i,\eta_i)\Delta y_i,\end{aligned}$$

其中 (ξ_i,η_i) 是 $\overset{\frown}{M_{i-1}M_i}$ 上任一点. 于是 $\boldsymbol{F}$ 所做的功为

$$W=\sum_{i=1}^n W_i\approx\sum_{i=1}^n P(\xi_i,\eta_i)\Delta x_i+\sum_{i=1}^n Q(\xi_i,\eta_i)\Delta y_i,$$

如果

$$\lim_{||T||\to 0}\sum_{i=1}^{n}P(\xi_i,\eta_i)\Delta x_i+\lim_{||T||\to 0}\sum_{i=1}^{n}Q(\xi_i,\eta_i)\Delta y_i$$

存在, 则定义此极限值为 $\boldsymbol{F}$ 所做的功. □

下面以 $\mathbb{R}^3$ 中的曲线为例定义第二型曲线积分. 首先定义曲线的方向, 在曲线上任取两个端点之一分别作为曲线的起点和终点, 规定曲线上从起点到终点的方向为**曲线的正向**, 规定了方向的曲线称为**有向曲线**. 如果是封闭曲线, 则曲线上任何一点都可以作为起点, 同时也是终点, 并且从起点到终点的方向有两个, 因此, 需要特别指明从起点沿着哪一个方向到终点的方向为正向. 如果是平面封闭曲线, 则规定逆时针方向为正向.

定义 17.3.1 设 $\varGamma=\overset{\frown}{AB}$ 是 $\mathbb{R}^3$ 中的一条简单可求长的有向曲线,

$$\boldsymbol{F}=\boldsymbol{F}(x,y,z)=P(x,y,z)\boldsymbol{i}+Q(x,y,z)\boldsymbol{j}+R(x,y,z)\boldsymbol{k}$$

为定义在 $\varGamma$ 上的向量值函数, 对于与 $\varGamma$ 方向一致的任意分割 T,

$$T: A=A_0,\ A_1,\ A_2,\ \cdots,\ A_m=B,$$

记 $A_i=(x_i,y_i,z_i)$, $\Delta x_i=x_i-x_{i-1}$, $\Delta y_i=y_i-y_{i-1}$, $\Delta z_i=z_i-z_{i-1}$, Δs_i 为曲线段 $\overset{\frown}{A_{i-1}A_i}$ 的弧长, $||T||=\max\limits_{1\leqslant i\leqslant m}\Delta s_i$, 任取 $(\xi_i,\eta_i,\zeta_i)\in\overset{\frown}{A_{i-1}A_i}$, 如果极限

$$\lim_{||T||\to 0}\sum_{i=1}^{m}\left[P(\xi_i,\eta_i,\zeta_i)\Delta x_i+Q(\xi_i,\eta_i,\zeta_i)\Delta y_i+R(\xi_i,\eta_i,\zeta_i)\Delta z_i\right]$$

存在, 并且极限值与 $\varGamma$ 的分割 T 以及介点 (ξ_i,η_i,ζ_i) 在 $\overset{\frown}{A_{i-1}A_i}$ 上的取法无关, 则称向量值函数 $\boldsymbol{F}(x,y,z)$ 沿 $\varGamma$ 的第二型曲线积分存在, 称极限值为 $\boldsymbol{F}$ 沿 $\varGamma$ 的**第二型曲线积分**, 记为

$$\int_{\varGamma}P(x,y,z)\mathrm{d}x+Q(x,y,z)\mathrm{d}y+R(x,y,z)\mathrm{d}z \tag{17.3.1}$$

或

$$\int_{\varGamma}\boldsymbol{F}(x,y,z)\cdot\mathrm{d}\boldsymbol{r},$$

其中 $\mathrm{d}\boldsymbol{r}=(\mathrm{d}x,\mathrm{d}y,\mathrm{d}z)$. 第二型曲线积分又称为**对坐标的积分**. 式 (17.3.1) 也可以写为

$$\int_{\varGamma}P(x,y,z)\mathrm{d}x+\int_{\varGamma}Q(x,y,z)\mathrm{d}y+\int_{\varGamma}R(x,y,z)\mathrm{d}z$$

或

$$\int_{\overset{\frown}{AB}}P(x,y,z)\mathrm{d}x+\int_{\overset{\frown}{AB}}Q(x,y,z)\mathrm{d}y+\int_{\overset{\frown}{AB}}R(x,y,z)\mathrm{d}z.$$

式 (17.3.1) 也可以简记为

$$\int_{\Gamma} P\mathrm{d}x + Q\mathrm{d}y + R\mathrm{d}z$$

或

$$\int_{\overset{\frown}{AB}} P\mathrm{d}x + Q\mathrm{d}y + R\mathrm{d}z.$$

注　第二型曲线积分与曲线 Γ 的方向有关, 对同一曲线, 当方向由 A 到 B 改变为由 B 到 A 时, 每一小曲线段的方向都改变, 从而所得到的 Δx_i, Δy_i, Δz_i 也随之改变符号, 故有

$$\int_{\overset{\frown}{AB}} P\mathrm{d}x + Q\mathrm{d}y + R\mathrm{d}z = -\int_{\overset{\frown}{BA}} P\mathrm{d}x + Q\mathrm{d}y + R\mathrm{d}z.$$

这是两类曲线积分的一个重要区别.

类似于第一型曲线积分, 第二型曲线积分具有如下性质:

性质 17.3.1 (线性性质)　若 $\int_{\Gamma} P_i\mathrm{d}x + Q_i\mathrm{d}y + R_i\mathrm{d}z \ (i=1,2,\cdots,k)$ 存在, 则

$$\int_{\Gamma} \Big(\sum_{i=1}^{k} c_i P_i\Big)\mathrm{d}x + \Big(\sum_{i=1}^{k} c_i Q_i\Big)\mathrm{d}y + \Big(\sum_{i=1}^{k} c_i R_i\Big)\mathrm{d}z$$

也存在, 且

$$\int_{\Gamma} \Big(\sum_{i=1}^{k} c_i P_i\Big)\mathrm{d}x + \Big(\sum_{i=1}^{k} c_i Q_i\Big)\mathrm{d}y + \Big(\sum_{i=1}^{k} c_i R_i\Big)\mathrm{d}z = \sum_{i=1}^{k} c_i\Big(\int_{\Gamma} P_i\mathrm{d}x + Q_i\mathrm{d}y + R_i\mathrm{d}z\Big),$$

其中 $c_i(i=1,2,\cdots,k)$ 为常数.

性质 17.3.2 (积分路径可加性)　若有向曲线 Γ 是由有向曲线 $\Gamma_1,\Gamma_2,\cdots,\Gamma_k$ 首尾相接而成的, 并且 $\int_{\Gamma_i} P\mathrm{d}x + Q\mathrm{d}y + R\mathrm{d}z \ (i=1,2,\cdots,k)$ 存在, 则 $\int_{\Gamma} P\mathrm{d}x + Q\mathrm{d}y + R\mathrm{d}z$ 也存在且

$$\int_{\Gamma} P\mathrm{d}x + Q\mathrm{d}y + R\mathrm{d}z = \sum_{i=1}^{k} \int_{\Gamma_i} P\mathrm{d}x + Q\mathrm{d}y + R\mathrm{d}z,$$

但单调性和积分中值定理都不再成立.

17.3.2　第二型曲线积分的计算

和第一型曲线积分一样, 第二型曲线积分也可以化为定积分来计算. 设空间光滑曲线 Γ 的参数方程为

$$\Gamma: \begin{cases} x = x(t), \\ y = y(t), \qquad \alpha \leqslant t \leqslant \beta, \\ z = z(t), \end{cases}$$

其中 $x(t)$, $y(t)$, $z(t)$ 在 $[\alpha,\beta]$ 上具有一阶连续导数, 并且点 A,B 的坐标分别为 $(x(\alpha),y(\alpha),z(\alpha))$, $(x(\beta),y(\beta),z(\beta))$. 又设 $P(x,y,z)$, $Q(x,y,z)$, $R(x,y,z)$ 为 Γ 上的连续函数, 则在 Γ 上, 从 A 到 B 的第二型曲线积分

$$\int_{\Gamma} P(x,y,z)\mathrm{d}x+Q(x,y,z)\mathrm{d}y+R(x,y,z)\mathrm{d}z$$

$$=\int_{\alpha}^{\beta}\big[P(x(t),y(t),z(t))x'(t)+Q(x(t),y(t),z(t))y'(t)+R(x(t),y(t),z(t))z'(t)\big]\mathrm{d}t. \tag{17.3.2}$$

可以仿照定理 17.1.1 的证明方法证明

$$\int_{\Gamma} P(x,y,z)\mathrm{d}x=\int_{\alpha}^{\beta} P(x(t),y(t),z(t))x'(t)\mathrm{d}t,$$

$$\int_{\Gamma} Q(x,y,z)\mathrm{d}y=\int_{\alpha}^{\beta} Q(x(t),y(t),z(t))y'(t)\mathrm{d}t,$$

$$\int_{\Gamma} R(x,y,z)\mathrm{d}z=\int_{\alpha}^{\beta} R(x(t),y(t),z(t))z'(t)\mathrm{d}t,$$

由此便得到式 (17.3.2).

对于沿封闭曲线 Γ 的第二型曲线积分的计算, 可在 Γ 上任意选取一点作为起点, 沿 Γ 的指定方向积分, 最后回到这一点.

例 2 计算第二型曲线积分

$$I=\int_{\Gamma} xy\mathrm{d}x+(x-y)\mathrm{d}y+x^2\mathrm{d}z,$$

其中 Γ 是螺旋线 $x=a\cos t$, $y=a\sin t$, $z=bt$ 从 $t=0$ 到 $t=\pi$ 上的一段 (图 17.3).

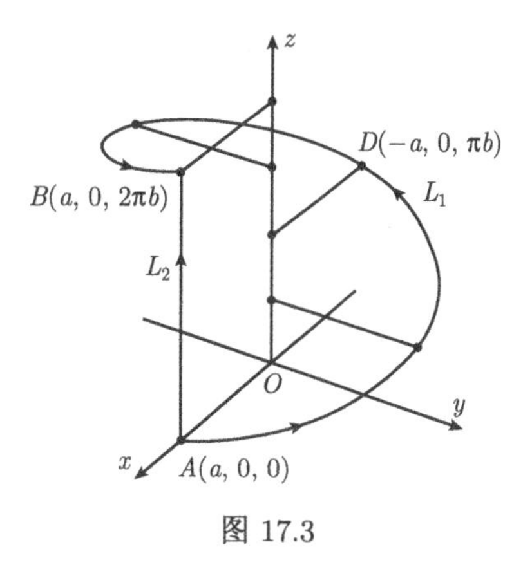

图 17.3

解 由式 (17.3.2),

$$\begin{aligned}I&=\int_0^{\pi}(-a^3\cos t\sin^2 t+a^2\cos^2 t-a^2\sin t\cos t+a^2b\cos^2 t)\mathrm{d}t\\&=\left[-\frac{1}{3}a^3\sin^3 t-\frac{1}{2}a^2\sin^2 t+\frac{1}{2}a^2(1+b)\left(t+\frac{1}{2}\sin 2t\right)\right]\Bigg|_0^{\pi}\\&=\frac{1}{2}a^2(1+b)\pi.\end{aligned}$$

□

例 3 计算积分

$$I=\int_{\Gamma}(x^2+2xy)\mathrm{d}y,$$

其中 Γ 是逆时针方向的上半椭圆 $\dfrac{x^2}{a^2}+\dfrac{y^2}{b^2}=1$.

解法 1　利用上半椭圆的参数方程

$$x=a\cos t,\quad y=b\sin t,\quad 0\leqslant t\leqslant \pi,$$

按指定方向 t 从 0 变到 π. 将 x,y 用 t 的表达式代入, 并用 $b\cos t\mathrm{d}t$ 代替 $\mathrm{d}y$, 则

$$\begin{aligned}I&=\int_0^{\pi}(a^2\cos^2 t+2ab\cos t\sin t)b\cos t\mathrm{d}t\\&=a^2b\int_0^{\pi}\cos^3 t\mathrm{d}t+2ab^2\int_0^{\pi}\cos^2 t\sin t\mathrm{d}t=\frac{4}{3}ab^2.\end{aligned}$$

解法 2　用直角坐标求解. 选 x 为参数, 则 Γ 的参数方程为

$$x=x,\quad y=\frac{b}{a}\sqrt{a^2-x^2},\quad -a\leqslant x\leqslant a.$$

应特别注意的是, 按指定方向 x 从 a 变到 $-a$, 因此,

$$\begin{aligned}I&=\int_a^{-a}\left(x^2+2x\frac{b}{a}\sqrt{a^2-x^2}\right)\frac{b}{a}\frac{-x}{\sqrt{a^2-x^2}}\mathrm{d}x\\&=\int_{-a}^{a}\left(\frac{b}{a}\frac{x^3}{\sqrt{a^2-x^2}}+\frac{b^2}{a^2}2x^2\right)\mathrm{d}x,\end{aligned}$$

被积函数的第一项是奇函数, 在对称区间上的积分为零. 因此,

$$I=\frac{2b^2}{a^2}\cdot\frac{1}{3}x^3\Big|_{-a}^{a}=\frac{4}{3}ab^2.$$

□

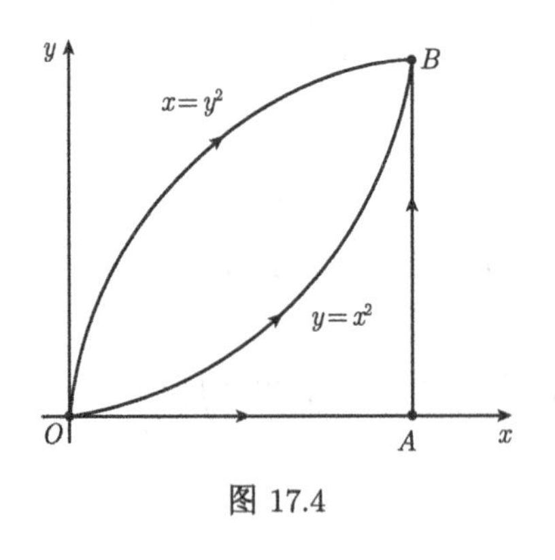

图 17.4

例 4　计算 $\int_{\Gamma}2xy\mathrm{d}x+x^2\mathrm{d}y$, 其中 Γ: (1) 沿抛物线 $y=x^2$, 从 $O(0,0)$ 到 $B(1,1)$; (2) 沿抛物线 $x=y^2$, 从 O 到 B; (3) 沿折线 OAB(图 17.4).

解　(1) 选 x 为参数,

$$\begin{aligned}\int_{\Gamma}2xy\mathrm{d}x+x^2\mathrm{d}y&=\int_0^1(2x\cdot x^2\mathrm{d}x+x^2\cdot 2x\mathrm{d}x)\\&=4\int_0^1 x^3\mathrm{d}x=1.\end{aligned}$$

(2) 选 y 为参数,

$$\int_{\Gamma} 2xy\mathrm{d}x + x^2\mathrm{d}y = \int_0^1 (2y^2 \cdot y \cdot 2y\mathrm{d}y + y^4\mathrm{d}y) = 5\int_0^1 y^4\mathrm{d}y = 1.$$

(3) 在 OA 段上选 x 为参数, $y=0$, $\mathrm{d}y=0$. 在 AB 段上选 y 为参数, $x=1$, $\mathrm{d}x=0$. 于是

$$\begin{aligned}\int_{\Gamma} 2xy\mathrm{d}x + x^2\mathrm{d}y &= \int_{OA} 2xy\mathrm{d}x + x^2\mathrm{d}y + \int_{AB} 2xy\mathrm{d}x + x^2\mathrm{d}y \\ &= \int_{AB} x^2\mathrm{d}y = \int_0^1 1^2\mathrm{d}y = 1.\end{aligned}$$

□

第二型曲线积分的计算

例 5　求在力 $\boldsymbol{F}=(y,-x,x+y+z)$ 作用下,

(1) 质点由 A 沿螺旋线 L_1 到 B 所做的功 (图 17.3), 其中 $L_1: x=a\cos t$, $y=a\sin t, z=bt$ $(0\leqslant t\leqslant 2\pi)$;

(2) 质点由 A 沿直线 L_2 到 B 所做的功.

解　如本节开头所述, 在空间曲线 Γ 上力 $\boldsymbol{F}$ 所做的功为

$$W=\int_{\Gamma} \boldsymbol{F}\cdot\mathrm{d}\boldsymbol{r}=\int_{\Gamma} y\mathrm{d}x - x\mathrm{d}y + (x+y+z)\mathrm{d}z.$$

(1) 由于 $\mathrm{d}x=-a\sin t\mathrm{d}t$, $\mathrm{d}y=a\cos t\mathrm{d}t$, $\mathrm{d}z=b\mathrm{d}t$, 所以

$$\begin{aligned}W&=\int_0^{2\pi}(-a^2\sin^2 t - a^2\cos^2 t + ab\cos t + ab\sin t + b^2 t)\mathrm{d}t \\ &=2\pi(\pi b^2 - a^2).\end{aligned}$$

(2) L_2 的参数方程为

$$x=a,\ y=0,\ z=t,\quad 0\leqslant t\leqslant 2\pi b.$$

由于 $\mathrm{d}x=0$, $\mathrm{d}y=0$, $\mathrm{d}z=\mathrm{d}t$, 所以

$$W=\int_0^{2\pi b}(a+t)\mathrm{d}t = 2\pi b(a+\pi b).$$

□

*17.3.3 两类曲线积分之间的关系

虽然第一类曲线积分与第二类曲线积分具有不同的物理背景和不同的定义, 但在规定了曲线的方向后, 可以建立它们之间的联系.

设平面曲线 Γ 的参数方程为

$$\begin{cases} x = x(s), \\ y = y(s), \end{cases} \quad 0 \leqslant s \leqslant L,$$

其中 s 是弧长. 设 s 增加的方向是曲线的正向, 则 $\left(\dfrac{\mathrm{d}x}{\mathrm{d}s}, \dfrac{\mathrm{d}y}{\mathrm{d}s}\right)$ 是与曲线正向一致的切向量. 由弧微分公式 (9.4.3) 有

$$(\mathrm{d}s)^2 = (\mathrm{d}x)^2 + (\mathrm{d}y)^2,$$

因此, $\left(\dfrac{\mathrm{d}x}{\mathrm{d}s}, \dfrac{\mathrm{d}y}{\mathrm{d}s}\right)$ 是单位向量. 如果 $(\cos\alpha, \cos\beta)$ 是曲线的切方向的方向余弦, 它的方向与曲线的正向一致, 则

$$\mathrm{d}x = \cos\alpha \mathrm{d}s, \quad \mathrm{d}y = \cos\beta \mathrm{d}s,$$

所以

$$\int_\Gamma P\mathrm{d}x + Q\mathrm{d}y = \int_\Gamma (P\cos\alpha + Q\cos\beta)\mathrm{d}s. \tag{17.3.3}$$

这就是 $\mathbb{R}^2$ 中两类曲线积分之间的关系.

当 Γ 是空间曲线时,

$$\int_\Gamma P\mathrm{d}x + Q\mathrm{d}y + R\mathrm{d}z = \int_\Gamma (P\cos\alpha + Q\cos\beta + R\cos\gamma)\mathrm{d}s, \tag{17.3.4}$$

其中 $(\cos\alpha, \cos\beta, \cos\gamma)$ 是曲线的切方向的方向余弦, 它的方向与曲线的正向一致.

思考题

1. 为什么第二型曲线积分不具有单调性, 也不满足积分中值定理?
2. 计算第二型曲线积分的公式与计算第一型曲线积分的公式有什么差别?
3. 将第二型曲线积分的公式化为定积分计算时, 它的上、下限是怎样确定的?

习 题 17.3

1. 计算下列第二型曲线积分:

(1) $\displaystyle\int_\Gamma xy\mathrm{d}x + y\mathrm{e}^x\mathrm{d}y$, 其中 Γ 为以 $(0,0)$, $(2,0)$, $(2,1)$, $(0,1)$ 为顶点的矩形, 逆时针方向为正向;

(2) $\displaystyle\int_\Gamma y\mathrm{d}x + x\mathrm{d}y$, 其中 Γ 为从 $(0,0)$ 到 $(1,1)$ 的抛物线 $y = x^2$;

(3) $\displaystyle\int_\Gamma \frac{x}{y}\mathrm{d}x + \frac{1}{y-a}\mathrm{d}y$, 其中 Γ 为摆线 $x = a(t - \sin t)$, $y = a(1 - \cos t)$ 对应于 $t = \dfrac{\pi}{6}$ 到 $t = \dfrac{\pi}{3}$ 的一段;

(4) $\int_{\Gamma} x\mathrm{d}x + y\mathrm{d}y + z\mathrm{d}z$, 其中 Γ 为从 $(0,0,0)$ 到 $(1,1,1)$ 的曲线 $x=t,\ y=t^2,\ z=t^3$;

(5) $\int_{\Gamma} y\mathrm{d}x + z\mathrm{d}y + x\mathrm{d}z$, Γ 为球面上的曲线

$$x = R\sin\phi\cos\theta,\quad y = R\sin\phi\sin\theta,\quad z = R\cos\phi,\quad R>0,\ 0\leqslant\phi\leqslant\pi,\ 0\leqslant\theta\leqslant 2\pi,$$

其中 R, ϕ 为常数, θ 增大的方向为曲线的正向.

2. 设逐段光滑闭曲线 Γ 在光滑曲面 $z=f(x,y)$ 上, 曲线 Γ 在 xy 平面上的投影曲线为逐段光滑闭曲线 γ, 函数 $p(x,y,z)$ 在 Γ 上连续, 则

$$\oint_{\Gamma} p(x,y,z)\mathrm{d}x = \oint_{\gamma} p(x,y,f(x,y))\mathrm{d}x,$$

其中 γ 的定向与 Γ 的定向一致.

---

3. 计算沿空间曲线的第二型曲线积分.

(1) $\int_{\Gamma} xyz\mathrm{d}z$, 其中 $\Gamma: x^2+y^2+z^2=1$ 与 $y=z$ 相交的圆, 其方向按曲线依次经过 1, 2, 7 和 8 卦限;

(2) $\int_{\Gamma} (y^2-z^2)\mathrm{d}x + (z^2-x^2)\mathrm{d}y + (x^2-y^2)\mathrm{d}z$, 其中 Γ 为球面 $x^2+y^2+z^2=1$ 在第一卦限部分的边界曲线, 其方向按曲线依次经过 xy 平面部分、yz 平面部分和 zx 平面部分.

17.4 第二型曲面积分

17.4.1 曲面的侧的概念

为了给曲面确定方向, 先要阐明曲面的侧的概念.

设连通曲面 S 上处处都有连续变化的切平面 (或法线), M 为曲面 S 上的一点, 曲面在 M 处的法线有两个方向: 当取定其中一个指向为正方向时, 则另一个指向就是负方向. 设 M_0 为 S 上任一点, L 为 S 上任一经过点 M_0 且不超出 S 边界的闭曲线. 又设 M 为 L 上的动点, 它在 M_0 处与 M_0 有相同的法线方向且有如下特性: 当 M 从 M_0 出发沿 L 连续移动, 这时作为曲面上的点 M, 它的法线方向也连续地变动. 最后当 M 沿 L 回到 M_0 时, 若这时 M 的法线方向仍与 M_0 的法线方向相一致, 则称曲面 S 是**双侧曲面**; 若与 M_0 的法线方向相反, 则称 S 是**单侧曲面**.

通常碰到的曲面大多是双侧曲面. 单侧曲面的一个典型例子是默比乌斯 (Möbius) 带. 它的构造方法如下: 取一矩形长纸带 $ABCD$, 如图 17.5(a) 所示, 将

其一端扭转 180° 后与另一端粘合在一起 (即让 A 与 C 重合, B 与 D 重合), 如图 17.5(b) 所示.

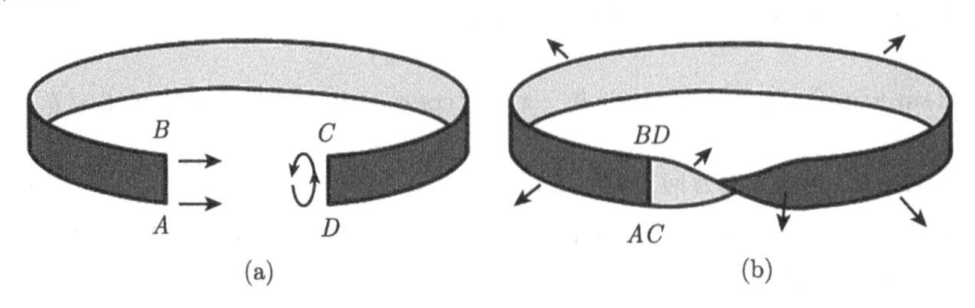

图 17.5　默比乌斯带

读者可以考察这个带状曲面是单侧的. 事实上, 可在曲面上任取一条与其边界相平行的闭曲线 L, 动点 M 从 L 上的点 M_0 出发, 其法线方向与 M_0 的法线方向相一致, 当 M 沿 L 连续变动一周回到 M_0 时, 由图 17.5 可以看到, 这时 M 的法线方向却与 M_0 的法线方向相反. 对默比乌斯带还可以更简单地说明它的单侧特性, 即沿这个带子上任一处出发涂以一种颜色, 则可以不越过边界将它全部涂遍 (即把原纸带的两面都涂上同样的颜色).

通常由 $z=z(x,y)$ 所表示的曲面都是双侧曲面, 当以其法线正方向与 z 轴正向的夹角成锐角的一侧 (也称为上侧) 为正侧时, 则另一侧 (也称下侧) 为负侧. 当 S 为封闭曲面时, 通常规定曲面的外侧为正侧, 内侧为负侧.

17.4.2　第二型曲面积分的定义

设空间区域 V 内布满某种流体, 其流速为 $\boldsymbol{v}(x,y,z)$, 又设 S 是 V 内的一个光滑定向曲面, 求单位时间内流体从 S 的负侧通过曲面 S 流向正侧的流量. 现在分三步来研究这一问题.

第 1 步　设流速 $\boldsymbol{v}$ 是常向量, 并且 S 是平面的一部分, 同时又设平面 S 正侧的单位法向量 $\boldsymbol{n}$ 的方向与流速 $\boldsymbol{v}$ 的方向一致, 这时单位时间内通过 S 的流量是单位时间通过 S 的流体体积乘以流体的密度. 设流体的密度为 1, 则流量

$$\varPhi=|\boldsymbol{v}|\Delta S=\boldsymbol{v}\cdot\boldsymbol{n}\Delta S,\quad \Delta S \text{ 是 } S \text{ 的面积}.$$

第 2 步　设 S 所在平面的法向量 $\boldsymbol{n}$ 与常向量 $\boldsymbol{v}$ 的方向不一致, 其夹角 $\theta\neq 0$, 则在单位时间流过 S 的流量为 (图 17.6)

$$\varPhi=\boldsymbol{v}\cdot\boldsymbol{n}\,\Delta S.$$

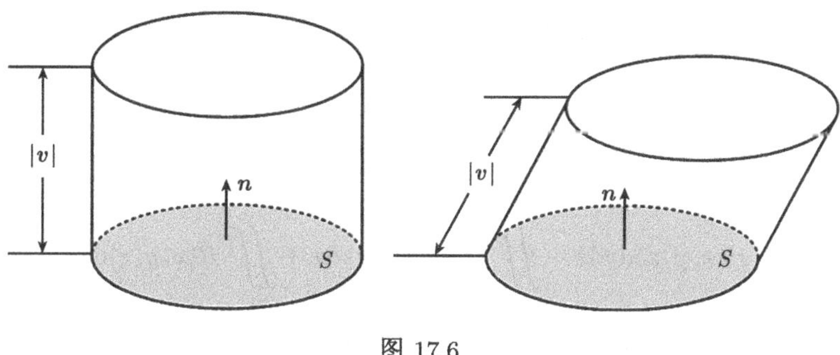

图 17.6

第 3 步　设 $\boldsymbol{v}$ 不是常向量, $\boldsymbol{v}=\boldsymbol{v}(x,y,z)=(P(x,y,z),Q(x,y,z),R(x,y,z))$, S 是 $\mathbb{R}^3$ 中的一个光滑曲面片, 在 S 上取一个面积元素 S_i, 它的面积是 ΔS_i. 在 S_i 上任取一点 (ξ_i,η_i,ζ_i), 设该点处曲面正侧的单位法向量 $\boldsymbol{n}_i=(\cos\alpha_i,\cos\beta_i,\cos\gamma_i)$. 则单位时间内流过 S_i 的流量近似地等于

$$\begin{aligned}&\boldsymbol{v}(\xi_i,\eta_i,\zeta_i)\cdot\boldsymbol{n}_i(\xi_i,\eta_i,\zeta_i)\Delta S_i\\=&[P(\xi_i,\eta_i,\zeta_i)\cos\alpha_i+Q(\xi_i,\eta_i,\zeta_i)\cos\beta_i+R(\xi_i,\eta_i,\zeta_i)\cos\gamma_i]\Delta S_i,\end{aligned}$$

故定义单位时间内由曲面 S 的负侧流向正侧的总流量为

$$\Phi=\lim_{||T||\to0}\sum_{i=1}^{n}[P(\xi_i,\eta_i,\zeta_i)\cos\alpha_i+Q(\xi_i,\eta_i,\zeta_i)\cos\beta_i+R(\xi_i,\eta_i,\zeta_i)\cos\gamma_i]\Delta S_i,$$

其中 $||T||$ 为分割的细度, 这种与曲面的侧有关的和式极限就是所要讨论的第二型曲面积分.

定义 17.4.1　设 $P(x,y,z)$, $Q(x,y,z)$, $R(x,y,z)$ 为定义在双侧曲面 S 上的函数, 在 S 所指定的一侧作分割 T, 它把 S 分成 n 个小曲面 $S_1,S_2,\cdots,S_n$, 分割 T 的细度 $||T||=\max\limits_{1\leqslant i\leqslant n}\{d(S_i)\}$, 其中 $d(S_i)$ 是 S_i 的直径. 在小曲面 S_i 上任取一点 (ξ_i,η_i,ζ_i), S_i 在该点指定侧的单位法向量 $\boldsymbol{n}_i=(\cos\alpha_i,\cos\beta_i,\cos\gamma_i)$, 其中 α_i, β_i, γ_i 分别是 x,y,z 轴的正向与法向量 $\boldsymbol{n}_i$ 的夹角. 若

$$\lim_{||T||\to0}\sum_{i=1}^{n}\Big[P(\xi_i,\eta_i,\zeta_i)\cos\alpha_i+Q(\xi_i,\eta_i,\zeta_i)\cos\beta_i+R(\xi_i,\eta_i,\zeta_i)\cos\gamma_i\Big]\Delta S_i$$

存在, 并且极限值与曲面 S 的分割 T 和介点 (ξ_i,η_i,ζ_i) 在 S_i 上的取法无关, 则称此极限值为函数 P, Q, R 在曲面 S 所指定侧上的**第二型曲面积分**. 注意到 $\cos\alpha_i\Delta S_i$ 是 S_i 在 yoz 平面上的投影面积, $\cos\beta_i\Delta S_i$ 是 S_i 在 zox 平面上的投影

面积, $\cos\gamma_i\Delta S_i$ 是 S_i 在 xoy 平面上的投影面积, 第二型曲面积分记作

$$\iint\limits_S P(x,y,z)\mathrm{d}y\mathrm{d}z+Q(x,y,z)\mathrm{d}z\mathrm{d}x+R(x,y,z)\mathrm{d}x\mathrm{d}y$$

或

$$\iint\limits_S P(x,y,z)\mathrm{d}y\mathrm{d}z+\iint\limits_S Q(x,y,z)\mathrm{d}z\mathrm{d}x+\iint\limits_S R(x,y,z)\mathrm{d}x\mathrm{d}y.$$

据定义 17.4.1, 流体以速度 $\boldsymbol{v}=(P,Q,R)$ 在单位时间内从曲面 S 的负侧流向正侧的流量为

$$\varPhi=\iint\limits_S P\mathrm{d}y\mathrm{d}z+Q\mathrm{d}z\mathrm{d}x+R\mathrm{d}x\mathrm{d}y.$$

若以 $-S$ 表示曲面 S 的另一侧, 类似于第二型曲线积分, 由定义易得

$$\iint\limits_{-S} P\mathrm{d}y\mathrm{d}z+Q\mathrm{d}z\mathrm{d}x+R\mathrm{d}x\mathrm{d}y=-\iint\limits_S P\mathrm{d}y\mathrm{d}z+Q\mathrm{d}z\mathrm{d}x+R\mathrm{d}x\mathrm{d}y.$$

与第二型曲线积分一样, 第二型曲面积分也具有线性性质和对积分区域的可加性.

17.4.3　第二型曲面积分的计算

第二型曲面积分也是把它化为二重积分来计算.

定理 17.4.1　设 $R(x,y,z)$ 是定义在光滑曲面

$$S:z=z(x,y),\quad (x,y)\in D_{xy}$$

上的连续函数, 以 S 的上侧为正侧 (这时 S 的法线方向与 z 轴正向成锐角), 则 $R(x,y,z)$ 在 S 正侧上的积分为

$$\iint\limits_S R(x,y,z)\mathrm{d}x\mathrm{d}y=\iint\limits_{D_{xy}} R(x,y,z(x,y))\mathrm{d}x\mathrm{d}y.\tag{17.4.1}$$

证明　由第二型和第一型曲面积分的定义得

$$\begin{aligned}\iint\limits_S R(x,y,z)\mathrm{d}x\mathrm{d}y&=\lim_{||T||\to 0}\sum_{i=1}^n R(\xi_i,\eta_i,\zeta_i)\cos\gamma_i\Delta S_i\\&=\iint\limits_S R(x,y,z)\cos\gamma(x,y,z)\mathrm{d}S,\end{aligned}\tag{17.4.2}$$

其中 $\gamma(x,y,z)$ 是曲面 S 上点 (x,y,z) 的正侧法方向与 z 轴正向的夹角.

由式 (16.5.5) 以及 γ 为锐角知

$$\cos\gamma(x,y,z)=\frac{1}{\sqrt{1+z_x^2+z_y^2}},$$

代入式 (17.4.2), 并利用第一型曲面积分的计算公式 (17.2.1) 得

$$\iint\limits_S R(x,y,z)\mathrm{d}x\mathrm{d}y=\iint\limits_{D_{xy}} R(x,y,z(x,y))\mathrm{d}x\mathrm{d}y. \qquad \square$$

注 如果 (17.4.1) 中左边的曲面积分是在 S 的负侧上, 则右边的二重积分号之前要加负号. 又如果曲面 S 与 xy 平面垂直, 则曲面上任一点的法方向与 z 轴正向也垂直. 因此, $\cos\gamma=0$, 于是

$$\iint\limits_S R(x,y,z)\mathrm{d}x\mathrm{d}y=\lim_{||T||\to 0}\sum_{i=1}^{n}R(\xi_i,\eta_i,\zeta_i)\cos\gamma_i\Delta S_i=0. \tag{17.4.3}$$

类似地, 当 $P(x,y,z)$ 在光滑曲面

$$S: x=x(y,z), \quad (y,z)\in D_{yz}$$

上连续时, 以 S 的法线方向与 x 轴的正向成锐角的那一侧为正侧. $P(x,y,z)$ 在 S 正侧上的积分为

$$\iint\limits_S P(x,y,z)\mathrm{d}y\mathrm{d}z=\iint\limits_{D_{yz}} P(x(y,z),y,z)\mathrm{d}y\mathrm{d}z. \tag{17.4.4}$$

同样地, 当 $Q(x,y,z)$ 在光滑曲面

$$S: y=y(z,x), \quad (z,x)\in D_{zx}$$

上连续时, 以 S 的法线方向与 y 轴的正向成锐角的那一侧为正侧. $Q(x,y,z)$ 在 S 正侧上的积分为

$$\iint\limits_S Q(x,y,z)\mathrm{d}z\mathrm{d}x=\iint\limits_{D_{zx}} Q(x,y(z,x),z)\mathrm{d}z\mathrm{d}x. \tag{17.4.5}$$

例 1 设 S 为上半单位球面 $z=\sqrt{1-(x^2+y^2)}$, 取下侧, 求

$$I=\iint\limits_S x\mathrm{d}y\mathrm{d}z+\mathrm{d}z\mathrm{d}x+z^2\mathrm{d}x\mathrm{d}y.$$

解 用直角坐标系计算,

$$I=\iint\limits_S x\mathrm{d}y\mathrm{d}z+\iint\limits_S \mathrm{d}z\mathrm{d}x+\iint\limits_S z^2\mathrm{d}x\mathrm{d}y=I_1+I_2+I_3.$$

先计算 $I_1=\iint\limits_S x\mathrm{d}y\mathrm{d}z$, 由于 $S=S_1\cup S_2$, 其中

$$\begin{cases} S_1: x=\sqrt{1-y^2-z^2}, \\ S_2: x=-\sqrt{1-y^2-z^2}, \end{cases} \quad (y,z)\in D_{yz}=\{y^2+z^2\leqslant 1,\ z\geqslant 0\},$$

它们在 yz 平面上的投影区域都是上半单位圆. 依题意, 积分在 S_1 的后侧和 S_2 的前侧进行. 由式 (17.4.4),

$$\begin{aligned} I_1 &= \iint\limits_{S_1} x\mathrm{d}y\mathrm{d}z+\iint\limits_{S_2} x\mathrm{d}y\mathrm{d}z \\ &= -\iint\limits_{D_{yz}} \sqrt{1-y^2-z^2}\,\mathrm{d}y\mathrm{d}z+\iint\limits_{D_{yz}} -\sqrt{1-y^2-z^2}\,\mathrm{d}y\mathrm{d}z \\ &= -2\int_0^{\pi}\mathrm{d}\varphi\int_0^1\sqrt{1-r^2}\,r\mathrm{d}r \\ &= -2\pi\left[-\frac{1}{3}(1-r^2)^{3/2}\right]\Bigg|_0^1=-\frac{2\pi}{3}. \end{aligned}$$

下面计算 $I_2=\iint\limits_S \mathrm{d}z\mathrm{d}x$, 由于 $S=S_3\cup S_4$, 其中

$$\begin{cases} S_3: y=\sqrt{1-x^2-z^2}, \\ S_4: y=-\sqrt{1-x^2-z^2}, \end{cases} \quad (z,x)\in D_{zx}=\{x^2+z^2\leqslant 1,\ z\geqslant 0\},$$

它们在 xz 平面上的投影区域也都是上半单位圆. 依题意, 积分在 S_3 的左侧和 S_4 的右侧进行. 由式 (17.4.5),

$$I_2=\iint\limits_{S_3}\mathrm{d}z\mathrm{d}x+\iint\limits_{S_4}\mathrm{d}z\mathrm{d}x=-\iint\limits_{D_{zx}}\mathrm{d}z\mathrm{d}x+\iint\limits_{D_{zx}}\mathrm{d}z\mathrm{d}x=0.$$

又由式 (17.4.1),

$$\begin{aligned} I_3 &= \iint\limits_S z^2\mathrm{d}x\mathrm{d}y \\ &= -\iint\limits_{x^2+y^2\leqslant 1}(1-x^2-y^2)\mathrm{d}x\mathrm{d}y \\ &= -\int_0^{2\pi}\mathrm{d}\varphi\int_0^1(1-r^2)\,r\mathrm{d}r=-\frac{\pi}{2}. \end{aligned}$$

最后得到

$$I = -\frac{2\pi}{3} - \frac{\pi}{2} = -\frac{7\pi}{6}. \qquad \square$$

第二型曲面积分

*注 如果光滑曲面 S 由参数方程

$$S : x = x(u,v),\ \ y = y(u,v),\ \ z = z(u,v), \quad (u,v) \in D$$

给出且行列式

$$A = \frac{\partial(y,z)}{\partial(u,v)}, \quad B = \frac{\partial(z,x)}{\partial(u,v)}, \quad C = \frac{\partial(x,y)}{\partial(u,v)}$$

不同时为 0, 则

$$\iint\limits_S P\,\mathrm{d}y\,\mathrm{d}z + Q\,\mathrm{d}z\,\mathrm{d}x + R\,\mathrm{d}x\,\mathrm{d}y = \pm \iint\limits_D (PA + QB + RC)\,\mathrm{d}u\,\mathrm{d}v, \tag{17.4.6}$$

其中积分号前正负号的选取法则如下: 若向量 (A,B,C) 与曲面 S 上预先选定一侧的法向量方向一致, 则取 "+" 号; 否则, 取 "−" 号.

例 2 用式 (17.4.6) 计算例 1.

解 用参数方程

$$S : x = \sin\varphi\cos\theta,\ \ y = \sin\varphi\sin\theta,\ \ z = \cos\varphi, \quad 0 \leqslant \varphi \leqslant \frac{\pi}{2},\ \ 0 \leqslant \theta \leqslant 2\pi$$

计算行列式

$$A = \frac{\partial(y,z)}{\partial(\varphi,\theta)} = \sin^2\varphi\cos\theta, \quad B = \frac{\partial(z,x)}{\partial(\varphi,\theta)} = \sin^2\varphi\sin\theta, \quad C = \frac{\partial(x,y)}{\partial(\varphi,\theta)} = \sin\varphi\cos\varphi.$$

因为 $C > 0$, 则 (A,B,C) 的方向与上半球面 S 内侧的法线方向相反, 故积分号前取 "−" 号得

$$\begin{aligned} I &= -\iint\limits_{\substack{0\leqslant\varphi\leqslant\frac{\pi}{2}\\0\leqslant\theta\leqslant2\pi}} (\sin^3\varphi\cos^2\theta + \sin^2\varphi\sin\theta + \sin\varphi\cos^3\varphi)\,\mathrm{d}\varphi\,\mathrm{d}\theta \\ &= -\int_0^{\pi/2}\mathrm{d}\varphi\int_0^{2\pi}(\sin^3\varphi\cos^2\theta + \sin^2\varphi\sin\theta + \sin\varphi\cos^3\varphi)\,\mathrm{d}\theta \\ &= -\int_0^{\pi/2}(\pi\sin^3\varphi + 2\pi\sin\varphi\cos^3\varphi)\,\mathrm{d}\varphi = -\frac{7}{6}\pi. \end{aligned} \qquad \square$$

17.4.4　第一型曲面积分与第二型曲面积分的关系

在 17.4.3 小节中已经得到了两类曲面积分之间的关系 (17.4.2):

$$\iint_S R(x,y,z)\mathrm{d}x\mathrm{d}y=\iint_S R(x,y,z)\cos\gamma\mathrm{d}S, \tag{17.4.7}$$

其中 γ 是 z 轴正方向与曲面上点 (x,y,z) 处的指定侧的法向量 $\boldsymbol{n}$ 的夹角. 因此, 式 (17.4.7) 也可以写为

$$\iint_S R(x,y,z)\mathrm{d}x\mathrm{d}y=\iint_S R(x,y,z)\cos(\boldsymbol{n},z)\mathrm{d}S. \tag{17.4.8}$$

类似地有

$$\iint_S P(x,y,z)\mathrm{d}y\mathrm{d}z=\iint_S P(x,y,z)\cos(\boldsymbol{n},x)\mathrm{d}S, \tag{17.4.9}$$

$$\iint_S Q(x,y,z)\mathrm{d}z\mathrm{d}x=\iint_S Q(x,y,z)\cos(\boldsymbol{n},y)\mathrm{d}S. \tag{17.4.10}$$

将式 (17.4.8)~ 式 (17.4.10) 合在一起就是

$$\begin{aligned}&\iint_S P\mathrm{d}y\mathrm{d}z+Q\mathrm{d}z\mathrm{d}x+R\mathrm{d}x\mathrm{d}y\\=&\iint_S [P\cos(\boldsymbol{n},x)+Q\cos(\boldsymbol{n},y)+R\cos(\boldsymbol{n},z)]\mathrm{d}S,\end{aligned} \tag{17.4.11}$$

其中 $\boldsymbol{n}$ 是曲面 S 上指定侧的法向量.

这就是两类曲面积分之间的关系, 即向量 (P,Q,R) 在 S 某一侧上的第二型曲面积分等于它和 S 的该侧单位法向量点积的第一型曲面积分.

上述关系式的用处之一是可简化曲面积分的计算, 当某一类曲面积分的计算比较复杂时, 可利用式 (17.4.11) 转化为另一类曲面积分进行计算.

例 3　求

$$I=\iint_S xyz(y^2z^2+z^2x^2+x^2y^2)\,\mathrm{d}S,$$

其中 S 为第一卦限中的球面 $x^2+y^2+z^2=a^2$ $(x\geqslant 0, y\geqslant 0, z\geqslant 0, a>0)$.

解 如图 17.7 所示, 无论用参数式或直角坐标式, 直接计算均相当复杂, 取 S 的上侧为正侧, 则球面上 (x,y,z) 处的单位法向量为 $\left(\dfrac{x}{a},\dfrac{y}{a},\dfrac{z}{a}\right)$, 利用式 (17.4.11),

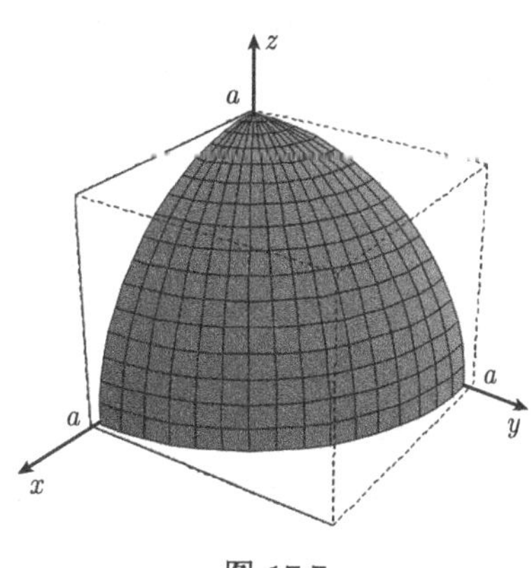

图 17.7

$$
\begin{aligned}
I&=a\iint\limits_{S}\left(y^3z^3\frac{x}{a}+z^3x^3\frac{y}{a}+x^3y^3\frac{z}{a}\right)\mathrm{d}S\\
&=a\iint\limits_{S}y^3z^3\,\mathrm{d}y\,\mathrm{d}z+z^3x^3\,\mathrm{d}z\,\mathrm{d}x+x^3y^3\,\mathrm{d}x\,\mathrm{d}y\\
&=3a\iint\limits_{S}x^3y^3\,\mathrm{d}x\,\mathrm{d}y=3a\iint\limits_{D_{xy}}x^3y^3\,\mathrm{d}x\,\mathrm{d}y,
\end{aligned}
$$

其中 $D_{xy}=\{x^2+y^2\leqslant a^2,x\geqslant 0,y\geqslant 0\}$, 作极坐标变换得

$$
\begin{aligned}
I&=3a\int_0^{\pi/2}\mathrm{d}\theta\int_0^a r^7\sin^3\theta\cos^3\theta\,\mathrm{d}r\\
&=\frac{3}{64}a^9\int_0^{\pi/2}\sin^3 2\theta\mathrm{d}\theta=\frac{1}{32}a^9.
\end{aligned}
$$

□

思考题

1. 怎样定义曲面的侧? 什么样的曲面称为双侧曲面?
2. 将第二型曲面积分化为重积分计算时, 曲面的侧起什么作用?
3. 第 16 章学过的二重积分属于第一型曲面积分还是第二型曲面积分? 或者都不是?

习　题　17.4

1. 计算下列第二型曲面积分:

(1) $\displaystyle\iint\limits_{S}(x+y+z)\mathrm{d}x\mathrm{d}y+(y-z)\mathrm{d}y\mathrm{d}z$, 其中 S 是正方体 $[0,1]^3$ 的表面外侧;

(2) $\displaystyle\iint\limits_{S}xy\mathrm{d}y\mathrm{d}z+yz\mathrm{d}z\mathrm{d}x+xz\mathrm{d}x\mathrm{d}y$, 其中 S 是平面 $x+y+z=1$ 与坐标平面所围立体的表面外侧;

(3) $\displaystyle\iint\limits_{S}x\mathrm{d}y\mathrm{d}z+y\mathrm{d}z\mathrm{d}x+z\mathrm{d}x\mathrm{d}y$, 其中 S 是圆柱面 $x^2+y^2=1$ 被平面 $z=0$ 及 $z=3$ 所截出部分的外侧;

(4) $\displaystyle\iint\limits_{S}x^2\mathrm{d}y\mathrm{d}z+y^2\mathrm{d}z\mathrm{d}x+z^2\mathrm{d}x\mathrm{d}y$, 其中 S 是球面 $(x-a)^2+(y-b)^2+(z-c)^2=R^2$ 的外侧.

2. 设某流体流速 $\boldsymbol{v}=(xy,yz,xz)$, 求单位时间内从内到外流过球面 $x^2+y^2+z^2=1$ 在第一卦限部分的流量.

---

3. 计算第二型曲面积分

$$I=\iint_S f(x)\mathrm{d}y\mathrm{d}z+g(y)\mathrm{d}z\mathrm{d}x+h(z)\mathrm{d}x\mathrm{d}y,$$

其中 S 是平行六面体 $(0\leqslant x\leqslant a,\ 0\leqslant y\leqslant b,\ 0\leqslant z\leqslant c)$ 的表面外侧, $f(x)$, $g(y)$, $h(z)$ 为 S 上的连续函数.

4. 利用式 (17.4.6) 证明式 (17.4.1).

小　结

本章学习了定义在曲线或曲面上的积分, 它们都有具体的物理背景.

第一型曲线积分的背景是求曲线状物体的质量. 第一型曲线积分具有与定积分类似的性质 (见性质 17.1.1～ 性质 17.1.5), 并且可以化为定积分来计算 (见式 (17.1.4) 和式 (17.1.6)). 快速准确的计算建立在正确写出曲线参数方程的基础上.

第一型曲面积分的背景是求曲面状物体的质量. 第一型曲面积分具有与二重积分类似的性质, 并且可以化为二重积分来计算 (见式 (17.2.1)).

第二型曲线积分和第二型曲面积分要稍微复杂一些, 因为这时的曲线有方向, 曲面有定向. 它们的背景分别是求变力做功和流体通过曲面的流量. 在计算第二型曲线积分时, 要注意定积分的上、下限要与曲线的方向一致. 在计算第二型曲面积分时, 要注意计算公式 (17.4.1), (17.4.4), (17.4.5) 都是在正侧上的积分. 如果是在负侧上的积分, 则公式右侧二重积分前加负号.

最后就是要知道两类曲面积分的关系 (17.4.11). 当某一类曲面积分计算比较困难时, 可化为另一类曲面积分来计算.

复　习　题

1. 证明第一型曲线积分满足积分中值定理.

2. 计算下列第一型曲线积分:

(1) $\displaystyle\int_\Gamma y\mathrm{d}s$, 其中 Γ 是 $x=y^2$ 和 $x+y=2$ 围成的闭曲线;

(2) $\displaystyle\int_\Gamma \left(x^{\frac{4}{3}}+y^{\frac{4}{3}}\right)\mathrm{d}s$, 其中 Γ 是内摆线 $x^{\frac{2}{3}}+y^{\frac{2}{3}}=a^{\frac{2}{3}}\ (a>0)$;

(3) $\displaystyle\int_\Gamma z\mathrm{d}s$, 其中 Γ 是圆锥螺线 $x=t\cos t,\ y=t\sin t,\ z=t,\ 0\leqslant t\leqslant t_0$.

3. 计算下列第一型曲面积分:

(1) $\iint\limits_S z^{99}(x^2+y^2)\mathrm{d}S$, 其中 S 为球面 $x^2+y^2+z^2=1$ 在第一卦限的部分;

(2) $\iint\limits_S \sqrt{x^2+y^2}\mathrm{d}S$, 其中 S 是球面 $x^2+y^2+z^2=R^2$;

(3) $\iint\limits_S \dfrac{\mathrm{d}S}{\sqrt{x^2+y^2+z^2}}$, 其中 S 是 $x^2+y^2=R^2$ 在平面 $z=0$ 与 $z=h$ 之间的柱面.

4. 求下列第二型曲线积分:

(1) $\int_\Gamma \dfrac{\mathrm{d}y-\mathrm{d}x}{x-y}$, 其中 Γ 是抛物线 $y=x^2-4$ 从 $(0,-4)$ 到 $(2,0)$ 的一段;

(2) $\int_\Gamma y^2\mathrm{d}x+z^2\mathrm{d}y+x^2\mathrm{d}z$, 其中 Γ 是维维安尼曲线 $x^2+y^2+z^2=a^2$, $x^2+y^2=ax(z\geqslant 0, a>0)$, 从 x 轴正向看, Γ 的正向是逆时针方向.

5. 求下列第二型曲面积分:

(1) $\iint\limits_S x^3\mathrm{d}y\mathrm{d}z$, 其中 S 是椭球面 $\dfrac{x^2}{a^2}+\dfrac{y^2}{b^2}+\dfrac{z^2}{c^2}=1$ 外侧的上半部分;

(2) $\iint\limits_S (x+y)\mathrm{d}y\mathrm{d}z+(y+z)\mathrm{d}z\mathrm{d}x+(z+x)\mathrm{d}x\mathrm{d}y$, 其中 S 是以原点为中心, 边长为 2 且面平行于坐标面的立方体表面外侧.

6. 求一质点沿 xy 平面内的椭圆 $\dfrac{x^2}{4^2}+\dfrac{y^2}{3^2}=1$ 运动一周所做的功, 力场 $\boldsymbol{F}=(3x-4y, 4x+2y)$.

7. 求向量 (x,y,z) 穿过由平面 $x=0$, $y=0$, $z=0$, $x+y+z=a(a>0)$ 所包围角锥表面的流量.

8. 试求质量均匀分布的螺旋线 $x=a\cos t$, $y=a\sin t$, $z=ht$ 对应于 $0\leqslant t\leqslant T$ 的一段弧的重心 (x_0,y_0,z_0).

---

9. 若曲线以极坐标 $\rho=\rho(\theta)(\theta_1\leqslant\theta_2)$ 表示, 试给出计算 $\int_\Gamma f(x,y)\mathrm{d}s$ 的公式, 并用此公式计算下列曲线积分:

(1) $\int_\Gamma \mathrm{e}^{\sqrt{x^2+y^2}}\mathrm{d}s$, 其中 Γ 为曲线 $\rho=a\left(0\leqslant\theta\leqslant\dfrac{\pi}{4}\right)$ 的一段;

(2) $\int_\Gamma x\mathrm{d}s$, 其中 Γ 为对数螺线 $\rho=a\mathrm{e}^{k\theta}(k>0)$ 在圆 $r=a$ 内的部分.

10. 证明: 若函数 $f(x,y)$ 在光滑曲线 $L: x=x(t)$, $y=y(t)\,(t\in[\alpha,\beta])$ 上连续, 则存在点 $(x_0,y_0)\in L$, 使得

$$\int_L f(x,y)\mathrm{d}s=f(x_0,y_0)\Delta L,$$

其中 ΔL 为 L 的弧长.

11. 求第一型曲线积分.

(1) $\displaystyle\int_{x^2+y^2=R^2} \ln\sqrt{(x-a)^2+y^2}\,\mathrm{d}s\ (|a|\neq R)$;

(2) $\displaystyle\int_{x^2+y^2=R^2} \ln\sqrt{(x-a)^2+(y-b)^2}\,\mathrm{d}s\ (a^2+b^2\neq R^2)$.

12. 证明曲线积分的估计式

$$\left|\int_{AB} P\mathrm{d}x+Q\mathrm{d}y\right|\leqslant LM,$$

其中 L 为 AB 的弧长, $M=\max\limits_{(x,y)\in AB}\sqrt{P^2+Q^2}$.

利用上述不等式估计积分

$$I_R=\int_{x^2+y^2=R^2}\frac{y\mathrm{d}x-x\mathrm{d}y}{(x^2+xy+y^2)^2},$$

并证明 $\lim\limits_{R\to+\infty} I_R=0$.

13. 设曲面 $\varSigma$ 的方程为 $z=z(x,y)$ $((x,y)\in D)$ 且 $z(x,y)$ 在 $\overline{D}$ 中连续可微, 证明

$$\begin{aligned}&\iint\limits_{\varSigma} P(x,y,z)\mathrm{d}y\mathrm{d}z+Q(x,y,z)\mathrm{d}z\mathrm{d}x+R(x,y,z)\mathrm{d}x\mathrm{d}y\\&=\pm\iint\limits_{D}(-Pz_x-Qz_y+R)\Big|_{z=z(x,y)}\mathrm{d}x\mathrm{d}y,\end{aligned}$$

当 $\varSigma$ 取上侧时, 符号为正; 当 $\varSigma$ 取下侧时, 符号为负.

14. 设 S 是球面 $x^2+y^2+z^2=1$, f 是一元连续函数, 证明

$$\iint\limits_{S} f(ax+by+cz)\mathrm{d}S=2\pi\int_{-1}^{1} f(u\sqrt{a^2+b^2+c^2})\mathrm{d}u,$$

其中 a, b, c 为常数.

第 18 章　各种积分之间的关系

本章要研究二重积分与平面第二型曲线积分的关系、三重积分与曲面积分的关系以及空间曲线积分与曲面积分的关系, 并讨论曲线积分与路径无关的条件.

18.1　Green 公式

本节研究二重积分与曲线积分的关系 (Green 公式).

先介绍平面上区域的边界曲线 Γ 正方向的规定: 当人沿边界 Γ 的正向行走时, 区域 D 总在他的左边 (图 18.1). 注意, 外边界的正向是逆时针方向. 如果区域有"洞", 则内边界的正向是顺时针方向. 与上述方向相反的边界曲线记为 $-\Gamma$.

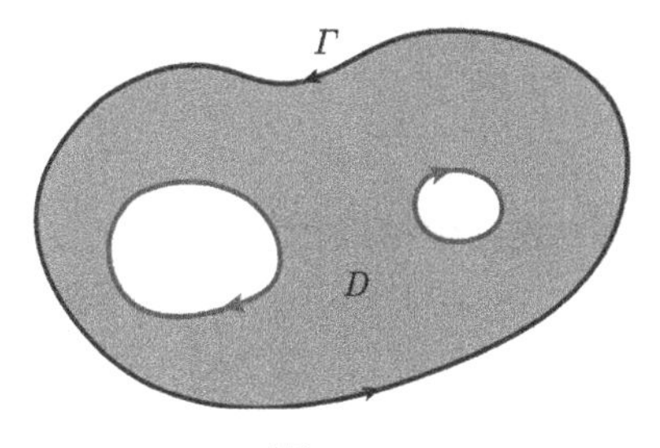

图 18.1

定理 18.1.1　设有界闭区域 $D \subset \mathbb{R}^2$ 由分段光滑的闭曲线 Γ 围成, 函数 $P(x,y)$, $Q(x,y)$ 在 D (连同 Γ) 上有一阶连续偏导数, 则

$$\iint\limits_D \left(\frac{\partial Q}{\partial x} - \frac{\partial P}{\partial y}\right) \mathrm{d}x\mathrm{d}y = \oint_\Gamma P\mathrm{d}x + Q\mathrm{d}y, \tag{18.1.1}$$

其中 Γ 为 D 的边界曲线, 取正向.

式 (18.1.1) 称为 **Green(格林) 公式**.

定理 18.1.1 中要求 $P(x,y)$, $Q(x,y)$ 在 D (连同 Γ) 上具有一阶连续偏导数是为了保证 (18.1.1) 左边二重积分的存在性. 要求边界曲线 Γ 分段光滑是为了保证 (18.1.1) 右边曲线积分的存在性.

证明　若区域 D 既是 x 型区域又是 y 型区域, 即平行于坐标轴且穿过 D 内部的直线和 Γ 至多交于两点 (图 18.2, 图 18.3). 这时区域 D 可表示为

$$\varphi_1(x) \leqslant y \leqslant \varphi_2(x), \quad a \leqslant x \leqslant b,$$

同时 D 也可以表示为

$$\psi_1(y) \leqslant x \leqslant \psi_2(y), \quad \alpha \leqslant y \leqslant \beta,$$

其中 $y=\varphi_1(x)$ 和 $y=\varphi_2(x)$ 分别为曲线 $\overset{\frown}{ACB}$ 和 $\overset{\frown}{AEB}$ 的方程. 而 $x=\psi_1(y)$ 和 $x=\psi_2(y)$ 则分别是曲线 $\overset{\frown}{CAE}$ 和 $\overset{\frown}{CBE}$ 的方程. 于是

$$\begin{aligned}\iint\limits_D \frac{\partial Q}{\partial x}\mathrm{d}x\mathrm{d}y &= \int_\alpha^\beta \mathrm{d}y\int_{\psi_1(y)}^{\psi_2(y)} \frac{\partial Q(x,y)}{\partial x}\mathrm{d}x \\ &= \int_\alpha^\beta Q(\psi_2(y),y)\mathrm{d}y - \int_\alpha^\beta Q(\psi_1(y),y)\mathrm{d}y \\ &= \int_{\overset{\frown}{CBE}} Q(x,y)\mathrm{d}y - \int_{\overset{\frown}{CAE}} Q(x,y)\mathrm{d}y \\ &= \int_{\overset{\frown}{CBE}} Q(x,y)\mathrm{d}y + \int_{\overset{\frown}{EAC}} Q(x,y)\mathrm{d}y \\ &= \oint_\varGamma Q(x,y)\mathrm{d}y.\end{aligned}$$

同理, 可以证得

$$-\iint\limits_D \frac{\partial P}{\partial y}\mathrm{d}x\mathrm{d}y = \oint_\varGamma P(x,y)\mathrm{d}x.$$

将上述两个结果相加即得

$$\iint\limits_D \left(\frac{\partial Q}{\partial x}-\frac{\partial P}{\partial y}\right)\mathrm{d}x\mathrm{d}y = \oint_\varGamma P\mathrm{d}x + Q\mathrm{d}y.$$

对于一般的区域, 则先用几段光滑曲线将 D 分成有限个既是 x 型又是 y 型的子区域, 然后逐块按上面的方法得到它们的 Green 公式, 并相加即可. □

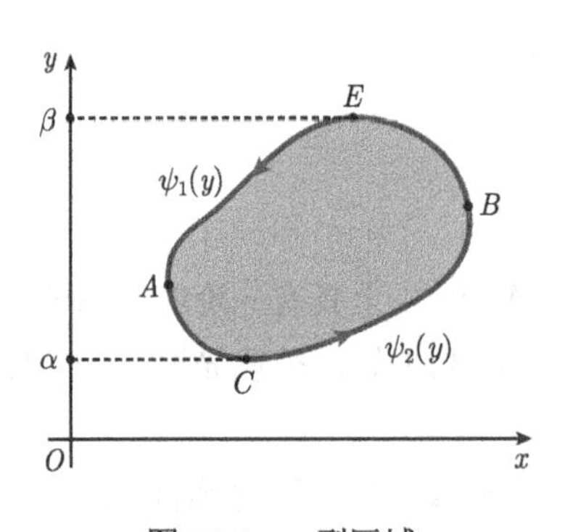

图 18.2 y 型区域

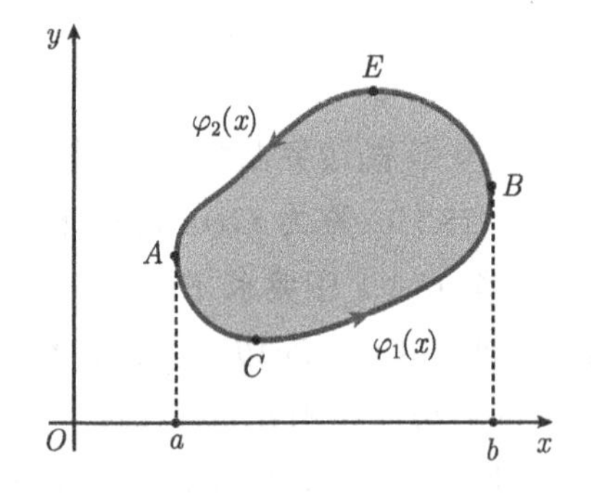

图 18.3 x 型区域

为便于记忆, 式 (18.1.1) 也可以写成如下形式:

$$\iint\limits_D \begin{vmatrix} \dfrac{\partial}{\partial x} & \dfrac{\partial}{\partial y} \\ P & Q \end{vmatrix} \mathrm{d}x\mathrm{d}y = \oint_\varGamma P\mathrm{d}x + Q\mathrm{d}y.$$

Green 公式指出了平面区域上的二重积分与它边界上的第二型曲线积分之间的关系. 根据这个关系, 有时可用二重积分来计算曲线积分, 有时也用曲线积分来计算二重积分. 即使曲线不封闭, 也可以利用添加“辅助线”的方法.

例 1 设 Γ 为抛物线 $2x=\pi y^2$ 从 $(0,0)$ 到 $\left(\dfrac{\pi}{2},1\right)$ 的弧段, 求

$$I=\int_\Gamma (2xy^3-y^2\cos x)\mathrm{d}x+(1-2y\sin x+3x^2y^2)\mathrm{d}y.$$

解 令 $P(x,y)=2xy^3-y^2\cos x$, $Q(x,y)=1-2y\sin x+3x^2y^2$, 则

$$\frac{\partial Q}{\partial x}-\frac{\partial P}{\partial y}=-2y\cos x+6xy^2-(6xy^2-2y\cos x)=0.$$

为了利用 Green 公式, 添加辅助线 (图 18.4), 则

$$I=\left(\int_\Gamma+\int_{\overset{\frown}{BA}}+\int_{\overset{\frown}{AO}}+\int_{\overset{\frown}{AB}}+\int_{\overset{\frown}{OA}}\right)P\mathrm{d}x+Q\mathrm{d}y,$$

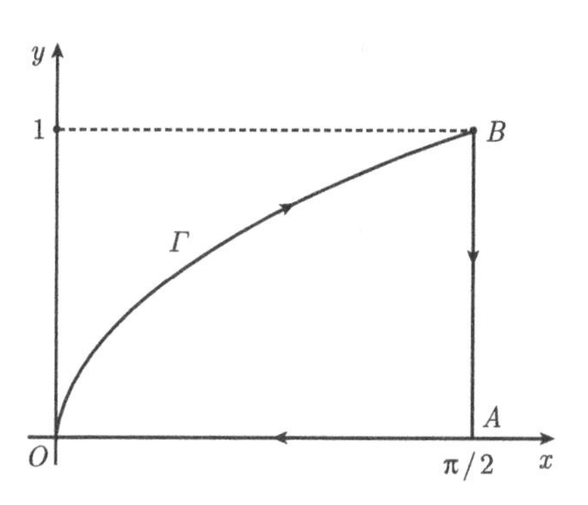

图 18.4

前三项用 Green 公式后积分为零, 因此,

$$\begin{aligned}I&=\left(\int_{\overset{\frown}{AB}}+\int_{\overset{\frown}{OA}}\right)P\mathrm{d}x+Q\mathrm{d}y\\&=\int_{\overset{\frown}{AB}}(1-2y\sin x+3x^2y^2)\mathrm{d}y\\&=\int_0^1\left(1-2y+\frac{3}{4}\pi^2y^2\right)\mathrm{d}y=\frac{\pi^2}{4}.\end{aligned}$$

□

注 在 Green 公式中取 $P(x,y)=0$, $Q(x,y)=x$, 则区域 D 的面积为

$$A_D=\iint\limits_D \mathrm{d}x\mathrm{d}y=\oint_\Gamma x\mathrm{d}y. \tag{18.1.2}$$

取 $P(x,y)=-y$, $Q(x,y)=0$, 则

$$A_D=\iint\limits_D \mathrm{d}x\mathrm{d}y=-\oint_\Gamma y\mathrm{d}x. \tag{18.1.3}$$

又若取 $P(x,y)=-y$, $Q(x,y)=x$, 或 (18.1.2) 与 (18.1.3) 相加, 则得到

$$A_D=\iint\limits_D \mathrm{d}x\mathrm{d}y=\frac{1}{2}\oint_\Gamma x\mathrm{d}y-y\mathrm{d}x. \tag{18.1.4}$$

虽然 (18.1.4) 看起来比 (18.1.2) 和 (18.1.3) 复杂一点, 但它具有的对称性有时可以给计算带来方便. 下面的例子可以说明这一点.

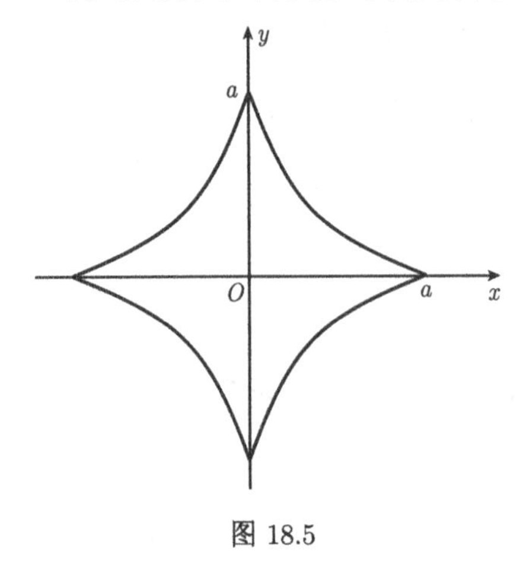

图 18.5

例 2　求星形线 $x = a\cos^3 t,\ y = a\sin^3 t$ 所围图形的面积 (图 18.5).

解　应用式 (18.1.4), 由于

$$\mathrm{d}x = -3a\cos^2 t\sin t\mathrm{d}t,\quad \mathrm{d}y = 3a\sin^2 t\cos t\mathrm{d}t,$$

因此,

$$\begin{aligned} x\mathrm{d}y-y\mathrm{d}x &= 3a^2\sin^2 t\cos^4 t\mathrm{d}t+3a^2\cos^2 t\sin^4 t\mathrm{d}t \\ &= 3a^2\sin^2 t\cos^2 t\mathrm{d}t, \end{aligned}$$

于是所求的面积为

$$A_D = \frac{1}{2}\oint_\varGamma x\mathrm{d}y - y\mathrm{d}x = \frac{3}{2}a^2\int_0^{2\pi}\sin^2 t\cos^2 t\mathrm{d}t = \frac{3}{8}\pi a^2.$$ □

例 3　计算 $I = \oint_\varGamma \dfrac{x\mathrm{d}y - y\mathrm{d}x}{x^2+y^2}$, 其中 $\varGamma$ 是任一分段光滑的简单闭曲线, 逆时针方向为正向.

(1) 原点在 $\varGamma$ 外;

(2) 原点在 $\varGamma$ 内.

解　由于被积函数的分母在原点为零, 因此, 原点和 $\varGamma$ 的位置关系在利用 Green 公式计算时有重要的影响.

(1) 记 $P(x,y) = \dfrac{-y}{x^2+y^2}$, $Q(x,y) = \dfrac{x}{x^2+y^2}$, 则

$$\frac{\partial P}{\partial y} = \frac{\partial Q}{\partial x} = \frac{y^2-x^2}{(x^2+y^2)^2}, (x,y)\neq(0,0).$$

设 D 是 $\varGamma$ 围成的区域, 利用 Green 公式得

$$I = \oint_\varGamma P\mathrm{d}x + Q\mathrm{d}y = \iint\limits_D \left(\frac{\partial Q}{\partial x} - \frac{\partial P}{\partial y}\right)\mathrm{d}x\mathrm{d}y = 0.$$

(2) 当原点在 D 内时, 由于 $P(x,y)$ 和 $Q(x,y)$ 都不在 D 上连续可微, 因此, 需要作一点技术性的处理才能应用 Green 公式. 具体做法是在区域 D 内挖掉一个以

原点为圆心, ε 为半径的圆 B_ε, 其中 $\varepsilon>0$ 充分小, 使得 $\overline{B}_\varepsilon\subset D$. 记 B_ε 的边界为 γ_ε, 它的定向是顺时针方向 (图 18.6),

$$I=\oint_\Gamma P\mathrm{d}x+Q\mathrm{d}y=\left(\oint_\Gamma+\oint_{\gamma_\varepsilon}-\oint_{\gamma_\varepsilon}\right)P\mathrm{d}x+Q\mathrm{d}y.$$

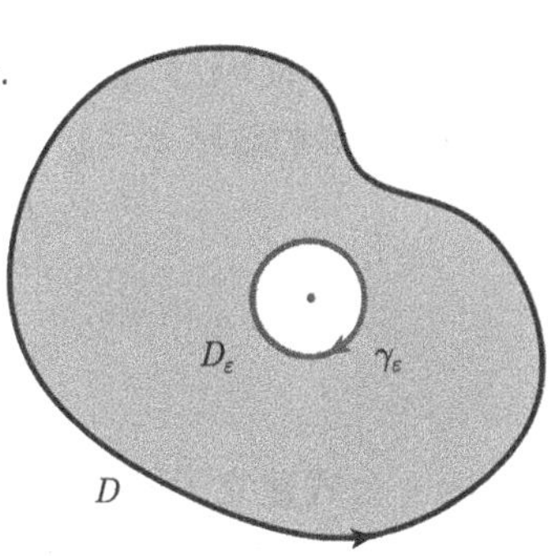

图 18.6

对前两项在 $D_\varepsilon=D\backslash B_\varepsilon$ 上用 Green 公式知积分为零, 于是

$$I=-\oint_{\gamma_\varepsilon}\frac{x\mathrm{d}y-y\mathrm{d}x}{x^2+y^2},$$

$-\gamma_\varepsilon$ 的参数方程是 $x=\varepsilon\cos\varphi,\ y=\varepsilon\sin\varphi\ (0\leqslant\varphi\leqslant 2\pi)$, 因此,

$$I=\int_0^{2\pi}\frac{\varepsilon^2\cos^2\varphi+\varepsilon^2\sin^2\varphi}{\varepsilon^2}\mathrm{d}\varphi=2\pi.\qquad\square$$

Green公式

思考题

1. 在一条平面闭曲线上求第二型曲线积分, 如果没有特别指明它的方向, 它的方向如何确定?

2. 如何利用 Green 公式求平面图形的面积?

习 题 18.1

1. 利用 Green 公式求下列积分:

(1) $\oint_\Gamma(x^2+xy)\mathrm{d}x+(x^2+y^2)\mathrm{d}y$, 其中 Γ 是正方形 $[-1,1]^2$ 的边界, 取正向;

(2) $\oint_\Gamma(x+y)\mathrm{d}x-(x-y)\mathrm{d}y$, 其中 Γ 是椭圆 $\dfrac{x^2}{a^2}+\dfrac{y^2}{b^2}=1$, 取正向.

2. 计算下列曲线所围成的平面图形的面积:

(1) 双纽线 $(x^2+y^2)^2=a^2(x^2-y^2)$ (提示: 令 $y=x\tan\varphi$);

(2) 笛卡儿叶形线 $x^3+y^3=3axy\ (a>0)$.

3. 设 Γ 为平面上分段光滑的简单闭曲线, $\boldsymbol{l}$ 为给定方向, 证明

$$\oint_{\Gamma} \cos(\boldsymbol{l}, \boldsymbol{n}) \mathrm{d}s = 0,$$

其中 $\boldsymbol{n}$ 为 Γ 上单位外法向量.

4. 设 Γ 是单位圆周 $x^2 + y^2 = 1$, 正向为逆时针方向, 求积分

$$\oint_{\Gamma} \frac{(x-y)\mathrm{d}x + (x+4y)\mathrm{d}y}{x^2 + 4y^2}.$$

18.2 Gauss 公式

Green 公式建立了沿平面封闭曲线的第二型曲线积分与二重积分的关系, 沿空间闭曲面的第二型曲面积分和三重积分之间也有类似的关系, 这就是本节要建立的 Gauss(高斯) 公式.

定理 18.2.1 设空间区域 V 由分片光滑的双侧封闭曲面 S 围成, 函数 $P(x,y,z)$, $Q(x,y,z)$, $R(x,y,z)$ 在 V(连同 S) 上有一阶连续偏导数, 则

$$\iiint\limits_V \left(\frac{\partial P}{\partial x} + \frac{\partial Q}{\partial y} + \frac{\partial R}{\partial z}\right) \mathrm{d}x\mathrm{d}y\mathrm{d}z = \oint\!\!\!\oint\limits_S P\mathrm{d}y\mathrm{d}z + Q\mathrm{d}z\mathrm{d}x + R\mathrm{d}x\mathrm{d}y, \qquad (18.2.1)$$

其中 S 取外侧, (18.2.1) 称为 **Gauss 公式**.

符号 $\oint\!\!\!\oint\limits_S$ 表示积分曲面是封闭的, 其中的圆圈也可以省略.

证明 下面只证

$$\iiint\limits_V \frac{\partial R}{\partial z} \mathrm{d}x\mathrm{d}y\mathrm{d}z = \oint\!\!\!\oint\limits_S R\mathrm{d}x\mathrm{d}y.$$

读者可类似地证明

$$\iiint\limits_V \frac{\partial P}{\partial x} \mathrm{d}x\mathrm{d}y\mathrm{d}z = \oint\!\!\!\oint\limits_S P\mathrm{d}y\mathrm{d}z,$$

$$\iiint\limits_V \frac{\partial Q}{\partial y} \mathrm{d}x\mathrm{d}y\mathrm{d}z = \oint\!\!\!\oint\limits_S Q\mathrm{d}z\mathrm{d}x.$$

这些结果相加便得到了 Gauss 公式 (18.2.1).

先设 V 是一个 xy 型区域, 即其边界曲面 S 由曲面

$$S_1 : z = z_1(x,y), \quad (x,y) \in D_{xy}, \text{ 取下侧},$$
$$S_2 : z = z_2(x,y), \quad (x,y) \in D_{xy}, \text{ 取上侧}$$

及以垂直于 xy 平面的柱面 S_3 组成 (图 18.7), 其中 $z_1(x,y) \leqslant z_2(x,y)$. 于是按三重积分的计算方法有

$$\iiint\limits_V \frac{\partial R}{\partial z}\mathrm{d}x\mathrm{d}y\mathrm{d}z = \iint\limits_{D_{xy}} \mathrm{d}x\mathrm{d}y \int_{z_1(x,y)}^{z_2(x,y)} \frac{\partial R}{\partial z}\mathrm{d}z$$

$$= \iint\limits_{D_{xy}} [R(x,y,z_2(x,y)) - R(x,y,z_1(x,y))]\mathrm{d}x\mathrm{d}y$$

$$= \iint\limits_{D_{xy}} R(x,y,z_2(x,y))\mathrm{d}x\mathrm{d}y - \iint\limits_{D_{xy}} R(x,y,z_1(x,y))\mathrm{d}x\mathrm{d}y$$

$$= \iint\limits_{S_2} R(x,y,z)\mathrm{d}x\mathrm{d}y + \iint\limits_{S_1} R(x,y,z)\mathrm{d}x\mathrm{d}y,$$

又由于 S_3 垂直于 xy 平面, 由式 (17.4.3),

$$\iint\limits_{S_3} R(x,y,z)\mathrm{d}x\mathrm{d}y = 0.$$

因此,

$$\iiint\limits_V \frac{\partial R}{\partial z}\mathrm{d}x\mathrm{d}y\mathrm{d}z$$

$$= \iint\limits_{S_2} R\mathrm{d}x\mathrm{d}y + \iint\limits_{S_1} R\mathrm{d}x\mathrm{d}y + \iint\limits_{S_3} R\mathrm{d}x\mathrm{d}y$$

$$= \oiint\limits_S R\mathrm{d}x\mathrm{d}y.$$

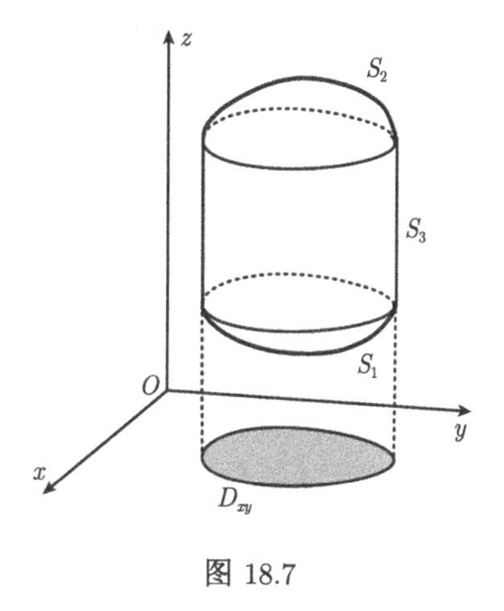

图 18.7

对于不是 xy 型区域的情形, 可用有限个光滑曲面将它分割成若干个 xy 型区域来讨论, 这里略去证明的细节. □

利用两类曲面积分之间的关系式 (17.4.10), Gauss 公式也可以写成

$$\iiint\limits_V \left(\frac{\partial P}{\partial x} + \frac{\partial Q}{\partial y} + \frac{\partial R}{\partial z}\right)\mathrm{d}x\mathrm{d}y\mathrm{d}z$$

$$= \oiint\limits_S \Big[P\cos(\boldsymbol{n},x) + Q\cos(\boldsymbol{n},y) + R\cos(\boldsymbol{n},z)\Big]\mathrm{d}S, \qquad (18.2.2)$$

其中 $\boldsymbol{n}$ 为曲面 S 的外法向量.

与 Green 公式相仿, Gauss 公式 (18.2.1) 和 (18.2.2) 提供了一种新的计算曲面积分和三重积分的方法.

例 1 求

$$I = \iint\limits_S 4xz\mathrm{d}y\mathrm{d}z - 2yz\mathrm{d}z\mathrm{d}x + (1-z^2)\mathrm{d}x\mathrm{d}y,$$

其中 S 是曲线 $z=\mathrm{e}^y(0\leqslant y\leqslant a)$ 绕 z 轴旋转生成的旋转面, 取下侧.

解　S 的方程为

$$z=\mathrm{e}^{\sqrt{x^2+y^2}},\quad x^2+y^2\leqslant a^2,\ 取下侧.$$

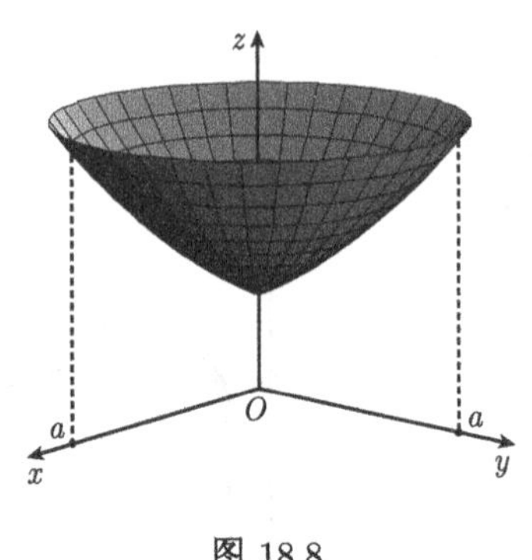

图 18.8

直接计算比较困难. 考虑用 Gauss 公式, 由于 S 不封闭, 需要添加辅助面

$$S_1:\ z=\mathrm{e}^a,\quad x^2+y^2\leqslant a^2,\ 取上侧.$$

如图 18.8 所示, 设 S 与 S_1 围成的区域为 V, 令

$$P=4xz,\quad Q=-2yz,\quad R=1-z^2,$$

则

$$\frac{\partial P}{\partial x}+\frac{\partial Q}{\partial y}+\frac{\partial R}{\partial z}=4z-2z-2z=0.$$

由式 (18.2.1) 得

$$\begin{aligned}I&=\Big(\iint\limits_S+\iint\limits_{S_1}-\iint\limits_{S_1}\Big)4xz\mathrm{d}y\mathrm{d}z-2yz\mathrm{d}z\mathrm{d}x+(1-z^2)\mathrm{d}x\mathrm{d}y\\&=-\iint\limits_{S_1}(1-z^2)\mathrm{d}x\mathrm{d}y=(\mathrm{e}^{2a}-1)\iint\limits_{x^2+y^2\leqslant a^2}\mathrm{d}x\mathrm{d}y=(\mathrm{e}^{2a}-1)\pi a^2.\end{aligned}$$ □

Gauss公式

例 2　设 S 为分片光滑的封闭曲面, $\boldsymbol{l}$ 为固定方向, 证明

$$\oiint\limits_S\cos(\boldsymbol{n},\boldsymbol{l})\mathrm{d}S=0,$$

其中 $\boldsymbol{n}$ 是曲面 S 的外法向量.

证明　不妨设 $\boldsymbol{n},\boldsymbol{l}$ 都是单位向量, 记 $\boldsymbol{l}=(l_1,l_2,l_3)$, 其中 $l_1,\ l_2,\ l_3$ 都是常数, $\boldsymbol{n}=(\cos(\boldsymbol{n},x),\cos(\boldsymbol{n},y),\cos(\boldsymbol{n},z))$. 用 V 表示由 S 围成的立体. 由于

$$\boldsymbol{l}\cdot\boldsymbol{n}=|\boldsymbol{l}|\cdot|\boldsymbol{n}|\cos(\boldsymbol{l},\boldsymbol{n})=\cos(\boldsymbol{l},\boldsymbol{n}),$$

因此,

$$\cos(\boldsymbol{l},\boldsymbol{n})=\boldsymbol{l}\cdot\boldsymbol{n}=l_1\cos(\boldsymbol{n},x)+l_2\cos(\boldsymbol{n},y)+l_3\cos(\boldsymbol{n},z).$$

由式 (18.2.2),

$$\begin{aligned}\oiint\limits_S\cos(\boldsymbol{n},\boldsymbol{l})\mathrm{d}S&=\oiint\limits_S\Big[l_1\cos(\boldsymbol{n},x)+l_2\cos(\boldsymbol{n},y)+l_3\cos(\boldsymbol{n},z)\Big]\mathrm{d}S\\&=\iiint\limits_V\left(\frac{\partial l_1}{\partial x}+\frac{\partial l_2}{\partial y}+\frac{\partial l_3}{\partial z}\right)\mathrm{d}x\mathrm{d}y\mathrm{d}z=0.\end{aligned}$$ □

思考题

1. 如何利用 Gauss 公式求立体图形的体积?

2. 利用 Gauss 公式证明阿基米德原理: 浸在液体中的物体所受的浮力等于物体排开液体的重量, 方向是向上的.

习　题　18.2

1. 利用 Gauss 公式求下列积分:

(1) $\oiint\limits_S y(x-z)\mathrm{d}y\mathrm{d}z+z^2\mathrm{d}z\mathrm{d}x+(y^2+xz)\mathrm{d}x\mathrm{d}y$, 其中 S 是正方体 $(0,\ a)^3$ 的外侧;

(2) $\oiint\limits_S(y-z)\mathrm{d}y\mathrm{d}z+(z-x)\mathrm{d}z\mathrm{d}x+(x-y)\mathrm{d}x\mathrm{d}y$, 其中 S 是椭球面 $\dfrac{x^2}{a^2}+\dfrac{y^2}{b^2}+\dfrac{z^2}{c^2}=1$ 的外侧;

(3) $\oiint\limits_S f(x)\mathrm{d}y\mathrm{d}z+g(y)\mathrm{d}z\mathrm{d}x+h(z)\mathrm{d}x\mathrm{d}y$, 其中 f,g,h 为连续可微函数, S 为长方体 $(0,a)\times(0,b)\times(0,c)$ 的外表面.

2. 证明: 光滑曲面 S 包围的立体 V 的体积

$$\Delta V=\frac{1}{3}\oiint\limits_S(x\cos\alpha+y\cos\beta+z\cos\gamma)\mathrm{d}S,$$

其中 $\cos\alpha$, $\cos\beta$, $\cos\gamma$ 是曲面 S 外法向的方向余弦.

3. 证明: 公式

$$\iiint\limits_V\frac{\mathrm{d}x\mathrm{d}y\mathrm{d}z}{\sqrt{x^2+y^2+z^2}}=\frac{1}{2}\oiint\limits_S\cos(\boldsymbol{n},\boldsymbol{r})\mathrm{d}S,$$

其中光滑曲面 S 是包围 V 的曲面, 坐标原点在 S 外, $\boldsymbol{n}$ 是 S 的外法向, $\boldsymbol{r}=(x,y,z)$.

18.3 Stokes 公式

Stokes(斯托克斯) 公式是建立沿空间双侧曲面 S 的第二型曲面积分与沿 S 的边界曲线 L 上的第二型曲线积分之间的联系.

在讲述定理之前, 先对双侧曲面 S 的侧与其边界曲线 L 的方向作如下规定: 设有人站在 S 上指定的一侧, 若沿 L 行走, 指定的侧总在人的左方, 则人前进的方向为边界线 L 的正向; 若沿 L 行走, 指定的侧总在人的右方, 则人前进的方向为边界线 L 的负向, 这个规定方法也称为**右手法则**, 如图 18.9 所示.

定理 18.3.1 设光滑曲面 S 的边界 L 是分段光滑的连续闭曲线. 若函数 $P(x,y,z), Q(x,y,z), R(x,y,z)$ 在 S(连同 L) 上具有一阶连续偏导数, 则

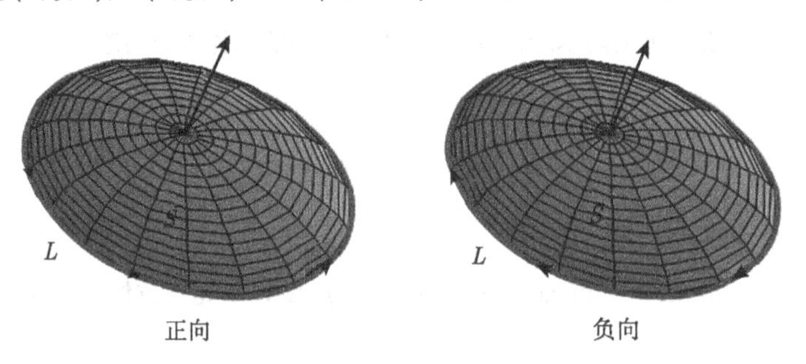

图 18.9

$$\iint\limits_S \left(\frac{\partial R}{\partial y}-\frac{\partial Q}{\partial z}\right)\mathrm{d}y\mathrm{d}z+\left(\frac{\partial P}{\partial z}-\frac{\partial R}{\partial x}\right)\mathrm{d}z\mathrm{d}x+\left(\frac{\partial Q}{\partial x}-\frac{\partial P}{\partial y}\right)\mathrm{d}x\mathrm{d}y$$
$$=\oint_L P\mathrm{d}x+Q\mathrm{d}y+R\mathrm{d}z, \tag{18.3.1}$$

其中 S 和 L 的定向符合右手法则. 式 (18.3.1) 称为 **Stokes 公式**.

证明 先证

$$\iint\limits_S \frac{\partial P}{\partial z}\mathrm{d}z\mathrm{d}x-\frac{\partial P}{\partial y}\mathrm{d}x\mathrm{d}y=\oint_L P(x,y,z)\mathrm{d}x. \tag{18.3.2}$$

设曲面 S 由方程 $z=z(x,y)$ 确定, 并且它的正侧法向量是 $(-z_x,-z_y,1)$, 方向余弦是 $\cos\alpha, \cos\beta, \cos\gamma$, 于是 $(-z_x,-z_y,1)$ 与 $(\cos\alpha,\cos\beta,\cos\gamma)$ 平行, 因此,

$$\frac{\partial z}{\partial x}=-\frac{\cos\alpha}{\cos\gamma},\quad \frac{\partial z}{\partial y}=-\frac{\cos\beta}{\cos\gamma},$$

设 S 在 xy 平面上的投影区域为 D_{xy}, L 在 xy 平面上的投影曲线记为 Γ.

证明式 (18.3.2) 的思路是将式 (18.3.2) 的左边化为 xy 平面上的二重积分, 右边化为 xy 平面上的线积分, 然后用 Green 公式证明它们相等.

根据两型曲面积分的关系

$$\mathrm{d}z\mathrm{d}x = \cos\beta \mathrm{d}S, \quad \mathrm{d}x\mathrm{d}y = \cos\gamma \mathrm{d}S,$$

因此,

$$\mathrm{d}z\mathrm{d}x = \frac{\cos\beta}{\cos\gamma}\mathrm{d}x\mathrm{d}y = -\frac{\partial z}{\partial y}\mathrm{d}x\mathrm{d}y,$$

于是式 (18.3.2) 的左边

$$\begin{aligned}
&\iint_S \frac{\partial P}{\partial z}\mathrm{d}z\mathrm{d}x - \frac{\partial P}{\partial y}\mathrm{d}x\mathrm{d}y \\
=&-\iint_S \left(\frac{\partial P}{\partial z}\frac{\partial z}{\partial y} + \frac{\partial P}{\partial y}\right)\mathrm{d}x\mathrm{d}y
\end{aligned}$$

$$\begin{aligned}
=&-\iint_{D_{xy}} \left[\frac{\partial P}{\partial z}(x,y,z(x,y))\frac{\partial z}{\partial y}(x,y) + \frac{\partial P}{\partial y}(x,y,z(x,y))\right]\mathrm{d}x\mathrm{d}y \\
=&-\iint_{D_{xy}} \frac{\partial}{\partial y}\left[P(x,y,z(x,y))\right]\mathrm{d}x\mathrm{d}y, \qquad (18.3.3)
\end{aligned}$$

式 (18.3.3) 的最后一步用的是复合函数求导.

下面计算式 (18.3.2) 的右边. 由第二型曲线积分的定义,

$$\oint_L P(x,y,z)\mathrm{d}x = \oint_\Gamma P(x,y,z(x,y))\mathrm{d}x. \qquad (18.3.4)$$

最后用 Green 公式知 (18.3.3) 的右端和 (18.3.4) 的右端相等, 因此, (18.3.2) 成立.

如果曲面 S 以 $y=y(x,z)$ 的形式给出, 同样的方法可以证明 (18.3.2) 成立.

如果曲面 S 的方程是 $x=c$, 其中 c 是常数, 则 $\cos\beta = \cos\gamma = 0$ 导致式 (18.3.2) 的左边为零, $x=c$ 导致式 (18.3.2) 的右边为零, 因此, (18.3.2) 成立.

对于一般的曲面 S, 则可用一些光滑曲线把 S 分割为若干小块, 使每一小块都能用上述三种形式之一来表示, 因而这时式 (18.3.2) 也能成立.

同样可证得

$$\iint_S \frac{\partial Q}{\partial x}\mathrm{d}x\mathrm{d}y - \frac{\partial Q}{\partial z}\mathrm{d}y\mathrm{d}z = \oint_L Q(x,y,z)\mathrm{d}y \qquad (18.3.5)$$

和

$$\iint_S \frac{\partial R}{\partial y}\mathrm{d}y\mathrm{d}z - \frac{\partial R}{\partial x}\mathrm{d}z\mathrm{d}x = \oint_L R(x,y,z)\mathrm{d}z, \tag{18.3.6}$$

将式 (18.3.2), 式 (18.3.5), 式 (18.3.6) 相加即得式 (18.3.1). □

为了便于记忆, Stokes 公式也常写成如下形式:

$$\iint_S \begin{vmatrix} \mathrm{d}y\mathrm{d}z & \mathrm{d}z\mathrm{d}x & \mathrm{d}x\mathrm{d}y \\ \dfrac{\partial}{\partial x} & \dfrac{\partial}{\partial y} & \dfrac{\partial}{\partial z} \\ P & Q & R \end{vmatrix} = \oint_L P\mathrm{d}x + Q\mathrm{d}y + R\mathrm{d}z. \tag{18.3.7}$$

由两类曲面积分之间的关系式 (17.4.10), (18.3.7) 又可以写成

$$\iint_S \begin{vmatrix} \cos\alpha & \cos\beta & \cos\gamma \\ \dfrac{\partial}{\partial x} & \dfrac{\partial}{\partial y} & \dfrac{\partial}{\partial z} \\ P & Q & R \end{vmatrix} \mathrm{d}S = \oint_L P\mathrm{d}x + Q\mathrm{d}y + R\mathrm{d}z, \tag{18.3.8}$$

其中 $\cos\alpha$, $\cos\beta$, $\cos\gamma$ 是曲面 S 上法向量的方向余弦. 如果曲面 S 在 xy 平面上, 则式 (18.3.7) 就是 Green 公式. 式 (18.3.7) 与式 (18.3.8) 提供了一个求曲线积分与曲面积分的新方法.

例 1　求

$$I = \oint_C (y^2 - z^2)\,\mathrm{d}x + (z^2 - x^2)\,\mathrm{d}y + (x^2 - y^2)\,\mathrm{d}z,$$

其中 C 是立方体 $\{0 \leqslant x \leqslant a,\ 0 \leqslant y \leqslant a,\ 0 \leqslant z \leqslant a\}$ 的表面与平面 $x + y + z = \dfrac{3}{2}a$ 的交线, 取正向为从 x 轴正向看是逆时针方向.

分析　如图 18.10 所示, 分 6 段积分的计算量很大, 并且 C 也不便于表示为一个统一的参数式. 因 C 为闭曲线且 $P = y^2 - z^2$, $Q = z^2 - x^2$, $R = x^2 - y^2$ 连续可微, 故考虑用 Stokes 公式.

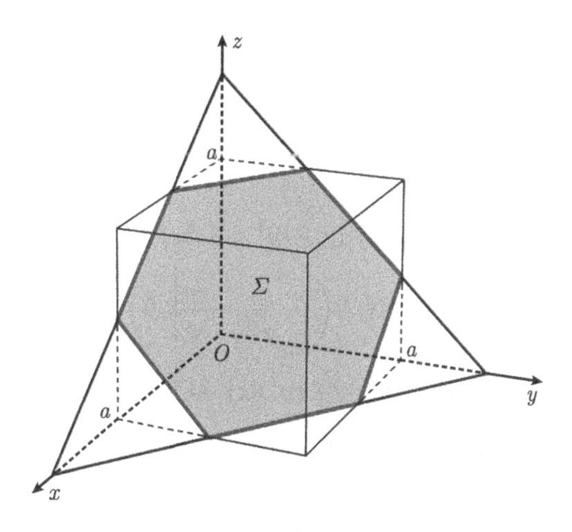

图 18.10

解 令 Σ 为平面 $x+y+z=\frac{3}{2}a$ 上被 C 所围的一块, 取上侧, 则 C 的取向与 Σ 的取侧符合右手法则. 应用 Stokes 公式 (18.3.8) 得

$$
\begin{aligned}
I &= \iint_{\Sigma} \begin{vmatrix} \frac{1}{\sqrt{3}} & \frac{1}{\sqrt{3}} & \frac{1}{\sqrt{3}} \\ \frac{\partial}{\partial x} & \frac{\partial}{\partial y} & \frac{\partial}{\partial z} \\ y^2-z^2 & z^2-x^2 & x^2-y^2 \end{vmatrix} \mathrm{d}S \\
&= \frac{1}{\sqrt{3}} \iint_{\Sigma} (-4)(x+y+z)\,\mathrm{d}S \\
&= -\frac{4}{\sqrt{3}} \iint_{\Sigma} \frac{3}{2}a\,\mathrm{d}S = -2\sqrt{3}a \cdot S_{\Sigma}\ (S_{\Sigma} \text{ 是 } \Sigma \text{ 的面积}) \\
&= -2\sqrt{3}a \cdot \frac{3\sqrt{3}}{4}a^2 = -\frac{9}{2}a^3.
\end{aligned}
$$

□

思考题

1. 叙述曲面及其边界定向的右手法则.
2. 用式 (18.3.7) 或式 (18.3.8) 推出 Green 公式.

习 题 18.3

1. 用 Stokes 公式求下列积分:

(1) $\oint_C y\,\mathrm{d}x+z\,\mathrm{d}y+x\,\mathrm{d}z$, 其中 C 是 $x^2+y^2+z^2=a^2$ 与 $x+y+z=0$ 的交线, 从 z 轴

正向看是逆时针方向;

(2) $\oint_C (y-z)\,\mathrm{d}x+(z-x)\,\mathrm{d}y+(x-y)\,\mathrm{d}z$, C 为 $x^2+y^2=1$ 与 $x+y+z=1$ 的交线, 从 x 轴正向看是逆时针方向;

(3) $\int_C (z^3+3x^2y)\,\mathrm{d}x+(x^3+3y^2z)\,\mathrm{d}y+(y^3+3z^2x)\,\mathrm{d}z$, 其中 C 是 $z=\sqrt{a^2-x^2-y^2}$ 与 $x=y$ 的交线, 自 $A\left(\frac{a}{\sqrt{2}},\frac{a}{\sqrt{2}},0\right)$ 到 $B\left(-\frac{a}{\sqrt{2}},-\frac{a}{\sqrt{2}},0\right)$;

(4) $\int_C \mathrm{e}^{x+z}\{[(x+1)y^2+1]\,\mathrm{d}x+2xy\,\mathrm{d}y+xy^2\,\mathrm{d}z\}$, 其中 C 是右半柱面 $|x|+|y|=a\ (y>0)$ 与平面 $y=z$ 的交线上从 $(-a,0,0)$ 到 $(a,0,0)$ 的一段, $a>0$.

---

2. 设 C 是空间任一逐段光滑的简单闭曲线, $f(x)$, $g(x)$, $h(x)$ 是任意连续函数. 证明:

$$\oint_C [f(x)-yz]\,\mathrm{d}x+[g(y)-xz]\,\mathrm{d}y+[h(z)-xy]\,\mathrm{d}z=0.$$

3. 求

$$\iint_\Sigma \begin{vmatrix} \cos\alpha & \cos\beta & \cos\gamma \\ \dfrac{\partial}{\partial x} & \dfrac{\partial}{\partial y} & \dfrac{\partial}{\partial z} \\ x-z & x^3-yz & -3xy^2 \end{vmatrix}\,\mathrm{d}S,$$

其中 Σ 是 $x^2+y^2+z^2=R^2$ 在 $z\geqslant 0$ 的部分, $(\cos\alpha,\cos\beta,\cos\gamma)$ 是 Σ 下侧的单位法向量.

4. 设 C 是平面 $x\cos\alpha+y\cos\beta+z\cos\gamma-p=0$ 上逐段光滑的闭曲线, C 所围内部的面积为 S, C 的定向与单位向量 $(\cos\alpha,\cos\beta,\cos\gamma)$ 成右手系, 试计算积分

$$\oint_C \begin{vmatrix} \mathrm{d}x & \mathrm{d}y & \mathrm{d}z \\ \cos\alpha & \cos\beta & \cos\gamma \\ x & y & z \end{vmatrix}.$$

18.4 曲线积分与路径无关性

18.4.1 平面曲线积分与路径无关的条件

第二型曲线积分不仅与曲线的起点和终点有关, 而且往往与经过的路径有关, 对同一个起点和同一个终点, 沿不同的路径得到的第二型曲线积分一般是不相同的. 本小节将讨论平面上第二型曲线积分与路径无关, 仅与曲线的起点和终点有关的条件. 从力学的角度来看, 也就是研究怎样的力, 其功与质点所经过的路径无关, 而仅与质点运动的起点和终点有关.

在平面区域中, 称没有“洞”的区域为单连通区域, 有“洞”的区域为多连通区域. 在数学上可以这样来定义: 在区域 D 内任意一条简单闭曲线可以不经过区域以外的点连续收缩于区域的一点, 则称之为**单连通域**; 否则, 称之为**多连通域**.

下面的定理给出了平面上第二型曲线积分与路径无关的条件.

定理 18.4.1 设 D 是平面上的单连通闭区域, 若 $P(x,y)$, $Q(x,y)$ 在 D 上具有一阶连续偏导数, 则以下 4 个条件等价:

(1) $P\mathrm{d}x+Q\mathrm{d}y$ 是 D 内某一函数 $u(x,y)$ 的全微分, 即

$$\mathrm{d}u=P\mathrm{d}x+Q\mathrm{d}y,\quad (x,y)\in D, \tag{18.4.1}$$

这时称 $u(x,y)$ 是 $P\mathrm{d}x+Q\mathrm{d}y$ 的**原函数**;

(2) 对 D 内任一分段光滑曲线 Γ, 曲线积分

$$\int_\Gamma P\mathrm{d}x+Q\mathrm{d}y \tag{18.4.2}$$

与路径无关, 只与 Γ 的起点和终点有关;

(3) 沿 D 内任一分段光滑的封闭曲线 Γ 都有

$$\oint_\Gamma P\mathrm{d}x+Q\mathrm{d}y=0; \tag{18.4.3}$$

(4) 在 D 内处处成立

$$\frac{\partial Q}{\partial x}=\frac{\partial P}{\partial y}. \tag{18.4.4}$$

证明 (1)⇒(2) 设 Γ 是 D 中任一条分段光滑的曲线, 它的参数方程为

$$\begin{cases} x=\varphi(t), \\ y=\psi(t), \end{cases}\quad 0\leqslant t\leqslant T.$$

它的起点是 $A=(\varphi(0),\psi(0))$, 终点是 $B=(\varphi(T),\psi(T))$. 由第二型曲线积分的计算公式得

$$\int_\Gamma P\mathrm{d}x+Q\mathrm{d}y=\int_0^T[P(\varphi(t),\psi(t))\varphi'(t)+Q(\varphi(t),\psi(t))\psi'(t)]\mathrm{d}t.$$

利用条件 (18.4.1), 则

$$\begin{aligned}\int_\Gamma P\mathrm{d}x+Q\mathrm{d}y&=\int_0^T\frac{\mathrm{d}}{\mathrm{d}t}[u(\varphi(t),\psi(t))]\mathrm{d}t\\&=u(\varphi(T),\psi(T))-u(\varphi(0),\psi(0))\\&=u(B)-u(A),\end{aligned} \tag{18.4.5}$$

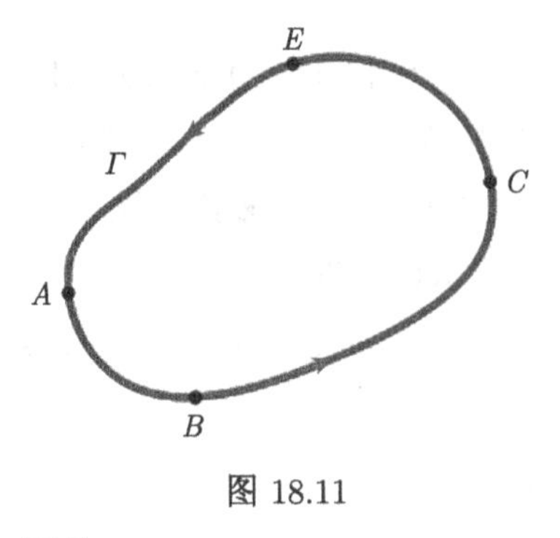

图 18.11

由此可以看出, 沿两条不同的路径积分, 只要起点和终点相同, 则积分值是相同的.

(2)⇒(3) 设 Γ 是 D 内任一分段光滑的封闭曲线, 在 Γ 上沿 Γ 的正向依次任取 4 点 A, B, C 和 E (图 18.11). 由已知条件得

$$\int_{\overset{\frown}{ABC}} P\mathrm{d}x + Q\mathrm{d}y = \int_{\overset{\frown}{AEC}} P\mathrm{d}x + Q\mathrm{d}y.$$

因此,

$$\int_{\Gamma} P\mathrm{d}x + Q\mathrm{d}y = \int_{\overset{\frown}{ABC}} P\mathrm{d}x + Q\mathrm{d}y - \int_{\overset{\frown}{AEC}} P\mathrm{d}x + Q\mathrm{d}y = 0.$$

(3)⇒(4) 设 Γ 是 D 内任一分段光滑的封闭曲线, 由 (18.4.3) 和 Green 公式知

$$\iint\limits_{D'} \left(\frac{\partial Q}{\partial x} - \frac{\partial P}{\partial y}\right) \mathrm{d}x\mathrm{d}y = 0,$$

其中 D' 是 Γ 围成的区域. 由于 D 是单连通区域, 则 $D' \subset D$. 由 Γ 的任意性和 $\dfrac{\partial Q}{\partial x} - \dfrac{\partial P}{\partial y}$ 的连续性知关系式 (18.4.4) 成立.

(4)⇒(1) 在 D 内任意取定一点 (x_0, y_0), 由于 D 是单连通区域, 所以对于任意取定的点 $(x, y) \in D$ 都可以用 D 内有限条平行于坐标轴的线段组成的折线连接 (x_0, y_0) 和 (x, y), 因此, 不妨设 $[x_0, x] \times \{y_0\} \subset D$, $\{x\} \times [y_0, y] \subset D$. 定义在此折线上的曲线积分为

$$u(x, y) = \int_{x_0}^{x} P(x, y_0)\mathrm{d}x + \int_{y_0}^{y} Q(x, y)\mathrm{d}y, \tag{18.4.6}$$

则由定理 15.1.2 得, $\dfrac{\partial u}{\partial x} = P(x, y_0) + \displaystyle\int_{y_0}^{y} Q_x(x, y)\mathrm{d}y$. 于是由条件 (18.4.4) 得

$$\frac{\partial u}{\partial x} = P(x, y_0) + \int_{y_0}^{y} P_y(x, y)\mathrm{d}y = P(x, y).$$

另一方面, 显然有 $\dfrac{\partial u}{\partial y} = Q(x, y)$, 因此, (18.4.1) 成立. □

注 从定理 18.4.1 的证明中可以看出

(1) 如果 $\displaystyle\int_{\Gamma} P\mathrm{d}x + Q\mathrm{d}y$ 与路径无关, 设 $A\ (x_0, y_0)$ 为 D 内某一定点, $B\ (x, y)$ 为 D 内任意一点, 由于曲线积分

$$\int_{\overset{\frown}{AB}} P\mathrm{d}x + Q\mathrm{d}y$$

与路线的选择无关, 故当 $B\ (x,y)$ 在 D 内变动时, 其积分值是 $B\ (x,y)$ 的函数且

$$u(x,y)=\int_{\widehat{AB}}P\mathrm{d}x+Q\mathrm{d}y$$

是 $P\mathrm{d}x+Q\mathrm{d}y$ 的原函数. 特别地, 如果 $[x_0,x]\times\{y_0\}\subset D$, $\{x\}\times[y_0,y]\subset D$, 则原函数可由 (18.4.6) 构造得出.

(2) 设 $u(x,y)$ 是 $P\mathrm{d}x+Q\mathrm{d}y$ 的任一原函数, 则 $\displaystyle\int_\Gamma P\mathrm{d}x+Q\mathrm{d}y$ 等于 $u(x,y)$ 的终点值与起点值之差.

(3) 若 $u(x,y)$ 是 $P\mathrm{d}x+Q\mathrm{d}y$ 的一个原函数, 则 $u(x,y)+C$ 是全体原函数, 其中 C 为任意常数.

(4) 当曲线积分与路线的选择无关时, 用记号 $\displaystyle\int_A^B P\mathrm{d}x+Q\mathrm{d}y$ 表示以 A 为起点, B 为终点的任一分段光滑曲线上的曲线积分.

例 1 设 $w=(4x^3y^3-3y^2+5)\mathrm{d}x+(3x^4y^2-6xy-4)\mathrm{d}y$. 验证 w 在 $\mathbb{R}^2$ 上有原函数, 并利用原函数求曲线积分

$$\int_{(0,0)}^{(1,2)}(4x^3y^3-3y^2+5)\mathrm{d}x+(3x^4y^2-6xy-4)\mathrm{d}y.$$

解 令 $P(x,y)=4x^3y^3-3y^2+5$, $Q(x,y)=3x^4y^2-6xy-4$, 则

$$\frac{\partial P}{\partial y}=12x^3y^2-6y=\frac{\partial Q}{\partial x},$$

因此, w 有原函数且原函数为

$$\begin{aligned}u(x,y)&=\int_{(0,0)}^{(x,y)}P\mathrm{d}x+Q\mathrm{d}y+C\quad(C\text{ 为任意常数})\\&=\int_0^x P(x,0)\mathrm{d}x+\int_0^y Q(x,y)\mathrm{d}y+C\\&=\int_0^x 5\mathrm{d}x+\int_0^y(3x^4y^2-6xy-4)\mathrm{d}y+C\\&=5x+x^4y^3-3xy^2-4y+C.\end{aligned}$$

此外,

$$\int_{(0,0)}^{(1,2)}P\mathrm{d}x+Q\mathrm{d}y=u(1,2)-u(0,0)=-7.$$

□

18.4.2 空间曲线积分与路径无关的条件

利用 Stokes 公式可将 18.4.1 小节中平面曲线积分与路径无关的条件推广到空间曲线积分. 空间单连通区域的定义与平面单连通区域的定义是一样的, 也是要求

区域内的任一封闭曲线皆可以不经过区域以外的点而收缩于区域的一点. 按照这个定义, 空心球壳 (大球被挖掉一个同心的小球之后的立体) 是单连通域, 轮胎是多连通域.

与平面曲线积分相仿, 空间曲线积分与路线无关性也有下面相应的定理.

定理 18.4.2　设 $V \subset \mathbb{R}^3$ 是空间单连通区域, 函数 $P(x,y,z), Q(x,y,z), R(x,y,z)$ 在 V 上有一阶连续偏导数, 则以下 4 个条件是等价的:

(1) $P\mathrm{d}x+Q\mathrm{d}y+R\mathrm{d}z$ 在 V 内是某一函数 $u(x,y,z)$ 的全微分, 即

$$\mathrm{d}u = P\mathrm{d}x+Q\mathrm{d}y+R\mathrm{d}z;$$

(2) 对于 V 内任一分段光滑的曲线 L, 曲线积分

$$\int_L P\mathrm{d}x+Q\mathrm{d}y+R\mathrm{d}z$$

与路径无关, 只与 L 的起点和终点有关;

(3) 对于 V 内任一分段光滑的封闭曲线 L 有

$$\oint_L P\mathrm{d}x+Q\mathrm{d}y+R\mathrm{d}z = 0;$$

(4) 在 V 内成立

$$\frac{\partial P}{\partial y}=\frac{\partial Q}{\partial x},\quad \frac{\partial Q}{\partial z}=\frac{\partial R}{\partial y},\quad \frac{\partial R}{\partial x}=\frac{\partial P}{\partial z}.$$

定理 18.4.2 的证明与定理 18.4.1 相仿, 这里就不重复了.

例 2　对于微分式 $z\left(\frac{1}{x^2y}-\frac{1}{x^2+z^2}\right)\mathrm{d}x+\frac{z}{xy^2}\mathrm{d}y+\left(\frac{x}{x^2+z^2}-\frac{1}{xy}\right)\mathrm{d}z$, 证明原函数的存在性并求出之.

解法 1　记

$$P = z\left(\frac{1}{x^2y}-\frac{1}{x^2+z^2}\right),$$

$$Q = \frac{z}{xy^2},$$

$$R = \frac{x}{x^2+z^2}-\frac{1}{xy}.$$

容易验证, 当 $xy \neq 0$ 时有

$$\frac{\partial P}{\partial y}=\frac{\partial Q}{\partial x}=-\frac{z}{x^2y^2},\quad \frac{\partial Q}{\partial z}=\frac{\partial R}{\partial y}=\frac{1}{xy^2},$$

$$\frac{\partial R}{\partial x}=\frac{\partial P}{\partial z}=\frac{1}{x^2y}+\frac{z^2-x^2}{(x^2+z^2)^2},$$

由定理 18.4.2, 该微分式有原函数. 根据微分式的特点, 为计算简单起见, 取 $z_0=0$, $x_0, y_0 > 0$, 积分路径为 $(x_0,y_0,0) \to (x,y_0,0) \to (x,y,0) \to (x,y,z)$ (图 18.12), 则原函数

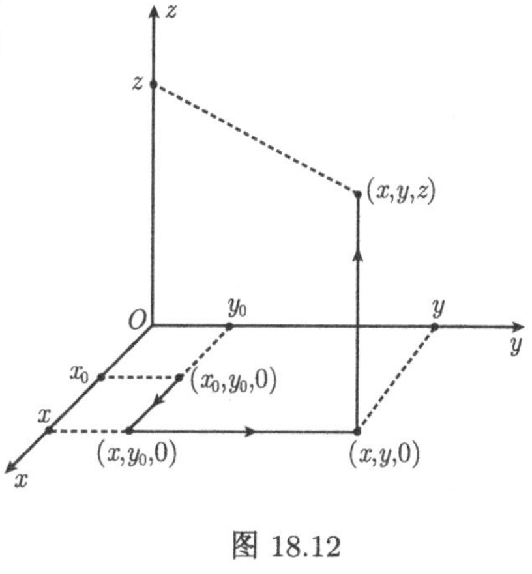

图 18.12

$$
\begin{aligned}
u(x,y,z) &= \int_{x_0}^{x} P(x,y_0,z_0)\mathrm{d}x \\
&\quad + \int_{y_0}^{y} Q(x,y,z_0)\mathrm{d}y \\
&\quad + \int_{z_0}^{z} R(x,y,z)\mathrm{d}z + C \\
&= \int_0^z \left(\frac{x}{x^2+z^2} - \frac{1}{xy}\right)\mathrm{d}z + C \\
&= \arctan\frac{z}{x} - \frac{z}{xy} + C.
\end{aligned}
$$

解法 2 求原函数时也可用下面求不定积分的方法. 由于

$$
\frac{\partial u}{\partial z} = \frac{x}{x^2+z^2} - \frac{1}{xy},
$$

则

$$
u(x,y,z) = \int \left(\frac{x}{x^2+z^2} - \frac{1}{xy}\right)\mathrm{d}z = \arctan\frac{z}{x} - \frac{z}{xy} + \psi(x,y),
$$

其中 $\psi(x,y)$ 为待定的 x,y 的函数. 由此得

$$
\begin{aligned}
\frac{\partial u}{\partial x} &= -\frac{z}{x^2+z^2} + \frac{z}{x^2y} + \frac{\partial \psi}{\partial x}, \\
\frac{\partial u}{\partial y} &= \frac{z}{xy^2} + \frac{\partial \psi}{\partial y}.
\end{aligned}
$$

由 $\dfrac{\partial u}{\partial x} = P$, $\dfrac{\partial u}{\partial y} = Q$ 得

$$
\frac{\partial \psi}{\partial x} = \frac{\partial \psi}{\partial y} = 0,
$$

即 $\psi(x,y)$ 为常数, 所以

$$
u(x,y,z) = \arctan\frac{z}{x} - \frac{z}{xy} + C.
$$

□

思考题

1. 什么是单连通域? 定理 18.4.1 的证明中哪个地方用到了区域是单连通的?
2. 怎样求全微分 $P\mathrm{d}x + Q\mathrm{d}y + R\mathrm{d}z$ 的原函数?

习　题　18.4

1. 先证明下列曲线积分与路径无关, 再计算积分值:

(1) $\int_{(0,0)}^{(2,3)}(2x-y)(\mathrm{d}y-2\mathrm{d}x)$;

(2) $\int_{(2,1)}^{(1,2)}\varphi(x)\mathrm{d}x+\psi(y)\mathrm{d}y$, 其中$\varphi(x)$, $\psi(y)$ 是连续函数;

(3) $\int_{(0,1)}^{(4,6)}\frac{x\mathrm{d}x+y\mathrm{d}y}{\sqrt{x^2+y^2}}$, 沿不通过原点的路径;

(4) $\int_{(1,2,3)}^{(6,1,1)}yz\mathrm{d}x+zx\mathrm{d}y+xy\mathrm{d}z$.

---

2. 函数 $f(u)$ 具有一阶连续导数, 证明: 对任何光滑封闭曲线 L 有

$$\oint_L f(xy)(x\mathrm{d}y+y\mathrm{d}x)=0.$$

*18.5　场　　论

场本来是物理学的研究对象, 如温度场、电磁场、重力场等. 这些场除了有各自不同的物理性质之外, 表现在数量关系上可分为数量场与向量场.

本节介绍场论的初步数学知识. 在 18.5.1 小节引入散度和旋度的概念, 然后将梯度、散度、旋度与 Green 公式、Gauss 公式、Stokes 公式融合在一起, 展现多元积分丰富多彩的一面.

18.5.1　散度和旋度

1. 散度

设 V 是 $\mathbb{R}^3$ 中的一个区域, $u(x,y,z)$ 是定义在 V 内的数量函数, 称 u 是定义在 V 上的一个**标量场**. 又 $\boldsymbol{a}(x,y,z)=P(x,y,z)\boldsymbol{i}+Q(x,y,z)\boldsymbol{j}+R(x,y,z)\boldsymbol{k}$ 是定义在 V 内的向量值函数, 称 $\boldsymbol{a}$ 是定义在 V 上的一个**向量场**. 又设 P,Q,R 在 V 内有连续的偏导数, 记

$$\operatorname{div}\boldsymbol{a}=\frac{\partial P}{\partial x}+\frac{\partial Q}{\partial y}+\frac{\partial R}{\partial z},$$

称之为向量场 $\boldsymbol{a}$ 的**散度**, 它是一个数量场, 有时也记为 $\nabla\cdot\boldsymbol{a}$. 注意与一个三元函数 f 的梯度 ∇f 的区别.

类似地, 在 $\mathbb{R}^2$ 中, 若 $\boldsymbol{a}=P(x,y)\boldsymbol{i}+Q(x,y)\boldsymbol{j}$, 则 $\boldsymbol{a}$ 的散度定义为

$$\operatorname{div}\boldsymbol{a}=\frac{\partial P}{\partial x}+\frac{\partial Q}{\partial y}.$$

利用散度的记号, 可以将 Gauss 公式 (18.2.1), (18.2.2) 分别写为

$$\iiint\limits_V \operatorname{div} \boldsymbol{a} \, dx \, dy \, dz = \oiint\limits_{\partial V} P \, dy \, dz + Q \, dz \, dx + R \, dx \, dy, \tag{18.5.1}$$

$$\iiint\limits_V \operatorname{div} \boldsymbol{a} \, dx \, dy \, dz = \oiint\limits_{\partial V} \boldsymbol{a} \cdot \boldsymbol{n} \, dS, \tag{18.5.2}$$

其中 $\boldsymbol{a} = (P, Q, R)$, $\boldsymbol{n}$ 是 ∂V 上的单位外法向量. 而将 Green 公式 (18.1.1) 写为

$$\iint\limits_D \operatorname{div} \boldsymbol{a} \, dx \, dy = \int_{\partial D} -Q \, dx + P \, dy, \tag{18.5.3}$$

其中 $\boldsymbol{a} = (P, Q)$. 利用两类曲线积分之间的关系 (17.3.3), 式 (18.5.3) 可写为

$$\iint\limits_D \operatorname{div} \boldsymbol{a} \, dx \, dy = \int_{\partial D} \boldsymbol{a} \cdot \boldsymbol{n} \, ds. \tag{18.5.4}$$

又可将式 (18.5.2) 与式 (18.5.4) 统一写为

$$\int_V \operatorname{div} \boldsymbol{a} \, dV = \int_{\partial V} \boldsymbol{a} \cdot \boldsymbol{n} \, dS. \tag{18.5.5}$$

上述公式称为 **散度定理**, 它对任意维数都是成立的.

当 $n = 1$ 时, 一元函数 $f(x)$ 的散度是 $f'(x)$, $dV = dx$, 在区间的左端点 $n = -1$, 在区间的右端点 $n = 1$, 在区间端点的点积分理解为被积函数在该点的值, 则 (18.5.5) 就是 Newton-Leibniz 公式;

当 $n = 2$ 时, (18.5.5) 就是 Green 公式, dV 为面积元;

当 $n = 3$ 时, (18.5.5) 就是 Gauss 公式, dV 是体积元, $\boldsymbol{n}$ 是 ∂V 上的单位外法向量.

例 1 证明重积分的分部积分公式

$$\iiint\limits_V u \frac{\partial v}{\partial x} \, dx \, dy \, dz = \oiint\limits_{\Sigma} uv \, dy \, dz - \iiint\limits_V v \frac{\partial u}{\partial x} \, dx \, dy \, dz,$$

其中 Σ 是 V 的边界, 分片光滑, 取外侧, u, v 在 $\overline{V}$ 上连续可微.

证明 在 (18.5.1) 中令 $\boldsymbol{a} = (uv, 0, 0)$, 则

$$\iiint\limits_V \left(u \frac{\partial v}{\partial x} + v \frac{\partial u}{\partial x} \right) dx \, dy \, dz = \oiint\limits_{\Sigma} uv \, dy \, dz.$$ □

注 令 $v = 1$, 则有

$$\iiint\limits_V \frac{\partial u}{\partial x} \, dx \, dy \, dz = \oiint\limits_{\Sigma} u \, dy \, dz.$$

2. 旋度

设 $\boldsymbol{a}=P\boldsymbol{i}+Q\boldsymbol{j}+R\boldsymbol{k}$ 是定义在区域 D 上的向量场, 又设 P, Q, R 在 D 内有连续偏导数. 记

$$
\mathbf{curl}\,\boldsymbol{a}=\begin{vmatrix} \boldsymbol{i} & \boldsymbol{j} & \boldsymbol{k} \\ \dfrac{\partial}{\partial x} & \dfrac{\partial}{\partial y} & \dfrac{\partial}{\partial z} \\ P & Q & R \end{vmatrix}
=\left(\frac{\partial R}{\partial y}-\frac{\partial Q}{\partial z}\right)\boldsymbol{i}+\left(\frac{\partial P}{\partial z}-\frac{\partial R}{\partial x}\right)\boldsymbol{j}+\left(\frac{\partial Q}{\partial x}-\frac{\partial P}{\partial y}\right)\boldsymbol{k},
$$

称之为向量场 $\boldsymbol{a}$ 的**旋度**. 它是一个向量, 有时也记为 $\nabla\times\boldsymbol{a}$ 或 $\mathrm{Rot}\boldsymbol{a}$. 利用旋度的记号, 可将 Stokes 公式 (18.3.1) 写为

$$
\iint_S \mathbf{curl}\,\boldsymbol{a}\cdot\boldsymbol{n}\,\mathrm{d}S=\oint_L \boldsymbol{a}\cdot\boldsymbol{\tau}\,\mathrm{d}s,
$$

其中 S 是空间曲面, L 是它的边界, $\boldsymbol{a}=(P,Q,R)$, 等式左端的 $\boldsymbol{n}$ 为 S 的单位外法向量, 等式右端的 $\boldsymbol{\tau}$ 是 L 的切向量, 它们二者的方向服从右手法则.

下面需要星形区域的概念.

定义 18.5.1　设 M 是区域 V 内一点, 称 V 是关于 M 的**星形区域**, 如果对任意一点 $P\in V$ 都有 P 与 M 之间的直线段 $PM\subset V$.

例 2　设 V 是 $\mathbb{R}^3$ 中关于其内一点 M 的星形区域. $\boldsymbol{F}=(P,Q,R)$ 是 V 内的光滑向量场且 $\mathrm{div}\,\boldsymbol{F}=0$. 证明: 存在 V 内的光滑向量场 $\boldsymbol{A}$, 使得

$$
\boldsymbol{F}=\mathbf{curl}\,\boldsymbol{A}.
$$

证明　不妨设 M 为原点. 由于 V 关于原点为星形区域, 于是对任何 $(x,y,z)\in V$ 有

$$
\begin{aligned}
P(x,y,z)&=\int_0^1 \frac{\partial}{\partial t}[t^2P(tx,ty,tz)]\,\mathrm{d}t\\
&=2\int_0^1 tP(tx,ty,tz)\,\mathrm{d}t+\int_0^1 t^2\frac{\partial}{\partial t}P(tx,ty,tz)\,\mathrm{d}t.
\end{aligned}\tag{18.5.6}
$$

由已知条件有 $\dfrac{\partial P}{\partial x}=-\dfrac{\partial Q}{\partial y}-\dfrac{\partial R}{\partial z}$, 将它代入 (18.5.6) 中, 则有

$$
\begin{aligned}
P(x,y,z)=&\,2\int_0^1 tP(tx,ty,tz)\,\mathrm{d}t\\
&-\int_0^1 t^2x\left[\frac{\partial Q}{\partial y}(tx,ty,tz)+\frac{\partial R}{\partial z}(tx,ty,tz)\right]\mathrm{d}t\\
&+\int_0^1 t^2y\frac{\partial P}{\partial y}(tx,ty,tz)\,\mathrm{d}t+\int_0^1 t^2z\frac{\partial P}{\partial z}(tx,ty,tz)\,\mathrm{d}t\\
=&\,\frac{\partial}{\partial y}\left[y\int_0^1 tP(tx,ty,tz)\,\mathrm{d}t-x\int_0^1 tQ(tx,ty,tz)\,\mathrm{d}t\right]\\
&-\frac{\partial}{\partial z}\left[x\int_0^1 tR(tx,ty,tz)\,\mathrm{d}t-z\int_0^1 tP(tx,ty,tz)\,\mathrm{d}t\right].
\end{aligned}
$$

记

$$A_1(x,y,z) = z\int_0^1 tQ(tx,ty,tz)\,\mathrm{d}t - y\int_0^1 tR(tx,ty,tz)\,\mathrm{d}t,$$

$$A_2(x,y,z) = x\int_0^1 tR(tx,ty,tz)\,\mathrm{d}t - z\int_0^1 tP(tx,ty,tz)\,\mathrm{d}t,$$

$$A_3(x,y,z) = y\int_0^1 tP(tx,ty,tz)\,\mathrm{d}t - x\int_0^1 tQ(tx,ty,tz)\,\mathrm{d}t,$$

则

$$P(x,y,z) = \frac{\partial A_3}{\partial y} - \frac{\partial A_2}{\partial z}.$$

同理可证

$$Q(x,y,z) = \frac{\partial A_1}{\partial z} - \frac{\partial A_3}{\partial x}, \quad R(x,y,z) = \frac{\partial A_2}{\partial x} - \frac{\partial A_1}{\partial y}.$$

令 $\boldsymbol{A} = (A_1, A_2, A_3)$, 则

$$\boldsymbol{F} = \mathbf{curl}\,\boldsymbol{A}.$$

□

18.5.2 Hamilton 算子 ∇

∇ 是一个算子符号, 称为**Hamilton 算子**. 它的定义是

$$\nabla = \boldsymbol{i}\frac{\partial}{\partial x} + \boldsymbol{j}\frac{\partial}{\partial y} + \boldsymbol{k}\frac{\partial}{\partial z},$$

其具体含义如下: 设 f 是一个可微函数, 则

$$\nabla f = \boldsymbol{i}\frac{\partial f}{\partial x} + \boldsymbol{j}\frac{\partial f}{\partial y} + \boldsymbol{k}\frac{\partial f}{\partial z},$$

即

$$\nabla f = \mathbf{grad} f \ \ (f \text{ 的梯度}).$$

设 $\boldsymbol{a}$ 是一个向量场, $\boldsymbol{a} = P\boldsymbol{i} + Q\boldsymbol{j} + R\boldsymbol{k}$, 前面已经说过也常用 $\nabla\cdot\boldsymbol{a}$ 和 $\nabla\times\boldsymbol{a}$ 分别表示 $\boldsymbol{a}$ 的散度与旋度. 直接运算可以证明下列关系式 (其中 α, β 为常数, f, g 为数量函数, $\boldsymbol{a}$, $\boldsymbol{b}$ 为向量函数):

$$\nabla(\alpha f + \beta g) = \alpha\nabla f + \beta\,\nabla g, \tag{18.5.7}$$

$$\nabla\cdot(\alpha\boldsymbol{a} + \beta\boldsymbol{b}) = \alpha\nabla\cdot\boldsymbol{a} + \beta\,\nabla\cdot\boldsymbol{b}, \tag{18.5.8}$$

$$\nabla\times(\alpha\boldsymbol{a} + \beta\boldsymbol{b}) = \alpha\nabla\times\boldsymbol{a} + \beta\,\nabla\times\boldsymbol{b}, \tag{18.5.9}$$

$$\nabla(fg) = (\nabla f)g + f(\nabla g), \tag{18.5.10}$$

$$\nabla\cdot(f\boldsymbol{a}) = f(\nabla\cdot\boldsymbol{a}) + (\nabla f)\cdot\boldsymbol{a}, \tag{18.5.11}$$

$$\nabla\times(f\boldsymbol{a}) = f(\nabla\times\boldsymbol{a}) + (\nabla f)\times\boldsymbol{a}, \tag{18.5.12}$$

$$\nabla\cdot(\nabla\times\boldsymbol{a}) = 0 \ (\text{即任一向量函数的旋度的散度为零}), \tag{18.5.13}$$

$$\nabla\times(\nabla f) = \mathbf{0} \ (\text{即任一数量函数的梯度的旋度为零向量}). \tag{18.5.14}$$

例 3 设 $\boldsymbol{A}, \boldsymbol{B}$ 为可微的向量函数, 则

$$\nabla\cdot(\boldsymbol{A}\times\boldsymbol{B}) = \boldsymbol{B}\cdot(\nabla\times\boldsymbol{A}) - \boldsymbol{A}\cdot(\nabla\times\boldsymbol{B}).$$

证明　设 $\boldsymbol{A}=(a_1,a_2,a_3)$, $\boldsymbol{B}=(b_1,b_2,b_3)$, 则有

$$\boldsymbol{A}\times\boldsymbol{B}=\begin{vmatrix} \boldsymbol{i} & \boldsymbol{j} & \boldsymbol{k} \\ a_1 & a_2 & a_3 \\ b_1 & b_2 & b_3 \end{vmatrix},$$

于是

$$\begin{aligned}\nabla\cdot(\boldsymbol{A}\times\boldsymbol{B})&=\frac{\partial}{\partial x}\begin{vmatrix} a_2 & a_3 \\ b_2 & b_3 \end{vmatrix}-\frac{\partial}{\partial y}\begin{vmatrix} a_1 & a_3 \\ b_1 & b_3 \end{vmatrix}+\frac{\partial}{\partial z}\begin{vmatrix} a_1 & a_2 \\ b_1 & b_2 \end{vmatrix}\\ &=\begin{vmatrix} \partial_x a_2 & \partial_x a_3 \\ b_2 & b_3 \end{vmatrix}-\begin{vmatrix} \partial_y a_1 & \partial_y a_3 \\ b_1 & b_3 \end{vmatrix}+\begin{vmatrix} \partial_z a_1 & \partial_z a_2 \\ b_1 & b_2 \end{vmatrix}\\ &\quad+\begin{vmatrix} a_2 & a_3 \\ \partial_x b_2 & \partial_x b_3 \end{vmatrix}-\begin{vmatrix} a_1 & a_3 \\ \partial_y b_1 & \partial_y b_3 \end{vmatrix}+\begin{vmatrix} a_1 & a_2 \\ \partial_z b_1 & \partial_z b_2 \end{vmatrix}\\ &= I_1+I_2,\end{aligned}$$

其中 I_1 为前三项, I_2 为后三项. 经计算验证有

$$I_1=b_1(\partial_y a_3-\partial_z a_2)+b_2(\partial_z a_1-\partial_x a_3)+b_3(\partial_x a_2-\partial_y a_1)=\boldsymbol{B}\cdot(\nabla\times\boldsymbol{A}),$$

同理可证

$$I_2=-\boldsymbol{A}(\nabla\times\boldsymbol{B}).$$

□

例 4　设 $u(x,y,z)$ 在 $\overline{B}_R(M_0)$ 上二阶连续可微, 其中 $M_0=(x_0,y_0,z_0)$, $B_R(M_0)$ 是以 M_0 为心, 以 R 为半径的球. 对于 $0<\rho\leqslant R$, 如果都有

$$\oiint\limits_{\partial B_\rho(M_0)}\frac{\partial u}{\partial \boldsymbol{n}}(x,y,z)\,\mathrm{d}S=0,$$

其中 $\partial B_\rho(M_0)$ 是以 M_0 为心, 以 ρ 为半径的球面, $\boldsymbol{n}$ 是球面上的单位外法向量, 则

$$u(M_0)=\frac{1}{4\pi R^2}\oiint\limits_{\partial B_R(M_0)}u(x,y,z)\,\mathrm{d}S,$$

即球心的值等于球面上的积分平均值.

证明　令

$$x=x_0+\rho\sin\varphi\cos\theta,\quad y=y_0+\rho\sin\varphi\sin\theta,\quad z=z_0+\rho\cos\varphi,$$

$$0\leqslant\theta\leqslant 2\pi,\ 0\leqslant\varphi\leqslant\pi,$$

则在 $\partial B_\rho(M_0)$ 上有

$$\begin{aligned}\frac{\partial u}{\partial \boldsymbol{n}}(x,y,z)&=\nabla \boldsymbol{u}\cdot\boldsymbol{n}\\ &=\frac{\mathrm{d}u}{\mathrm{d}\rho}(x_0+\rho\sin\varphi\cos\theta,y_0+\rho\sin\varphi\sin\theta,z_0+\rho\cos\varphi)\\ &=\frac{\mathrm{d}u}{\mathrm{d}\rho}(M_0+\rho\boldsymbol{n}).\end{aligned}$$

于是

$$
\begin{aligned}
0 &= \iint\limits_{\partial B_\rho(M_0)} \frac{\partial u}{\partial \boldsymbol{n}}(x,y,z)\,\mathrm{d}S = \rho^2 \iint\limits_{\partial B_1(\mathbf{0})} \frac{\mathrm{d}u}{\mathrm{d}\rho}(M_0+\rho\boldsymbol{n})\,\mathrm{d}S_1 \\
&= \rho^2 \frac{\mathrm{d}}{\mathrm{d}\rho} \iint\limits_{\partial B_1(\mathbf{0})} u(M_0+\rho\boldsymbol{n})\,\mathrm{d}S_1,
\end{aligned}
$$

其中 $\mathrm{d}S_1$ 是单位球面的面积元, 由此可以得到

$$
\frac{\mathrm{d}}{\mathrm{d}\rho} \iint\limits_{\partial B_1(\mathbf{0})} u(M_0+\rho\boldsymbol{n})\,\mathrm{d}S_1 = 0,
$$

即

$$
\frac{\mathrm{d}}{\mathrm{d}\rho}\left[\rho^{-2} \iint\limits_{\partial B_\rho(\mathbf{0})} u(M_0+\rho\boldsymbol{n})\,\mathrm{d}S_\rho\right] = 0.
$$

因此, 对于 $0<\rho\leqslant R$,

$$
\rho^{-2} \iint\limits_{\partial B_\rho(\mathbf{0})} u(M_0+\rho\boldsymbol{n})\,\mathrm{d}S_\rho = R^{-2} \iint\limits_{\partial B_R(\mathbf{0})} u(M_0+R\boldsymbol{n})\,\mathrm{d}S_R.
$$

另一方面, 当 $\rho\to 0^+$ 时,

$$
\rho^{-2} \iint\limits_{\partial B_\rho(\mathbf{0})} u(M_0+\rho\boldsymbol{n})\,\mathrm{d}S_\rho \to 4\pi u(M_0).
$$

□

18.5.3 几种常用的场

记 $\boldsymbol{A}=\boldsymbol{A}(x,y,z)$ 是一个向量场. 以下是一些常用的场:

无源场: 如果 $\operatorname{div}\boldsymbol{A}=0$, 则称 $\boldsymbol{A}$ 为**无源场** (或**管形场**).

无旋场: 如果 $\mathbf{curl}\,\boldsymbol{A}=\mathbf{0}$, 则称 $\boldsymbol{A}$ 为**无旋场**.

梯度场: 如果存在数量场 $u(x,y,z)$, 使得 $\boldsymbol{A}=\nabla u$, 则称 $\boldsymbol{A}$ 为**梯度场** (或**有势场**), u 称为 $\boldsymbol{A}$ 的**势函数**.

散度场: 一个数量场 $u(x,y,z)$ 称为**散度场**, 如果存在向量场 $\boldsymbol{B}(x,y,z)$, 使得 $u=\operatorname{div}\boldsymbol{B}$.

旋度场: 如果存在向量场 $\boldsymbol{B}(x,y,z)$, 使得 $\boldsymbol{A}=\mathbf{curl}\,\boldsymbol{B}$, 则称 $\boldsymbol{A}$ 为**旋度场**.

在讨论线积分与路径无关时, 曾涉及保守场, 即如果存在 $u(x,y,z)$(原函数), 使得 $\int_{\widehat{AB}} \boldsymbol{A}\cdot\mathrm{d}\boldsymbol{s}=u(B)-u(A)$ (积分与路径无关), 则称 $\boldsymbol{A}$ 为**保守场**.

上述各种场之间的关系如下:

例 5 (1) $\boldsymbol{A}$ 为梯度场 (即有势场) $\Leftrightarrow$ $\boldsymbol{A}$ 为保守场 $\Leftrightarrow$ $\boldsymbol{A}$ 为无旋场 $\Leftrightarrow$ 对任意简单闭曲线 C, 环量 $\oint_C \boldsymbol{A}\cdot\mathrm{d}\boldsymbol{s}=0$;

(2) $\boldsymbol{A}$ 为无源场 $\Leftrightarrow$ $\boldsymbol{A}$ 为旋度场 $\Leftrightarrow$ 对任意闭曲面 Σ, 通量 $\displaystyle\iint\limits_{\Sigma} \boldsymbol{A}\cdot\boldsymbol{n}\,\mathrm{d}S=0$, 其中 $\boldsymbol{n}$ 为 Σ 的定侧单位法向量.

证明留作练习题.

习　题　18.5

1. 证明关系式 (18.5.7)~(18.5.14).

2. 证明本节例 5 的结论.

3. $V \subset D \subset \mathbb{R}^3$, $d(V)$ 是 V 的直径, Σ 为 V 的边界, $|V|$ 为 V 的体积, $\boldsymbol{n}$ 为 Σ 上的单位外法向量. $\boldsymbol{A}$ 在 D 中连续可微, 证明: $\forall p_0 \in V$, 成立

(1) $\operatorname{div} \boldsymbol{A}(p_0) = \lim\limits_{d(V)\to 0} \dfrac{1}{|V|} \oiint\limits_{\Sigma} \boldsymbol{A} \cdot \boldsymbol{n} \ \mathrm{d}S$;

(2) $\mathbf{curl}\ \boldsymbol{a}(p_0) = \lim\limits_{d(V)\to 0} \dfrac{1}{|V|} \oiint\limits_{\Sigma} \boldsymbol{n} \times \boldsymbol{A} \ \mathrm{d}S$;

(3) $\mathbf{grad}\ \varphi(p_0) = \lim\limits_{d(V)\to 0} \dfrac{1}{|V|} \oiint\limits_{\Sigma} \varphi\, \boldsymbol{n} \ \mathrm{d}S$, 其中 $\varphi(x,y,z)$ 在 D 上连续可微.

4. 设 f 是 $\mathbb{R}$ 上的可微函数, $\boldsymbol{r} = x\boldsymbol{i} + y\boldsymbol{j} + z\boldsymbol{k}$, $r = |\boldsymbol{r}|$, 求 $\mathbf{grad} f(r)$, $\operatorname{div}(f(r)\boldsymbol{r})$ 和 $\mathbf{curl}\,(f(r)\boldsymbol{r})$.

5. 设 $\boldsymbol{r} = x\boldsymbol{i} + y\boldsymbol{j} + z\boldsymbol{k}$, $\boldsymbol{c}$ 是常向量, 证明:

(1) $\mathbf{curl}\ \boldsymbol{r} = \mathbf{0}$;

(2) $\mathbf{curl}\ (\boldsymbol{c} \times \boldsymbol{r}) = 2\boldsymbol{c}$.

6. 求满足 $\operatorname{div}(f(r)\boldsymbol{r}) = 0$ 的函数 $f(r)$.

7. 设 $\boldsymbol{A}, \boldsymbol{B}$ 是无旋场, 证明 $\boldsymbol{A} \times \boldsymbol{B}$ 是无源场.

小　　结

Green 公式、Gauss 公式和 Stokes 公式增加了求各种积分的方法. 总结如下:

(1) 求平面第二型曲线积分 $\displaystyle\int_C P\,\mathrm{d}x + Q\,\mathrm{d}y$ 的几种方法.

(i) 利用曲线的参数方程化为定积分求解;

(ii) 若满足 $\dfrac{\partial P}{\partial y} = \dfrac{\partial Q}{\partial x}$, 如果曲线 C 不封闭, 可考虑用求出原函数的方法;

(iii) 用 Green 公式化为二重积分. 若 C 为闭曲线, 可直接用; 若 C 不闭, 可添加辅助线.

(2) 求空间第二型曲线积分 $\displaystyle\int_C P\,\mathrm{d}x + Q\,\mathrm{d}y + R\,\mathrm{d}z$ 的几种方法.

(i) 利用曲线的参数方程化为定积分求解;

(ii) 若满足 $\dfrac{\partial P}{\partial y} = \dfrac{\partial Q}{\partial x}$, $\dfrac{\partial P}{\partial z} = \dfrac{\partial R}{\partial x}$, $\dfrac{\partial Q}{\partial z} = \dfrac{\partial R}{\partial y}$, 如果曲线 C 不封闭, 可考虑用求出原函数的方法;

(iii) 如果曲线 C 封闭, 用 Stokes 公式化为第二型曲面积分.

(3) 求空间第二型曲面积分的几种方法.

(i) 化为二重积分求解;

(ii) 用 Gauss 公式化为三重积分;

(iii) 用 Stokes 公式化为第二型曲线积分.

(4) 计算第一型曲面积分一般都直接应用式 (17.2.1) 或式 (17.2.2), 若计算过于复杂, 则可考虑利用两类曲面积分之间的关系转化为求第二型曲面积分.

(5) 利用曲线积分与路径无关的条件可以判断原函数的存在性并求出原函数, 求原函数的两种方法见 18.4 节的例 2. 同时利用曲线积分与路径无关的条件还可以简化曲线积分的计算, 当在原来的路径上曲线积分的计算较复杂时, 可换一条新的路径, 使得曲线积分在新的路径上的计算可能变得简单.

复　习　题

1. 设 Σ 是分片光滑的闭曲面, $\boldsymbol{n}$ 为 Σ 上的单位外法向量, 试证明

$$I=\oiint_{\Sigma}\begin{vmatrix}\cos(\boldsymbol{n},x) & \cos(\boldsymbol{n},y) & \cos(\boldsymbol{n},z)\\ \dfrac{\partial}{\partial x} & \dfrac{\partial}{\partial y} & \dfrac{\partial}{\partial z}\\ P & Q & R\end{vmatrix}\mathrm{d}S=0,$$

其中分两种情形: (1) P, Q, R 在 $\overline{\Omega}$ 上二阶连续可微, Ω 为 Σ 所围的立体; (2) P,Q,R 在 Σ 上一阶连续可微.

2. 用 Stokes 公式计算

$$I=\oint_{C}(y^2+z^2)\,\mathrm{d}x+(z^2+x^2)\,\mathrm{d}y+(x^2+y^2)\,\mathrm{d}z,$$

其中 C 为 $x^2+y^2+z^2=2Rx$ 与 $x^2+y^2=2rx$ 的交线, $0<r<R, z>0$, C 的定向使得 C 所包围的球面上较小区域保持在左边.

3. 选取 n, 使得

$$\frac{(x-y)\mathrm{d}x+(x+y)\mathrm{d}y}{(x^2+y^2)^n}$$

为右半平面上一函数的全微分，并求出这个函数.

4. 质点在力场 $\boldsymbol{F}=\left(\dfrac{\mathrm{e}^x}{1+y^2},\dfrac{2y(1-\mathrm{e}^x)}{(1+y^2)^2}\right)$ 的作用下沿 $x^2+(y-1)^2=1$ 由点 $(0,0)$ 运动到点 $(1,1)$, 求力场做的功.

5. 设 Ω 为空间区域, 函数 $f(x,y,z)$ 在 Ω 上有一阶连续偏导数, 证明: 对于 Ω 中任一光滑闭曲面 S, 第二型曲面积分

$$\oiint_{S}f(x,y,z)(x\mathrm{d}y\mathrm{d}z+y\mathrm{d}z\mathrm{d}x+z\mathrm{d}x\mathrm{d}y)=0$$

的充要条件是

$$xf_x(x,y,z)+yf_y(x,y,z)+zf_z(x,y,z)+3f(x,y,z)=0,\qquad (x,y,z)\in\Omega.$$

---

6. 计算 $I=\oint_\Gamma \dfrac{x\mathrm{d}y-y\mathrm{d}x}{x^2+y^2}$, 其中 Γ 是任一光滑的简单闭曲线, 原点在 Γ 上.

7. 设 D 是以光滑闭曲线 L 为边界的平面区域, $u(x,y)$, $v(x,y)$ 在 D 上有二阶连续偏导数, 记 $\Delta u=\dfrac{\partial^2 u}{\partial x^2}+\dfrac{\partial^2 u}{\partial y^2}$, $\boldsymbol{n}$ 是 L 上区域 D 的外法向量. 利用 Green 公式证明:

(1) $\displaystyle\iint_D \Delta u\mathrm{d}x\mathrm{d}y=\oint_L \frac{\partial u}{\partial \boldsymbol{n}}\,\mathrm{d}s$;

(2) $\displaystyle\iint_D v\Delta u\mathrm{d}x\mathrm{d}y=-\iint_D\left(\frac{\partial u}{\partial x}\frac{\partial v}{\partial x}+\frac{\partial u}{\partial y}\frac{\partial v}{\partial y}\right)\mathrm{d}x\mathrm{d}y+\oint_L v\frac{\partial u}{\partial \boldsymbol{n}}\,\mathrm{d}s$;

(3) $\displaystyle\iint_D (v\Delta u-u\Delta v)\mathrm{d}x\mathrm{d}y=\oint_L\left(v\frac{\partial u}{\partial \boldsymbol{n}}-u\frac{\partial v}{\partial \boldsymbol{n}}\right)\mathrm{d}s$.

部分习题答案或提示

第 13 章　多元函数及其微分学

习题 13.1

3. (1) E 是有界区域, 不是开集也不是闭集. E 的聚点集: $[0,1]\times\left[\frac{1}{2},\frac{3}{2}\right]$, 内点集: $(0,1)\times\left(\frac{1}{2},\frac{3}{2}\right)$, 边界点集: $[0,1]\times\left[\frac{1}{2},\frac{3}{2}\right]\setminus(0,1)\times\left(\frac{1}{2},\frac{3}{2}\right)$;

(2) E 是无界闭集, E 的聚点集和边界点集就是其自身, E 没有内点, 不是区域;

(3) E 是无界的开集, 不是区域, E 的聚点集是 $\mathbb{R}^2$, 内点集是其自身;

(4) E 是有界的闭域, E 的聚点集是 $\bar{B}_1(1,0)$, 内点集是 $B_1(1,0)$, 边界点集是圆周 $\{(x,y)|(x-1)^2+y^2=1\}$;

(5) E 是有界的闭区域, 非开集, E 的聚点集是 $\bar{B}_1(1,0)\setminus B_1(0,1)$, 内点集是 $B_1(1,0)\setminus\bar{B}_1(0,1)$, 边界点集是 $(\bar{B}_1(1,0)\setminus B_1(0,1))\setminus(B_1(1,0)\setminus\bar{B}_1(0,1))$;

(6) E 是无界的闭集, 不是区域, 无聚点, 无内点, 边界点集是其自身.

4. 对于 $P\in U(P_0)=B_\varepsilon(P_0)$, 取 $\delta=\varepsilon-\|P-P_0\|$, 则 $B_\delta(P)\subset B_R(P_0)$, 即知 P 是 $U(P_0)$ 的内点. 对于 $U(P_0)=(x_0-\varepsilon,x_0+\varepsilon)\times(y_0-\varepsilon,y_0+\varepsilon)$, 可以类似处理.

5. 必要性是显然的, 充分性可以采用反证法, 即如果 P_0 不是 E 的聚点, 则在 P_0 的某个邻域中只有 E 的有限个点, 设 δ 是与 P_0 最近的那个点到 P_0 的距离, 则 $U^\circ(P_0;\delta)\cap E=\varnothing$, 与所设矛盾.

6. 设 A 是开集, $P\in A$, 则存在 $\delta>0$, 使得 $B_\delta(P)\subset A$, 由此知 P 不是 $B=\mathbb{R}^2\setminus A$ 的聚点, 故 $B'\subset B$, 所以 B 闭. 其他性质可以仿此处理.

习题 13.2

1. 区分 $\{P_n\}$ 是有限点集和无限点集两种情形, 前者含有一个常驻子列自然收敛, 后者用聚点定理.

2. 取 $\varepsilon=1$, 然后用基本列的定义找出 $\{P_n\}$ 的一个界.

3. 充分性直接用聚点的定义验证, 必要性可考虑从聚点 P 的一列邻域 $U\left(P;\frac{1}{n}\right)$ $(n=1,2,\cdots)$ 中选出一个各项互异的点列.

4. 仿照有限覆盖定理的证明, 将有界无穷点集放入一个闭正方形中, 再将其等分为 4 块, 留下含有无穷多个点的那一块, 再 4 等分, 继续下去即可得到闭集套.

习题 13.3

1. $x^2-4xy-3y^2-9=(x-2)(x+2-4y)-(y+1)(3y+5)$.

2. (1) 0; (2) 0; (3) 1; (4) -2.

3. (1) 两个累次极限均为 0, 重极限不存在; (2) 两个累次极限均不存在, 重极限为 0; (3) 两个累次极限均为 0, 重极限不存在; (4) 两个累次极限均为 0, 重极限不存在.

4. (1) 对于任意的 $M>0$, 存在 $\delta>0$, 当 $|x-x_0|<\delta$ 且 $|y-y_0|<\delta$ 时, $|f(x,y)|>M$; (2) 对于任意的 $\varepsilon>0$, 存在 $M>0$, 当 $|x|>M$ 且 $|y|>M$ 时, $|f(x,y)-A|<\varepsilon$.

5. (1) 不连续点在直线 $x+y=0$ 上; (2) 不连续点是原点.

7. 选取 $R>1$ 足够大, 在 $B_{R-1}(0,0)$ 以外用函数极限的 Cauchy 准则可使得 $|f(P)-f(Q)|<\varepsilon$, 在 $\bar{B}_R(0,0)$ 中用一致连续性定理.

9. 可用 Heine 归结原则.

10. 选取 R 足够大, 使得 $f(x,y)$ 在 $\partial B_R(0,0)$ 上的值大于在 $B_R(0,0)$ 中任一点的值, 再在 $\bar{B}_R(0,0)$ 中对 $f(x,y)$ 用连续函数的最值性定理.

习题 13.4

1. (1) $z_x=\dfrac{1}{y}\mathrm{e}^{\frac{x}{y}}$, $z_y=-\dfrac{1}{y^2}\mathrm{e}^{\frac{x}{y}}$; (2) $u_x=\dfrac{z}{x}\left(\dfrac{x}{y}\right)^z$, $u_y=-\dfrac{z}{y}\left(\dfrac{x}{y}\right)^z$, $u_z=\left(\dfrac{x}{y}\right)^z\ln\dfrac{x}{y}$;

(3) $z_x=y^{\sin x}\cos x\ln y$, $z_y=y^{\sin x-1}\sin x$; (4) $u_x=\dfrac{1}{y}-\dfrac{z}{x^2}$, $u_y=\dfrac{1}{z}-\dfrac{x}{y^2}$, $u_z=\dfrac{1}{x}-\dfrac{y}{z^2}$;

(5) $z_x=\dfrac{1}{1+x^2}$, $z_y=\dfrac{1}{1+y^2}$; (6) $u_x=\dfrac{1}{y}z^{\frac{x}{y}}\ln z$, $u_y=-\dfrac{x}{y^2}z^{\frac{x}{y}}\ln z$, $u_z=\dfrac{x}{yz}z^{\frac{x}{y}}$.

2. (1) $27\mathrm{d}x+27\ln 3\mathrm{d}y$; (2) $\mathrm{d}x$.

3. (1) $\mathrm{d}z=(3x^2-3y)\mathrm{d}x+(3y^2-3x)\mathrm{d}y$;

(2) $\mathrm{d}u=2(x\mathrm{d}x+y\mathrm{d}y+z\mathrm{d}z)/(1+x^2+y^2+z^2)$.

4. (1) 切平面: $2x+2y+z=6$, 法线: $x-1=y-1=2(z-2)$;

(2) 切平面: $3x+4y-5z=0$, 法线: $\dfrac{x-3}{3}=\dfrac{y-4}{4}=\dfrac{z-5}{-5}$.

5. 切平面: $x+3y+z+3=0$, 法线: $3(x+3)=y+1=3(z-3)$.

6. $f(x,y)$ 在 $(0,0)$ 点可微且 $\mathrm{d}f|_{(0,0)}=0$.

8. 在可微的定义中令 $(\Delta x,\Delta y)\to(0,0)$, 可得到函数的全增量的极限为零, 即

$$\lim_{(x,y)\to(0,0)}f(x,y)=f(x_0,y_0).$$

9. 用可微的定义和偏导数的界给出全增量的估计, 结合追敛性可以证明全增量的极限为零.

10. 用反证法. 先计算出 $f_x(0,0)=0$, $f_y(0,0)=0$. 如果 $f(x,y)$ 在点 $(0,0)$ 可微, 则有

$$\Delta f(0,0)=\frac{\Delta x^2\Delta y}{\Delta x^2+\Delta y^2}=\alpha\Delta x+\beta\Delta y.$$

取 $\Delta x=\Delta y\neq 0$, 则可以推出 $\alpha+\beta=1/2$, 此与 $\alpha\to 0$, $\beta\to 0$ 相矛盾.

习题 13.5

1. (1) $\dfrac{\mathrm{d}z}{\mathrm{d}x}=\mathrm{e}^{x\arctan x}\left(\arctan x+\dfrac{x}{1+x^2}\right)$;

(2) $\dfrac{\partial z}{\partial x}=-\dfrac{1}{x^2}\mathrm{e}^{\frac{1}{x}+\frac{1}{y}}\left(\sin\left(\dfrac{1}{x}+\dfrac{1}{y}\right)+\cos\left(\dfrac{1}{x}+\dfrac{1}{y}\right)\right)$,

$\dfrac{\partial z}{\partial x}=-\dfrac{1}{y^2}\mathrm{e}^{\frac{1}{x}+\frac{1}{y}}\left(\sin\left(\dfrac{1}{x}+\dfrac{1}{y}\right)+\cos\left(\dfrac{1}{x}+\dfrac{1}{y}\right)\right)$;

(3) $\dfrac{\mathrm{d}z}{\mathrm{d}t}=2t\mathrm{e}^{t^2}+2t\cos t^2\cos(1+t)+\mathrm{e}^{1+t}-\sin t^2\sin(1+t)$;

(4) $\dfrac{\partial z}{\partial u}=\dfrac{\ln(u-v)}{u+v}+\dfrac{\ln(u+v)}{u-v}$, $\dfrac{\partial z}{\partial v}=\dfrac{\ln(u-v)}{u+v}-\dfrac{\ln(u+v)}{u-v}$.

5. (1) $z_x=f_1'+f_2'+yf_3'$, $z_y=f_2'+xf_3'$;

(2) $z_r=f_1'\cos\theta+f_2'\sin\theta$, $z_\theta=-rf_1'\sin\theta+rf_2'\cos\theta$;

(3) $u_x=[(1/y)-(z/x^2)]f_1'+yzf_2'$, $u_y=[(1/z)-(x/y^2)]f_1'+xzf_2'$,

$u_z=[(1/x)-(y/z^2)]f_1'+xyf_2'$;

(4) $u_x=\dfrac{2}{3}x(x^2+y^2+z^2)^{-2/3}f'$, $u_y=\dfrac{2}{3}y(x^2+y^2+z^2)^{-2/3}f'$, $u_z=\dfrac{2}{3}z(x^2+y^2+z^2)^{-2/3}f'$.

6. (1) $\mathrm{d}z=(f_1'+yf_2'+(1/y)f_3')\mathrm{d}x+(f_1'+xf_2'-(x/y^2)f_3')\mathrm{d}y$;

(2) $\mathrm{d}u=f'(w)\{[(1/y)-(z/x^2)]\mathrm{d}x+[(1/z)-(x/y^2)]\mathrm{d}y+[(1/x)-(y/z^2)]\mathrm{d}z\}$, 其中 $w=(x/y)+(y/z)+(z/x)$.

9. (1) $z_{xx}=\mathrm{e}^x\cos y$, $z_{xy}=-\mathrm{e}^x\sin y$; (2) $z_{xx}=6x$, $z_{xxyy}=0$.

10. (1) $z_x=f_1'+yf_2'$, $z_y=f_1'+xf_2'$, $z_{xx}=f_{11}''+2yf_{12}''+y^2f_{22}''$,

$z_{xy}=f_2'+f_{11}''+(x+y)f_{12}''+xyf_{22}''$, $z_{yy}=f_{11}''+2xf_{12}''+x^2f_{22}''$;

(2) $u_x=[(1/y)-(z/x^2)]f'$, $u_y=[(1/z)-(x/y^2)]f'$, $u_z=[(1/x)-(y/z^2)]f'$,

$u_{xx}=[(1/y)-(z/x^2)]^2f''+2(z/x^3)f'$,

$u_{xy}=[(1/y)-(z/x^2)][(1/z)-(x/y^2)]f''-(1/y^2)f'$,

$u_{yy}=[(1/z)-(x/y^2)]^2f''+2(x/y^3)f'$;

(3) $\dfrac{\mathrm{d}z}{\mathrm{d}x}=f_1'+f_2'\phi'$, $\dfrac{\mathrm{d}^2z}{\mathrm{d}x^2}=f_{11}''+2f_{12}''\phi'+f_{22}''\phi'^2+f_2'\phi''$;

(4) $\dfrac{\mathrm{d}z}{\mathrm{d}x}=f_1'+2xf_2'+3x^2f_3'$,

$\dfrac{\mathrm{d}^2z}{\mathrm{d}x^2}=f_{11}''+4xf_{12}''+6x^2f_{13}''+4x^2f_{22}''+12x^3f_{23}''+9x^4f_{33}''+2f_2'+6xf_3'$.

复习题

1. (1) 0; (2) 1.

2. 可以用连续函数的保不等号性质证明等价命题: $\{(x,y)|f(x,y)\leqslant a\}$ 是闭集.

3. 通过加一项减一项, 对 y 方向的偏增量用一元函数的中值定理.

4. 通过加一项减一项, 用单调性控制一个方向的偏增量.

5. 可用反证法. 若 $f(x,y)$ 在 (x_0,y_0) 间断, 则存在一列点 $(x_n,y_n)\to(x_0,y_0)$, 使得 $\lim\limits_{n\to\infty}f(x_n,y_n)\neq f(x_0,y_0)$, 依次用直线连接 (x_n,y_n) 和 (x_{n+1},y_{n+1}) 可构造一个由 (x_1,y_1) 到 (x_0,y_0) 的连续曲线, 再利用所给的条件可以导出矛盾.

6. 通过加一项减一项, 对 y 方向的偏增量用 Lipschitz 条件.

7. (2) 在原点处用定义求偏导数, 其他点用公式求偏导数;

(3) 将原点附近的全增量与自变量增量的模相比.

8. 对 y 方向的偏增量用一元函数的中值定理, 再利用 $f_y(x,y)$ 的连续性.

9. $\dfrac{\partial z}{\partial x}=f'(x+y)+f'(x-y)$, $\dfrac{\partial z}{\partial x}=f'(x+y)-f'(x-y)$, $\dfrac{\partial^2 z}{\partial x\partial y}=f''(x+y)-f''(x-y)$.

11. $i!j!$ (当 $m=i+j$ 且 $k=i$ 时), 0 (其他情形).

12. 用求复合函数导数的方法和数学归纳法.

13. 记 $v(t)=f(tx,ty,tz)$, 对 t 求导后用所给条件可得 $v'(t)=nv(t)/t$, 乘 t^n 再对 t 在 $1\sim t$ 积分有 $v(t)=t^n v(1)$, 由此得知 f 是 n 次齐次的.

第 14 章　多元函数微分法的应用

习题 14.1

1. $\left(\dfrac{\sqrt{2}}{2},-\dfrac{\sqrt{2}}{2}\right)$, $\left(-\dfrac{\sqrt{2}}{2},\dfrac{\sqrt{2}}{2}\right)$.

2. $-\dfrac{\sqrt{6}}{2}$.

3. $1+\dfrac{\sqrt{2}}{2}$.

4. (1) $\dfrac{2}{\sqrt{x^2+y^2}}$; (2) 1; (3) $\dfrac{1}{x^2+y^2+z^2}$.

5. 曲面 $2x=3yz$ 上的点能使得 $\mathbf{grad}\, u(x,y,z)$ 垂直于 x 轴.

习题 14.2

1. $2(x-1)^2-(x-1)(y+2)-3(y+2)^2-(x-1)+12(y+2)-16$.

2. (1) $1+xy+o(\rho^3)$; (2) $x+y-\dfrac{1}{6}x^3-\dfrac{1}{2}x^2y-\dfrac{1}{2}xy^2-\dfrac{1}{6}y^3+o(\rho^3)$; (3) $y^2+o(\rho^3)$.

3. 利用二元函数中值公式和偏导数的有界性.

4. 由 $\boldsymbol{p}$ 和 $\boldsymbol{q}$ 的线性无关可以证明 $f_x\equiv 0$, $f_y\equiv 0$.

习题 14.3

1. (1) 稳定点 (2,0) 是极小值点, 极小值为 0;

(2) 稳定点为 (0,0) 和 (1,1), $f(x,y)$ 在点 (0,0) 不能取得极值, 在点 (1,1) 取得极小值为 -1;

(3) 稳定点共有 9 个, 分别为 $P_0(0,0)$, $P_{1,2}\left(\pm\dfrac{1}{2},\pm\dfrac{1}{2}\right)$, $P_{3,4}\left(\pm\dfrac{1}{2},\mp\dfrac{1}{2}\right)$, $P_{5,6}(\pm 1,0)$ 和 $P_{7,8}(0,\pm 1)$; 点 P_1 和 P_2 是极小值点, 极小值是 $-1/8$; 点 P_3 和 P_4 是极大值点, 极大值是 $1/8$; $f(x,y)$ 在点 P_0, $P_{5,6}$, $P_{7,8}$ 不能取得极值;

(4) 稳定点是原点和圆周 $x^2+y^2=1$ 上的点. 前者是极小值点, 极小值是 0, 后者是极大值点, 极大值是 e^{-1}.

3. (1) 最大值点是 $(\pm\sqrt{2},\pm\sqrt{2})$, 最大值是 2; 最小值点是 $(\pm\sqrt{2},\mp\sqrt{2})$, 最小值是 -2;

(2) 最大值点是 $(\pm1,0)$, 最大值是 1; 最小值点是 $(0,\pm1)$, 最小值是 -1.

4. 当三角形的三个角均为 $\pi/3$ 时三个角的正弦之积为最大, 最大值是 $3\sqrt{3}/8$.

习题 14.4

1. 在 $(0,0)$ 的某邻域中存在隐函数 $y=f(x)$, 但不能由定理确定隐函数 $x=g(y)$.

2. 能.

3. $y'=\dfrac{y^2-xy\ln y}{x^2-xy\ln x}$.

4. $y''=\dfrac{\mathrm{e}^{x+y}(1+y')^2-2y'}{x-\mathrm{e}^{x+y}}$, 其中 $y'=\dfrac{y-\mathrm{e}^{x+y}}{\mathrm{e}^{x+y}-x}$.

5. $\dfrac{\partial z}{\partial x}=-\dfrac{z}{x}\dfrac{1+x(y+z)}{1+z(x+y)}$, $\dfrac{\partial z}{\partial y}=-\dfrac{z}{y}\dfrac{1+y(x+z)}{1+z(x+y)}$,

$\mathrm{d}z=-\dfrac{z}{1+z(x+y)}\left[\dfrac{1+x(y+z)}{x}\mathrm{d}x+\dfrac{1+y(x+z)}{y}\mathrm{d}y\right]$.

6. $z_{xx}=-\dfrac{2\cos2x+2\cos2z\cdot z_x^2}{\sin2z}$, $z_{yy}=-\dfrac{2\cos2y+2\cos2z\cdot z_y^2}{\sin2z}$, $z_{xy}=-2\dfrac{\cos2z}{\sin2z}z_xz_y$,

其中 $z_x=-2\dfrac{\cos x\sin x}{\sin2z}$, $z_y=-2\dfrac{\cos y\sin y}{\sin2z}$.

习题 14.5

1. $x'=\dfrac{z-y}{y-x}$, $y'=\dfrac{x-z}{y-x}$.

2. $\dfrac{\mathrm{d}y}{\mathrm{d}x}=\dfrac{r-2x}{2y}$, $\dfrac{\mathrm{d}z}{\mathrm{d}x}=-\dfrac{r}{2z}$, $\dfrac{\mathrm{d}x}{\mathrm{d}y}=\dfrac{2y}{r-2x}$, $\dfrac{\mathrm{d}z}{\mathrm{d}y}=\dfrac{ry}{(r-2x)z}$.

3. $u_x=-\dfrac{xu+yv}{x^2+y^2}$, $v_x=\dfrac{-xv+yu}{x^2+y^2}$, $u_y=\dfrac{xv-yu}{x^2+y^2}$, $v_y=-\dfrac{xu+yv}{x^2+y^2}$.

4. $u_x=\dfrac{2v+yu}{4uv-xy}$, $v_x=-\dfrac{2u^2+x}{4uv-xy}$, $u_y=-\dfrac{2v^2+y}{4uv-xy}$, $v_y=\dfrac{2u+xv}{4uv-xy}$.

5. $u_x=\dfrac{u(1-2vyg_2')f_1'-f_2'g_1'}{(1-xf_1')(1-2vyg_2')-f_2'g_1'}$, $v_x=\dfrac{-(1-xf_1')g_1'+f_1'g_1'u}{(1-xf_1')(1-2vyg_2')-f_2'g_1'}$,

$u_y=\dfrac{(1-2vyg_2')f_2'+f_2'g_2'v^2}{(1-xf_1')(1-2vyg_2')-f_2'g_1'}$, $v_y=\dfrac{v^2(1-xf_1')g_2'+f_2'g_1'}{(1-xf_1')(1-2vyg_2')-f_2'g_1'}$.

6. $u_x=\dfrac{v}{v-u}$, $v_x=\dfrac{u}{u-v}$, $u_y=\dfrac{1}{2(u-v)}$, $v_y=\dfrac{1}{2(v-u)}$.

习题 14.6

1. 切线: $x=\dfrac{15}{16}t+\dfrac{9}{4}$, $y=-\dfrac{5}{27}t+\dfrac{4}{9}$, $z=6t+9$,

法平面: $\dfrac{15}{16}\left(x-\dfrac{9}{4}\right)-\dfrac{5}{27}\left(y-\dfrac{4}{9}\right)+6(z-9)=0$.

2. $x-1=\dfrac{y+1}{-2}=\dfrac{z-1}{3}$, $x-\dfrac{1}{3}=\dfrac{9y+1}{-6}=\dfrac{27z-1}{9}$.

3. 切线: $\begin{cases} x=1, \\ y+\sqrt{2}z=3, \end{cases}$ 法平面: $\sqrt{2}y=z$.

4. 切平面: $x+y+z=3$, 法线: $x=y=z$.

5. $x-y+2z=2\sqrt{22}$, $x-y+2z=-2\sqrt{22}$.

6. 切点有两个: $(2\sqrt{3}/3,-2\sqrt{3},0)$ 和 $(-2\sqrt{3}/3,2\sqrt{3},0)$.

习题 14.7

1. (1) 最小值点: $(1,1)$, 最小值: 2;

(2) 最小值点: $(\sqrt{2},-\sqrt{2})$, 最小值: $6-4\sqrt{2}$; 最大值点: $(-\sqrt{2},\sqrt{2})$, 最大值: $6+4\sqrt{2}$;

(3) 最小值点: $\left(\dfrac{\sqrt{6}}{6},\dfrac{\sqrt{6}}{6},-\dfrac{\sqrt{6}}{3}\right)$, $\left(\dfrac{\sqrt{6}}{6},-\dfrac{\sqrt{6}}{3},\dfrac{\sqrt{6}}{6}\right)$, $\left(-\dfrac{\sqrt{6}}{3},\dfrac{\sqrt{6}}{6},\dfrac{\sqrt{6}}{6}\right)$, 最小值: $-\dfrac{\sqrt{6}}{18}$;

最大值点: $\left(-\dfrac{\sqrt{6}}{6},-\dfrac{\sqrt{6}}{6},\dfrac{\sqrt{6}}{3}\right)$, $\left(-\dfrac{\sqrt{6}}{6},\dfrac{\sqrt{6}}{3},-\dfrac{\sqrt{6}}{6}\right)$, $\left(\dfrac{\sqrt{6}}{3},-\dfrac{\sqrt{6}}{6},-\dfrac{\sqrt{6}}{6}\right)$, 最大值: $\dfrac{\sqrt{6}}{18}$.

2. (1) 设表面积为 S, 则当长宽高均为 $\sqrt{6S}/6$ 时, 体积最大, 最大值为 $\dfrac{S\sqrt{S}}{6\sqrt{6}}$;

(2) 设体积为 V, 则当长宽高均为 $\sqrt[3]{V}$ 时, 表面积最小, 最小值为 $6\sqrt[3]{V^2}$.

3. 最短距离是 $|AX_0+BY_0+CZ_0+D|/\sqrt{A^2+B^2+C^2}$.

4. 8, -8.

5. 最长距离: a, 最短距离: c.

6. $2x+3y=12$, $2x-3y=12$, $2x+3y=-12$, $-2x+3y=12$.

复习题

1. 函数 $z=\sqrt{x^2+y^2}$ 在原点沿任意方向的方向导数均为 1.

2. $\left.\dfrac{\partial f}{\partial \boldsymbol{r}}\right|_{(2,1,3)}=72/\sqrt{14}$.

3. $\mathbf{grad}\, f(1,2,3)=\left(\dfrac{1}{6},\dfrac{1}{6},\dfrac{1}{6}\right)$, $\|\mathbf{grad}\, f(1,2,3)\|=1/\sqrt{12}$, $\boldsymbol{n}=\dfrac{\sqrt{3}}{3}(1,1,1)$.

4. $\ln x\ln y=-\dfrac{1}{2}(x-1)(y-1)[x+y-2]+o(\rho^3)$, $\rho=\sqrt{(x-1)^2+(y-1)^2}$.

5. 各边长为 $2p/3$ 的等边三角形是所欲求的面积最大的三角形.

6. 将诸向量用方向余弦的形式表出, 计算方向导数, 求和时利用三角函数的求和公式 $\sum\limits_{k=1}^{n}\cos(2\pi k/n)=0$.

9. 内接等腰三角形的最大面积是 9.

10. 边长分别为 $\dfrac{2a}{\sqrt{3}}$, $\dfrac{2a}{\sqrt{3}}$, $\dfrac{a}{\sqrt{3}}$ 的长方体.

11. 底边长分别为 $\dfrac{2\sqrt{2}a}{\sqrt{3}}$, $\dfrac{2\sqrt{2}a}{\sqrt{3}}$, 高为 $\dfrac{h}{3}$ 的长方体体积最大.

12. $2x+6y+z=6$.

13. 写出切平面的方程, 再利用 n 次齐次函数的性质.

14. 切平面方程为 $\dfrac{x-x_0}{\sqrt{x_0}}+\dfrac{y-y_0}{\sqrt{y_0}}+\dfrac{z-z_0}{\sqrt{z_0}}=0$. 由此求出截距, 相加并利用该曲线的方程.

第 15 章 含参变量积分

习题 15.1

1. (1) 1; (2) $\mathrm{e}-1$.

2. $\dfrac{1}{x}(4\sin x^4-2\sin 3x^2)$.

3. (1) $-\arctan(b+1)+\arctan(a+1)$; (2) $\dfrac{1}{2}\ln(1+(b+1)^2)/(1+(a+1)^2)$.

5. 对 $u(x)$ 分别求一阶、二阶导数后代入 Bessel 常微分方程, 在积分号下凑微分可将被积函数的积分求出代入上、下限即可得到零.

6. (1) $\pi\ln\dfrac{1+|a|}{2}$; (2) 0.

习题 15.2

1. 积分可以求出 $\psi(t)=\begin{cases}0, & t=0,\\ 1, & t>0,\end{cases}$ 被积函数 $t\mathrm{e}^{-xt}$ 是连续函数, 但 $\psi(t)$ 不是连续函数, 因此, 积分不可能一致收敛.

2. (1) 一致收敛; (2) 一致收敛; (3) 一致收敛; (4) 一致收敛.

3. 补充被积函数的定义, 使之在 $[0,+\infty)^2$ 上连续, 类似于第 1 题.

4. 取 $f(x,y)=\dfrac{x}{1+x^2}$ 和 $g(x,y)=\sin(px)$, 用 Dirichlet 一致收敛判别法, 或取 $f(x,y)=\dfrac{x^2}{1+x^2}$ 和 $g(x,y)=\dfrac{\sin(px)}{x}$, 用 Abel 一致收敛判别法.

5. 用 Dirichlet 一致收敛判别法.

习题 15.3

1. (1) $\ln\dfrac{a}{b}$; (2) $\dfrac{\pi}{2}(a-b)$, 利用 $\dfrac{\cos bx-\cos ax}{x}=-\displaystyle\int_a^b\sin(xy)\mathrm{d}y$.

3. $\pi\ln(1+|y|)$.

习题 15.4

1. (1) $\pi\ \mathrm{sgn}\,\beta$; (2) $|\beta|\pi$; (3) $\dfrac{\pi}{2}$; (4) $\dfrac{1}{2}\sqrt{\pi}\mathrm{e}^{-2}$.

2. $\dfrac{15}{8}\sqrt{\pi}$, $\dfrac{16}{105}\sqrt{\pi}$, $\dfrac{2}{1-2n}\dfrac{2}{3-2n}\cdots\dfrac{2}{-3}\dfrac{2}{-1}\Gamma\left(\dfrac{1}{2}\right)\sqrt{\pi}$.

3. $\dfrac{1}{105}, \dfrac{\pi}{512}, \dfrac{\pi}{4}$.

复习题

1. $F(y)$ 在 $(-\infty,0)\cup(0,+\infty)$ 中连续, 在 $y=0$ 处不连续.

2. $\dfrac{\partial^2 F}{\partial x\partial y}=xf(xy)+f\left(\dfrac{x}{y}\right)\dfrac{x}{y^2}+x[(1-3y^3)f(xy)+xy(1-y^2)f'(xy)]$.

3. $f'(u)=\displaystyle\int_0^u[g_1'(x+u,x-u)-g_2'(x+u,x-u)]\mathrm{d}x+g(2u,0)$.

4. $\dfrac{1}{2}$.

5. $\dfrac{\pi}{2}\mathrm{sgn}a\ln(1+|a|)$.

8. 引入含参变量积分 $I(t)=\displaystyle\int_0^1\dfrac{\ln(1+tx)}{1+x^2}\mathrm{d}x$.

9. 以 $|f(x)|$ 作为控制函数可以证明 $I(y)$ 一致收敛. 证明一致连续性时, 截去含参变量积分 $I(y)$ 在无穷远的部分 $(-\infty,N)\cup(N,+\infty)$, 在剩下的部分 $[-N,N]$ 上用正常积分的分析性质.

10. 将被积函数写成积分的形式, 再交换积分顺序.

11. 引入变换 $y=a/x$, 或将被积函数的指数部分配成平方和的形式.

12. 利用 Cauchy 一致收敛判别法.

第 16 章 重 积 分

习题 16.1

1. 用反证法, 利用不可积的定义.

2. 利用定理 16.1.4.

3. 用反证法和二重积分的性质.

4. (1) 可积; (2) 不可积.

5. 利用积分中值定理, $f(0,0)$.

6. 利用可积准则和重积分及定积分的定义.

7. 利用第 6 题并考察积分 $\displaystyle\iint\limits_{[a,b]^2}[f(x)g(y)-f(y)g(x)]^2\mathrm{d}x\mathrm{d}y$.

习题 16.2

1. (1) $\dfrac{5}{6}$; (2) 2π; (3) $\dfrac{128}{105}$; (4) $\dfrac{1}{21}p^5$; (5) $\dfrac{32}{15}\sqrt{2}$.

2. (1) $\int_0^4 \mathrm{d}y \int_{\frac{y}{3}}^{\frac{y}{2}} f(x,y)\mathrm{d}x + \int_4^6 \mathrm{d}y \int_{\frac{y}{3}}^{2} f(x,y)\mathrm{d}x$; (2) $\int_{-1}^0 \mathrm{d}y \int_{-\sqrt{1+y}}^{\sqrt{1+y}} f(x,y)\mathrm{d}x$;

(3) $\int_0^1 \mathrm{d}x \int_{\sqrt{x}}^{2-x} f(x,y)\mathrm{d}y$.

3. (1)
$$\int_{-2}^0 \mathrm{d}x \int_{-2-x}^{x+2} f(x,y)\mathrm{d}y + \int_0^2 \mathrm{d}x \int_{x-2}^{2-x} f(x,y)\mathrm{d}y$$
$$= \int_{-2}^0 \mathrm{d}y \int_{-2-y}^{y+2} f(x,y)\mathrm{d}x + \int_0^2 \mathrm{d}y \int_{y-2}^{2-y} f(x,y)\mathrm{d}x;$$

(2)
$$\int_{\frac{1-\sqrt{7}}{2}}^{\frac{1+\sqrt{7}}{2}} \mathrm{d}x \int_{1-x}^{\sqrt{4-x^2}} f(x,y)\mathrm{d}y + \int_{\frac{1+\sqrt{7}}{2}}^{2} \mathrm{d}x \int_{-\sqrt{4-x^2}}^{\sqrt{4-x^2}} f(x,y)\mathrm{d}y$$
$$= \int_{\frac{1-\sqrt{7}}{2}}^{\frac{1+\sqrt{7}}{2}} \mathrm{d}y \int_{1-y}^{\sqrt{4-y^2}} f(x,y)\mathrm{d}x + \int_{\frac{1+\sqrt{7}}{2}}^{2} \mathrm{d}y \int_{-\sqrt{4-y^2}}^{\sqrt{4-y^2}} f(x,y)\mathrm{d}x;$$

(3) $\int_0^{\sqrt{2}} \mathrm{d}y \int_y^{\sqrt{4-y^2}} f(x,y)\mathrm{d}x = \int_0^{\sqrt{2}} \mathrm{d}x \int_0^x f(x,y)\mathrm{d}y + \int_{\sqrt{2}}^2 \mathrm{d}x \int_0^{\sqrt{4-x^2}} f(x,y)\mathrm{d}y$.

4. $\frac{97}{6}$.

5. $\frac{\pi}{4}$.

6. 利用不等式 $f(x)f(y) \leqslant \frac{1}{2}[f^2(x) + f^2(y)]$.

7. $\frac{1}{80}a^4$.

习题 16.3

1. (1) $\int_{-1}^1 \mathrm{d}u \int_{-\sqrt{1-u^2}}^{\sqrt{1-u^2}} f(5u)\mathrm{d}v = \int_{-1}^1 \mathrm{d}v \int_{-\sqrt{1-v^2}}^{\sqrt{1-v^2}} f(5u)\mathrm{d}u$;

(2) $\frac{1}{3}\int_1^4 \mathrm{d}u \int_{-u}^{6-u} f\left(\frac{u+v}{3}, \frac{u-2v}{3}\right)\mathrm{d}v = \frac{1}{3}\int_{-4}^{-1} \mathrm{d}v \int_{-v}^{4} f\left(\frac{u+v}{3}, \frac{u-2v}{3}\right)\mathrm{d}u +$
$\frac{1}{3}\int_{-1}^{2} \mathrm{d}v \int_1^4 f\left(\frac{u+v}{3}, \frac{u-2v}{3}\right)\mathrm{d}u + \frac{1}{3}\int_2^5 \mathrm{d}v \int_1^{6-v} f\left(\frac{u+v}{3}, \frac{u-2v}{3}\right)\mathrm{d}u$.

2. (1) 2π; (2) $\pi(\sin\pi^2 - \sin 1)$; (3) $\frac{1}{3}\pi^3 - 2\pi$.

3. (1) 16π; (2) 0; (3) $\frac{\mathrm{e}-\mathrm{e}^{-1}}{4}$.

4. (1) $\frac{4}{3}\pi$; (2) $\frac{507}{16}\pi$.

5. (1) $2\pi\int_1^2 rf(r^2)\mathrm{d}r$; (2) $\frac{1}{2}\int_{-\frac{\pi}{2}}^{\frac{\pi}{2}} \cos^2\theta f(\tan\theta)\mathrm{d}\theta$;

(3) $u = ax+by, v = -bx+ay, 2\int_{-\sqrt{a^2+b^2}}^{\sqrt{a^2+b^2}} \sqrt{a^2+b^2-u^2} f(u)\mathrm{d}u$;

(4) $u=xy, v=\dfrac{y}{x}$, $\displaystyle\int_1^3 f(u)\mathrm{d}u$.

6. $\dfrac{\pi}{|a_1b_2-a_2b_1|}$.

习题 16.4

1. (1) $\dfrac{\pi}{8}(1-\cos 3)\ln 2$; (2) -60; (3) 0; (4) $\dfrac{7}{24}$; (5) $\dfrac{1}{364}$; (6) $\dfrac{16\pi}{5}$.

2. (1) $$\int_0^1 \mathrm{d}z\int_0^z \mathrm{d}y\int_{z-y}^{1-y} f(x,y,z)\mathrm{d}x+\int_0^1 \mathrm{d}z\int_z^1 \mathrm{d}y\int_0^{1-y} f(x,y,z)\mathrm{d}x$$
$$=\int_0^1 \mathrm{d}x\int_0^x \mathrm{d}z\int_0^{1-x} f(x,y,z)\mathrm{d}y+\int_0^1 \mathrm{d}x\int_x^1 \mathrm{d}z\int_{z-x}^{1-x} f(x,y,z)\mathrm{d}y;$$

(2) $$\int_0^1 \mathrm{d}z\int_{-z}^z \mathrm{d}y\int_{-\sqrt{z^2-y^2}}^{\sqrt{z^2-y^2}} f(x,y,z)\mathrm{d}x=\int_{-1}^1 \mathrm{d}x\int_{|x|}^1 \mathrm{d}z\int_{-\sqrt{z^2-x^2}}^{\sqrt{z^2-x^2}} f(x,y,z)\mathrm{d}y.$$

3. (1) $\dfrac{\pi}{6}$; (2) $\dfrac{\pi}{10}$; (3) $\dfrac{\pi^2}{4}abc$; (4) $\dfrac{4\pi}{3}a^2$.

4. 先转化为三重积分, 再转化为累次积分.

5. (1) $\dfrac{\pi}{8}$; (2) 12.

6. (1) $4\pi abc(\mathrm{e}-2)$; (2) $\dfrac{8}{|\Delta|}|d_1d_2d_3|$.

7. $t^2\displaystyle\int_0^{2\pi}\mathrm{d}\theta\int_0^{\pi} f(t\sin\varphi\cos\theta, t\sin\varphi\sin\theta, t\cos\varphi)\sin\varphi d\varphi$.

习题 16.5

1. (1) $\dfrac{4\sqrt{2}}{3}-\dfrac{\sqrt{2}}{4}\pi$; (2) $4\sqrt{2}\pi$.

2. (1) $\left(\dfrac{4a}{3\pi},0\right)$; (2) $\left(-\dfrac{1}{4},\dfrac{4}{5}\right)$.

3. (1) $\left(\dfrac{2}{5},\dfrac{2}{5},\dfrac{7}{30}\right)$; (2) $\left(\dfrac{1}{4},\dfrac{1}{8},-\dfrac{1}{4}\right)$.

4. $F_x=F_y=0, F_z=2k\pi\rho[h-\sqrt{a^2+(h-b)^2}+\sqrt{a^2+b^2}]$.

5. $\pi\left(a\sqrt{a^2+h^2}+h^2\ln\dfrac{a+\sqrt{a^2+h^2}}{h}\right)$.

复习题

1. (1) 1; (2) $\dfrac{4\pi}{3}+4\sqrt{3}$; (3) $\dfrac{5}{48}(a^{-\frac{6}{5}}-b^{-\frac{6}{5}})\cdot(q^{\frac{8}{5}}-p^{\frac{8}{5}})$.

2. $\dfrac{4\pi}{3|\Delta|}\cdot h^3$.

3. 取 $g=f$, 用反证法.

4. 利用变量变换, 从右边开始.

5. (1) $\dfrac{2}{t}F(t)$; (2) $\dfrac{3}{t}F(t)+\dfrac{3}{t}\iiint\limits_{[0,t]^3} xyzf'(xyz)\mathrm{d}x\mathrm{d}y\mathrm{d}z$.

6. 用定理 16.4.1 的方法证明.

7. 利用连续函数的最值定理、积分的单调性和追敛性定理, 2π.

8. (1) 0; (2) $\dfrac{1}{2}$; (3) $\dfrac{9}{8}a^4$.

9. $\dfrac{4}{35}\pi abc$.

10.
$$
\begin{aligned}
&\int_{-\frac{\pi}{4}}^{\frac{\pi}{4}}\mathrm{d}\theta\int_0^{\operatorname{arccot}\cos\theta}\mathrm{d}\varphi\int_0^{\frac{1}{2\cos\varphi}}kf(u,v,w)\mathrm{d}r\\
&+\int_{-\frac{\pi}{4}}^{\frac{\pi}{4}}\mathrm{d}\theta\int_{\operatorname{arccot}\cos\theta}^{\operatorname{arccot}(-\cos\theta)}\mathrm{d}\varphi\int_0^{\frac{1}{2\sin\varphi\cos\theta}}kf(u,v,w)\mathrm{d}r\\
&+\int_{-\frac{\pi}{4}}^{\frac{\pi}{4}}\mathrm{d}\theta\int_{\operatorname{arccot}(-\cos\theta)}^{\pi}\mathrm{d}\varphi\int_0^{\frac{-1}{2\cos\varphi}}kf(u,v,w)\mathrm{d}r\\
&+\int_{\frac{\pi}{4}}^{\frac{3\pi}{4}}\mathrm{d}\theta\int_0^{\operatorname{arccot}\sin\theta}\mathrm{d}\varphi\int_0^{\frac{1}{2\cos\varphi}}kf(u,v,w)\mathrm{d}r\\
&+\int_{\frac{\pi}{4}}^{\frac{3\pi}{4}}\mathrm{d}\theta\int_{\operatorname{arccot}\sin\theta}^{\operatorname{arccot}(-\sin\theta)}\mathrm{d}\varphi\int_0^{\frac{1}{2\sin\varphi\sin\theta}}kf(u,v,w)\mathrm{d}r\\
&+\int_{\frac{\pi}{4}}^{\frac{3\pi}{4}}\mathrm{d}\theta\int_{\operatorname{arccot}(-\sin\theta)}^{\pi}\mathrm{d}\varphi\int_0^{\frac{-1}{2\cos\varphi}}kf(u,v,w)\mathrm{d}r\\
&+\int_{\frac{3\pi}{4}}^{\frac{5\pi}{4}}\mathrm{d}\theta\int_0^{\operatorname{arccot}(-\cos\theta)}\mathrm{d}\varphi\int_0^{\frac{1}{2\cos\varphi}}kf(u,v,w)\mathrm{d}r\\
&+\int_{\frac{3\pi}{4}}^{\frac{5\pi}{4}}\mathrm{d}\theta\int_{\operatorname{arccot}(-\cos\theta)}^{\operatorname{arccot}\cos\theta}\mathrm{d}\varphi\int_0^{\frac{-1}{2\sin\varphi\cos\theta}}kf(u,v,w)\mathrm{d}r\\
&+\int_{\frac{3\pi}{4}}^{\frac{5\pi}{4}}\mathrm{d}\theta\int_{\operatorname{arccot}\cos\theta}^{\pi}\mathrm{d}\varphi\int_0^{\frac{-1}{2\cos\varphi}}kf(u,v,w)\mathrm{d}r\\
&+\int_{\frac{5\pi}{4}}^{\frac{7\pi}{4}}\mathrm{d}\theta\int_0^{\operatorname{arccot}(-\sin\theta)}\mathrm{d}\varphi\int_0^{\frac{1}{2\cos\varphi}}kf(u,v,w)\mathrm{d}r\\
&+\int_{\frac{5\pi}{4}}^{\frac{7\pi}{4}}\mathrm{d}\theta\int_{\operatorname{arccot}(-\sin\theta)}^{\operatorname{arccot}\sin\theta}\mathrm{d}\varphi\int_0^{\frac{-1}{2\sin\varphi\sin\theta}}kf(u,v,w)\mathrm{d}r\\
&+\int_{\frac{5\pi}{4}}^{\frac{7\pi}{4}}\mathrm{d}\theta\int_{\operatorname{arccot}\sin\theta}^{\pi}\mathrm{d}\varphi\int_0^{\frac{-1}{2\cos\varphi}}kf(u,v,w)\mathrm{d}r,
\end{aligned}
$$

其中 $k=r^2\sin\varphi,\ u=r\sin\varphi\cos\theta,\ v=r\sin\varphi\sin\theta,\ w=r\cos\varphi$.

第 17 章　曲线积分和曲面积分

习题 17.1

1. (1) $6\pi^2b\sqrt{a^2+b^2}$; (2) $\dfrac{50}{189}$; (3) $6+3\sqrt{10}$; (4) πR^2; (5) $\dfrac{ab(a^2+ab+b^2)}{3(a+b)}$; (6) $2\sqrt{6}a^2$.

2. $\sqrt{3}(1-\mathrm{e}^{-1})$.

3. $\left(\dfrac{4a}{3\pi},\dfrac{4a}{3\pi},\dfrac{4a}{3\pi}\right)$.

4. $\sqrt{2}x_0$.

5. $\left(\dfrac{4a}{3},\dfrac{4a}{3}\right)$.

习题 17.2

1. (1) 4π; (2) $2\sqrt{2}\pi$; (3) $\dfrac{\sqrt{3}}{15}$; (4) $\dfrac{\sqrt{2}}{8}\pi R^4$.

2. $\left(\dfrac{4}{3}-\dfrac{5\sqrt{2}}{6}\right)\pi t^4$.

3. $S=(\pi-2)a^2$, $\left(\dfrac{2a}{3(\pi-2)},0,\dfrac{\pi a}{4(\pi-2)}\right)$.

5. $\dfrac{\pi}{4}a^4\sin^3\theta$.

习题 17.3

1. (1) $\dfrac{1}{2}(\mathrm{e}^2-5)$; (2) 1; (3) $\left(\dfrac{\pi^2}{24}+\dfrac{1}{2}-\dfrac{\sqrt{3}}{2}\right)a-\dfrac{1}{2}\ln 3$; (4) $\dfrac{3}{2}$; (5) $-\pi R^2\sin^2\phi$.

3. (1) $\dfrac{\pi}{8\sqrt{2}}$; (2) -4.

习题 17.4

1. (1) 1; (2) $\dfrac{1}{8}$; (3) 6π; (4) $\dfrac{8}{3}\pi R^3(a+b+c)$.

2. $\dfrac{3\pi}{16}$.

3. $bc(f(a)-f(0))+ac(g(b)-g(0))+ab(h(c)-h(0))$.

复习题

2. (1) $\dfrac{1}{12}(5\sqrt{5}-17\sqrt{17})-\dfrac{3}{2}\sqrt{2}$; (2) $4a^{\frac{7}{3}}$; (3) $\dfrac{1}{3}[(t_0^2+2)^{\frac{3}{2}}-2\sqrt{2}]$.

3. (1) $\dfrac{\pi}{4}\left(\dfrac{1}{50}-\dfrac{1}{51}\right)$; (2) π^2R^3; (3) $2\pi R[\ln(h+\sqrt{R^2+h^2})-\ln R]$.

4. (1) $\ln 2$; (2) $-\dfrac{\pi}{4}a^3$.

5. (1) $\dfrac{2}{5}\pi a^3bc$; (2) 24.

6. 96π.

7. $\dfrac{a^3}{2}$.

8. $\left(\dfrac{a}{T}\sin T,\dfrac{a}{T}(1-\cos T),\dfrac{hT}{2}\right)$.

9. $ds=\sqrt{\rho^2(\theta)+[\rho'(\theta)]^2}d\theta$; (1) $\frac{\pi}{4}ae^a$; (2) $\frac{2ka^2\sqrt{1+k^2}}{4k^2+1}$.

11. (1) $\begin{cases} 2\pi R\ln R, & |a|<R, \\ 2\pi R\ln|a|, & |a|>R; \end{cases}$ (2) $\begin{cases} 2\pi R\ln R, & a^2+b^2<R^2, \\ 2\pi R\ln\sqrt{a^2+b^2}, & a^2+b^2>R^2. \end{cases}$

第 18 章　各种积分之间的关系

习题 18.1

1. (1) 0; (2) $-2\pi ab$.

2. (1) a^2; (2) $\frac{3}{2}a^2$.

4. π.

习题 18.2

1. (1) a^4; (2) 0; (3) $bc(f(a)-f(0))+ac(g(b)-g(0))+ab(h(c)-h(0))$.

习题 18.3

1. (1) $-\sqrt{3}\pi a^2$; (2) -6π; (3) 0; (4) $\frac{1}{2}(e^a-e^{-a})+ae^a$.

3. $-\frac{3}{4}\pi R^4$.

4. $2S$.

习题 18.4

1. (1) $-\frac{1}{2}$; (2) $\int_2^1\varphi(x)dx+\int_1^2\psi(y)dy$; (3) $2\sqrt{13}-1$; (4) 0.

习题 18.5

4. $\mathbf{grad}\,f(r)=\left(f'(r)\frac{x}{r},f'(r)\frac{y}{r},f'(r)\frac{z}{r}\right)$, $\mathrm{div}\,(f(r)\boldsymbol{r})=3f(r)+rf'(r)$, $\mathbf{curl}(f(r)\boldsymbol{r})=\mathbf{0}$.

复习题

2. $2\pi Rr^2$.

3. $n=1,\ u(x,y)=\frac{1}{2}\ln(x^2+y^2)+\arctan\frac{y}{x}+C$.

4. $\frac{1}{2}(e-1)$.

6. π.

参 考 文 献

[1] 菲赫金哥尔茨. 微积分学教程 (第一、二、三卷). 8 版. 余家荣, 吴亲仁译. 北京: 高等教育出版社, 2006.

[2] 邓东皋, 尹小玲. 数学分析简明教程 (上、下册). 北京: 高等教育出版社, 1999.

[3] 华东师范大学数学系编. 数学分析 (上、下册). 3 版. 北京: 高等教育出版社, 2001.

[4] 刘玉琏, 傅沛仁. 数学分析讲义 (上、下册). 3 版. 北京: 高等教育出版社, 1993.

[5] 周民强. 数学分析 (第三册). 上海: 上海科学技术出版社, 2003.

[6] 肖正昌, 区泽明, 钟燕平等. 数学分析 (上、下册). 广州: 广东科技出版社, 1999.

[7] 常庚哲, 史济怀. 数学分析教程 (下册). 北京: 高等教育出版社, 2003.

索　　引

其他